民用建筑制冷空调设计资料集

蓄冷空调

中国建筑设计研究院 宋孝春 主编

中国建筑工业出版社

图书在版编目(CIP)数据

蓄冷空调/宋孝春主编. —北京:中国建筑工业出版社,2004
(民用建筑制冷空调设计资料集)
ISBN 7-112-06233-0

Ⅰ.蓄… Ⅱ.宋… Ⅲ.民用建筑-空气调节系统:制冷系统—建筑设计—资料 Ⅳ.TU831.3

中国版本图书馆CIP数据核字(2003)第107816号

本书以典型工程实例形式编著整理了近五年来在大、中型民用建筑工程中具有代表性的蓄冷空调设计,以蓄冷空调设计要点为引导,经过可行性分析、方案设计到初步设计和施工图设计。这些蓄冷空调工程涉及到:串联系统、并联系统;内融冰、外融冰系统;蓄热系统;低温大温差送水系统;冬季天然冷源供冷系统;冰蓄冷与水源热泵系统;蓄冰设备包括钢盘管(BAC、RH)、塑料盘管(FAFCO)、冰球(CIAT、华源);整体蓄冰设备、土建蓄冰槽体等。

本书是适应科技进步和建筑行业迅猛发展之新形势的产物,力求内容新颖,覆盖面广,是从事建筑设备工程设计、施工人员及建设单位技术人员实用参考用书,也可供大专院校有关师生教学参考。

责任编辑:胡永旭 时咏梅
责任设计:崔兰萍
责任校对:王 莉

民用建筑制冷空调设计资料集
蓄冷空调
中国建筑设计研究院 宋孝春 主编
*
中国建筑工业出版社出版、发行(北京西郊百万庄)
新华书店经销
北京同文印刷有限责任公司印刷
*
开本:880×1230毫米 横1/8 印张:25¼ 字数:893千字
2004年4月第一版 2004年4月第一次印刷
印数:1-3500册 定价:62.00元
ISBN 7-112-06233-0
TU·5495(12247)

本社网址:http://www.china-abp.com.cn
网上书店:http://www.china-building.com.cn

主编简介

宋孝春 高级工程师。男，1963 年 3 月生于北京。1985 年毕业于北京建筑工程学院，并留校从事教学工作。曾任职北京市城市改建综合开发公司、中国农业工程研究设计院、珠海市东兴房地产开发公司，建设部建筑设计院主任工程师，现任中国建筑设计研究院机电专业设计研究院暖通空调设计研究所副所长，全国暖通空调及净化设备标准化技术委员会委员。

长期从事暖通空调工程设计工作，参与了十几项大中型建筑工程的设计。在农业工程和民用建筑工程中积累了丰富的工程设计经验。如“密云孵化场”、“中央警卫局固安生产温室”、“深圳万景花园”、“珠海雍和花园”、“烟台开发区现代商城”、“北京金阳大厦”（建设部优秀设计三等奖）、“国家电网调度控制中心”（建设部优秀设计三等奖、北京市优秀设计二等奖、国家优秀工程银质奖，空调设计获第五届《暖通空调》优秀工程设计实例论文奖）、“国兴家园（北京市优秀设计二等奖）”、“西直门交通枢纽及配套服务用房”（院空调专业设计一等奖，综合设计二等奖）、“唐山凤凰园居住小区”（院优秀设计三等奖）……。

在蓄冷和蓄热的理论和设计应用方面有潜心的研究，先后设计了“国家电网调度控制中心冰蓄冷空调”、“中国大饭店冰蓄冷工程”、“西直门交通枢纽冰蓄冷空调初步设计和可行性研究”；参与了多个冰蓄冷工程的方案设计、方案指导、工程评标工作，是《全国民用建筑工程设计技术措施——暖通空调·动力》中的蓄冷系统的设计、溴化锂吸收式制冷和空调水系统等章节的主笔，《民用建筑制冷空调设计资料集　办公、公寓式办公》主编。

前 言

近几年，国内蓄冷空调工程得到了迅猛发展，一百多个水蓄冷和冰蓄冷空调工程投入了使用，对改善和缓解电力供需矛盾，平抑电网峰谷差起到了积极作用，取得了很好的社会效益和经济效益，备受业内人士和电力公司的瞩目。然而，目前蓄冷空调工程主要依靠专业公司开拓市场，多数工程仍处于被动设计阶段；同时，亦有个别工程设计、施工、控制运行还存在值得商榷之处。为了更好地推动蓄冷空调事业的发展，规范和简化蓄冷系统设计，设计、施工及建设单位急需一套蓄冷系统设计施工的参考资料和图集。

相似的建筑不同的业主要求、不同地区不同的电价政策等，如何选择蓄冷空调经济合理的系统形式，如何贯彻国家经济政策及现行规范要求，及时转变不合时宜的设计理念。在这里提出了作者处理实际工程的一些技术方法和形式，供同行朋友共同探讨。

为了满足广大工程设计、施工人员的迫切需要，本书以典型工程实例形式编著整理了近五年来在大、中型民用建筑工程中具有代表性的蓄冷空调设计，以蓄冷空调设计要点为引导，经过可行性分析、方案设计到初步设计和施工图设计。这些蓄冷空调工程涉及到：串联系统、并联系统；内融冰、外融冰系统；蓄热系统；低温大温差送水系统；冬季天然冷源供冷系统；冰蓄冷与水源热泵系统；蓄冰设备包括钢盘管（BAC、RH）、塑料盘管（FAFCO）、冰球（CIAT、华源）；整体蓄冰设备、土建蓄冰槽体等。本书是适应科技进步和建筑行业迅猛发展之新形势的产物，力求内容新颖，覆盖面广，是从事建筑设备工程设计、施工人员及建设单位技术人员实用参考用书，也可供大专院校有关师生教学参考。

本书由宋孝春担任主编，中国建筑设计研究院院长、中国暖通空调技术信息网理事长张文成担任编委会主任。特邀请中国建筑设计研究院（原建设部建筑设计研究院）专业总工程师、工程设计大师、教授级高级工程师李娥飞担任主审。在编写过程中，得到很多同行及朋友的热情支持和帮助，提供了不少宝贵意见和资料，在此致以真诚的谢意。

资料集中图例符号及有关规定、做法与国家现行规范、标准有不一致之处，应以规范、标准为准。限于编者水平，对书中谬误之处，恳请读者批评指正。

目 录

第一部分　蓄冷空调设计要点

中国建筑设计研究院　宋孝春

一、设计前提条件

制冷以电为驱动能源的空调工程，符合下列条件之一时，可采用蓄冷系统。

1. 非全日制空调工程或昼夜负荷相差悬殊的空调工程；
2. 空调负荷峰谷悬殊的连续空调工程；
3. 无电力增容条件或限制增容的空调工程；
4. 某一时段限制空调制冷用电的空调工程；
5. 需备用冷源的空调工程；
6. 要求采用低温冷水或低温送风的空调工程；
7. 获得电力补贴或通过技术经济比较，确能获得经济效益的空调工程。

二、蓄冷介质的选用

1. 水：利用水温变化储存的显热量[4.184kJ/(kg·K)]——显热式蓄冷，一般蓄冷温差为6～10℃，蓄冷温度为4～6℃；单位蓄冷能力低（7～11.6kWh/m³）。蓄冷体积大，适宜现有工程的改造、规模较小或有其他可资利用水池的工程。

2. 冰：利用冰的溶解潜热储存冷量（335kJ/kg）——潜热式蓄冷。单位蓄冷能力大（40～50kWh/m³）。蓄冷体积小，可提供较低的空调供水温度，制冷机制冰温度低（－4～－8℃），效率下降。适宜单位建筑面积造价高的工程。

3. 共晶盐：无机盐与水的混合物，相变温度5～8℃，单位蓄冷能力约为20.8kWh/m³。制冷机可按空调运行工况运行，效率高；运行费用低，初投资高。

三、蓄冷类型的选择

1. 全蓄冷：在电网高峰时段内，蓄冷设备提供全部的空调负荷。运行费用低，设备投资高，适宜短时段空调或限制制冷用电的空调工程。

2. 部分蓄冷：在电网高峰时段内，蓄冷设备提供部分的空调负荷。设备投资低，能充分发挥所有设备能力，应优先采用。

四、融冰方式的选择

盘管式蓄冷设备是由浸在冰槽中的盘管构成换热表面。在蓄冷时，载冷剂在盘管内循环，吸收水的热量，在盘管外表面形成冰层。而取冷方式有两种。

1. 外融冰：槽内水参与空调水循环或换热，冰层由外向内融化。供水温度1～3℃，一般蓄冰率不大于50%；采用压缩空气加强冰水换热。适宜大型区域供冷和低温送风工程。

2. 内融冰：与空调水换热的载冷剂在盘管内循环，冰层由内向外融化，槽内水为静态。载冷剂送冷温度2.2～5℃。适宜单体建筑的常温及低温送风工程。

五、蓄冷设备的选用

1. 双工况制冷主机

蓄冷系统的制冷机是在制冷工况和制冰工况下运行，应兼顾这两种工况都能达到高能效比的制冷机。宜选用螺杆式制冷机，较大工程也可采用三级压缩离心式制冷机，较小工程可采用活塞式制冷机。

（1）制冷机在制冰工况的产冷量小于空调工况制冷量，一般蒸发温度每降低1℃，产生冷量会减少2%～3%；设计时应根据设备性能参数确定。

（2）冷凝温度每降低1℃，产冷量可提高1.5%，风冷系统按干球温度计算；水冷系统可不考虑。

2. 盘管式蓄冰装置

（1）蛇形盘管（BAC、RH）：钢制，连续卷焊（国产为无缝钢管焊接）而成的立置蛇形盘管，外表面热镀锌，管外径26.67mm（1.25″），冰层厚度为30mm。可内融冰也可外融冰；取冷均匀，温度稳定。

（2）圆形盘管（Clamac、Dunham-Bush）：盘管为聚乙烯管，外径分别为16mm和19mm。为内融冰方式，并作成整体式蓄冰筒。

（3）U形盘管（Fafco）：盘管由耐高温的石蜡脂喷射成型，每片盘管由200根外径为6.35mm的中空管组成。管两端与直径50mm的集管相联。管径很细，载冷剂系统应加强除污设施。

3. 封装式蓄冰装置

将蓄冷介质封装在球形或板形小容器内，并将许多蓄冷小容器密集地放置在密封罐或开式槽体内。载冷剂在小容器外流动，将其中蓄冷介质冻结或融化。运行可靠，单位取冷率高，流动阻力小，载冷剂充注量大（40%）。

（1）冰球（CIAT）：硬质塑料制成空心球，壁厚1.5mm，外径95mm或77mm。封装球内充水（91%），水在其中冻结蓄冷。

（2）蕊芯冰球（华源）：为增强换热和配重，在冰球两侧设置中空金属蕊芯。

（3）冰板（Reaction）：由高密度聚乙烯制成812mm×304mm×44.5mm中空冰板，板中充注去离子水。冰板有次序地放置在卧式圆形密封罐内（80%），制冷剂在板外流动换热。

4. 冰晶式蓄冷装置

将低浓度载冷剂经超冰机冷却至冻结点温度以下，产生细小（直径100μm）而均匀的冰晶，与载冷剂形成泥浆状的物质，储存在蓄冷槽内。融冰速率高，供冷温度低（0℃），制冷与供冷可同时进行。

六、蓄冷系统的确定

应根据建筑物类型及设计日冷负荷曲线、空调系统规模及蓄冷装置特性等因素确定。

1. 有足够的空间设置蓄冷水池的非高层建筑，可采用开式蓄冷水池的显热蓄冷系统。

2. 蓄冷时段仍需供冷时，宜另设直接向空调系统供冷的基载主机，基载主机与蓄冷系统并联设置。

3. 蓄冷时段所需冷量较少时，也可不设基载主机，由蓄冷系统同时蓄冷和供冷。

4. 空调水系统规模较小，工作压力较低时，可直接采用乙二醇循环，否则宜采用板式热交换器换热循环，向空调系统供冷。

5. 并联与串联的确定：冰蓄冷系统可采用并联或串联两种形式。

（1）并联系统：双工况制冷机与蓄冰装置并联设置。

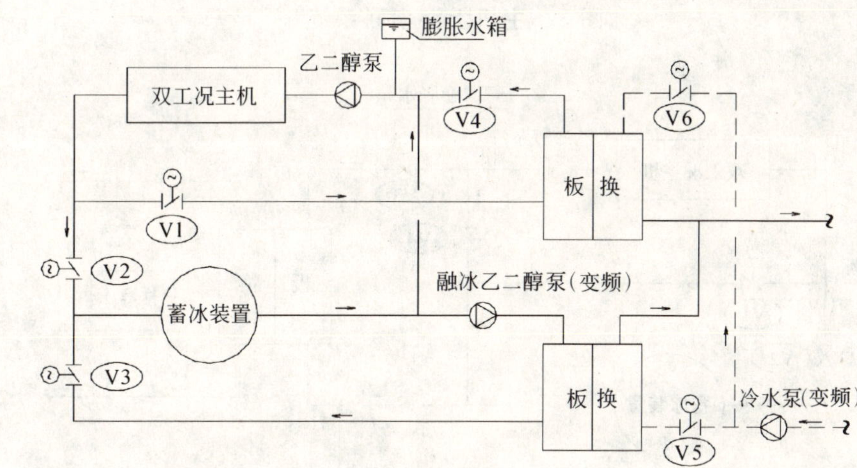

图1　并联系统

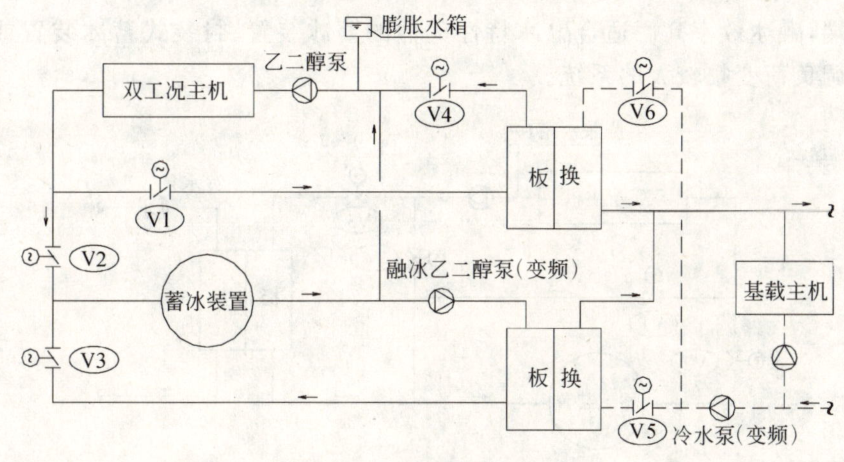

图2　有基载的并联系统

两个设备均处在高温(进口温度 8～11℃)段，能均衡发挥各自的效率，融冰泵采用变频控制，所有电动阀可双位开闭；但其配管、流量分配、冷媒温度控制、运转操作等较复杂。适宜全蓄冷系统和供水温差小(5～6℃)的部分蓄冷系统。

(2) 串联系统：双工况主机与蓄冰装置串联布置，控制点明确，运行稳定，可提供较大温差(≥7℃)供冷。

① 主机上游：制冷机处于高温端，制冷效率高，而蓄冰装置处于低温端，融冰效率低。适合融冰特性较理想的蓄冰装置或空调负荷平稳变化的系统。

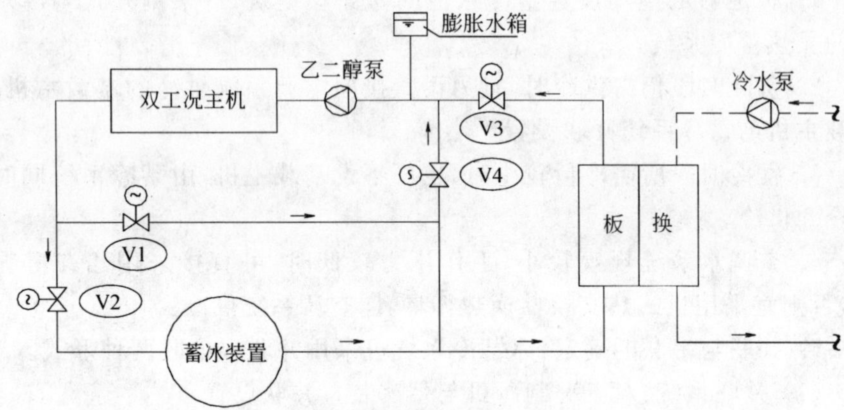

图 3　主机上游串联系统

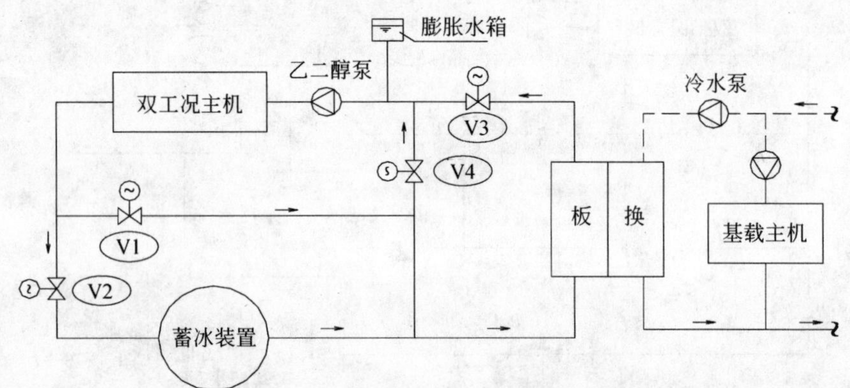

图 4　有基载的主机上游串联系统

② 主机下游：制冷机处于低温端，制冷效率低，而蓄冰装置处于高温端，融冰效率高。适合融冰特性欠佳的蓄冰装置、封装式蓄冰装置或空调负荷变幅较大的系统。

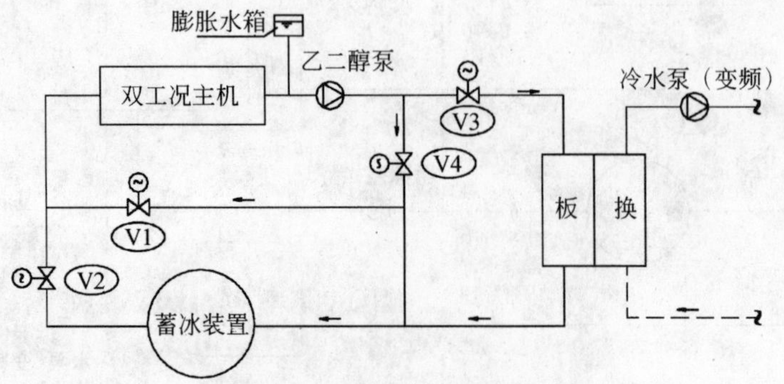

图 5　主机下游串联系统

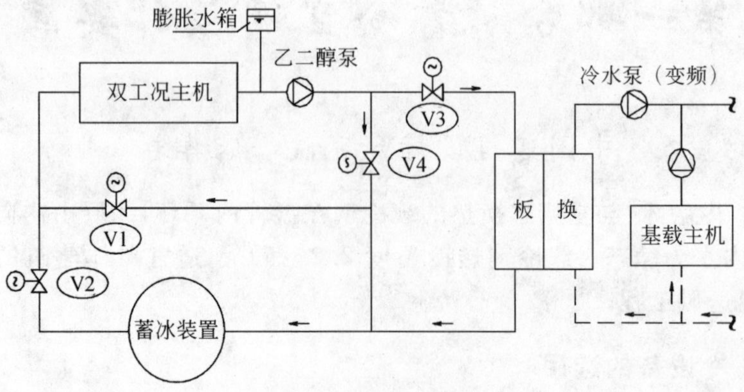

图 6　有基载的主机下游串联系统

③ 外融冰系统：为开式系统，蓄冰装置内的水为动态，效率高，融冰速率大，释冷温度 1～3℃。适于工业用冷水和区域供冷空调系统。

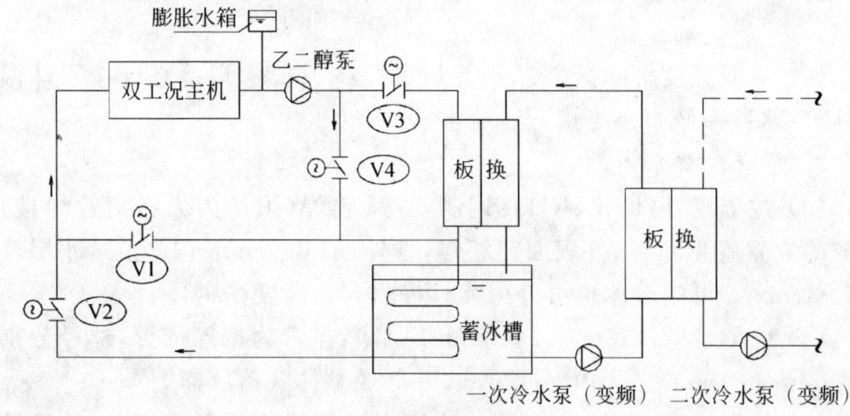

图 7　外融冰系统

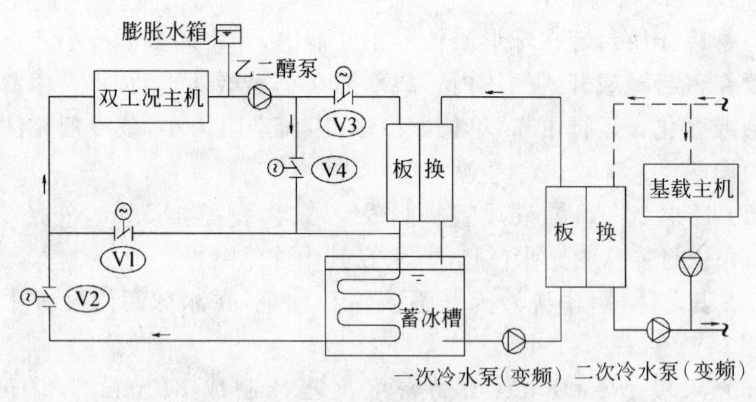

图 8　有基载的外融冰系统

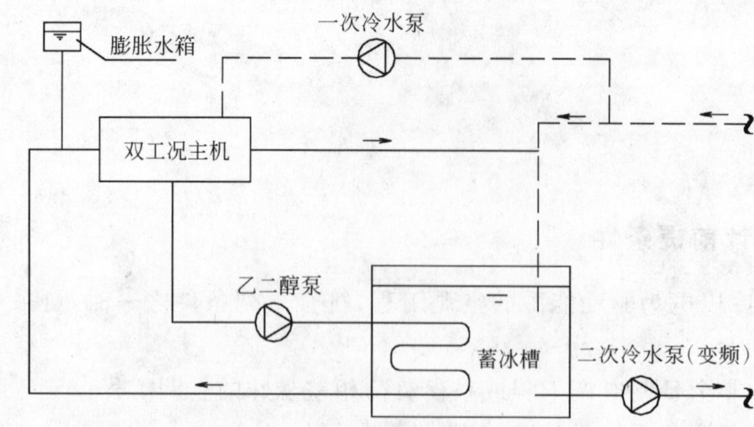

图 9　双蒸发器外融冰系统

④ 双蒸发器外融冰系统：为开式系统，释冷温度 1～3℃。双工况主机设两个蒸发器，夜间制冰为乙二醇蒸发器，白天制冷为冷水蒸发器；冷水不需换热直接进入冰槽融冰，白天可提高主机效率，减少一次冷水泵扬程。适于大型区域供冷空调系统。

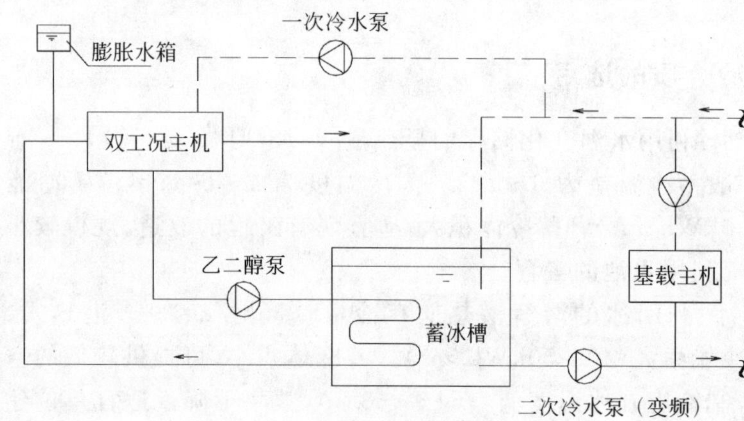

图 10　有基载的双蒸发器外融冰系统

七、蓄冷负荷的确定

应根据设计日逐时气象数据、建筑围护结构、人员、照明、内部设备以及工作制度，采用动态计算法逐时计算，绘制全日冷负荷曲线图，求出设计日空调总冷量。

$$Q=\sum_{i=1}^{n} q_i \cdot l_i$$

式中　Q——设计日空调总冷量，kW·h 或 RT·h；

l_i——设计日相同冷负荷发生的时数，h；

q_i——设计日 i 时间冷负荷，kW 或 RT。

在方案设计或初步设计阶段，可采用系数法或平均法，根据峰值负荷估算设计日逐时冷负荷。

1. 系数法：利用常规制冷估算冷负荷方法计算设计日峰值负荷，乘以不同功能建筑逐时冷负荷系数求得逐时冷负荷。

$$q_i=k \cdot q_{max}$$

式中　k——逐时冷负荷系数，见下表；

q_{max}——峰值小时冷负荷，kW 或 RT。

逐时冷负荷系数 k

时间	写字楼	宾馆	商场	餐厅	咖啡厅	夜总会	保龄球
1:00	0	0.16	0	0	0	0	0
2:00	0	0.16	0	0	0	0	0
3:00	0	0.25	0	0	0	0	0
4:00	0	0.25	0	0	0	0	0
5:00	0	0.25	0	0	0	0	0
6:00	0	0.50	0	0	0	0	0
7:00	0.31	0.59	0	0	0	0	0
8:00	0.43	0.67	0.40	0.34	0.32	0	0
9:00	0.70	0.67	0.50	0.40	0.37	0	0
10:00	0.89	0.75	0.76	0.54	0.48	0	0.30
11:00	0.91	0.84	0.80	0.72	0.70	0	0.38
12:00	0.86	0.90	0.88	0.91	0.86	0.40	0.48
13:00	0.86	1.00	0.94	1.00	0.97	0.40	0.62
14:00	0.89	1.00	0.96	0.98	1.00	0.40	0.76
15:00	1.00	0.92	1.00	0.86	1.00	0.41	0.80
16:00	1.00	0.84	0.96	0.72	0.96	0.47	0.84
17:00	0.90	0.84	0.85	0.62	0.87	0.60	0.84
18:00	0.57	0.74	0.80	0.61	0.81	0.76	0.86
19:00	0.31	0.74	0.64	0.65	0.75	0.89	0.93
20:00	0.22	0.50	0.50	0.69	0.65	1.00	1.00
21:00	0.18	0.50	0.40	0.61	0.48	0.92	0.98
22:00	0.18	0.33	0	0	0	0.87	0.85
23:00	0	0.16	0	0	0	0.78	0.48
24:00	0	0.16	0	0	0	0.71	0.30

注：本表摘自《冰蓄冷系统设计》，彦启森、赵庆珠。

2. 平均法：设计日总冷量应按下式计算：

$$Q=\sum_{i=1}^{24} q_i \cdot l_i = n \cdot m \cdot q_{\max} = n \cdot q_{\rm p}$$

式中 q_i——i 时刻空调冷负荷，kW；

$q_{\max}$——峰值小时冷负荷，kW；

$q_{\rm p}$——日平均冷负荷，kW；

m——平均负荷系数，等于日平均冷负荷与峰值小时冷负荷的比值，一般取 0.75～0.85。

八、蓄冰装置容量的确定

1. 全蓄冰系统

根据空调运行时数和蓄冰时数确定。

(1) 蓄冰装置容量

$$Q_{\rm s}=\sum_{i=1}^{n} q_i \cdot l_i$$

式中 $Q_{\rm s}$——蓄冰装置容量，kWh 或 RT·h；

n——蓄冰空调运行小时数。

(2) 制冷机容量

$$q_{\rm c}=\frac{Q}{n_2 \cdot c_{\rm f}}$$

式中 $q_{\rm c}$——空调工况制冷机制冷量 kW 或 RT；

$c_{\rm f}$——制冷机制冰工况系数，即制冷机制冰工况与空调工况制冷能力的比值。活塞式水冷 0.6，风冷 0.65；三级离心式约为 0.6～0.7；螺杆式冷水机约为 0.70；

n_2——制冷机制冰工况下的运行小时数，一般取所在城市低谷电价时数。

2. 部分蓄冰系统

应充分发挥所有设备的作用，均衡配置系统设备，根据蓄冷总负荷、制冷和蓄冰联合供冷时数和制冷机制冰时数确定。

(1) 制冷机容量

$$q_{\rm c}=\frac{Q}{c_1 \cdot n_1 + c_{\rm f} \cdot n_2}$$

式中 n_1——白天双工况主机制冷运行小时数，h；

c_1——有换热设备时双工况主机制冷工况系数，一般取 0.8～0.95。

(2) 蓄冰装置容量

$$Q_{\rm s}=n_2 \cdot c_{\rm f} \cdot q_{\rm c}$$

3. 冰蓄冷系统的运行温度

根据双工况主机和蓄冰装置特性及蓄冰系统形式确定。

(1) 常温制冷冷水温度 7℃/12℃，低温大温差供冷冷水温度 3℃/13℃。

(2) 蓄冰装置供冷温度 3～5℃，低温系统 1～3℃。

(3) 双工况主机制冰温度 −5～−7℃/−1～−3℃，制冷工况温度 3～6℃/8～11℃。

以上温度参数确定后，需经蓄冰装置的蓄冰和融冰供冷特性曲线校核计算确定。

九、蓄冷系统的控制

应配置较完善的检测及自动控制装置进行优化控制，解决各工况的转换操作，蓄冷系统供冷温度和空调供水的温度控制以及双工况主机和蓄冷装置供冷负荷的合理分配。

1. 应合理配置电动阀（三通或两通）实现双工况主机蓄冰、主机单独供冷、蓄冷装置单独供冷及主机与蓄冷装置联合供冷四种工况运行方式的转换。

2. 应配置完善的检测及自动调节装置，实现各工况运行方式的能量调节及温度控制。

(1) 主机蓄冷工况　封装式蓄冰装置根据给定的冷机蒸发温度测定蓄冰结束；开式蓄冷装置可根据液位变化，测定蓄冰量。

(2) 主机单独供冷　根据恒定冷机出口温度调整主机出力。

(3) 蓄冷装置单独供冷　恒定蓄冷装置出口温度，调节进入蓄冷装置内载冷剂流量，控制融冰供冷量。

(4) 联合供冷　恒定主机与蓄冷装置混合温度，来进行主机的能量调节；调节进入蓄冷装置内载冷剂的流量，控制融冰供冷量。实现系统供冷负荷的控制。

(5) 优化控制　应进行每天的逐时负荷预测及建筑物逐时逐日负荷的不断积累，决定每日主机开机供冷时段，尽可能地发挥蓄冰装置的供冷能力。

(6) 冷冻水温度控制　恒定冷冻水供水温度，调节进入板式换热器的载冷剂流量。

十、部分蓄冷系统控制关键点设置

1. 串联系统控制点

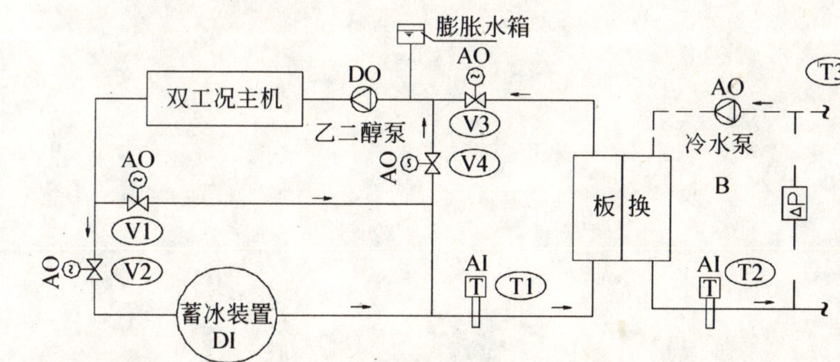

图 11　串联系统自控原理图

(1) 主机蓄冰工况　V1、V3 全闭，V2、V4 全开，冰槽液位测定蓄冰量，蓄到预定值时停机；

(2) 主机单独供冷　V2 全闭，V1、V3 全开，根据 T1 恒定来控制主机能量调节；

(3) 蓄冷装置单独供冷　恒定 T1，调节 V1、V2 开度，改变进入冰槽载冷剂流量；

(4) 联合供冷　恒定 T1，控制主机能量调节及调节 V1、V2 开度，改变进入冰槽载冷剂流量；

(5) 冷水供冷控制　以上(2)、(3)、(4)工况，T2 恒定，调节 V3、V4 开度，改变进入板式换热器的载冷剂流量；恒定负荷侧压差 ΔP，改变冷水泵 B 频率，以均衡负荷侧供冷量。

2. 并联系统控制点

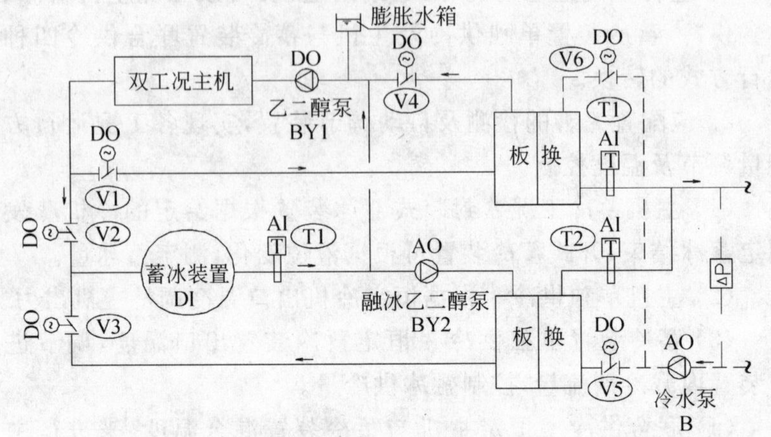

图 12　并联系统自控原理图

(1) 主机蓄冰工况　V1、V3、V4 全闭，V2 全开，BY2 泵停，BY1 泵开；冰槽液位测定蓄冰量，蓄到预定值时停机；

(2) 主机单独供冷　V2、V3、V5 全闭，V1、V4 全开，BY2 泵停，BY1 泵开；根据 T1 恒定来控制主机能量调节；

(3) 蓄冰装置单独供冷　V1、V2、V4、V6 全闭，V3、V5 全开，BY1 泵停，恒定 T2，融冰乙二醇泵变频控制，改变进入冰槽载冷剂流量；

(4) 联合供冷　V1～V6，BY1、BY2 全开，恒定 T1，控制主机能量调节；恒定 T2，融冰乙二醇泵变频控制，改变进入冰槽载冷剂流量；

(5) 冷水供冷控制　恒定负荷侧压差 ΔP，改变冷水泵 B 频率，以均衡负荷侧供冷量。

十一、载冷剂

一般为 25%～30%(质量比)乙二醇水溶液，其密度、黏度、比热与水不同。一般双工况主机制冷量下降约 2%、板式换热器传热系数下降约 10%，在设计中应明确提出双工况主机及板式换热器的载冷剂种类和溶液浓度要求；计算载冷剂系统管道阻力和流量、乙二醇泵流量时，应按以下系数加以修正。

1. 25%乙二醇水溶液(质量比)，相变温度 −10.7℃，在同样载冷量和温度条件下，所需流量约是水的 1.08 倍。管道阻力修正系数：5℃时为 1.22 倍，−5℃时为 1.36 倍。

2. 30%乙二醇水溶液(质量比)，相变温度 −14.1℃，在同样载冷量和温度条件下，所需流量约是水的 1.1 倍。管道阻力修正系数：5℃时为 1.257 倍，−5℃时是 1.386 倍。

3. 应确保系统的密闭性，内漏和外漏对两侧的相变温度都有影响。乙二醇与锌有化学反应，不应采用镀锌钢管(内侧)及含锌材质的设备。

4. 载冷剂管路为闭式系统，应设置定压及膨胀装置。封装式蓄冰装置，应考虑蓄冰单元冰水相变体积膨胀(一般为 9%)挤占载冷剂容积，膨胀水箱应能容纳这部分膨胀量。

十二、其他

1. 双工况主机台数不宜少于 2 台，不设备用。

2. 乙二醇泵应按双工况主机一对一匹配设置，应设备用泵。

3. 空调冷水泵根据系统规模确定，不应少于 2 台，不设备用泵，宜采用变频控制。

4. 乙二醇管路应采用同程布置，宜采用闭式膨胀水箱定压方式。

5. 乙二醇管路应进行水力计算，各并联环路阻力差额不应大于 10%。比摩阻宜控制在 50～200Pa/m，可查冷水管路计算表，阻力值按第十一项修正。

第二部分　蓄冷空调可行性分析

第一章　西直门综合交通枢纽蓄冷空调可行性分析

中国建筑设计研究院　宋孝春

0　工程概述

本工程总用地面积5.99hm^2，南北走向，位于北京市城区西北角，古西直门附近，是通往西北郊区的门户，中关村科技园的“龙头”，总建筑面积263906.6m^2，其地下94259.5m^2，地上169647.1 m^2。建筑主体高度100m，地上23层，裙房6层，地下3层。

该工程为一综合性多功能建筑，裙房6层为商场、餐饮等商业中心，其上为3座100m高的弧形全玻璃写字楼，七至二十一层为办公、会议室，二十二层为设备层，二十三层为通透式展示大厅。北部是18层60m高的回迁办公楼。办公楼与商业中心之间以架空的裙房相连，下方设有高架公交车道。地下一层为大型超市，地下二、三层为北京之首的大型对外收费式地下汽车库，局部地下二、三层为两层通高的机电设备机房。

1　冰蓄冷设计的可靠性

根据本建筑使用功能主要为商场、办公、餐饮，其空调使用在白天，夜间基本不供冷。如此空调负荷的建筑，对蓄冰空调实现移峰填谷极为有利。

冰蓄冷技术和大温差超低温送风相结合已被暖通界和电力行业广泛提倡的未来空调制冷发展方向，是充分利用电力峰谷差价和蓄冰能力的空调方式，也是降低蓄冰空调初投资和运行费用的可靠方法，是国内领先世界一流的制冷空调技术。

2　冰蓄冷的可行性

据估算，夏季冷负荷40496.4kW，其中裙房冷负荷28831.4kW，占71%；设计日总冷量411652.8kW·h，连续空调总冷量为零，设计日总蓄冰冷量411652.8kW·h。

蓄冰制冷选用7台3410kW(970USRT)螺杆式双工况主机，夜间制冰，白天供冷。蓄冰盘管安装在钢筋混凝土蓄冰水槽中，并利用制冷机房附属设备下做3m深的夹层水槽以减少蓄冰设备占地面积，总潜热蓄冰冷量173704kW·h(49400RT·h)，可提供2.2℃低温水。

常规空调制冷需选用9台4395kW(1250USRT)离心式冷水机组和一台1055kW(300USRT)螺杆式冷水机组，并按二次泵系统设计。显然冷水机组、一次水泵、冷却水泵、冷却塔的数量和容量都要增加。

西直门工程冰蓄冷设计经初步设计估算，其经济性是可行的。机房设备增加投资664.84万元(增加率13.5%)，系统年节约电费237.8万元(未计算低温水和低温风之节电费)，回收年限2.8年；减电增容4000kW，设计日移高峰电量15311kW·h，移平峰电量21378kW·h。

3　关于低温送风的可行性

另外，冰蓄冷系统提供超低温水(<3℃)是力所能及的，不采用是一种能力的浪费。常温空调冷冻水温度为7/12℃，温差5℃，计算冷冻水量4959m^3/h，7台(一台备用)90kW水泵，冷冻水总管直径800mm(流速3m/s)；初步设计裙房系统采用4/12℃，温差8℃，计算冷冻水量3100m^3/h，6台(一台备用)90kW水泵，冷冻水总管直径600mm(流速3m/s)。由此可见，水量减少37.5%，水泵功率减少90kW，设计日减少运行电量1080kW·h(运行12h)，年减少121500kW·h，电费按0.7元计，约节省8.5万元，水泵初投资减少19.2万元。水管直径减少200mm。

由于超低温水的供应，使得低温送风成为可能。空调常温送风温度15℃，温差10℃；低温送风温度10℃，温差15℃，送风风量可减少37%。初步估计为55台空调机组，总送风量86.5万m^3/h，平均每台风量15720 m^3/h，电功率11kW，总风管断面1250mm×500mm；如改为常温送风空调，总送风量129.7万m^3/h，平均每台风量23581m^3/h，电功率15kW，总风管断面1600mm×630mm，裙房部分吊顶高度可提高近150mm，换言之建筑层高可减少150mm；年节省电费约20.8万元，初投资减少116万元。另外，由于空调机组的减小，使得空调机房面积节省。

关于结露问题的担心，我们认为在严格设计、施工指导下，完全可以避免。首先，常温系统管道亦需要保温，低温系统只不过需要加强保温，何况蓄冰系统乙二醇温度为－6℃，其结露问题也易解决。另外，低温送风口结露也不成问题，高诱导风口(旋流风口)技术在国内低温送风系统已经得到了检验；而且西直门工程采用的送风温度为10℃，并非超低温风7℃，另外，常温风系统送风温度设计也曾达到10℃，均未出现问题。现国内已经投入运行的低温送风空调的工程如国家电力公司办公楼、上海科技城。

综上所述，低温水和低温风的应用，设备初投资减少102.8万元，每年节省电费约29.3万元。由于水管和风管断面减少，裙房商场及餐饮吊顶可以增高150mm，低温送风使得空调品质得以改善，其带来的商业价值亦很可观。另外，除湿能力增加相对湿度下降，在同等舒适度的情况下，室内温度可以适当提高，建筑能耗亦可降低，体现了节能政策。

4　关于大温差送水和低温送风投资分析

4.1　系统投资分析

根据原初设B～G区(空调面积13.7万m^2)概算统计，风路系统(包括风管及橡塑保温、防火阀、调节阀、消声器、风口)材料和人工投资2292.6万元，单位面积投资167.3元/m^2；水路系统(包括水管及橡塑保温、水阀及过滤器)材料和人工投资769.2万元，单位面积投资56.1元/m^2。

现建筑方案裙房面积 9 万 m^2，按原概算单位面积投资估算，风路系统投资 1505.7 万元；水路系统投资 504.9 万元。

如果按常规制冷考虑，风路系统投资 2258.5 万元（温差比值：低温送风 15℃/常温送风 10℃＝1.5）；水路系统投资 807.8 万元（温差比值：低温送水 8℃/常温送水 5℃＝1.6）。

这样，常温空调风水路系统及空调机组投资 3066.3 万元；低温风水路系统及空调机组投资 2010.6 万元，节省投资 1055.7 万元。

4.2 送风口投资分析

裙房 9 万 m^2 面积送风口按 2500 个计，常温空调散流器送风口 300×300 单价 370 元，配 400×400×400 静压箱（橡塑保温）单价 264 元，合计单价 634 元，合计 158.5 万元；低温风口按德国妥思公司接口 250×250，面板 600×600VDL 型可调式旋流风口（与变风量末端带风机有本质区别，不要混淆，因为并非超低温风 7℃，而设计为 10℃的目的是节省末端风口的投资且避免风险）国产单价 700 元，进口单价 1400 元，合计 175 万元或 350 万元。投资增加 16.5 万元或 191.5 万元。

5 经济指标比较

项　目	常规空调系统	蓄冰空调系统
制冷机房设备投资（万元）	4920.31	5585.16
空调机组投资（万元）	648.45	532.4
风系统投资（万元）	2258.5	1505.7
水系统投资（万元）	807.8	504.9
送风口投资（万元）	158.5	350
综合投资合计（万元）	8793.56	8478.16
综合投资差额（万元）		**−315.4**
年节省电费（万元）		**258.63**
制冷机房面积（m^2）		+291
变配电室面积（m^2）		−150
冷却塔占地面积（m^2）		−500
空调机房最小面积（m^2）		−170
削峰电负荷（kW）		4000
设计日移高峰电量（kW·h）		15311
设计日移平峰电量（kW·h）		21378

注：上述经济分析①未计算空调机房面积减少 170m^2 而增加的销售金额；②未考虑冷却塔占地面积减少 500 m^2 而对屋面布置带来的益处；③未计算风水管断面减少 150mm 将七层商场吊顶提高而带来的商业价值。

结论：通过技术经济分析，蓄冷空调综合初投资减少 315 万元，年节省电费 258 万元；削峰电负荷 4000kW，设计日移高峰电量 15311kW·h，移平峰电量 21378kW·h。社会效益和经济效益明显，所以本工程建议采用冰蓄冷技术和大温差送水加低温送风系统。

6 蓄冰系统计算分析和机房布置平面图

设计日逐时冷负荷表

时间	逐时冷负荷（kW）				总冷负荷（RT）
	商场	餐厅	办公	合计	
0:00				0.0	0
1:00				0.0	0
2:00				0.0	0
3:00				0.0	0
4:00				0.0	0
5:00				0.0	0
6:00				0.0	0
7:00			3616.2	3616.2	1028
8:00	9906.8	1606.8	5016.0	16529.6	4701
9:00	12383.5	1890.4	8165.5	22439.4	6382
10:00	18822.9	2552.0	10381.9	31756.8	9031
11:00	19813.6	3402.7	10615.2	33831.5	9621
12:00	21795.0	4300.7	10031.9	36127.5	10274
13:00	23281.0	4726.0	10031.9	38038.9	10818
14:00	23776.3	4631.5	10381.9	38789.7	11031
15:00	24767.0	4064.4	11665.0	40496.4	11517
16:00	23776.3	3402.7	11665.0	38844.0	11047
17:00	21052.0	2930.1	10498.5	34480.6	9806
18:00	19813.6	2882.9	6649.1	29345.5	8346
19:00	15850.9	3071.9		18922.8	5381
20:00	12383.5	3260.9		15644.4	4449
21:00	9906.8	2882.9		12789.7	3637
22:00				0.0	0
23:00				0.0	0
合　计	257329	45606	108718	411652.8	117079

设计日冷负荷曲线

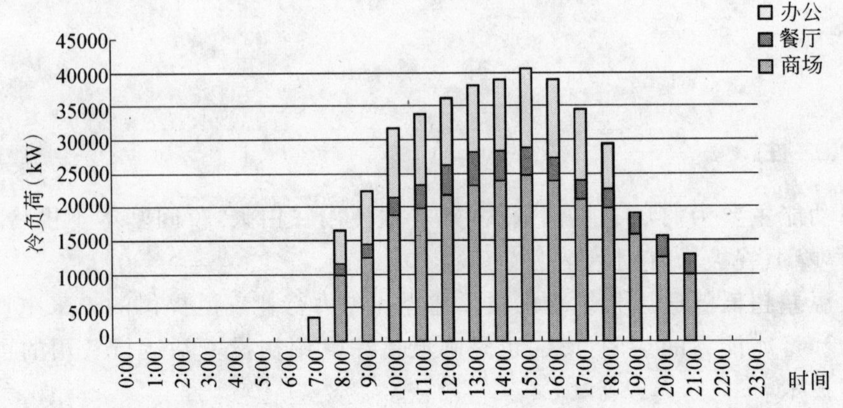

设计日负荷平衡表

时　间	总冷负荷(RT)	制冷机制冷量(RT)		蓄冰槽(RT)		取冷率(%)
		主机制冰	主机制冷	储 冰 量	融 冰 量	
0:00		6000		17949		
1:00		5800		23729		
2:00		5600		29309		
3:00		5400		34689		
4:00		5200		39869		
5:00		4800		44649		
6:00		4753		49400		
7:00	1028		1028	49380		
8:00	4701		970	45629	3731	7.55
9:00	6382		3880	43107	2502	5.06
10:00	9031		5820	39876	3211	6.50
11:00	9621		6790	37025	2831	5.73
12:00	10274		6790	33521	3484	7.05
13:00	10818		6790	29473	4028	8.15
14:00	11031		6790	25212	4241	8.59
15:00	11517		6790	20465	4727	9.57
16:00	11047		6790	16188	4257	8.62
17:00	9806		6790	13152	3016	6.11
18:00	8346		6790	11576	1556	3.15
19:00	5381		3880	10055	1501	3.04
20:00	4449		2910	8496	1539	3.12
21:00	3637		970	5809	2667	5.40
22:00				5789		
23:00		6200		11969		
合计	117069	43753	73778		43291	87.63

负荷(80%)平衡表

时　间	总冷负荷(RT)	制冷机制冷量(RT)		蓄冰槽(RT)		取冷率(%)
		主机制冰	主机制冷	储 冰 量	融 冰 量	
0:00		6000		18847		
1:00		5800		24627		
2:00		5600		30207		
3:00		5400		35587		
4:00		5200		40767		
5:00		4800		45547		
6:00		3855		49400		
7:00	822		822	49380		
8:00	3761		0	45599	3761	7.61
9:00	5106		970	41444	4136	8.37
10:00	7225		2910	37109	4315	8.73
11:00	7697		2910	32302	4787	9.69
12:00	8219		6790	30853	1429	2.89
13:00	8654		6790	28968	1864	3.77
14:00	8825		6790	26914	2035	4.12
15:00	9214		6790	24470	2424	4.91
16:00	8838		6790	22402	2048	4.14
17:00	7845		6790	21328	1055	2.14
18:00	6677		2910	17541	3767	7.63
19:00	4305		0	13216	4305	8.71
20:00	3559		0	9637	3559	7.20
21:00	2910		0	6707	2910	5.89
22:00				6687		
23:00		6200		12867		
合　计	93655	42855	51262		42393	85.82

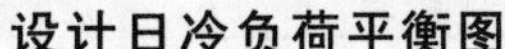

设计日冷负荷平衡图

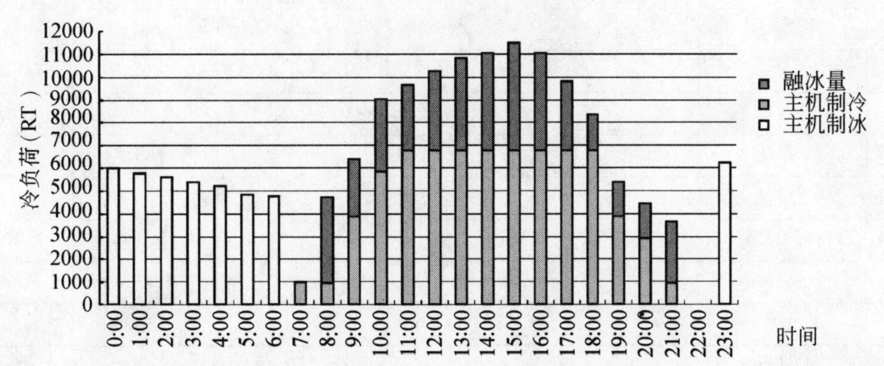

冷负荷(80%)平衡图

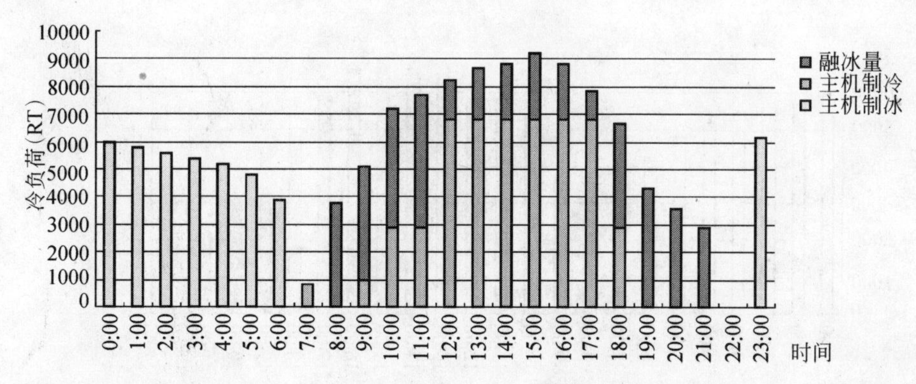

负荷(60%)平衡表

时间	总冷负荷(RT)	制冷机制冷量(RT)		蓄冰槽(RT)		取冷率(%)
		主机制冰	主机制冷	储冰量	融冰量	
0:00		6000		18775		
1:00		5800		24555		
2:00		5600		30135		
3:00		5400		35515		
4:00		5200		40695		
5:00		4800		45475		
6:00		3927		49400		
7:00	617		617	49380		
8:00	2821		0	46539	2821	5.71
9:00	3829		0	42690	3829	7.75
10:00	5419		970	38222	4449	9.01
11:00	5773		970	33399	4803	9.72
12:00	6164		3880	31095	2284	4.62
13:00	6491		4850	29434	1641	3.32
14:00	6619		4850	27645	1769	3.58
15:00	6910		4850	25565	2060	4.17
16:00	6628		4850	23767	1778	3.60
17:00	5884		970	18833	4914	9.95
18:00	5008		970	14776	4038	8.17
19:00	3229		0	11527	3229	6.54
20:00	2669		0	8838	2669	5.40
21:00	2182		0	6635	2182	4.42
22:00				6615		
23:00		6200		12795		
合计	70241	42927	27776.8		42465	85.96

冷负荷(60%)平衡图

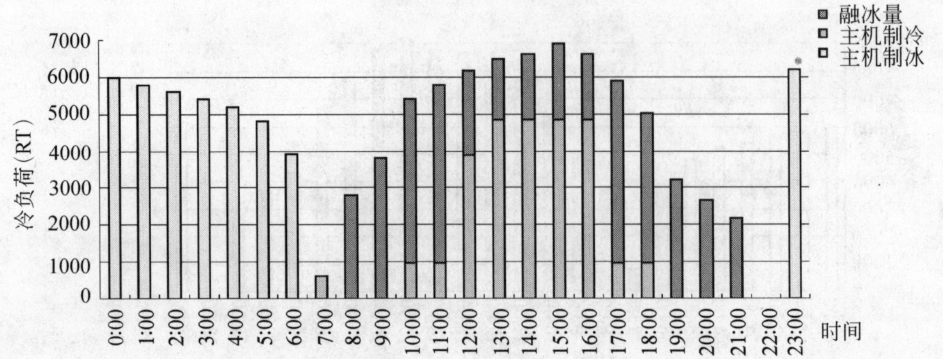

常规制冷机房主要设备清单

序号	设备名称	设备型号	主要性能	数量	单台功率(kW)	总功率(kW)	单价(万元)	总价(万元)
1	冷水机组	离心式	制冷量 1250RT	9	836	7524	230.000	2070.00
2	冷水机组	螺杆式	制冷量 300RT	1	186	186	95.000	95.00
3	冷却塔	方形逆流	处理水量 1000t	9	30	270	48.300	434.70
4	冷却塔	方形逆流	处理水量 260t	1	7.5	7.5	12.600	12.60
5	冷却水泵	双吸泵	1000t, 32m	10	132	1320	23.913	239.13
6	冷却水泵	双吸泵	260t, 32m	2	37	74	9.012	18.02
7	一次冷冻泵	双吸泵	830t, 25m	10	75	750	18.186	181.86
8	一次冷冻泵	双吸泵	200t, 25m	2	22	44	7.243	14.49
9	裙房冷冻泵	双吸泵	900t, 25m	7	90	630	19.286	135.00
10	办公冷冻泵	双吸泵	550t, 25m	5	55	275	16.740	83.70
11	裙房补水泵	立式泵	30t, 50m	2	7.5	15	2.458	4.92
12	办公补水泵	立式泵	25t, 131m	4	15	60	4.238	16.95
13	软化设备		处理水量 10～20t	1	1	1	12.000	12.00
14	机房面积(m^2)			1345			0.200	269.00
15	自控系统			1	1	1	130.000	130.00
16	变配电系统			1		11157.5	0.035	390.51
21	机房施工安装费		包括设备,管道,阀门					276.87
17	电力增容费					11157.5	0.048	535.56
18	合计					11157.5		4920.31

蓄冰制冷机房主要设备清单

序号	设备名称	设备型号	主要性能	数量	单台功率(kW)	总功率(kW)	单价(万元)	总价(万元)
1	冷水机组	螺杆式	制冷量 1000RT	7	660	4620	238.000	1666.00
2	冷却塔	方形逆流	处理水量 800t	7	22.5	157.5	36.400	254.80
3	冷却水泵	双吸泵	800t, 32m	8	110	880	23.910	191.28
4	乙二醇泵	双吸泵	740t, 25m	8	75	600	23.210	185.68
5	裙房冷冻泵	双吸泵	760t, 30m	6	90	540	19.286	115.72
6	办公冷冻泵	双吸泵	460t, 30m	5	55	275	11.303	56.52
7	蓄冰装置(台)	BAC	TSC-380, Q=380RT·h	130		0	11.500	1495.00
8	裙房板换		Q=5400kW, 590m^2	6		0	58.300	349.80
9	办公板换		Q=4300kW, 324m^2	3		0	30.600	91.80
10	乙二醇补水泵	立式泵	20t, 50m	2	3	6	1.2820	2.56
11	裙房补水泵	立式泵	30t, 50m	2	7.5	15	2.4580	4.92
12	办公补水泵	立式泵	25t, 131m	4	15	60	4.2380	16.95
13	定压罐			1		0	0.500	0.50
14	软化设备		处理水量 10～20t	1	1	1	12.000	12.00
15	乙二醇(t)		浓度 100%	80		0	0.800	64.00
16	蓄冰槽体	混凝土		2		0	65.000	130.00
17	机房面积(m^2)			1636		0	0.200	327.20
18	自控系统			1	1	1	180.000	180.00
19	变配电系统			1		7155.5	0.035	250.44
20	变配电减少面积			−150			0.200	−30.00
21	机房施工安装费		包括设备,管道,阀门					219.99
22	电力增容费					7155.5	0	0.00
23	合计					7155.5		5585.16

常规制冷机房主要设备概算清单

序号	设备名称	设备型号	主要性能	数量	人工费(元)	材料费(元)	机械费(元)	总价(万元)
1	冷水机组	离心式	制冷量 1250RT	9	23870	220674	232.00	220.298
2	冷水机组	螺杆式	制冷量 300RT	1	7433	48693	30.00	5.616
3	冷却塔	方形逆流	处理水量 1000t	9	4750	42880	36.00	42.899
4	冷却塔	方形逆流	处理水量 260t	1	1783	10194	12.00	1.199
5	冷却水泵	双吸泵	1000t，32m，D350	10	914	1143	0.00	2.057
6	冷却水泵	双吸泵	260t，32m，D200	2	553	723	0.00	0.255
7	一次冷冻泵	双吸泵	830t，25m，D300	10	639	913	0.00	1.552
8	一次冷冻泵	双吸泵	200t，25m，D200	2	553	723	0.00	0.255
9	裙房冷冻泵	双吸泵	900t，25m，D350	7	914	1143	0.00	1.440
10	办公冷冻泵	双吸泵	550t，25m，D250	5	558	815	0.00	0.687
11	裙房补水泵	立式泵	30t，50m，D80	2	276	415	0.00	0.138
12	办公补水泵	立式泵	25t，131m，D80	4	276	415	0.00	0.276
13	软化设备		处理水量 10～20t	1	696	1330	0.00	0.203
14	合 计				43215	330061	310.00	276.875

蓄冰制冷机房主要设备概算清单

序号	设备名称	设备型号	主要性能	数量	人工费(元)	材料费(元)	机械费(元)	总价(万元)
1	冷水机组	螺杆式	制冷量 1000RT	7	19692	187015	191.00	144.829
2	冷却塔	方形逆流	处理水量 800t	7	4158	31634	30.00	25.075
3	冷却水泵	双吸泵	800t，32m，D300	8	639	913	0.00	1.242
4	乙二醇泵	双吸泵	740t，25m，D300	8	639	913	0.00	1.242
5	裙房冷冻泵	双吸泵	760t，30m，D300	6	639	913	0.00	0.931
6	办公冷冻泵	双吸泵	460t，30m，D250	5	558	815	0.00	0.687
7	蓄冰装置	BAC	TSC-380，Q=380RT·h	130	629	2586	0.00	41.795
8	裙房板换		Q=5400kW，590m²	6	938	2915	0.00	2.312
9	办公板换		Q=4300kW，324m²	3	826	2468	0.00	0.988
10	乙二醇补水泵	立式泵	20t，50m，D70	2	276	403	0.00	0.136
11	裙房补水泵	立式泵	30t，50m，D80	2	276	415	0.00	0.138
12	办公补水泵	立式泵	25t，131m，D80	4	276	415	0.00	0.276
13	定压罐			1	400	1000	0.00	0.140
14	软化设备		处理水量 10～20t	1	696	1330	0.00	0.203
15	合 计				30642	233735	221.00	219.993

结论： 1. 制冷机房设备安装费减少(万元)：56.88；

2. 制冷机房增加投资(万元)：664.84；

3. 减少电力增容负荷(kW)：4002.00。

设计日节电费统计表

时 间	总冷负荷(RT)	制冷机制冷量(RT)		蓄冰槽(RT)		节省电费(元)
		主机制冰	主机制冷	储冰量	融冰量	
0:00		5900		18619		2206.6
1:00		5700		24299		2131.8
2:00		5500		29779		2057.0
3:00		5300		35059		1982.2
4:00		4900		39939		1832.6
5:00		4800		44719		1795.2
6:00		4683		49400		1751.4
7:00	1028		1028	49380		0.0
8:00	4701		1940	46599	2761	−2368.1
9:00	6382		5820	46017	562	−482.0
10:00	9031		6790	43756	2241	−1922.1
11:00	9621		6790	40905	2831	−2428.1
12:00	10274		6790	37401	3484	−1890.8
13:00	10818		6790	33353	4028	−2186.0
14:00	11031		6790	29092	4241	−2301.6
15:00	11517		6790	24345	4727	−2565.3
16:00	11047		6790	20068	4257	−2310.3
17:00	9806		6790	17032	3016	−1636.8
18:00	8346		6790	15456	1556	−1334.6
19:00	5381		1940	11995	3441	−2951.3
20:00	4449		1940	9466	2509	−2152.0
21:00	3637		970	6779	2667	−2287.5
22:00				6759		0.0
23:00		6000		12739		2244.0
合 计	117069	42783	74748		42321	−12815.7
日移高峰电量=15311 kW·h			日移平峰电量=21378kW·h			

每年节省电费=2378306(元)

注：1. 全年空调运行时间按 150 天计；

2. 设计日运行 20 天；

3. 80%负荷运行 60 天；

4. 60%负荷运行 70 天。

80%负荷节电费统计表

时间	总冷负荷(RT)	制冷机制冷量(RT)		蓄冰槽(RT)		节省电费(元)
		主机制冰	主机制冷	储冰量	融冰量	
0：00		6000		18847		2244.0
1：00		5800		24627		2169.2
2：00		5600		30207		2094.4
3：00		5400		35587		2019.6
4：00		5200		40767		1944.8
5：00		4800		45547		1795.2
6：00		3855		49400		1441.7
7：00	822		822	49380		0.0
8：00	3761		0	45599	3761	−3225.6
9：00	5106		970	41444	4136	−3547.1
10：00	7225		2910	37109	4315	−3700.8
11：00	7697		2910	32302	4787	−4105.6
12：00	8219		6790	30853	1429	−775.6
13：00	8654		6790	28968	1864	−1011.8
14：00	8825		6790	26914	2035	−1104.3
15：00	9214		6790	24470	2424	−1315.3
16：00	8838		6790	22402	2048	−1111.2
17：00	7845		6790	21328	1055	−572.4
18：00	6677		2910	17541	3767	−3230.8
19：00	4305		0	13216	4305	−3692.2
20：00	3559		0	9637	3559	−3052.7
21：00	2910		0	6707	2910	−2495.6
22：00				6687		0.0
23：00		6200		12867		2318.8
合计	93655	42855	51262		42393	−16913.5
日移高峰电量＝24994kW·h			日移平峰电量＝9769kW·h			

60%负荷节电费统计表

时间	总冷负荷(RT)	制冷机制冷量(RT)		蓄冰槽(RT)		节省电费(元)
		主机制冰	主机制冷	储冰量	融冰量	
0：00		6000		18775		2244.0
1：00		5800		24555		2169.2
2：00		5600		30135		2094.4
3：00		5400		35515		2019.6
4：00		5200		40695		1944.8
5：00		4800		45475		1795.2
6：00		3927		49400		1468.5
7：00	617		617	49380		0.0
8：00	2821		0	46539	2821	−2419.2
9：00	3829		0	42690	3829	−3284.3
10：00	5419		970	38222	4449	−3815.6
11：00	5773		970	33399	4803	−4119.2
12：00	6164		3880	31095	2284	−1239.7
13：00	6491		4850	29434	1641	−890.5
14：00	6619		4850	27645	1769	−959.8
15：00	6910		4850	25565	2060	−1118.1
16：00	6628		4850	23767	1778	−965.0
17：00	5884		970	18833	4914	−2666.6
18：00	5008		970	14776	4038	−3463.0
19：00	3229		0	11527	3229	−2769.2
20：00	2669		0	8838	2669	−2289.5
21：00	2182		0	6635	2182	−1871.7
22：00				6615		0.0
23：00		6200		12795		2318.8
合计	70241	42927	27776.8		42465	−15816.9
日移高峰电量＝21583kW·h			日移平峰电量＝13001kW·h			

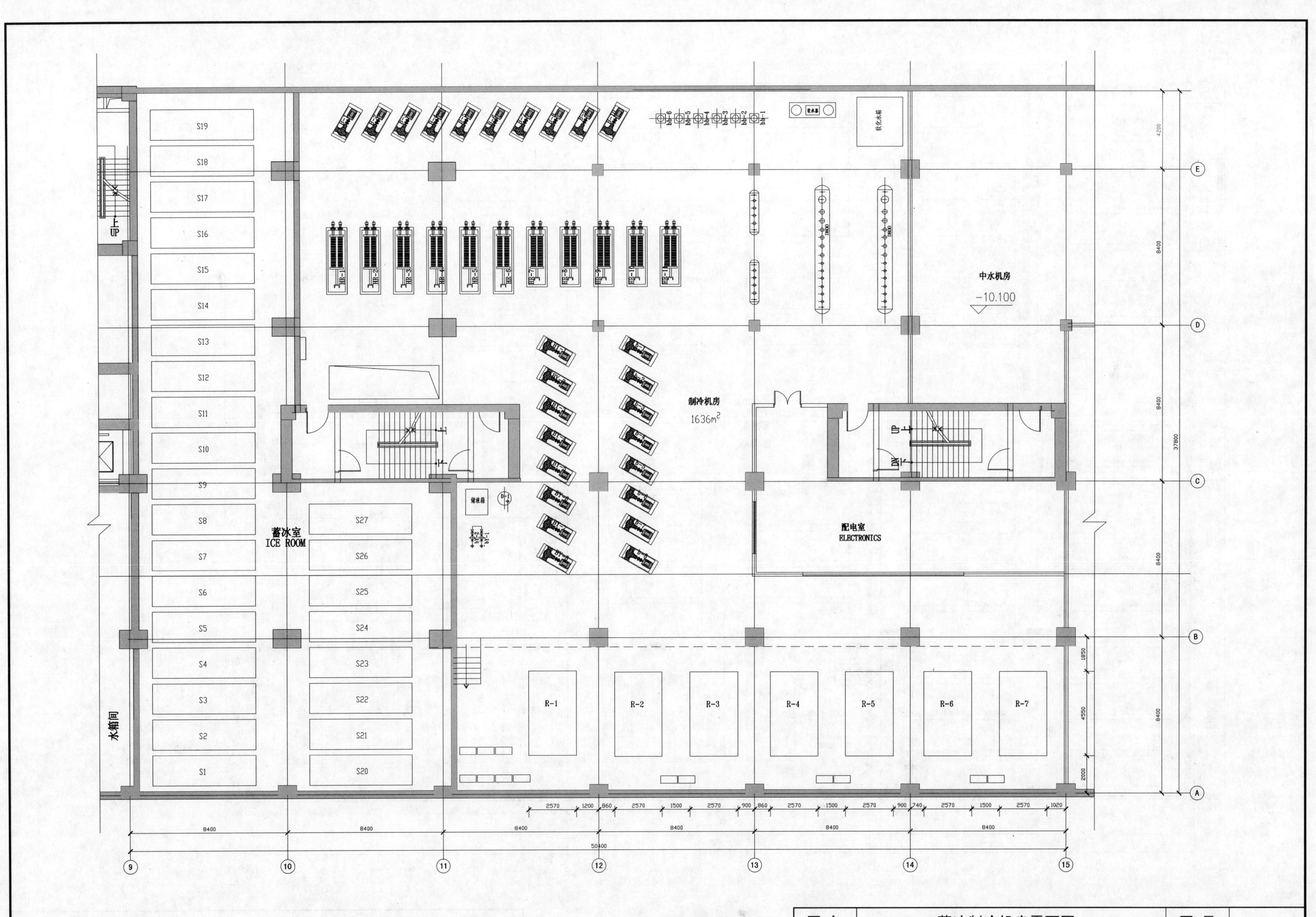
S19
S18
S17
S16
S15
S14
S13
S12
S11
S10
S9
S8
S7
S6
S5
S4
S3
S2
S1
S27
S26
S25
S24
S23
S22
S21
S20
上
UP
蓄冰室
ICE ROOM
水箱间
中水机房
−10.100
制冷机房
1636m2
配电室
ELECTRONICS
R-1
R-2
R-3
R-4
R-5
R-6
R-7
8400
50400
37800
4200
1850
4550
2000
2570
1200
860
1500
900
740
1020
9
10
11
12
13
14
15
A
B
C
D
E

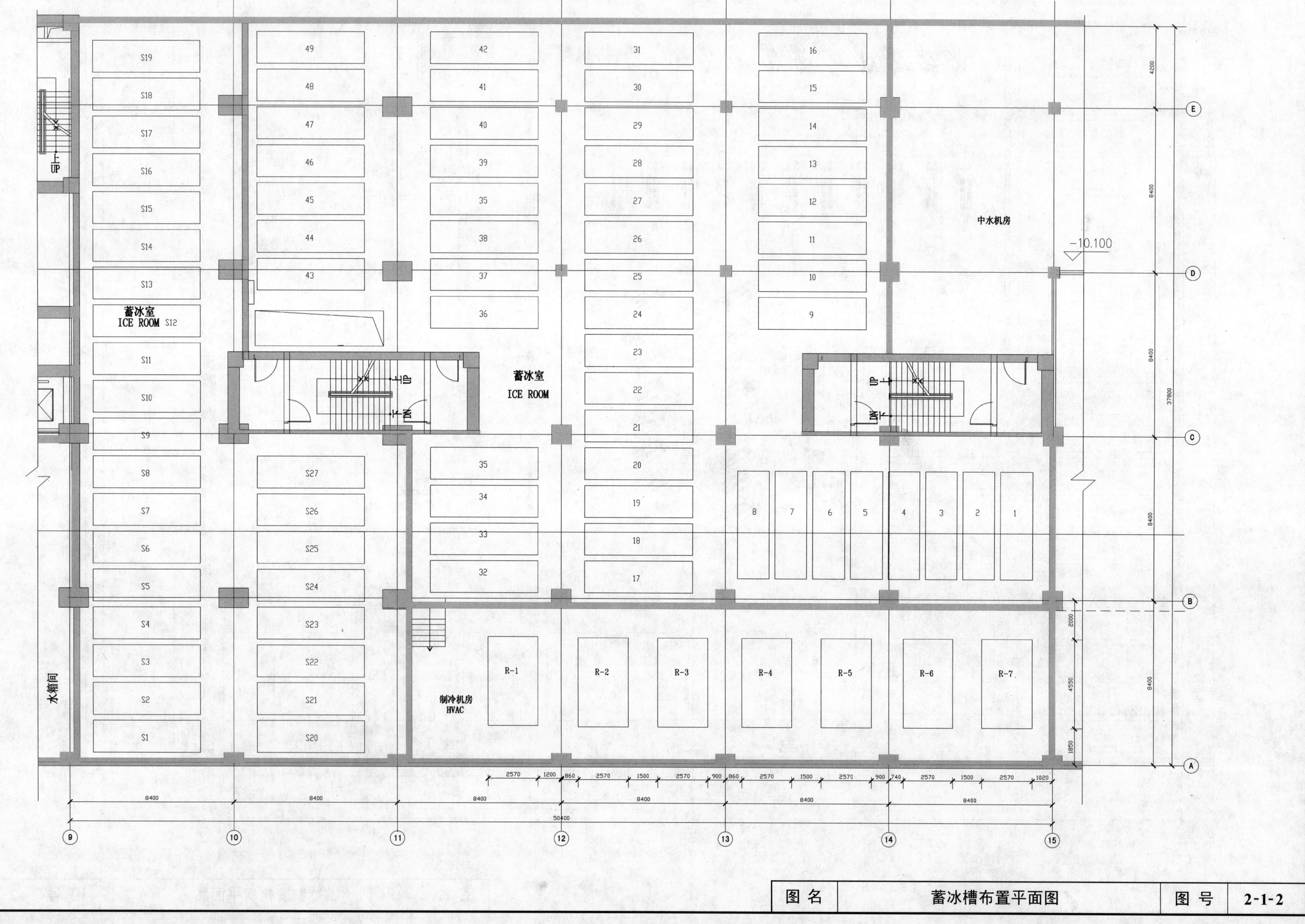

图 名	蓄冰槽布置平面图	图 号	2-1-2

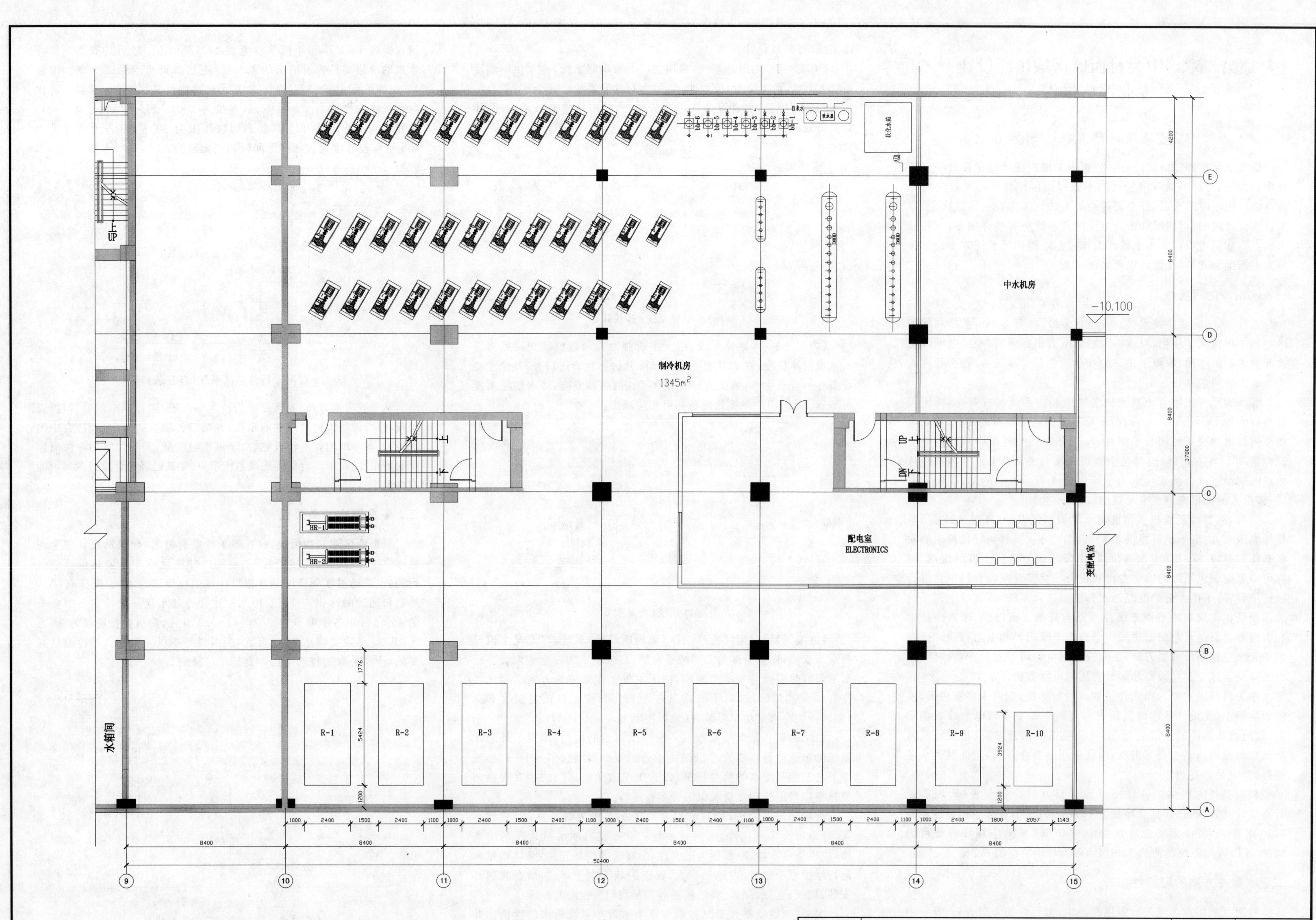

制冷机房
1345m²
中水机房
-10.100
配电室
ELECTRONICS
变配电室
水箱间
软化水箱
UP
DN
HR-1
HR-2
R-1
R-2
R-3
R-4
R-5
R-6
R-7
R-8
R-9
R-10
8400
50400
37800
4200
9
10
11
12
13
14
15
A
B
C
D
E

第二章　中关村西区区域供冷设计专业评估报告

中国建筑设计研究院　宋孝春

受北京科技园建设股份有限公司中关村西区项目建设及经营管理中心委托，对瑷玛斯有限公司的中关村西区区域冷站设计进行专业评估。由于时间仓促，外方设计绘图方法与国内有一定的区别，亦未提供设计说明，对图纸和设计意图的理解难免有些许偏差，一些技术观点和数据可以进一步求证。工作过程中得到了委托方多位领导的大力帮助和支持，在此致以真诚的感谢。

一、冰蓄冷的可行性

近几年，国内蓄冷技术得到了迅猛发展，一百多个水蓄冷和冰蓄冷空调工程投入了使用，对改善和缓解电力供需矛盾，平抑电网峰谷差起到了积极作用，取得了很好的社会效益和经济效益，备受业内人士和电力公司的瞩目。

实践表明一般冰蓄冷系统比常规电制冷系统初投资高，机房设备投资增加15%～20%左右，由于峰谷分时电价政策的实行，依靠电费节省其增加投资的回收年限在3～5年。同时可减少制冷用电装机容量30%左右，移峰电量与空调负荷率有关。从上述看冰蓄冷技术对电网经济运营及减缓电力生产供应矛盾是有利的，对投资人来讲，多投入的回报率也是很可观的(20%～30%)。

另外，冰蓄冷系统提供超低温水是力所能及的，外融冰提供1℃超低温冷水，内融冰也可提供3.3℃低温冷水。这样可降低冷水的输送费用和投资，同时低温水的供应，引发了低温送风空调的应用，同样可降低空调风系统的输送费用和投资。我院曾在西直门项目进行过详细计算，采用大温差低温送水和低温送风系统，冰蓄冷空调系统总体投资比常规制冷空调系统反而略有降低。所以说，冰蓄冷技术和大温差低温送水与低温送风相结合应是暖通界和电力行业广泛提倡的未来空调制冷发展方向，是充分利用电力峰谷差价和蓄冰能力，也是降低蓄冰空调初投资和运行费用的可靠方法。

中关村西区主要为商业建筑和高档写字楼，空调主要在白天，夜间负荷很小(见设计日逐时负荷表)，逐时空调负荷与电力峰谷相吻合，极适合冰蓄冷的经济运行，另外从吸引二级开发商(单位建筑)，降低二级开发商初投资等出发，西区采用冰蓄冷方式，超低温送水是可行的，也是必要的。

根据委托方提供的西区冷站设计日逐时冷负荷表(瑷玛斯设计)，统计计算为：设计日总冷量为148742RT·h，连续空调总冷量为42102RT·h，蓄冷系统总冷量为106640 RT·h，空调峰值负荷为12000RT，夜间谷值负荷为739RT，仅为峰值负荷的6.2%。

二、冰蓄冷方案的可行性

针对区域供冷尤其是低温供冷技术，可行性的方案有三，其一内融冰系统，其二为外融冰系统，其三为双蒸发器双工况主机的外融冰系统(瑷玛斯设计)。

【方案一】　内融冰系统：采用主机上游串联系统，冷水供应温度可达3.3℃，系统简单，控制明了，因为对这套系统已完全掌握，有一定运行管理经验，主要设备均可合资生产，其市场价格公平合理，相对投资较低。

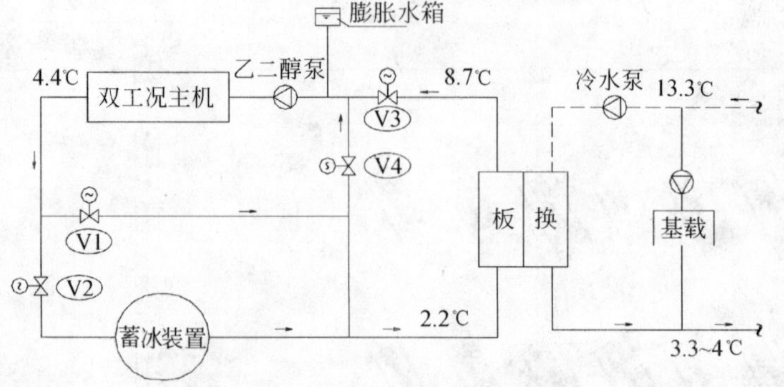

内融冰串联系统(有基载)

【方案二】　外融冰系统：白天主机制冷需通过板换交换后再进入冰模融冰供冷，供水温度可达1℃，除外融冰盘管进口外，其余主要设备亦可合资生产，系统运行管理水平比内融冰要高，冷水输送系统可节省10%，用户侧换热设备亦可相应减少。

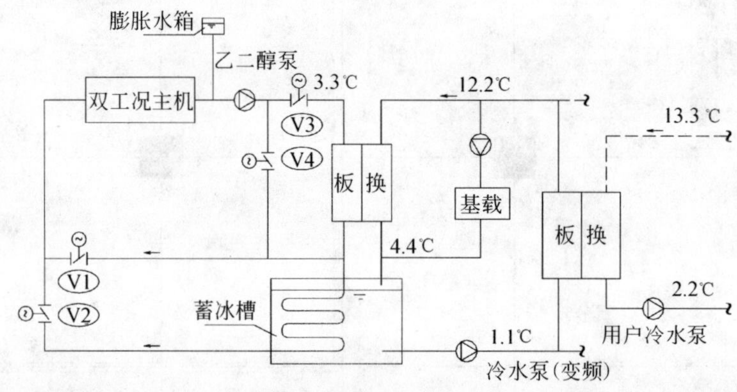

外融冰系统(有基载)

【方案三】　双蒸发器外融冰(瑷玛斯设计)系统：双工况主机设两个蒸发器，夜间制冰为乙二醇蒸发器；白天制冷为冷水蒸发器。冷水不需换热直接进入冰槽融冰，白天主机工作效率与方案二相比可提高2%～3%(考虑由于换热温差为1%，导致主机蒸发温度下降1℃)，一次冷水泵功率可节省(无板换阻力5～8mH_2O)。

技术的核心是双蒸发器双工况冷水机组的应用，体现了外融冰系统的理想境界。白天冷机供冷运行时效率提高(2%～3%)，亦减少了乙二醇与冷水的换热损失，没有工况改变时阀门的相互切换调节只靠启停主机和水泵及恒温变容量运行。

外融冰盘管为进口，双蒸发器双工况主机为订单产品，独此一家，导致售价无可比性，无可替换性。双蒸发器冰水机为现场组装体，主机与蒸发器、冷凝器为三大件，冷媒管等现场连接，整体质量和运行维护难于保障，占地面积大，在美国其为本土产品，而在我国其安装、调试、运行、保养、售后服务等都是我们所担心的。

另外，双蒸发器双工况主机为整个冰蓄冷系统带来的性价比并不是很高，主机效率提高2%～3%，即使取3%，则三台主机制冷量仅提高192RT，每年可节省电费13.18万元。然而其双蒸发器冷水机的价格却是普通机组的1.6倍(更是合资机组的2.5倍)，增加1500多万元(比合资机多2650万元)，其代价是昂贵的；方案二替代六台板换的投资为435.6万元，差价为1064.4万元(2214.4万元)。在我国现有电价水平上其静态回收年限为80.8年(若为合资机为168年)，若考虑贷款利息则回收期是无限的。

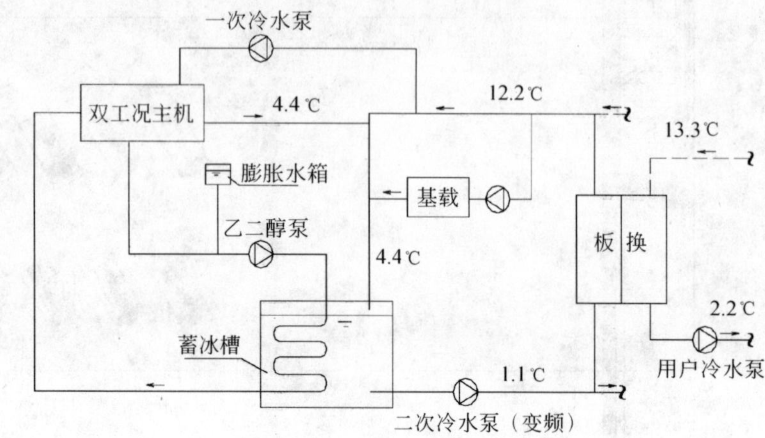

双蒸发器外融冰系统(有基载)

从三种方案分析，方案三应为技术最先进，运行成本最低，但投资最高，核心设备无可替换性的系统；方案二各项参数居中，较适合中国国情；方案一国内技术较成熟，由于供水温度低，需与二级用户协商温度的可用性，对末端有低温送风系统用户(尤其已经设计完成的)，可能有些迟了。

三、冬季供冷的必要性

根据西区建筑物情况，存在冬季冷负荷需求，瑷玛斯设计完全为融冰供冷。在北京气候条件下，利用冷却塔之冷却水换热供冷是可行的，也是通过实际证明的。根据冷站供冷要求，换热温度可取6℃，然后再通过融冰供应1.1℃冷水。这样冷却水换热供冷占冬季负荷的56%，每年冬季可节省制冷电费85.6万元，而板换投资仅为90万元，其25年效益将达2140万元，所以说冬季供冷采用天然冷源是必要的，所需采取的技术手段亦是简单可靠的。

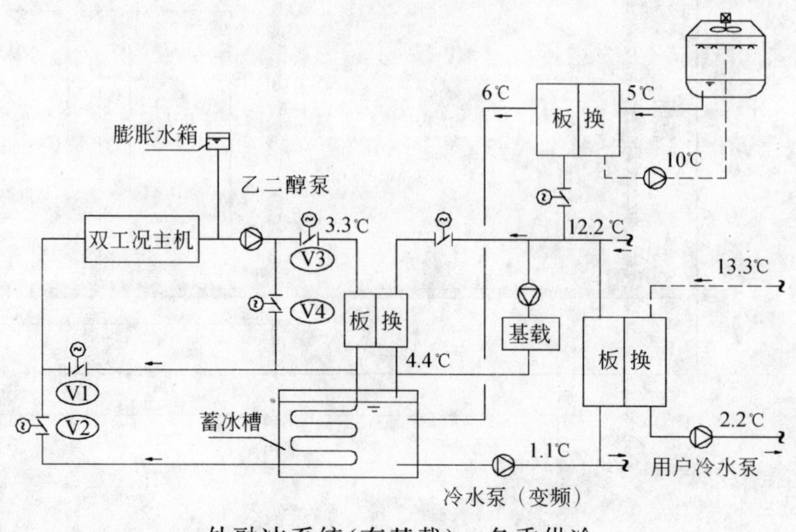

外融冰系统(有基载)—冬季供冷

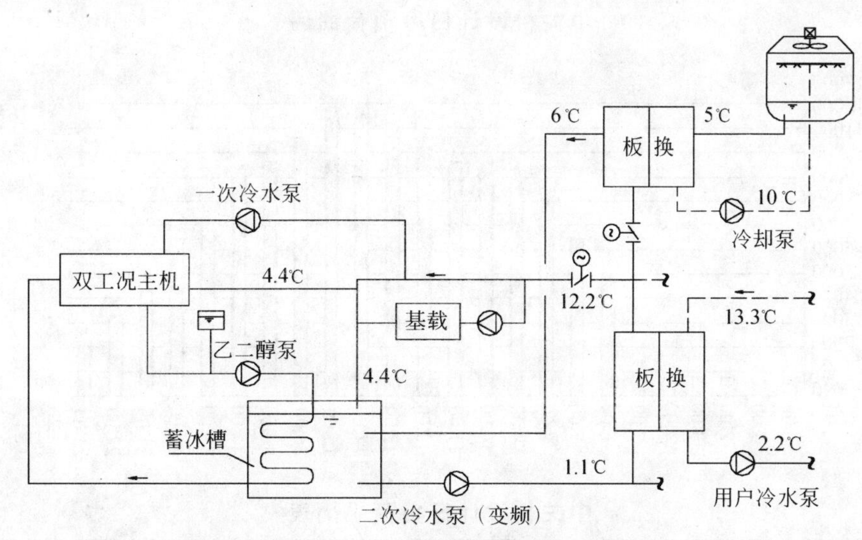

双蒸发器外融冰系统（有基载）—冬季供冷

四、制冷站投资概算

1. 双蒸发器外融冰（瑷玛斯设计）系统

蓄冰制冷（双蒸发器外融冰）机房主要设备清单

序号	设备名称	型号	主要性能	数量	单台功率（kW）	总功率（kW）	单 价（万元）	总 价（万元）
1	基载主机	离心	制冷量 2000RT	1	1289	1289	586.000	586.00
2	双工况主机	螺旋	制冷量 2100RT	3	1305.5	3916.5	1400.000	4200.00
3	蓄冰装置	BAC	TSC-1020S，Q=1020RT·h	10		0	50.800	508.00
4	蓄冰装置	BAC	TSC-918S，Q=918RT·h	20		0	45.720	914.40
5	冷却塔	横流	处理水量 800t	8	22.5	180	36.400	291.20
6	冷却水泵	双吸	1410t，33.5m	4	149.2	596.8	28.050	112.20
7	乙二醇泵	双吸	1330t，38m	3	186.5	559.5	28.050	84.15
8	基载冷水泵	端吸	780t，16.8m	1	56	56	8.300	8.30
9	一次冷水泵	端吸	830t，18.3m	3	56	168	8.800	26.40
10	二次冷水泵	端吸	655t，50.3m	5	112	560	15.400	77.00
11	用户冷水泵（1）	端吸	510t，32.3m	1	74.6	74.6	11.500	11.50
12	用户冷水泵（2）	端吸	560t，34.1m	1	93.25	93.25	11.500	11.50
13	用户冷水泵（3）	端吸	520t，32.3m	1	93.25	93.25	11.500	11.50
14	用户冷水泵（4）	端吸	485t，24.1m	1	55.95	55.95	11.500	11.50
15	用户板换（1）	Alfa	Q=6164kW	1		0	43.400	43.40
16	用户板换（2）	Laval	Q=5790kW	1		0	42.560	42.56
17	用户板换（3）		Q=6294kW	2		0	44.890	89.78
18	定压罐			2		0	1.000	2.00
19	乙二醇补水泵	立式	10t，50m	2	3	6	1.2820	2.56
20	油冷却泵	内嵌式	34t，18.3m	3	3.73	11.19	5.800	17.40
21	冷却水过滤泵	端吸	218t，18.3m	1	18.7	18.7	4.300	4.30

续表

序号	设备名称	型号	主要性能	数量	单台功率（kW）	总功率（kW）	单 价（万元）	总 价（万元）
22	冷水过滤泵	端吸	136t，18.3m	1	11.2	11.2	3.600	3.60
23	乙二醇（t）	京东方	浓度 100%	80		0	0.800	64.00
24	蓄冰槽体	混凝土	包括保温、防水	3		0	65.000	195.00
25	机房土建（m^2）			3300		0	0.027	89.14
26	自控系统			1	1	1	300.000	300.00
27	变配电系统			1		7690.94	0.035	269.18
28	机房施工安装费		包括设备，管道，阀门					1041.00
29								
30	合 计					7690.94		9017.57

2. 外融冰系统

蓄冰制冷（外融冰）机房主要设备清单

序号	设备名称	型号	主要性能	数量	单台功率（kW）	总功率（kW）	单 价（万元）	总 价（万元）
1	基载主机	离心	制冷量 2000RT	1	1289	1289	586.000	586.00
2	双工况主机	螺杆	制冷量 1000RT	6	660	3960	258.000	1548.00
3	蓄冰装置	BAC	TSC-1020S，Q=1020RT·h	10		0	50.800	508.00
4	蓄冰装置	BAC	TSC-918S，Q=918RT·h	20		0	45.720	914.40
5	冷却塔	横流	处理水量 800t	8	22.5	180	36.400	291.20
6	基载冷却泵	双吸	1410t，33.5m	1	149.2	149.2	28.050	28.05
7	冷却水泵	端吸	720t，32m	6	90	540	13.500	81.00
8	基载冷水泵	端吸	780t，16.8m	1	56	56	8.300	8.30
9	冷水泵	端吸	655t，57m	5	160	800	16.500	82.50
10	乙二醇泵	端吸	665t，32m	6	90	540	11.000	66.00
11	用户冷水泵（1）	端吸	510t，32.3m	1	74.6	74.6	11.500	11.50
12	用户冷水泵（2）	端吸	560t，34.1m	1	93.25	93.25	11.500	11.50
13	用户冷水泵（3）	端吸	520t，32.3m	1	93.25	93.25	11.500	11.50
14	用户冷水泵（4）	端吸	485t，24.1m	1	55.95	55.95	11.500	11.50
15	制冷板换		Q=3700kW	6		0	72.600	435.60
16	用户板换（1）		Q=6164kW	1		0	43.400	43.40
17	用户板换（2）		Q=5790kW	1		0	42.560	42.56
18	用户板换（3）		Q=6294kW	2		0	44.890	89.78
19	定压罐			2		0	1.000	2.00
20	乙二醇补水泵	立式	10t，50m	2	3	6	1.2820	2.56
21	冷却水过滤泵	端吸	218t，18.3m	1	18.7	18.7	4.3000	4.30
22	冷水过滤泵	端吸	136t，18.3m	1	11.2	11.2	3.6000	3.60

续表

序号	设备名称	型号	主要性能	数量	单台功率(kW)	总功率(kW)	单 价(万元)	总 价(万元)
23	乙二醇(t)	京东方	浓度 100%	80		0	0.800	64.00
24	蓄冰槽体	混凝土	包括保温、防水	3		0	65.000	195.00
25	机房土建(m^2)			3300		0	0.027	89.10
26	自控系统			1	1	1	250.000	250.00
27	变配电系统			1		7868.15	0.035	275.39
28	机房施工安装费		包括设备,管道,阀门					1041.00
29								
30	合计					7868.15		6697.74

五、经济指标

根据双蒸发器外融冰(瑷玛斯设计)系统,得出经济指标为:系统总投资 9017.57 万元,其中设备费为 7059.25 万元;

按外融冰系统设计:系统总投资 6697.74 万元,其中设备费为 4783.25 万元;可节省投资 2319.63 万元,其中设备费节省 2276 万元。

常规电制冷系统年运行电费 1719.76 万元,冰蓄冷系统年运行电费 1402.34 万元,冰蓄冷每年可节省电费 364.32 万元,天然冷源每年冬季还可节省 85.6 万元(相当于冰蓄冷系统的 27%);两项节省运行电费按 25 年计,分别为 7935.5 万元和 2140 万元。设计日移高峰电量 10028kW·h,移平峰电量 13660kW·h。

冰蓄冷系统设计年运行分析和年运行电费统计请见下表。

中关村设计日逐时冷负荷表

时 间	逐时冷负荷(RT)	空调负荷率(%)	时间	逐时冷负荷(RT)	空调负荷率(%)
0:00	1201	0.100	13:00	10660	0.888
1:00	1201	0.100	14:00	12000	1.000
2:00	739	0.062	15:00	11859	0.988
3:00	739	0.062	16:00	10660	0.888
4:00	739	0.062	17:00	9600	0.800
5:00	1403	0.117	18:00	9000	0.750
6:00	4901	0.408	19:00	7340	0.612
7:00	6420	0.535	20:00	6420	0.535
8:00	7881	0.657	21:00	4340	0.362
9:00	8541	0.712	22:00	3281	0.273
10:00	9139	0.762	23:00	2080	0.173
11:00	9600	0.800	合计	148742	
12:00	10199	0.850			

中关村设计日冷负荷曲线

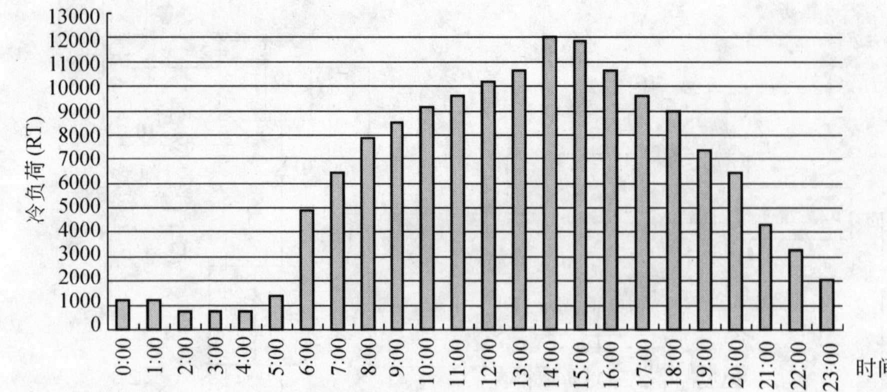

中关村设计日负荷平衡表

时 间	总冷负荷(RT)	基载制冷(RT)	制冷机制冷量(RT)		蓄冰槽(RT)		取 冷 率(%)
			主机制冰	主机制冷	储 冰 量	融 冰 量	
0:00	1201	1201	4600		10360		
1:00	1201	1201	4500		14840		
2:00	739	739	4400		19220		
3:00	739	739	4300		23500		
4:00	739	739	2700		26180		
5:00	1403	1403	2380		28540		
6:00	4901	2000		2901	28560		
7:00	6420	2000		4200	28320	220	0.77
8:00	7881	2000		4200	26619	1681	5.89
9:00	8541	2000		4200	24258	2341	8.20
10:00	9139	2000		6300	23399	839	2.94
11:00	9600	2000		6300	22079	1300	4.55
12:00	10199	2000		6300	20160	1899	6.65
13:00	10660	2000		6300	17780	2360	8.26
14:00	12000	2000		6300	14060	3700	12.96
15:00	11859	2000		6300	10481	3559	12.46
16:00	10660	2000		6300	8101	2360	8.26
17:00	9600	2000		6300	6781	1300	4.55
18:00	9000	2000		6300	6061	700	2.45
19:00	7340	2000		4200	4901	1140	3.99
20:00	6420	2000		2100	2561	2320	8.12
21:00	4340	2000		2100	2301	240	0.84
22:00	3281	2000		0	1000	1281	4.49
23:00	2080	2080	4800		5780		
合计	148742	42102	27680	80601		27240	95.38

设计日负荷平衡图

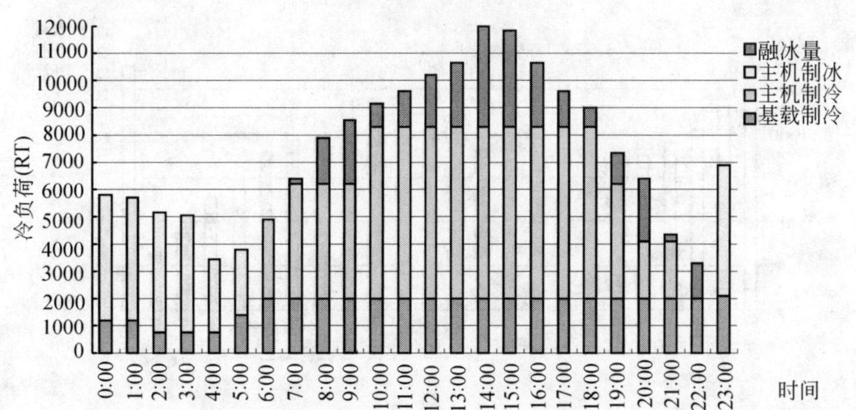

冷负荷(80%)平衡图

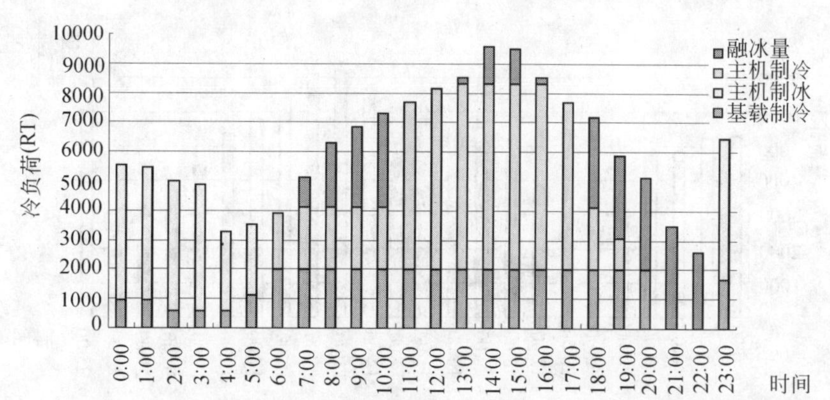

中关村负荷(80%)平衡表

时间	总冷负荷(RT)	基载制冷(RT)	制冷机制冷量(RT)		蓄冰槽(RT)		取冷率(%)
			主机制冰	主机制冷	储冰量	融冰量	
0:00	961	961	4600		10317		
1:00	961	961	4500		14797		
2:00	591	591	4400		19177		
3:00	591	591	4300		23457		
4:00	591	591	2700		26137		
5:00	1122	1122	2423		28560		
6:00	3921	2000		1921	28560		
7:00	5136	2000		2100	27504	1036	3.63
8:00	6305	2000		2100	25279	2205	7.72
9:00	6833	2000		2100	22526	2733	9.57
10:00	7311	2000		2100	19295	3211	11.24
11:00	7680	2000		5680	19275	0	0.00
12:00	8159	2000		6159	19255	0	0.00
13:00	8528	2000		6300	19007	228	0.80
14:00	9600	2000		6300	17687	1300	4.55
15:00	9487	2000		6300	16480	1187	4.16
16:00	8528	2000		6300	16232	228	0.80
17:00	7680	2000		5680	16212	0	0.00
18:00	7200	2000		2100	13092	3100	10.85
19:00	5872	2000		1050	10250	2822	9.88
20:00	5136	2000		0	7094	3136	10.98
21:00	3472	0		0	3602	3472	12.16
22:00	2625	0		0	957	2625	9.19
23:00	1664	1664	4800		5737		
合计	119954	36482	27723	56190		27283	95.53

中关村负荷(60%)平衡表

时间	总冷负荷(RT)	基载制冷(RT)	制冷机制冷量(RT)		蓄冰槽(RT)		取冷率(%)
			主机制冰	主机制冷	储冰量	融冰量	
0:00	721	721	4600		10048		
1:00	721	721	4500		14528		
2:00	443	443	4400		18908		
3:00	443	443	4300		23188		
4:00	443	443	2700		25868		
5:00	842	842	2692		28540		
6:00	2941	2000		941	28560		
7:00	3852	2000		1852	28540	0	0.00
8:00	4729	2000		0	25791	2729	9.55
9:00	5125	2000		0	22647	3125	10.94
10:00	5483	2000		0	19143	3483	12.20
11:00	5760	2000		2100	17463	1660	5.81
12:00	6119	2000		2100	15424	2019	7.07
13:00	6396	2000		4200	15208	196	0.69
14:00	7200	2000		4200	14188	1000	3.50
15:00	7115	2000		4200	13253	915	3.21
16:00	6396	2000		4200	13037	196	0.69
17:00	5760	2000		3760	13017	0	0.00
18:00	5400	2000		0	9597	3400	11.90
19:00	4404	2000		0	7173	2404	8.42
20:00	3852	2000		0	5301	1852	6.48
21:00	2604	0		0	2677	2604	9.12
22:00	1969	0		0	688	1969	6.89
23:00	1248	1248	4800		5468		
合计	89966		27992	27552.6		27552	96.47

冷负荷(60%)平衡图

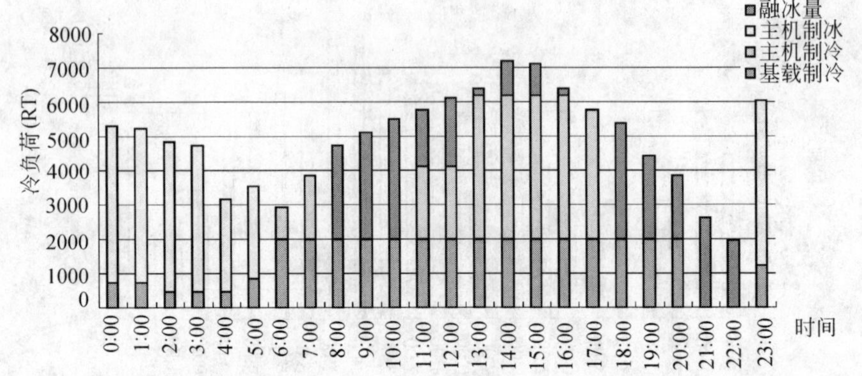

冷负荷(40%)平衡图

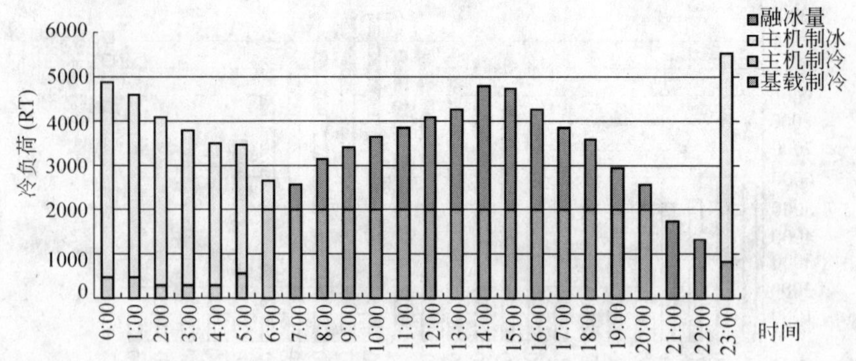

中关村负荷(40%)平衡表

时间	总冷负荷(RT)	基载制冷(RT)	制冷机制冷量(RT)		蓄冰槽(RT)		取冷率(%)
			主机制冰	主机制冷	储冰量	融冰量	
0∶00	480	480	4400		10524		
1∶00	480	480	4100		14604		
2∶00	296	296	3800		18384		
3∶00	296	296	3500		21864		
4∶00	296	296	3200		25044		
5∶00	561	561	2900		27924		
6∶00	1960	2000	636	0	28560		
7∶00	2568	2000		0	27972	568	1.99
8∶00	3152	2000		0	26800	1152	4.04
9∶00	3416	2000		0	25363	1416	4.96
10∶00	3656	2000		0	23688	1656	5.80
11∶00	3840	2000		0	21828	1840	6.44
12∶00	4080	2000		0	19728	2080	7.28
13∶00	4264	2000		0	17444	2264	7.93
14∶00	4800	2000		0	14624	2800	9.80
15∶00	4744	2000		0	11860	2744	9.61
16∶00	4264	2000		0	9576	2264	7.93
17∶00	3840	2000		0	7716	1840	6.44
18∶00	3600	2000		0	6096	1600	5.60
19∶00	2936	2000		0	5140	936	3.28
20∶00	2568	2000		0	4552	568	1.99
21∶00	1736	0		0	2796	1736	6.08
22∶00	1312	0		0	1464	1312	4.60
23∶00	832	832	4700		6144		
合计	59977		27236	0		26776	93.75

中关村负荷(25%)平衡表

时间	总冷负荷(RT)	基载制冷(RT)	制冷机制冷量(RT)		蓄冰槽(RT)		取冷率(%)
			主机制冰	主机制冷	储冰量	融冰量	
0∶00	300	300	4400		10065		
1∶00	300	300	4100		14145		
2∶00	185	185	3800		17925		
3∶00	185	185	3500		21405		
4∶00	185	185	3200		24585		
5∶00	351	351	2900		27465		
6∶00	1225	1225	1095	0	28560		
7∶00	1605	0		0	26935	1605	5.62
8∶00	1970	0		0	24945	1970	6.90
9∶00	2135	0		0	22790	2135	7.48
10∶00	2285	0		0	20485	2285	8.00
11∶00	2400	0		0	18065	2400	8.40
12∶00	2550	0		0	15495	2550	8.93
13∶00	2665	2000		0	14810	665	2.33
14∶00	3000	2000		0	13790	1000	3.50
15∶00	2965	2000		0	12805	965	3.38
16∶00	2665	1000		0	11120	1665	5.83
17∶00	2400	0		0	8700	2400	8.40
18∶00	2250	0		0	6430	2250	7.88
19∶00	1835	0		0	4575	1835	6.43
20∶00	1605	0		0	2950	1605	5.62
21∶00	1085	0		0	1845	1085	3.80
22∶00	820	0		0	1005	820	2.87
23∶00	520	520	4700		5685		
合计	37486		27695	0		27235	95.36

冬季冷负荷(25%)平衡图

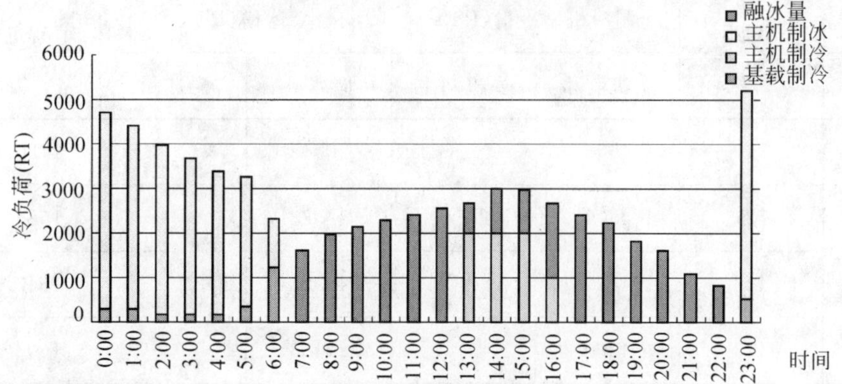

冬季冷负荷(11%)平衡图

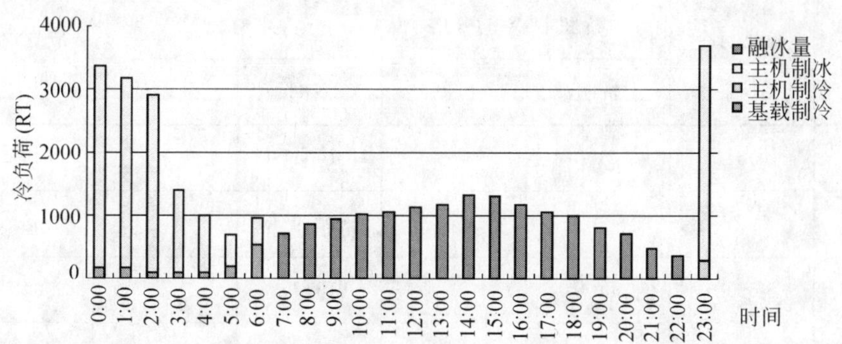

中关村负荷(11%)平衡表

时间	总冷负荷(RT)	基载制冷(RT)	制冷机制冷量(RT)		蓄冰槽(RT)		取冷率(%)
			主机制冰	主机制冷	储冰量	融冰量	
0∶00	168	168	3200		10217		
1∶00	168	168	3000		13197		
2∶00	103	103	2800		15977		
3∶00	103	103	1300		17257		
4∶00	103	103	900		18137		
5∶00	196	196	500		18617		
6∶00	539	539	423	0	19040		
7∶00	706	0		0	18314	706	3.71
8∶00	867	0		0	17427	867	4.55
9∶00	940	0		0	16467	940	4.93
10∶00	1005	0		0	15442	1005	5.28
11∶00	1056	0		0	14366	1056	5.55
12∶00	1122	0		0	13224	1122	5.89
13∶00	1173	0		0	12032	1173	6.16
14∶00	1320	0		0	10692	1320	6.93
15∶00	1304	0		0	9367	1304	6.85
16∶00	1173	0		0	8175	1173	6.16
17∶00	1056	0		0	7099	1056	5.55
18∶00	990	0		0	6089	990	5.20
19∶00	807	0		0	5261	807	4.24
20∶00	706	0		0	4535	706	3.71
21∶00	477	0		0	4038	477	2.51
22∶00	361	0		0	3657	361	1.90
23∶00	291	291	3400		7037		
合计	16737		15523	0		15063	79.11

设计日节电费统计表

时间	总冷负荷(RT)	基载制冷(RT)	制冷机制冷量(RT)		蓄冰槽(RT)		节省电费(元)	常规电费(元)
			主机制冰	主机制冷	储冰量	融冰量		
0∶00	1201	1201	4600		10360		1720.4	297.2
1∶00	1201	1201	4500		14840		1683.0	297.2
2∶00	739	739	4400		19220		1645.6	182.9
3∶00	739	739	4300		23500		1608.2	182.9
4∶00	739	739	2700		26180		1009.8	182.9
5∶00	1403	1403	2380		28540		890.1	347.2
6∶00	4901	2000	0	2901	28560		0.0	1213.0
7∶00	6420	2000		4200	28320	220	−119.4	3484.1
8∶00	7881	2000		4200	26619	1681	−1441.8	6759.5
9∶00	8541	2000		4200	24258	2341	−2007.9	7325.6
10∶00	9139	2000		6300	23399	839	−719.6	7838.5
11∶00	9600	2000		6300	22079	1300	−1115.0	8233.9
12∶00	10199	2000		6300	20160	1899	−1030.6	5535.0
13∶00	10660	2000		6300	17780	2360	−1280.8	5785.2
14∶00	12000	2000		6300	14060	3700	−2008.0	6512.4
15∶00	11859	2000		6300	10481	3559	−1931.5	6435.9
16∶00	10660	2000		6300	8101	2360	−1280.8	5785.2
17∶00	9600	2000		6300	6781	1300	−705.5	5209.9
18∶00	9000	2000		6300	6061	700	−600.4	4884.3
19∶00	7340	2000		4200	4901	1140	−977.8	6295.5
20∶00	6420	2000		2100	2561	2320	−1989.9	5506.4
21∶00	4340	2000		2100	2301	240	−205.8	3722.4
22∶00	3281	2000		0	1000	1281	−1098.7	2814.1
23∶00	2080	2080	4800		5780		1795.2	1784.0
合计	148742		27680	80601		27240	−8161.1	96615.5
日移高峰电量=10028kW·h					日移平峰电量=13660kW·h			

每年节省电费=364.32(万元)；常规运行电费=1719.76(万元)；节省21%。

注：制冷站全年供冷时间段分布：

1. 设计日运行20天；
2. 80%负荷运行60天；
3. 60%负荷运行70天；
4. 40%负荷运行95天；
5. 25%负荷运行120天。

80%负荷节电费统计表

时间	总冷负荷(RT)	基载制冷(RT)	制冷机制冷量(RT)		蓄冰槽(RT)		节省电费(元)	常规电费(元)
			主机制冰	主机制冷	储冰量	融冰量		
0:00	961	961	4600		10317		1720.4	237.8
1:00	961	961	4500		14797		1683.0	237.8
2:00	591	591	4400		19177		1645.6	146.3
3:00	591	591	4300		23457		1608.2	146.3
4:00	591	591	2700		26137		1009.8	146.3
5:00	1122	1122	2423		28540		906.1	277.8
6:00	3921	2000	0	1921	28560		0.0	970.4
7:00	5136	2000		2100	27504	1036	−849.6	2787.3
8:00	6305	2000		2100	25279	2205	−1891.1	5407.6
9:00	6833	2000		2100	22526	2733	−2343.9	5860.5
10:00	7311	2000		2100	19295	3211	−2754.2	6270.8
11:00	7680	2000		5680	19275	0	0.0	6587.1
12:00	8159	2000		6159	19255	0	0.0	4428.0
13:00	8528	2000		6300	19007	228	−123.7	4628.1
14:00	9600	2000		6300	17687	1300	−705.5	5209.9
15:00	9487	2000		6300	16480	1187	−644.3	5148.7
16:00	8528	2000		6300	16232	228	−123.7	4628.1
17:00	7680	2000		5680	16212	0	0.0	4167.9
18:00	7200	2000		2100	13092	3100	−2658.9	3907.4
19:00	5872	2000		1050	10250	2822	−2420.4	5036.4
20:00	5136	2000		0	7094	3136	−2689.7	4405.1
21:00	3472	0		0	3602	3472	−2977.9	2977.9
22:00	2625	0		0	957	2625	−2251.3	2251.3
23:00	1664	1664	4800		5737		1795.2	1427.2
合计	119954		27723	56190		27283	−12066.0	77292.4
	日移高峰电量=18183kW·h				日移平峰电量=2649kW·h			

60%负荷节电费统计表

时间	总冷负荷(RT)	基载制冷(RT)	制冷机制冷量(RT)		蓄冰槽(RT)		节省电费(元)	常规电费(元)
			主机制冰	主机制冷	储冰量	融冰量		
0:00	721	721	4600		10048		1720.4	178.3
1:00	721	721	4500		14528		1683.0	178.3
2:00	443	443	4400		18908		1645.6	109.7
3:00	443	443	4300		23188		1608.2	109.7
4:00	443	443	2700		25868		1009.8	109.7
5:00	842	842	2692		28540		1006.8	208.3
6:00	2941	2000	0	941	28560		0.0	727.8
7:00	3852	2000		1852	28540	0	0.0	2090.5
8:00	4729	2000		0	25791	2729	−2340.3	4055.7
9:00	5125	2000		0	22647	3125	−2680.0	4395.4
10:00	5483	2000		0	19143	3483	−2987.7	4703.1
11:00	5760	2000		2100	17463	1660	−1423.8	4940.4
12:00	6119	2000		2100	15424	2019	−1095.9	3321.0
13:00	6396	2000		4200	15208	196	−106.4	3471.1
14:00	7200	2000		4200	14188	1000	−542.7	3907.4
15:00	7115	2000		4200	13253	915	−496.8	3861.5
16:00	6396	2000		4200	13037	196	−106.4	3471.1
17:00	5760	2000		3760	13017	0	0.0	3126.0
18:00	5400	2000		0	9597	3400	−2916.2	2930.6
19:00	4404	2000		0	7173	2404	−2061.9	3777.3
20:00	3852	2000		0	5301	1852	−1588.5	3303.9
21:00	2604	0		0	2677	2604	−2233.5	2233.5
22:00	1969	0		0	688	1969	−1688.5	1688.5
23:00	1248	1248	4800		5468		1795.2	1070.4
合计	89966		27992	27552.6		27552	−11799.4	57969.3
	日移高峰电量=17843kW·h				日移平峰电量=3894kW·h			

40%负荷节电费统计表

时间	总冷负荷(RT)	基载制冷(RT)	制冷机制冷量(RT)		蓄冰槽(RT)		节省电费(元)	常规电费(元)
			主机制冰	主机制冷	储冰量	融冰量		
0:00	480	480	4600		10824		1720.4	118.9
1：00	480	480	4500		15304		1683.0	118.9
2：00	296	296	4400		19684		1645.6	73.2
3：00	296	296	4300		23964		1608.2	73.2
4：00	296	296	2700		26644		1009.8	73.2
5：00	561	561	1916		28540		716.6	138.9
6：00	1960	2000	0	0	28560		0.0	485.2
7：00	2568	2000		0	27972	568	−308.3	1393.7
8：00	3152	2000		0	26800	1152	−988.4	2703.8
9：00	3416	2000		0	25363	1416	−1214.8	2930.2
10：00	3656	2000		0	23688	1656	−1420.0	3135.4
11：00	3840	2000		0	21828	1840	−1578.2	3293.6
12：00	4080	2000		0	19728	2080	−1128.6	2214.0
13：00	4264	2000		0	17444	2264	−1228.7	2314.1
14：00	4800	2000		0	14624	2800	−1519.6	2605.0
15：00	4744	2000		0	11860	2744	−1489.0	2574.4
16：00	4264	2000		0	9576	2264	−1228.7	2314.1
17：00	3840	2000		0	7716	1840	−998.6	2084.0
18：00	3600	2000		0	6096	1600	−1372.3	1953.7
19：00	2936	2000		0	5140	936	−802.8	2518.2
20：00	2568	2000		0	4552	568	−487.2	2202.6
21：00	1736	0		0	2796	1736	−1489.0	1489.0
22：00	1312	0		0	1464	1312	−1125.6	1125.6
23：00	832	832	4800		6244		1795.2	713.6
合计	59977		27216	0		26776	−8200.8	38646.2
	日移高峰电量＝9555kW·h				日移平峰电量＝12592kW·h			

25%负荷节电费统计表

时间	总冷负荷(RT)	基载制冷(RT)	制冷机制冷量(RT)		蓄冰槽(RT)		节省电费(元)	常规电费(元)
			主机制冰	主机制冷	储冰量	融冰量		
0：00	300	300	4600		10365		1720.4	74.3
1：00	300	300	4500		14845		1683.0	74.3
2：00	185	185	4400		19225		1645.6	45.7
3：00	185	185	4300		23505		1608.2	45.7
4：00	185	185	2700		26185		1009.8	45.7
5：00	351	351	2375		28540		888.3	86.8
6：00	1225	1225	0	0	28560		0	303.2
7：00	1605	0		0	26935	1605	−871.0	871.0
8：00	1970	0		0	24945	1970	−1689.9	1689.9
9：00	2135	0		0	22790	2135	−1831.4	1831.4
10：00	2285	0		0	20485	2285	−1959.6	1959.6
11：00	2400	0		0	18065	2400	−2058.5	2058.5
12：00	2550	0		0	15495	2550	−1383.7	1383.7
13：00	2665	2000		0	14810	665	−360.9	1446.3
14：00	3000	2000		0	13790	1000	−542.7	1628.1
15：00	2965	2000		0	12805	965	−523.6	1609.0
16：00	2665	1000		0	11120	1665	−903.6	1446.3
17：00	2400	0		0	8700	2400	−1302.5	1302.5
18：00	2250	0		0	6430	2250	−1929.8	1221.1
19：00	1835	0		0	4575	1835	−1573.9	1573.9
20：00	1605	0		0	2950	1605	−1376.6	1376.6
21：00	1085	0		0	1845	1085	−930.6	930.6
22：00	820	0		0	1005	820	−703.5	703.5
23：00	520	520	4800		5785		1795.2	446.0
合计	37486		27675	0		27235	−9591.4	24153.9
	日移高峰电量＝12722kW·h				日移平峰电量＝8320kW·h			

11%负荷节电费统计表

时间	总冷负荷(RT)	基载制冷(RT)	制冷机制冷量(RT)		蓄冰槽(RT)		节省电费(元)	常规电费(元)
			主机制冰	主机制冷	储冰量	融冰量		
0：00	168	168	3200		10217		1196.8	41.6
1：00	168	168	3100		13297		1159.4	41.6
2：00	103	103	2900		16177		1084.6	25.6
3：00	103	103	1300		17457		486.2	25.6
4：00	103	103	1000		18437		374.0	25.6
5：00	196	196	603		19040		225.7	48.6
6：00	539	539	0	0	19040		0.0	133.4
7：00	706	0		0	18314	706	−383.3	383.3
8：00	867	0		0	17427	867	−743.5	743.5
9：00	940	0		0	16467	940	−805.8	805.8
10：00	1005	0		0	15442	1005	−862.2	862.2
11：00	1056	0		0	14366	1056	−905.7	905.7
12：00	1122	0		0	13224	1122	−608.8	608.8
13：00	1173	0		0	12032	1173	−636.4	636.4
14：00	1320	0		0	10692	1320	−716.4	716.4
15：00	1304	0		0	9367	1304	−707.9	707.9
16：00	1173	0		0	8175	1173	−636.4	636.4
17：00	1056	0		0	7099	1056	−573.1	573.1
18：00	990	0		0	6089	990	−849.1	537.3
19：00	807	0		0	5261	807	−692.5	692.5
20：00	706	0		0	4535	706	−605.7	605.7
21：00	477	0		0	4038	477	−409.5	409.5
22：00	361	0		0	3657	361	−309.6	309.6
23：00	291	291	3400		7037		1271.6	249.8
合计	16737		15503	0		15063	−4647.7	10725.9
	日移高峰电量＝5598kW·h				日移平峰电量＝6433kW·h			

14%负荷电费统计表

时间	总冷负荷(RT)	运行电费(元)	常规电费(元)
0：00			0.0
1：00			0.0
2：00			0.0
3：00			0.0
4：00			0.0
5：00			0.0
6：00	686	22.6	169.8
7：00	899	65.0	487.8
8：00	1103	126.2	946.3
9：00	1196	136.7	1025.6
10：00	1279	146.3	1097.4
11：00	1344	153.7	1152.7
12：00	1428	103.3	774.9
13：00	1492	108.0	809.9
14：00	1680	121.6	911.7
15：00	1660	120.1	901.0
16：00	1492	108.0	809.9
17：00	1344	97.3	729.4
18：00	1260	91.2	683.8
19：00	1028	117.5	881.4
20：00	899	102.8	770.9
21：00	608	69.5	521.1
22：00	459	52.5	394.0
23：00			0.0
合计	19858	1742.4	13067.7

192RT负荷电费统计表

时间	总冷负荷(RT)	运行电费(元)
0:00		0.0
1:00		0.0
2:00		0.0
3:00		0.0
4:00		0.0
5:00		0.0
6:00	128	31.7
7:00	128	69.5
8:00	128	109.8
9:00	128	109.8
10:00	192	164.7
11:00	192	164.7
12:00	192	104.2
13:00	192	104.2
14:00	192	104.2
15:00	192	104.2
16:00	192	104.2
17:00	192	104.2
18:00	192	104.2
19:00	128	109.8
20:00	64	54.9
21:00	64	54.9
22:00	0	0.0
23:00		
合计	2496	1599.0

192RT负荷(80%)电费表

时间	总冷负荷(RT)	运行电费(元)
0:00		0.0
1:00		0.0
2:00		0.0
3:00		0.0
4:00		0.0
5:00		0.0
6:00	64	15.8
7:00	64	34.7
8:00	64	54.9
9:00	64	54.9
10:00	64	54.9
11:00	192	164.7
12:00	192	104.2
13:00	192	104.2
14:00	192	104.2
15:00	192	104.2
16:00	192	104.2
17:00	192	104.2
18:00	64	34.7
19:00	64	54.9
20:00	0	0.0
21:00	0	0.0
22:00	0	0.0
23:00		
合计	1792	1094.7

192RT(60%)负荷电费

时间	总冷负荷(RT)	运行电费(元)
0:00		0.0
1:00		0.0
2:00		0.0
3:00		0.0
4:00		0.0
5:00		0.0
6:00	64	15.8
7:00	64	34.7
8:00	0	0.0
9:00	0	0.0
10:00	0	0.0
11:00	64	54.9
12:00	64	34.7
13:00	128	69.5
14:00	128	69.5
15:00	128	69.5
16:00	128	69.5
17:00	128	69.5
18:00	0	0.0
19:00	0	0.0
20:00	0	0.0
21:00	0	0.0
22:00	0	0.0
23:00		
合计	896	487.5

每年节省电费=13.18(万元);

注:制冷站全年供冷时间段分布:

1. 设计日运行20天;

2. 80%负荷运行60天;

第三部分　蓄冰空调方案设计

第一章　光彩中心

中国建筑设计研究院　宋孝春

一、工程概述

本建设工程系北京光彩物业发展有限公司综合楼。建筑面积 23.66 万 m^2。工程位于北京市东城区东单东南角。

二、空调冷负荷

根据提供的设计日逐时冷负荷表，分析设计日空调冷负荷性质结果如下：

(1) 设计日峰值负荷(15：00)：25317kW(7200USRT)；

(2) 夜间(电价低谷)峰值冷负荷(20：00)：1764kW(500USRT)；

(3) 设计日总冷量为：286183kW·h(81388USRT·h)；

(4) 设计日总蓄冰冷量为：243988kW·h(69388USRT·h)；

(5) 设计日连续空调冷负荷为：42195kW·h(12000USRT·h)。

三、系统设计

本工程采用部分负荷蓄冰系统，制冷主机和蓄冰设备为串联方式，双工况(制冷-制冰)主机位于蓄冰设备上游。同时考虑到连续空调负荷的比例，设置了一台基载主机，并联运行，直接供应7℃冷冻水。

夜间电价低谷时制冰系统将冰蓄满，白天电价高峰时融冰供冷，融冰量通过改变进入冰盘管水量控制，各工况转换通过电动阀门开关切换。

1. 基载主机：一台 DUNHAM-BUSH 公司 WCFX54 型螺杆式冷水机组，制冷量 1764kW(500USRT)，冷冻水温度为 7/12℃，冷却水温度为 32/37℃。

2. 双工况主机：两台 DUNHAM-BUSH 公司 WCDX128 型螺杆式冷水机组，变工况运行。

	乙二醇温度(℃)	冷却水温度(℃)	制冷量 kW(USRT)
制冷工况	5.6/10.6	32/37	3600(1024)
制冰工况	−5.6/−2.8	30/33.6	2391(680)

3. 蓄冰设备：60 台美国 BAC 公司 TSC-380M 型蓄冰盘管，安装在混凝土水槽内，总潜热蓄冰冷量为 80276kW·h(22830USRT·h)，最大融冰供冷量为 11252kW(3200USRT)，提供 3.3℃低温乙二醇溶液。

4. 制冷系统：

(1) 板式换热器：瑞典 Alfa Laval，4 台，单台换热量 5183kW，一次侧乙二醇温度 3.3/11℃，二次侧冷冻水温度 7/12℃。

(2) 乙二醇泵：美国 Paco，四用一备(预留备用泵的位置)。单台流量为 1240m^3/h，扬程 30mH_2O。

(3) 冷冻水泵：融冰冷冻泵四用一备(预留备用泵的位置)，单台流量为 980m^3/h，扬程 32mH_2O；基载冷冻泵一用一备，单台流量为 320m^3/h，扬程为 32mH_2O。

(4) 冷却水泵：四用一备(预留备用泵的位置)，单台流量为 1250m^3/h，扬程 32mH_2O；基载冷却泵一用一备，单台流量为 400m^3/h，扬程为 32mH_2O；

(5) 冷却塔：五组。处理水量 1250m^3/h 四台，400m^3/h 一台。

5. 补水定压：

(1) 乙二醇系统：采用密闭隔膜式膨胀水罐定压方式；乙二醇溶液储存在闭式水箱内(用单向阀与箱外空气连通)，通过压力传感器启动乙二醇补水泵向系统补充乙二醇。

(2) 冷冻水系统：采用开式膨胀水箱定压方式；通过液位传感器启动冷冻水补水泵向系统补充软化水。

四、设计日蓄冰系统运行工况

1. 设计日蓄冰系统运行方案：

(1) 基载主机供冷量(全天)：40437kW·h(11500USRT·h)；

(2) 双工况主机供冷量(7：00～19：00)：169231kW·h(48128USRT·h)；

(3) 蓄冰槽融冰供冷量(7：00～22：00)：74756kW·h(21260USRT·h)；

(4) 双工况主机制冰量(23：00～6：00)：74925kW·h(21308USRT·h)。

设计日负荷平衡表

时间	总冷负荷(RT)	制冷机制冷量(RT)			蓄冰槽(RT)		取冷率(%)
		基载主机	主机制冰	主机制冷	储冰量	融冰量	
0：00	500	500	2900		7934		
1：00	500	500	2800		10732		
2：00	500	500	2700		13430		
3：00	500	500	2600		16028		
4：00	500	500	2500		18526		
5：00	500	500	2400		20924		
6：00	500	500	1908		22830		
7：00	4104	500		3072	22296	532	2.33
8：00	4824	500		3072	21042	1252	5.48
9：00	5760	500		4096	19876	1164	5.10
10：00	6048	500		4096	18422	1452	6.36
11：00	6192	500		4096	16824	1596	6.99
12：00	6408	500		4096	15010	1812	7.94
13：00	6840	500		4096	12764	2244	9.83
14：00	7056	500		4096	10302	2460	10.78
15：00	7200	500		4096	7696	2604	11.41
16：00	7128	500		4096	5162	2532	11.09
17：00	6336	500		4096	3420	1740	7.62
18：00	4752	500		3072	2238	1180	5.17
19：00	3240	500		2048	1544	692	3.03
20：00	500	500			1542		
21：00	500	500			1540		
22：00	500	500			1538		
23：00	500	500	3500		5036		
合　计	81388	12000	21308	48128		21260	93.12
蓄冰系统总冷量：69388kW·h				连续空调总冷量：12000kW·h			

设计日冷负荷平衡图

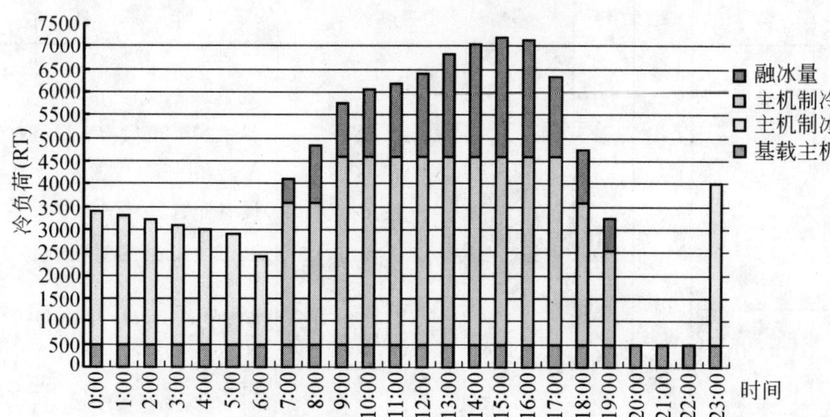

冷负荷(80%)平衡图

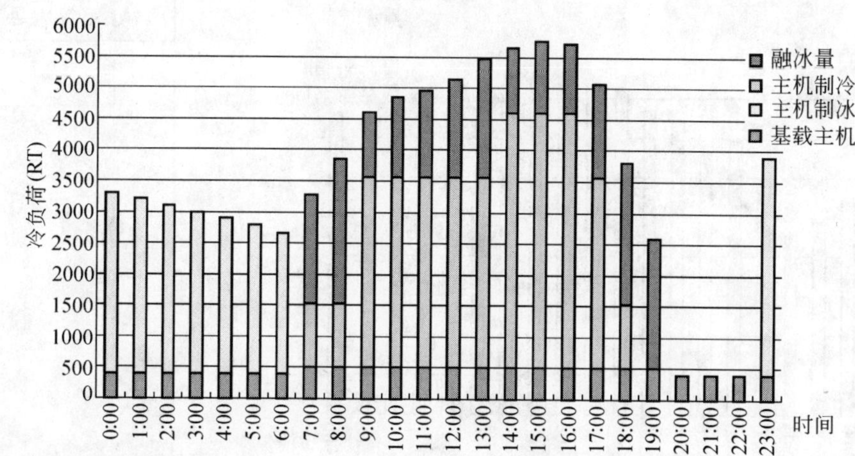

2. (80%)负荷蓄冰系统运行方案：

(1) 基载主机供冷量(全天停 3 小时)：34108kW·h(9700USRT·h)；

(2) 双工况主机供冷量(7：00～18：00)：118833kW·h(33795USRT·h)；

(3) 蓄冰槽融冰供冷量(7：00～22：00)：76004kW·h(21615USRT·h)；

(4) 双工况主机制冰量(23：00～6：00)：76173kW·h(21663USRT·h)。

负荷(80%)平衡表

时间	总冷负荷(RT)	制冷机制冷量(RT)			蓄冰槽(RT)		取冷率(%)
		基载主机	主机制冰	主机制冷	储冰量	融冰量	
0：00	400	400	2900		7579		
1：00	400	400	2800		10377		
2：00	400	400	2700		13075		
3：00	400	400	2600		15673		
4：00	400	400	2500		18171		
5：00	400	400	2400		20569		
6：00	400	400	2263		22830		
7：00	3283	500		1024	21069	1759	7.71
8：00	3859	500		1027	18735	2332	10.22
9：00	4608	500		3072	17697	1036	4.54
10：00	4838	500		3072	16428	1266	5.55
11：00	4954	500		3072	15045	1382	6.05
12：00	5126	500		3072	13488	1554	6.81
13：00	5472	500		3072	11586	1900	8.32
14：00	5645	500		4096	10535	1049	4.59
15：00	5760	500		4096	9369	1164	5.10
16：00	5702	500		4096	8261	1106	4.85
17：00	5069	500		3072	6762	1497	6.56
18：00	3802	500		1024	4483	2278	9.98
19：00	2592	500		0	2389	2092	9.16
20：00	400	0			1987	400	1.90
21：00	400	0			1585	400	2.14
22：00	400	0			1183	400	2.26
23：00	400	400	3500		4681		
合计	65110	9700	21663	33795		21615	95.72

3. 60%冷负荷时蓄冰系统运行方案：

(1) 基载主机供冷量(全天停 3 小时)：31295kW·h(8900USRT·h)；

(2) 双工况主机供冷量(9：00～17：00)：64812kW·h(18432USRT·h)；

(3) 蓄冰槽融冰供冷量(7：00～22：00)：75604kW·h(21501USRT·h)；

(4) 双工况主机制冰量(23：00～6：00)：75772kW·h(21549USRT·h)。

负荷(60%)平衡表

时间	总冷负荷(RT)	制冷机制冷量(RT)			蓄冰槽(RT)		取冷率(%)
		基载主机	主机制冰	主机制冷	储冰量	融冰量	
0：00	300	300	2900		7693		
1：00	300	300	2800		10491		
2：00	300	300	2700		13189		
3：00	300	300	2600		15787		
4：00	300	300	2500		18285		
5：00	300	300	2400		20683		
6：00	300	300	2149		22830		
7：00	2462	500		0	20866	1962	8.60
8：00	2894	500		0	18469	2394	10.49
9：00	3456	500		1024	16535	1932	8.46
10：00	3629	500		2048	15452	1081	4.73
11：00	3715	500		2048	14283	1167	5.11
12：00	3845	500		2048	12984	1297	5.68
13：00	4104	500		2048	11426	1556	6.82
14：00	4234	500		2048	9739	1686	7.38
15：00	4320	500		3072	8989	748	3.28
16：00	4277	500		2048	7258	1729	7.57
17：00	3802	500		2048	6002	1254	5.49
18：00	2851	500		0	3649	2351	10.30
19：00	1944	500		0	2203	1444	6.33
20：00	300	0			1901	300	1.31
21：00	300	0			1599	300	1.31
22：00	300	0			1297	300	1.31
23：00	300	300	3500		4795		
合计	48833	8900	21549	18432		21501	[illegible]

冷负荷(60%)平衡图

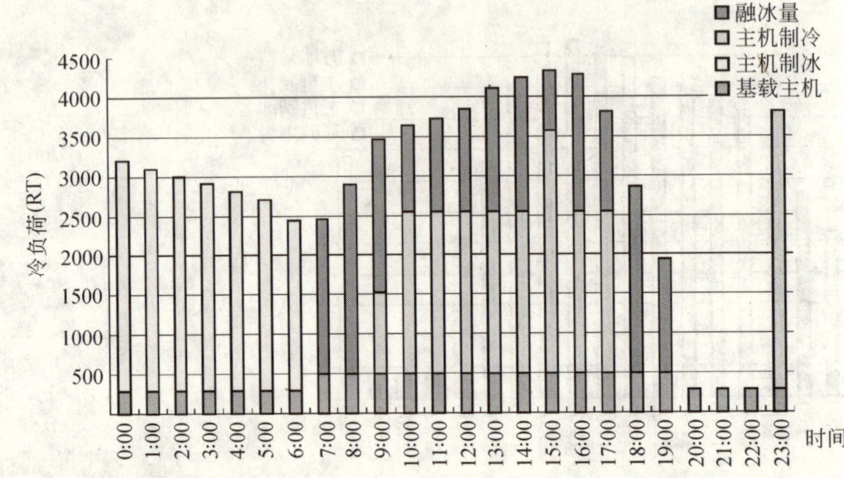

五、自控设计

部分负荷蓄冰系统运行工况比较复杂，对控制系统的要求相对较高，除了保证各运行工况间的相互转换及冷冻水、乙二醇的供水温度控制外，还应解决双工况主机和蓄冰设备间的供冷负荷分配问题。

本工程采用优化控制(智能控制)系统，根据测定的气象条件及负荷侧回水温度、流量，通过计算预测全天逐时冷负荷，然后制定双工况主机和蓄冰设备的逐时负荷分配(运行控制)工况，控制双工况主机启停，最大限度地发挥蓄冰设备融冰供冷量，以达到节约电费之目的。

制冷系统主要控制点及被控设备的设置请见冰蓄冷自控原理图(图号 3-1-5)，同时应能实现以下工况的运行控制：

1. 主机制冰工况：阀 V1、V4 开，阀 V2、V3 关，蓄冰槽液位控制制冰停止。

2. 主机单独供冷工况：阀 V1、V4 关，阀 V2、V3 开；根据温度 T2 恒定(7℃)，主机自身能量控制。

3. 蓄冰设备融冰供冷工况：主机关闭，根据温度 T1 恒定(3.3℃)，调节阀 V1、V2 开度；根据温度 T2 恒定(7℃)，调节阀 V3、V4 开度。

4. 主机和蓄冰设备同时供冷工况：根据预测全天负荷，确定主机启停时段，主机 100%负荷运行；根据温度 T1 恒定(3.3℃)，调节阀 V1、V2 开度；根据温度 T2 恒定(7℃)，调节阀 V3、V4 开度。

六、主要技术经济指标

1. 设备选型参数

序号	系统编号	设备名称	主 要 性 能	数量	备注
1	R-1	(基载主机) 螺杆式冷水机组 WCFX54	制冷量 1764kW(500USRT) 电机 332kW，380V/50Hz 冷冻水 7/12℃，292m³/h 冷却水 32/37℃，350m³/h 设备承压 1.6MPa	1	DUNHAM-BUSH
2	R-2～5	(双工况主机) 螺杆式冷水机组 WCDX128	制冷工况制冷量： 3600kW(1024USRT) 乙二醇：6/11℃，1125m³/h 冷却水 32/37℃，1133m³/h 电机 660kW，380V/50Hz	4	
			制冰工况制冷量： 2391kW(680USRT) 乙二醇：−5.6/−2.8℃ 冷却水 30/33.6℃， 设备承压 1.0MPa		
3		蓄冰槽 TSC-380M	潜热冷量 1336kW(380USRT) 5509×1619×2120 设备承压 1.0MPa	60	BAC
4	HR-1～4	板式换热器 M15-BFGL	换热量 5183kW 换热面积 131m² 乙二醇温度 3.3/10.6℃ 冷冻水温度 7/12℃ 设备承压 1.6MPa	4	ALFA LAVAL
5	B-1，2	基载冷冻水泵 11-6015-7	流量 L=320m³/h H=32mH₂O，n=1450r/min N=45kW 设备承压 1.6MPa	2	
6	B-3～7	融冰冷冻水泵 29-1015-3	流量 L=980m³/h H=32mH₂O，n=1450r/min N=93kW 设备承压 1.6MPa	5	
7	b-1，2	基载冷却水泵 11-8015-5	流量 L=400m³/h H=32mH₂O，n=1450r/min N=55kW 设备承压 1.6MPa	2	
8	b-3～7	主机冷却水泵 29-1015-3	流量 L=1250m³/h H = 32mH₂O，n = 1450r/min N=150kW 设备承压 1.6MPa	5	
9	BY-1～5	乙二醇泵 29-1015-3	流量 L=12400m³/h H=30mH₂O，n=1450r/min N=150kW 设备承压 1.6MPa	5	Paco
10	bY-1，2	乙二醇补水泵 16-1270-7	L=6m³/h，H=20mH₂O n=2800r/min，N=1.5kW 设备承压 1.0MPa	2	
11	bb-1，2	冷冻水补水泵 50LG24-20×3	L=18m³/h，H=110mH₂O n=2950r/min，N=11kW 设备承压 1.0MPa	2	
12	D-1	隔膜式膨胀罐 PN600×1.0	V=0.321m³，D=600mm 设备承压 1.0MPa	1	
13	RH	组合式软水器 CSR-4	处理水量 G=6～12t/h， N=0.75kW	1	
14		软化水箱	V=11m³　3000×2000×2000	1	
15		乙二醇储液箱	V=2.0m³ 1800×1200×1200	1	
16		乙二醇溶液	100%乙烯乙二醇溶液 30t		
17		自控系统	包括执行机构	1	

2. 经济参数

该蓄冰空调系统与原有常规制冷系统并联协调使用，可以得到良好的节电效果。设计日节约电费 4720.3 元，全年按 150 天供冷考虑，可节电费 97.2 万元。另外，该系统设计日转移高峰电量 5166kW·h，转移平峰电量 13968kW·h，减少电力增容负荷 1557.7kW，为电力移峰填谷作出了贡献。

全年节约电费统计计算见附表。

设计日节电费统计表

时　间	总冷负荷(RT)	制冷机制冷量(RT)			蓄冰槽(RT)		节省电费(元)
		基载主机	主机制冰	主机制冷	储冰量	融冰量	
0：00	500	500	2900		7934		1084.6
1：00	500	500	2800		10732		1047.2
2：00	500	500	2700		13430		1009.8
3：00	500	500	2600		16028		972.4
4：00	500	500	2500		18526		935.0
5：00	500	500	2400		20924		897.6
6：00	500	500	1908		22830		713.6
7：00	4104	500		3072	22296	532	－456.3
8：00	4824	500		3072	21042	1252	－1073.8
9：00	5760	500		4096	19876	1164	－631.7
10：00	6048	500		4096	18422	1452	－788.0
11：00	6192	500		4096	16824	1596	－866.1
12：00	6408	500		4096	15010	1812	－983.4
13：00	6840	500		4096	12764	2244	－1217.8
14：00	7056	500		4096	10302	2460	－1335.0
15：00	7200	500		4096	7696	2604	－1413.2
16：00	7128	500		4096	5162	2532	－1374.1
17：00	6336	500		4096	3420	1740	－944.3
18：00	4752	500		3072	2238	1180	－1012.1
19：00	3240	500		2048	1544	692	－593.5
20：00	500	500			1542		0.0
21：00	500	500			1540		0.0
22：00	500	500			1538		0.0
23：00	500	500	3500		5036		1309.0
合　计	81388	12000	21308	48128		21260	－4720.3
日移高峰电量＝5166.0kW·h				日移平峰电量＝13968.0kW·h			

每年节省电费＝971910(元)

注：1. 全年空调运行时间按150天计；

2. 设计日运行20天；

3. 80％负荷运行70天；

4. 60％负荷运行60天。

负荷(80％)节电费统计表

时　间	总冷负荷(RT)	制冷机制冷量(RT)			蓄冰槽(RT)		节省电费(元)
		基载主机	主机制冰	主机制冷	储冰量	融冰量	
0：00	400	400	2900		7579		1084.6
1：00	400	400	2800		10377		1047.2
2：00	400	400	2700		13075		1009.8
3：00	400	400	2600		15673		972.4
4：00	400	400	2500		18171		935.0
5：00	400	400	2400		20569		897.6
6：00	400	400	2263		22830		846.5
7：00	3283	500		1024	21069	1759	－1508.9
8：00	3859	500		1027	18735	2332	－2000.3
9：00	4608	500		3072	17697	1036	－888.6
10：00	4838	500		3072	16428	1266	－687.3
11：00	4954	500		3072	15045	1382	－749.8
12：00	5126	500		3072	13488	1554	－843.6
13：00	5472	500		3072	11586	1900	－1031.1
14：00	5645	500		4096	10535	1049	－569.2
15：00	5760	500		4096	9369	1164	－631.7
16：00	5702	500		4096	8261	1106	－600.4
17：00	5069	500		3072	6762	1497	－812.3
18：00	3802	500		1024	4483	2278	－1953.5
19：00	2592	500		0	2389	2092	－1794.3
20：00	400	0			1987	400	－343.1
21：00	400	0			1585	400	－343.1
22：00	400	0			1183	400	－343.1
23：00	400	400	3500		4681		1309.0
合　计	65110	9700	21663	33795		21615	－6998.1
日移高峰电量＝9183.8kW·h				日移平峰电量＝10270.1kW·h			

负荷(60%)节电费统计表

时间	总冷负荷(RT)	制冷机制冷量(RT)			蓄冰槽(RT)		节省电费(元)
		基载主机	主机制冰	主机制冷	储冰量	融冰量	
0:00	300	300	2900		7693		1084.6
1:00	300	300	2800		10491		1047.2
2:00	300	300	2700		13189		1009.8
3:00	300	300	2600		15787		972.4
4:00	300	300	2500		18285		935.0
5:00	300	300	2400		20683		897.6
6:00	300	300	2149		22830		803.7
7:00	2462	500		0	20866	1962	-1683.2
8:00	2894	500		0	18469	2394	-2053.7
9:00	3456	500		1024	16535	1932	-1048.5
10:00	3629	500		2048	15452	1081	-586.6
11:00	3715	500		2048	14283	1167	-633.4
12:00	3845	500		2048	12984	1297	-703.8

续表

时间	总冷负荷(RT)	制冷机制冷量(RT)			蓄冰槽(RT)		节省电费(元)
		基载主机	主机制冰	主机制冷	储冰量	融冰量	
13:00	4104	500		2048	11426	1556	-844.4
14:00	4234	500		2048	9739	1686	-914.8
15:00	4320	500		3072	8989	748	-405.9
16:00	4277	500		2048	7258	1729	-938.2
17:00	3802	500		2048	6002	1254	-680.3
18:00	2851	500		0	3649	2351	-2016.6
19:00	1944	500		0	2203	1444	-1238.5
20:00	300	0			1901	300	-257.3
21:00	300	0			1599	300	-257.3
22:00	300	0			1297	300	-257.3
23:00	300	300	3500		4795		1309.0
合计	48833	8900	21549	18432		21501	-6460.6
日移高峰电量=9092.2kW·h				日移平峰电量=10258.6kW·h			

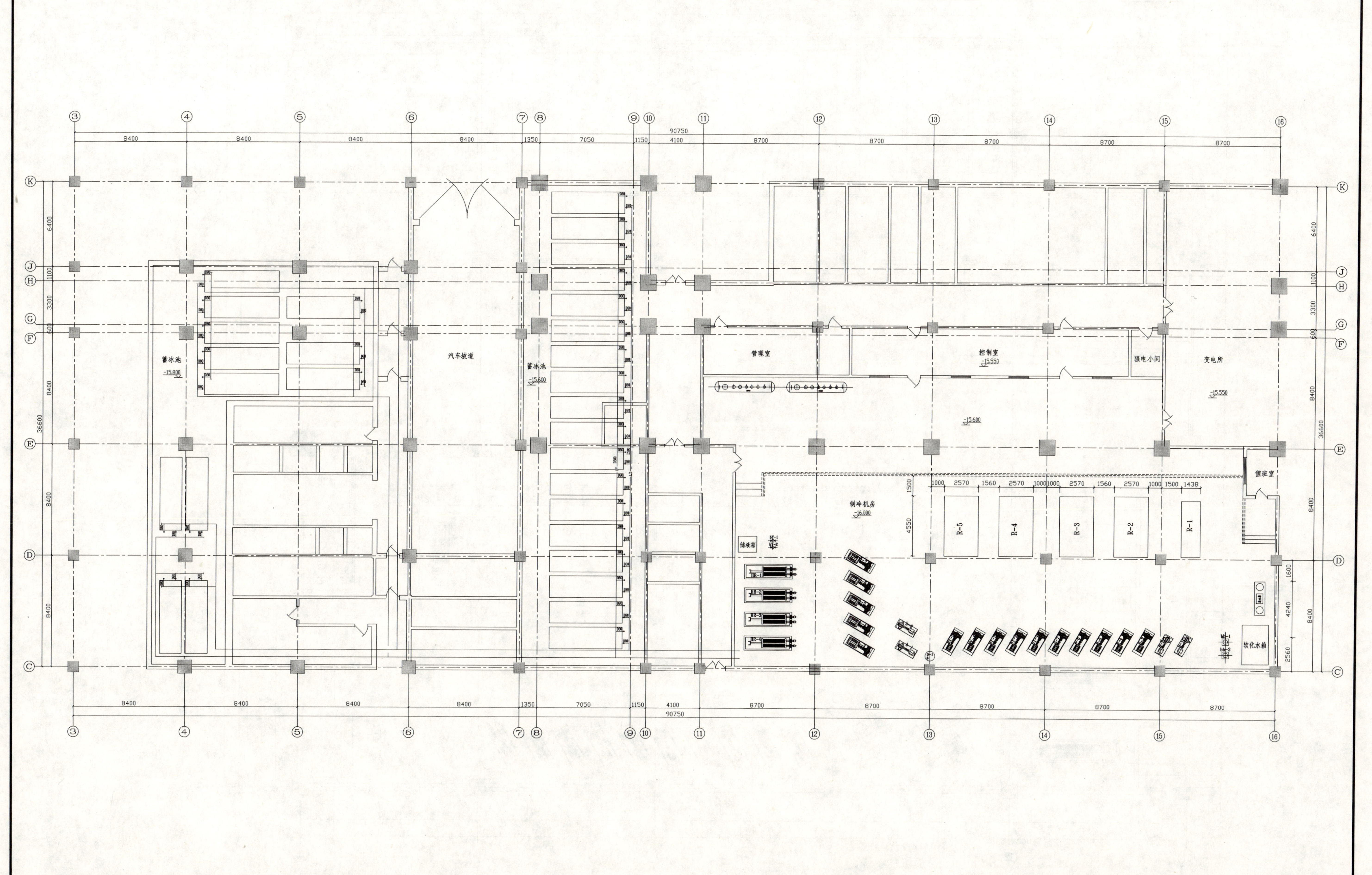
90750
8400
8400
8400
8400
1350
7050
1150
4100
8700
8700
8700
8700
8700
6400
1100
3300
600
8400
8400
8400
36600
蓄冰池
-15.800
汽车坡道
蓄冰池
-15.600
管理室
控制室
-15.550
强电小间
变电所
-15.550
-15.600
制冷机房
-16.000
值班室
储液箱
软化水箱
R-5
R-4
R-3
R-2
R-1
1000
2570
1560
2570
1000
1000
2570
1560
2570
1000
1500
1438
1500
4550
1600
4240
2560
③
④
⑤
⑥
⑦
⑧
⑨
⑩
⑪
⑫
⑬
⑭
⑮
⑯
K
J
H
G
F
E
D
C

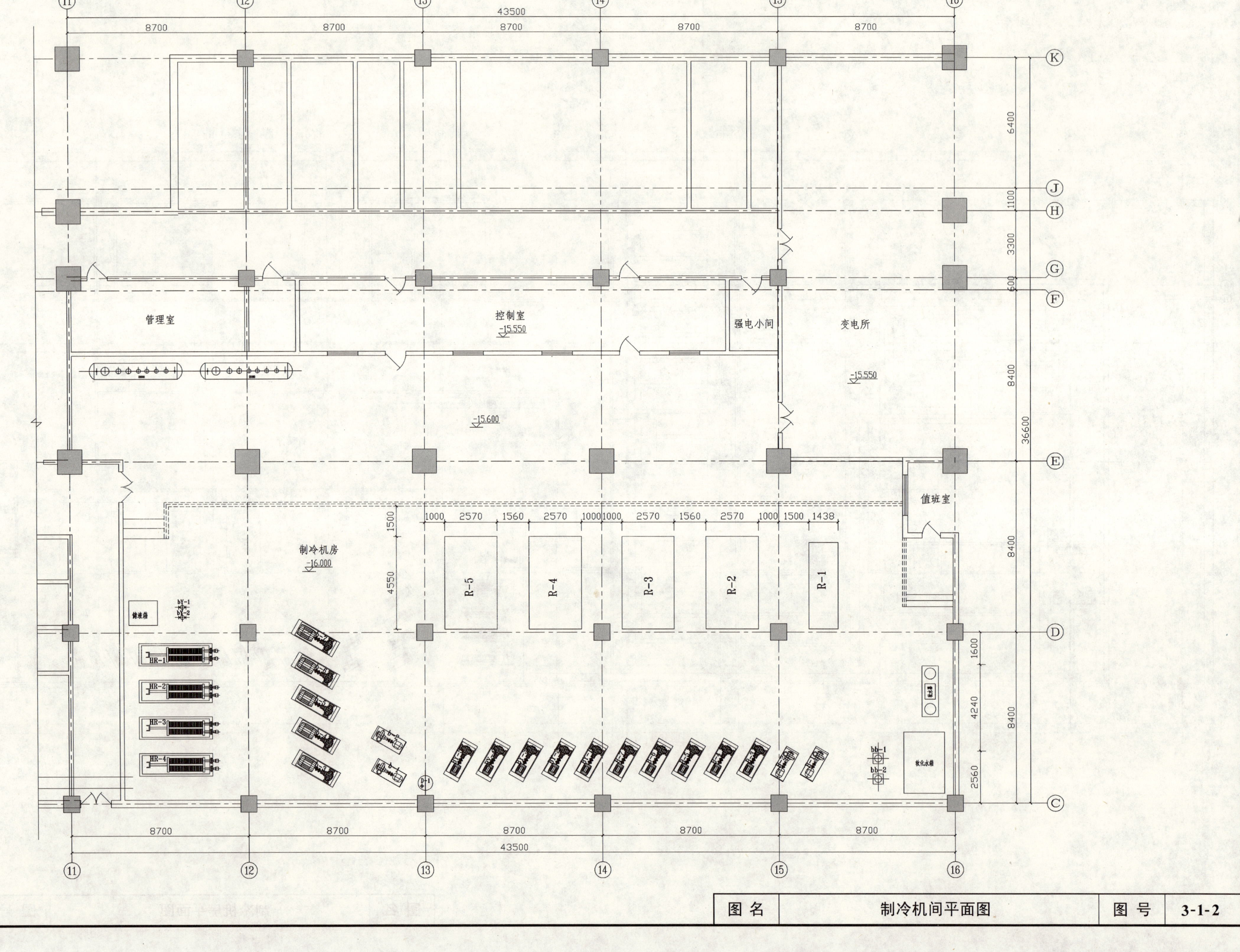

图 名	制冷机间平面图	图 号	3-1-2

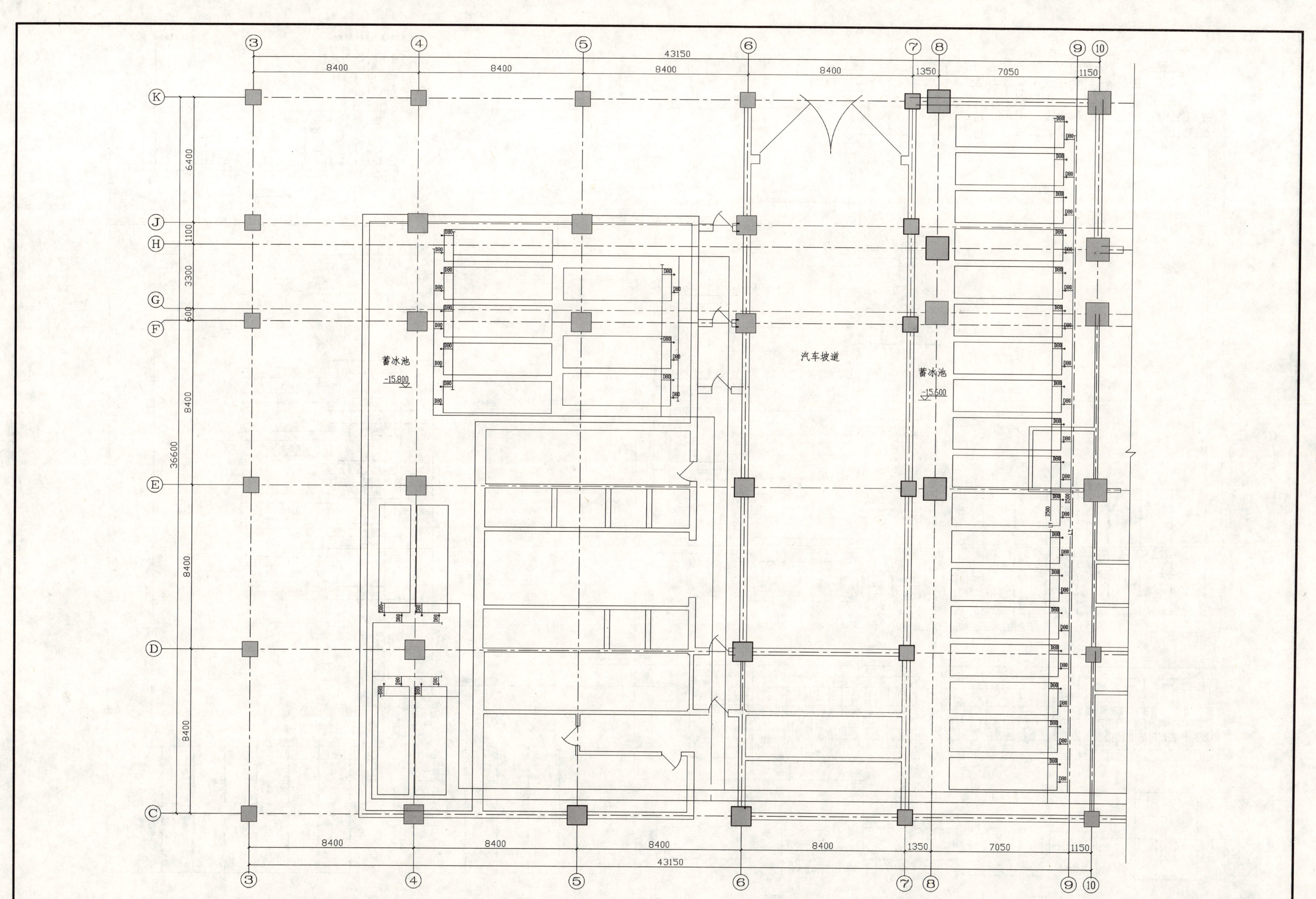

43150
8400
8400
8400
8400
1350
7050
1150
36600
6400
1100
3300
600
8400
8400
8400
蓄冰池
-15.800
汽车坡道
蓄冰池
-15.600

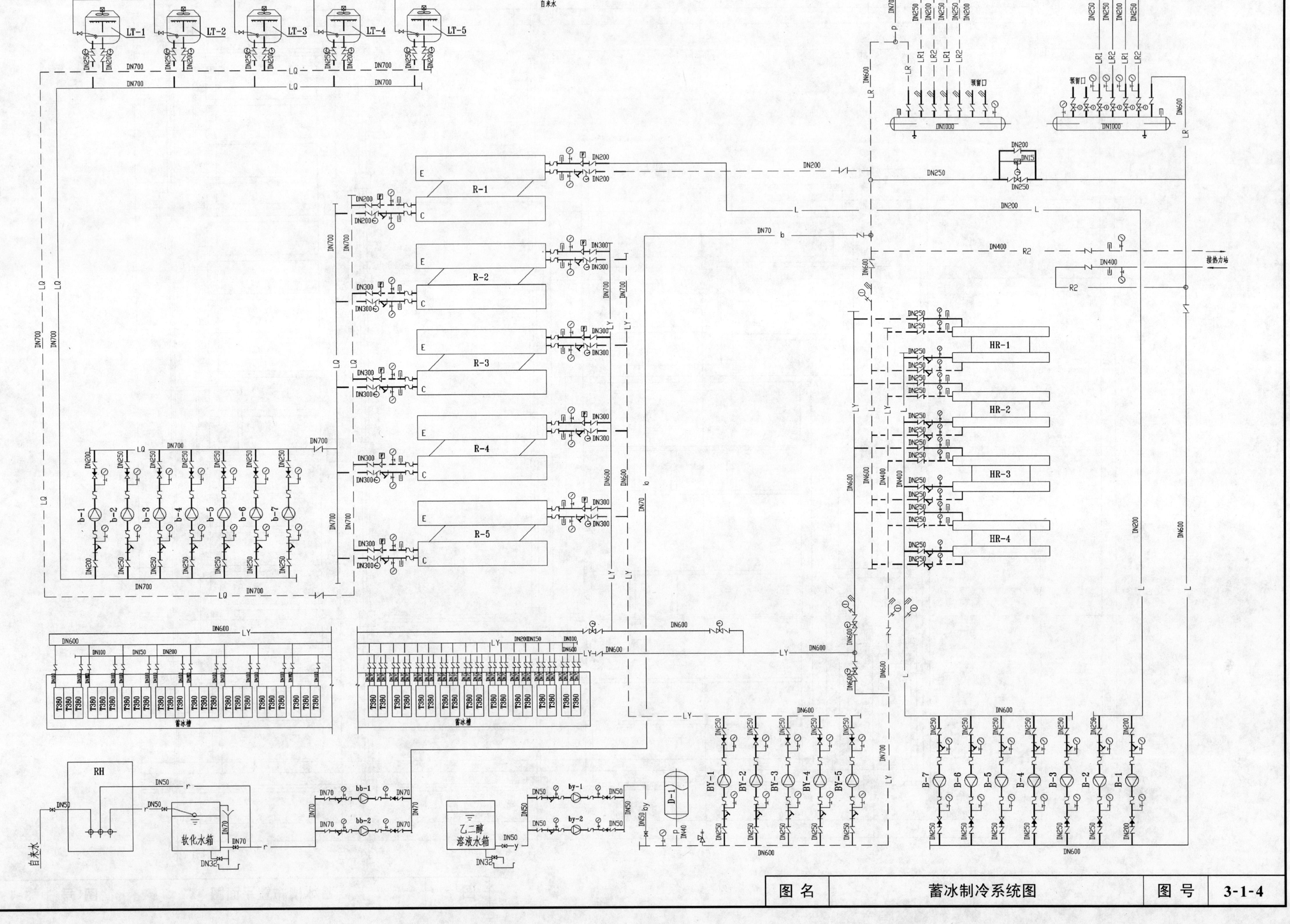

图 名	蓄冰制冷系统图	图 号	3-1-4

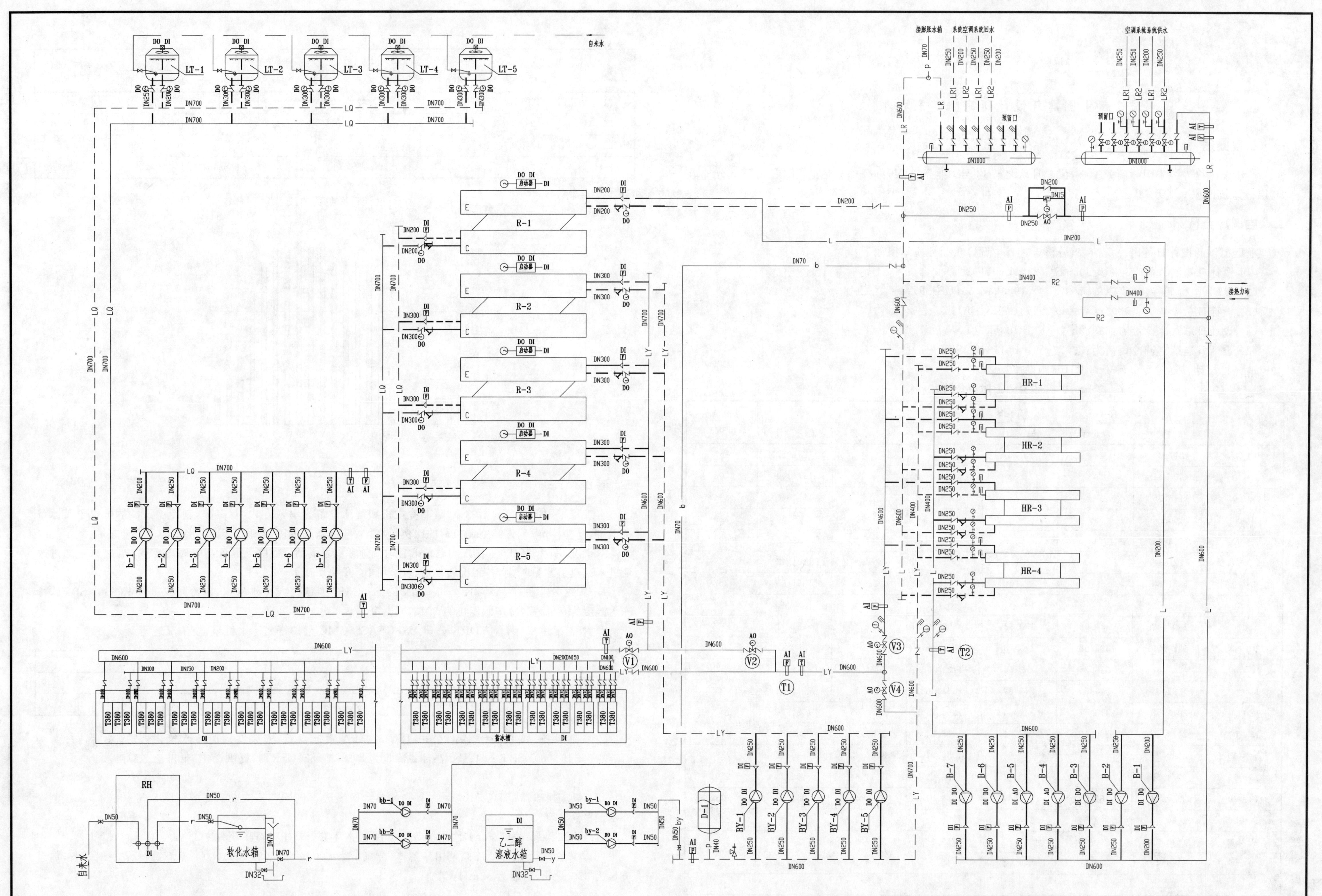

自来水
LT-1
LT-2
LT-3
LT-4
LT-5
接膨胀水箱
系统空调系统回水
空调系统系统供水
预留口
接热力站
R-1
R-2
R-3
R-4
R-5
HR-1
HR-2
HR-3
HR-4
b-1
b-2
b-3
b-4
b-5
b-6
b-7
V1
V2
V3
V4
T1
T2
蓄冰槽
RH
软化水箱
乙二醇
溶液水箱
bb-1
bb-2
by-1
by-2
D-1
BY-1
BY-2
BY-3
BY-4
BY-5
B-7
B-6
B-5
B-4
B-3
B-2
B-1

第二章　首汽大厦

中国建筑设计研究院　宋孝春

一、工程概述

本建设工程为恒华国际商务中心，位于月坛北街 14 号。地下 3 层，办公部分地上 11 层，公寓部分地上 20 层。建筑面积 9.3 万 m^2。

二、空调冷负荷

根据提供的设计日逐时冷负荷表，分析设计日空调冷负荷性质结果如下：

(1) 设计日峰值负荷(15:00)：8056kW(2291USRT)；

(2) 夜间(电价低谷)峰值冷负荷(20:00)：1938kW(551USRT)；

(3) 设计日总冷量为：103952kW·h(29563USRT·h)；

(4) 设计日总蓄冰冷量为：63972kW·h(18193USRT·h)；

(5) 设计日连续空调冷负荷为：39973kW·h(11368USRT·h)。

请详见设计日逐时冷负荷表和设计日负荷平衡表。

设计日逐时冷负荷表

时　间	逐时冷负荷 (kW)						总冷负荷 (USRT)
	住宅楼	营业厅	餐　厅	新　风	办　公	合　计	
0:00	1217.33		73.83			1291.17	367
1:00	1201.61		72.88			1274.49	362
2:00	1175.76					1175.76	334
3:00	1155.36					1155.36	329
4:00	1133.43					1133.43	322
5:00	1121.42					1121.42	319
6:00	1361.60					1361.60	387
7:00	1523.43					1523.43	433
8:00	1807.82	301.68	250.63	1559.07	2862.21	6781.41	1929
9:00	1920.93	323.68	273.78	1647.48	2930.36	7096.22	2018
10:00	1981.62	328.36	272.26	1724.27	2824.86	7131.38	2028
11:00	1972.65	315.92	247.89	1801.06	2681.90	7019.42	1996
12:00	2047.56	313.57	240.65	1866.24	2613.69	7081.71	2014
13:00	2129.80	330.52	248.91	1913.34	2808.08	7430.65	2113
14:00	2182.23	348.77	257.52	1936.57	3074.63	7799.72	2218
15:00	2274.59	357.42	260.17	1930.77	3233.34	8056.28	2291
16:00	2210.44	362.78	261.87	1883.01	3324.45	8042.55	2287
17:00	2016.84	373.97	264.41	1859.78	3219.49	7734.49	2200
18:00	1810.02	360.79	255.79	1795.25	2907.95	7129.80	2028
19:00	1469.47	296.20	219.03	1712.65	2173.19	5870.54	1670
20:00	1436.31	288.99	213.58			1938.88	551
21:00	1291.14	281.00	207.83			1779.97	506
22:00	1262.30	273.16	202.18			1737.64	494
23:00	1248.67		36.28			1284.95	365
合　计	38952.3	4856.8	3859.5	21629.5	34654.1	103952.2	29563

续表

设计日冷负荷曲线

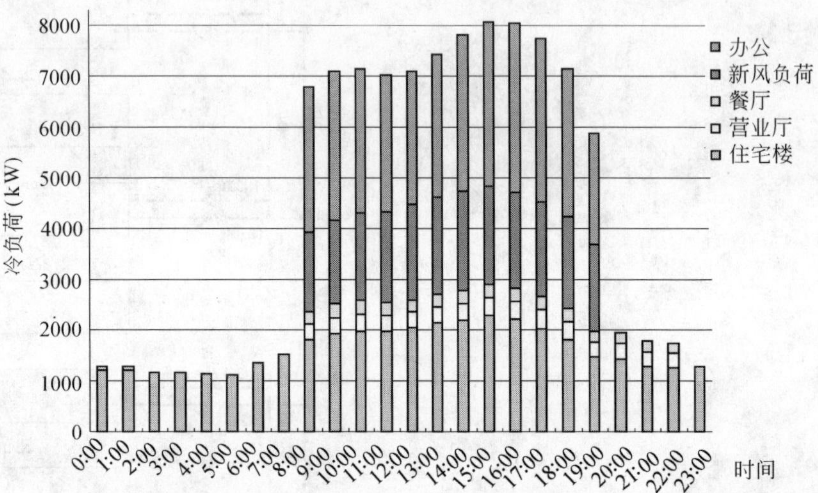

三、系统设计

本工程采用部分负荷蓄冰系统，制冷主机和蓄冰设备为串联方式，双工况(制冷-制冰)主机位于蓄冰设备上游。同时考虑到连续空调负荷的比例，设置了一台基载主机，并联运行，直接供应 7℃冷冻水。

双工况(制冷-制冰)主机夜间电价低谷时制冰系统将冰蓄满，白天电价高峰时融冰供冷，融冰量通过改变进入冰盘管水量控制，各工况转换通过电动阀门开关切换。

1. 基载主机：一台 YORK 公司 YSFCFAS55CMC 型螺杆式冷水机组，制冷量 1934kW(550USRT)，冷冻水温度为 7/12℃，冷却水温度为 32/37℃。

2. 双工况主机：两台 YORK 公司 YSFCFAS55CMC 型螺杆式冷水机组，变工况运行。

	乙二醇温度(℃)	冷却水温度(℃)	制冷量 kW(USRT)
制冷工况	5.6/10.6	32/37	1864(530)
制冰工况	−5.6/−2.8	30/33.6	1318(375)

3. 蓄冰设备：16 台美国 BAC 公司 TSC-380M 型蓄冰盘管，安装在混凝土水槽内，总潜热蓄冰冷量为 21379kW·h(6080USRT·h)，最大融冰供冷量为 2989kW(850USRT)，提供 3.3℃低温乙二醇溶液。

4. 制冷系统：

(1) 板式换热器：瑞典 Alfa Laval，两台，单台换热量 3500kW，一次侧乙二醇温度 3.3/10.6℃，二次侧冷冻水温度 7/12℃。

(2) 乙二醇泵：美国 Paco，两用一备。单台流量为 360m^3/h，扬程 26mH_2O。

(3) 冷冻水泵：融冰冷冻泵两用一备，单台流量为 600m^3/h，扬程 32mH_2O；基载冷冻泵一用一备，单台流量为 330m^3/h，扬程为 32mH_2O。

(4) 冷却水泵：三用一备，单台流量为 450m^3/h，扬程 32mH_2O。

(5) 冷却塔：三组。单台处理水量 450m³/h。

5. 补水定压：

(1) 乙二醇系统：采用密闭隔膜式膨胀水罐定压方式；乙二醇溶液储存在闭式水箱内（用单向阀与箱外空气连通），通过压力传感器启动乙二醇补水泵向系统补充乙二醇。

(2) 冷冻水系统：采用密闭隔膜式膨胀水罐定压方式；通过压力传感器启动冷冻水补水泵向系统补充软化水。

四、设计日蓄冰系统运行工况

1. 设计日蓄冰系统运行方案：

(1) 基载主机供冷量（全天）：39973kW·h(11368USRT·h)；

(2) 双工况主机供冷量(7:00～19:00)：43795kW·h(12455USRT·h)；

(3) 蓄冰槽融冰供冷量(8:00～20:00)：20176kW·h(5738USRT·h)；

(4) 双工况主机制冰量(23:00～7:00)：20331kW·h(5782USRT·h)。

设计日负荷平衡表

时　间	总冷负荷(RT)	制冷机制冷量(RT)			蓄冰槽(RT)		取冷率(%)
		基载主机	主机制冰	主机制冷	储冰量	融冰量	
0：00	367	367	780		1886		
1：00	362	362	760		2644		
2：00	334	334	740		3382		
3：00	329	329	720		4100		
4：00	322	322	700		4798		
5：00	319	319	650		5446		
6：00	387	387	632		6080		
7：00	433	433	0		6078	0	0.00
8：00	1929	550		1060	5757	319	5.25
9：00	2018	550		1060	5347	408	6.71
10：00	2028	550		1060	4927	418	6.88
11：00	1996	550		1060	4539	386	6.35
12：00	2014	550		1060	4133	404	6.64
13：00	2113	550		1060	3628	503	8.27
14：00	2218	550		1060	3018	608	10.00
15：00	2291	550		1060	2335	681	11.20
16：00	2287	550		1060	1656	677	11.13
17：00	2200	550		1060	1064	590	9.70
18：00	2028	550		1060	644	418	6.88
19：00	1670	550		795	317	325	5.35
20：00	551	550			314	1	0.02
21：00	506	506			312	0	0.00
22：00	494	494			310	0	0.00
23：00	365	365	800		1108		
合　计	29561	11368	5782	12455		5738	94.38
蓄冰系统总冷量			18193	连续空调总冷量			11368

设计日冷负荷平衡图

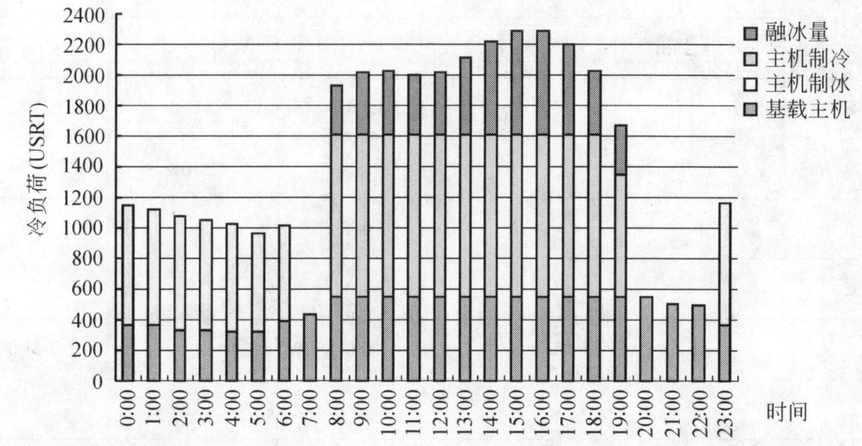

2.（80%）负荷蓄冰系统运行方案：

(1) 基载主机供冷量（全天停 5 小时）：29108kW·h(8278USRT·h)；

(2) 双工况主机供冷量(8：00～19：00)：33545kW·h(9540USRT·h)；

(3) 蓄冰槽融冰供冷量(8：00～22：00)：20503kW·h(5831USRT·h)；

(4) 双工况主机制冰量(23：00～7：00)：19438kW·h(5528USRT·h)。

（80%）负荷平衡表

时　间	总冷负荷(RT)	制冷机制冷量(RT)			蓄冰槽(RT)		取冷率(%)
		基载主机	主机制冰	主机制冷	储冰量	融冰量	
0：00	294	294	780		1793		
1：00	290	290	760		2551		
2：00	267	267	740		3289		
3：00	263	263	720		4007		
4：00	258	258	700		4705		
5：00	255	255	650		5353		
6：00	310	310	378		6080		
7：00	346	0	0		5732	346	5.70
8：00	1543	550		530	5266	463	7.62
9：00	1614	550		530	4730	534	8.79
10：00	1622	550		530	4186	542	8.92
11：00	1597	550		530	3667	517	8.50
12：00	1611	550		1060	3664	1	0.02
13：00	1690	550		1060	3581	80	1.32
14：00	1774	550		1060	3415	164	2.70

续表

时间	总冷负荷(RT)	制冷机制冷量(RT)			蓄冰槽(RT)		取冷率(%)
		基载主机	主机制冰	主机制冷	储冰量	融冰量	
15：00	1833	550		1060	3190	223	3.66
16：00	1830	550		1060	2968	220	3.61
17：00	1760	550		1060	2816	150	2.47
18：00	1622	550		530	2272	542	8.92
19：00	1336	0		530	1464	806	13.26
20：00	441	0			1021	441	7.25
21：00	405	0			614	405	6.66
22：00	395	0			217	395	6.50
23：00	292	292	800		1015		
合　计	23649	8278	5528	9540		5831	95.90

冷负荷(80%)平衡图

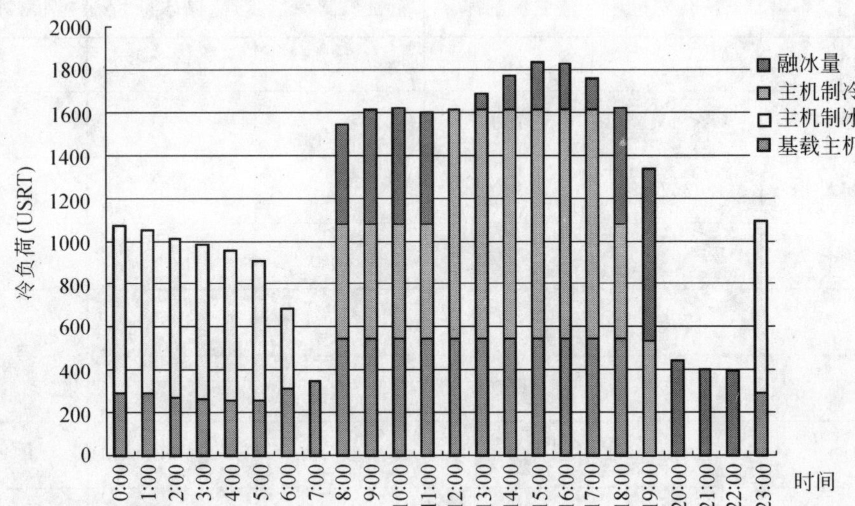

3. 60%冷负荷时蓄冰系统运行方案：

(1) 基载主机供冷量(全天停4小时)：28116kW·h(7996USRT·h)；

(2) 双工况主机供冷量(11：00～17：00)：13889kW·h(3950USRT·h)；

(3) 蓄冰槽融冰供冷量(7：00～22：00)：20363kW·h(5791USRT·h)；

(4) 双工况主机制冰量(23：00～7：00)：19603kW·h(5575USRT·h)。

(60%)负荷平衡表

时间	总冷负荷(RT)	制冷机制冷量(RT)			蓄冰槽(RT)		取冷率(%)
		基载主机	主机制冰	主机制冷	储冰量	融冰量	
0：00	220	220	780		1833		
1：00	217	217	760		2591		
2：00	200	200	740		3329		
3：00	197	197	720		4047		
4：00	193	193	700		4745		
5：00	191	191	650		5393		
6：00	232	232	425		6080		
7：00	260	0	0	0	5818	260	4.27
8：00	1157	550		0	5209	607	9.99
9：00	1211	550		0	4546	661	10.87
10：00	1217	550		0	3877	667	10.97
11：00	1198	550		530	3758	118	1.93
12：00	1208	550		530	3627	128	2.11
13：00	1268	550		530	3437	188	3.09
14：00	1331	550		530	3185	251	4.13
15：00	1375	550		530	2888	295	4.85
16：00	1372	550		530	2594	292	4.81
17：00	1320	550		770	2592	0	0.00
18：00	1217	550		0	1923	667	10.97
19：00	1002	275		0	1194	727	11.96
20：00	331	0			861	331	5.44
21：00	304	0			556	304	4.99
22：00	296	0			257	296	4.88
23：00	219	219	800		1055		
合　计	17737	7996	5575	3950		5791	95.24

冷负荷(60%)平衡图

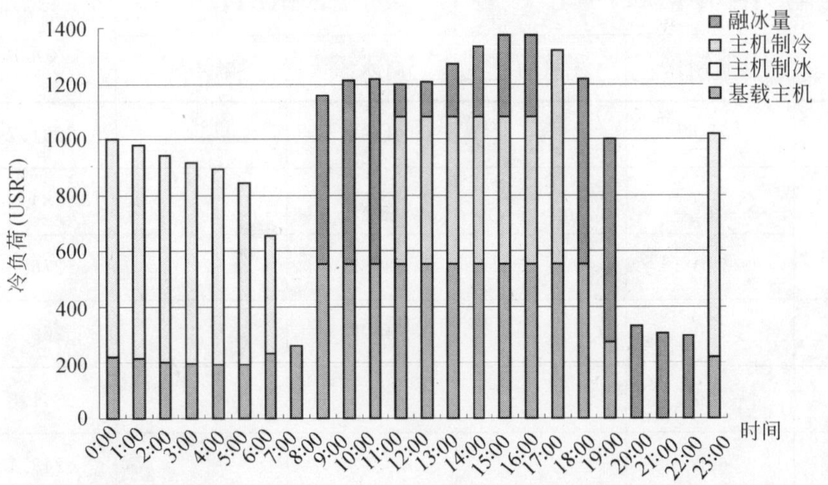

五、自控设计

部分负荷蓄冰系统运行工况比较复杂,对控制系统的要求相对较高,除了保证各运行工况间的相互转换及冷冻水、乙二醇的供水温度控制外,还应解决双工况主机和蓄冰设备间的供冷负荷分配问题。

本工程采用优化控制(智能控制)系统,根据测定的气象条件及负荷侧回水温度、流量,通过计算预测全天逐时冷负荷,然后制定双工况主机和蓄冰设备的逐时负荷分配(运行控制)工况,控制双工况主机启停,最大限度地发挥蓄冰设备融冰供冷量,以达到节约电费之目的。

制冷系统主要控制点及被控设备的设置请见冰蓄冷自控原理图(图号 3-2-4),同时应能实现以下工况的运行控制:

1. 主机制冰工况:阀 V1、V4 开,阀 V2、V3 关,蓄冰槽液位控制制冰停止。

2. 主机单独供冷工况:阀 V1、V4 关,阀 V2、V3 开;根据温度 T2 恒定(7℃),主机自身能量控制。

3. 蓄冰设备融冰供冷工况:主机关闭,根据温度 T1 恒定(3.3℃),调节阀 V1、V2 开度;根据温度 T2 恒定(7℃),调节阀 V3、V4 开度。

4. 主机和蓄冰设备同时供冷工况:根据预测全天负荷,确定主机启停时段,主机 100%负荷运行;根据温度 T1 恒定(3.3℃),调节阀 V1、V2 开度;根据温度 T2 恒定(7℃),调节阀 V3、V4 开度。

六、主要技术经济指标

1. 设备选型参数

序号	系统标号	设备名称	主要性能	数量	备注
1	R-1	(基载主机) 螺杆式冷水机组 YSFCFAS55CMC	制冷量 1934kW(550USRT) 电机 329kW,380V/50Hz 冷冻水 7/12℃,333m³/h 冷却水 32/37℃,410m³/h 工作压力 1.6MPa	1	YORK

续表

序号	系统标号	设备名称	主要性能	数量	备注
2	R-2,3	(双工况主机) 螺杆式冷水机组 YSFCFAS55CMC	制冷工况制冷量: 1864kW(530USRT) 乙二醇:5.6/10.6℃,333m³/h 冷却水 32/37℃,410m³/h 电机 329kW,380V/50Hz 制冰工况制冷量: 1318kW(375USRT) 乙二醇:-5.6/-2.8℃ 冷却水 30/33.6℃ 工作压力 1.0MPa	2	YORK
3		蓄冰槽 TSC-380M	潜热冷量 1336kW(380USRT) 5509×1619×2120 工作压力 1.0MPa	16	BAC
4	E-1,2	板式换热器 MX25-BFGL	换热量 350kW 换热面积 360m² 乙二醇温度 3.3/10.6℃ 冷冻水温度 7/12℃ 水阻力<90kPa 工作压力 1.6MPa	2	ALFA LAVAL
5	B-1,2	基载冷冻水泵 11-5015-7	流量 L=360m³/h H=32mH₂O,n=1450r/min N=45kW 工作压力 1.6MPa	2	
6	B-3~5	融冰冷冻水泵 11-6015-7	流量 L=600m³/h H=32mH₂O,n=1450r/min N=75kW 工作压力 1.6MPa	3	
7	b-1~4	冷却水泵 11-6015-7	流量 L=450m³/h H=32mH₂O,n=1450r/min N=55kW 工作压力 1.6MPa	4	
8	BE-1,2,3	乙二醇泵 11-6012-3	流量 L=360m³/h H=26mH₂O,n=1450r/min N=37kW 工作压力 1.0MPa	3	

续表

序号	系统标号	设备名称	主要性能	数量	备注
9	DB-1	定压补水机组 SN600×1.0-32LG/2-6	V=6.24~10.4m³, L=10m³/h,H=120mH₂O N=2×11kW,工作压力 1.6MPa	1	
10	DB-2	定压 补乙二醇机组	SN600×1.0-32LG/2-4 V=2.64~4.4m³,L=6m³/h, H=20mH₂O N=2×3kW,工作压力 1.0MPa	1	
11	RH-1	全自动软水器 WD-8B	处理水量 G=8~10t/h,N=0.4kW	1	
12		软化水箱	V=5m³ 2200×1800×1500	1	
13		乙二醇储液箱	V=2.0m³ 1800×1200×1200	1	
14	CT-1,2,3	方形逆流冷却塔 KFT-350C2	处理水量 G=450t/h, N=2×7.5kW	3	
15		乙二醇溶液	100%乙烯乙二醇溶液 35t		
16		自控系统	包括执行机构	1	
17		电子水处理仪	DN300	3	

2. 经济参数

该蓄冰空调系统与常规制冷系统有更好的使用灵活性,尤其是夜间小负荷时,可只开水泵融冰供冷,能得到良好的节电效果。设计日节约电费 1286 元,全年按 150 天供冷考虑,可节电费 31.3 万元。另外,该系统设计日转移高峰电量 1700kW·h,转移平峰电量 3461kW·h,为电力移峰填谷作出了贡献。

设计日节电费统计表

时　间	总冷负荷(RT)	制冷机制冷量(RT)			蓄冰槽(RT)		节省电费(元)
		基载主机	主机制冰	主机制冷	储冰量	融冰量	
0：00	367	367	780		1886		291.7
1：00	362	362	760		2644		284.2
2：00	334	334	740		3382		276.8
3：00	329	329	720		4100		269.3
4：00	322	322	700		4798		261.8
5：00	319	319	650		5446		243.1
6：00	387	387	632		6080		236.4
7：00	433	433	0		6078	0	0.0
8：00	1929	550		1060	5757	319	−273.6
9：00	2018	550		1060	5347	408	−221.4
10：00	2028	550		1060	4927	418	−226.8
11：00	1996	550		1060	4539	386	−209.5
12：00	2014	550		1060	4133	404	−219.3
13：00	2113	550		1060	3628	503	−273.0
14：00	2218	550		1060	3018	608	−330.0
15：00	2291	550		1060	2335	681	−369.6
16：00	2287	550		1060	1656	677	−367.4
17：00	2200	550		1060	1064	590	−320.2
18：00	2028	550		1060	644	418	−358.5
19：00	1670	550		795	317	325	−278.8
20：00	551	550			314	1	−0.9
21：00	506	506			312	0	0.0
22：00	494	494			310	0	0.0
23：00	365	365	800		1108		299.2
合　计	29561	11368	5782	12455		5738	−1286.4
日移高峰电量＝1700.1kW·h				日移平峰电量＝3464.1kW·h			

每年节省电费＝313004(元)

注：1. 全年空调运行时间按150天计；
2. 设计日运行20天；
3. 80%负荷运行70天；
4. 60%负荷运行60天。

(80%)负荷节电费统计表

时　间	总冷负荷(RT)	制冷机制冷量(RT)			蓄冰槽(RT)		节省电费(元)
		基载主机	主机制冰	主机制冷	储冰量	融冰量	
0：00	294	294	780		1793		291.7
1：00	290	290	760		2551		284.2
2：00	267	267	740		3289		276.8
3：00	263	263	720		4007		269.3
4：00	258	258	700		4705		261.8
5：00	255	255	650		5353		243.1
6：00	310	310	378		6080		141.5
7：00	346	0	0		5732	346	−297.1
8：00	1543	550		530	5266	463	−397.3
9：00	1614	550		530	4730	534	−458.4
10：00	1622	550		530	4186	542	−294.4
11：00	1597	550		530	3667	517	−280.5
12：00	1611	550		1060	3664	1	−0.7
13：00	1690	550		1060	3581	80	−43.6
14：00	1774	550		1060	3415	164	−89.2
15：00	1833	550		1060	3190	223	−120.9
16：00	1830	550		1060	2968	220	−119.2
17：00	1760	550		1060	2816	150	−81.4
18：00	1622	550		530	2272	542	−465.2
19：00	1336	0		530	1464	806	−691.3
20：00	441	0			1021	441	−378.1
21：00	405	0			614	405	−347.2
22：00	395	0			217	395	−339.0
23：00	292	292	800		1015		299.2
合　计	23649	8278	5528	9540		5831	−2335.7
日移高峰电量＝3716.3kW·h				日移平峰电量＝1531.4kW·h			

(60%)负荷节电费统计表

时　间	总冷负荷(RT)	制冷机制冷量(RT)			蓄冰槽(RT)		节省电费(元)
		基载主机	主机制冰	主机制冷	储冰量	融冰量	
0∶00	220	220	780		1813		291.7
1∶00	217	217	760		2571		284.2
2∶00	200	200	740		3309		276.8
3∶00	197	197	720		4027		269.3
4∶00	193	193	700		4725		261.8
5∶00	191	191	650		5373		243.1
6∶00	232	232	445		6080		166.4
7∶00	260	0	0	0	5818	260	−222.8
8∶00	1157	550		0	5209	607	−521.0
9∶00	1211	550		0	4546	661	−358.6
10∶00	1217	550		0	3877	667	−361.9
11∶00	1198	550		530	3758	118	−63.8
12∶00	1208	550		530	3627	128	−69.7

续表

时　间	总冷负荷(RT)	制冷机制冷量(RT)			蓄冰槽(RT)		节省电费(元)
		基载主机	主机制冰	主机制冷	储冰量	融冰量	
13∶00	1268	550		530	3437	188	−101.9
14∶00	1331	550		530	3185	251	−136.1
15∶00	1375	550		530	2888	295	−159.9
16∶00	1372	550		530	2594	292	−158.6
17∶00	1320	550		770	2592	0	0.0
18∶00	1217	550		0	1923	667	−571.9
19∶00	1002	275		0	1194	727	−623.5
20∶00	331	0			861	331	−283.6
21∶00	304	0			556	304	−260.4
22∶00	296	0			257	296	−254.2
23∶00	219	219	780		1035		291.7
合　计	17737	7996	5575	3950		5791	−2062.9
日移高峰电量=3833.5kW·h				日移平峰电量=1378.1kW·h			

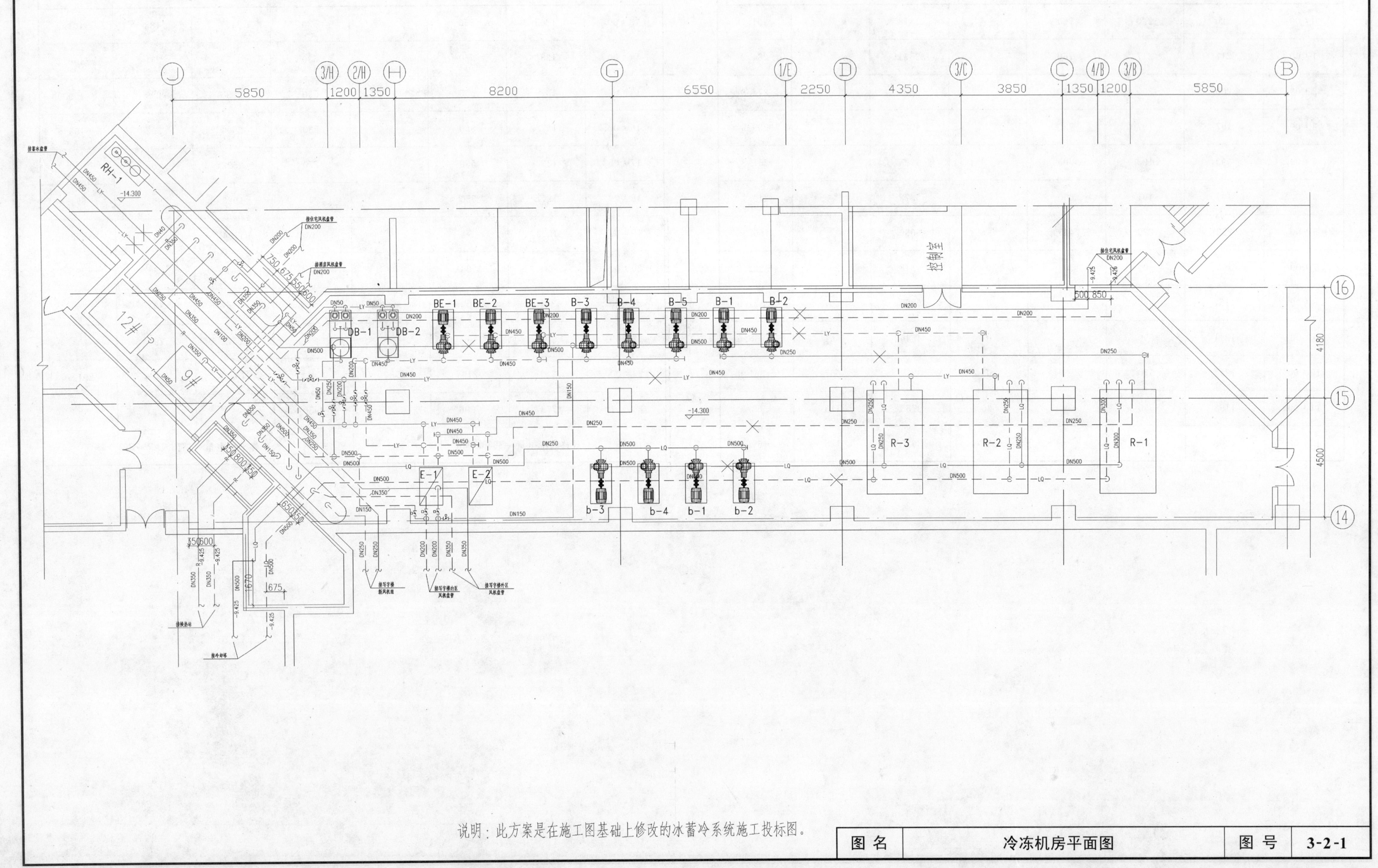

说明：此方案是在施工图基础上修改的冰蓄冷系统施工投标图。

图 名	冷冻机房平面图	图 号	3-2-1

A15
A14
B1
B3
B7
保温
TSC-380M
TSC-380M
TSC-380M
TSC-380M
TSC-380M
TSC-380M
TSC-380M
TSC-380M
600
1619
300
1619
300
1619
300
1610
385
435
1610
300
1619
300
1619
300
1619
600
8950
150
1175
1771
620
500
5509
1200
DN450
DN80
LY
爬梯
-14.800
700
700
8775
8825

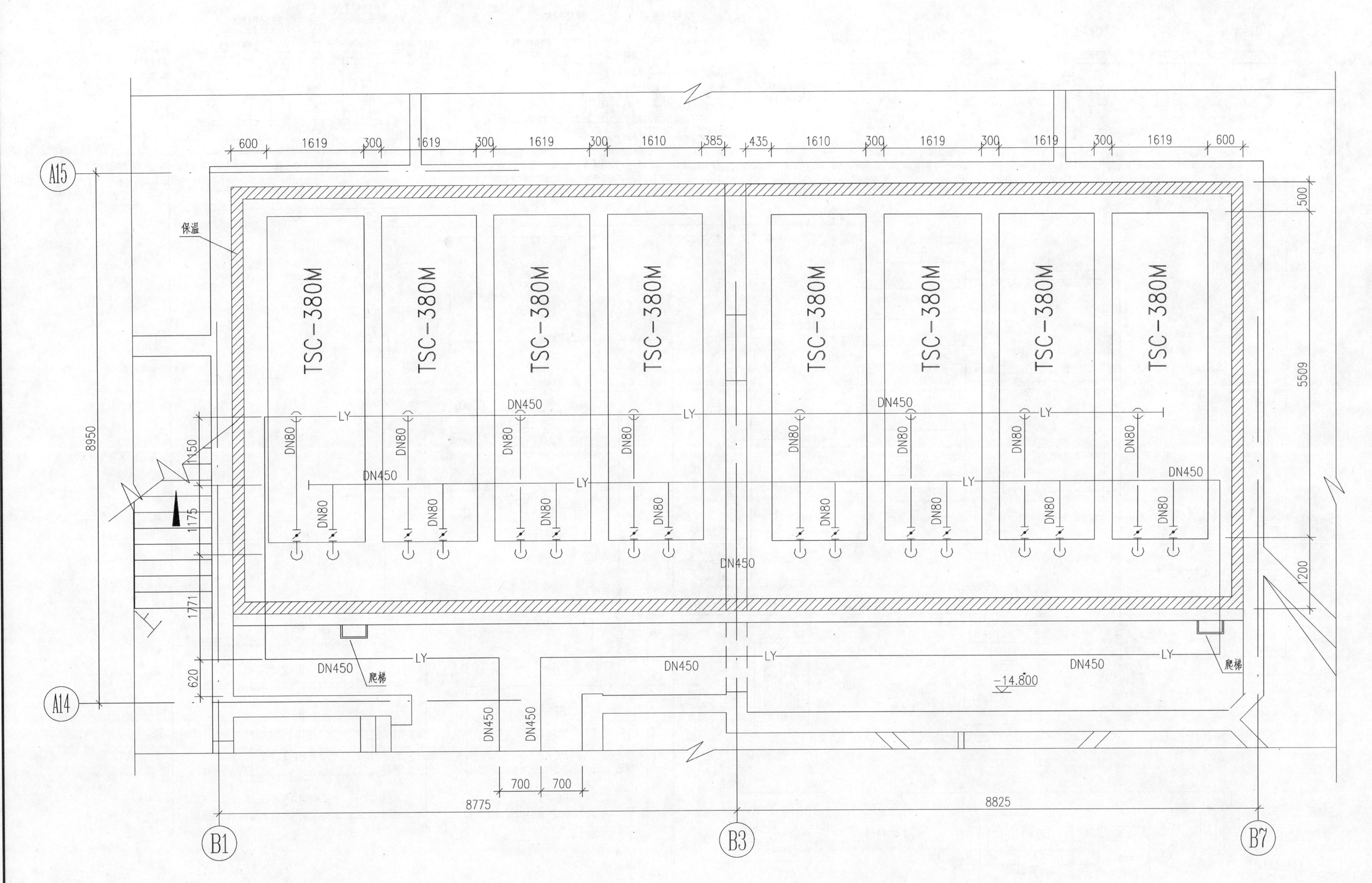

41

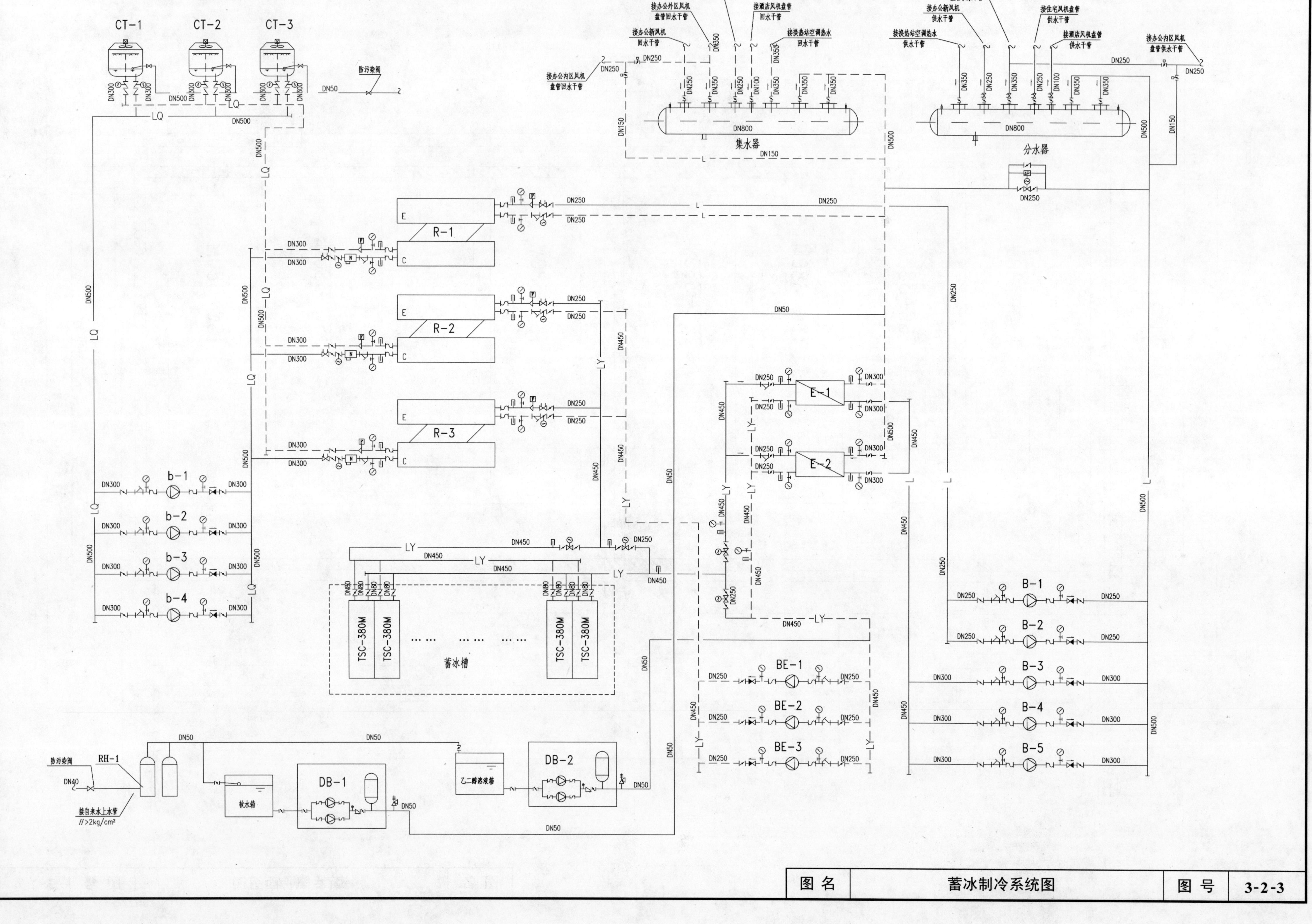

图名 蓄冰制冷系统图 图号 3-2-3

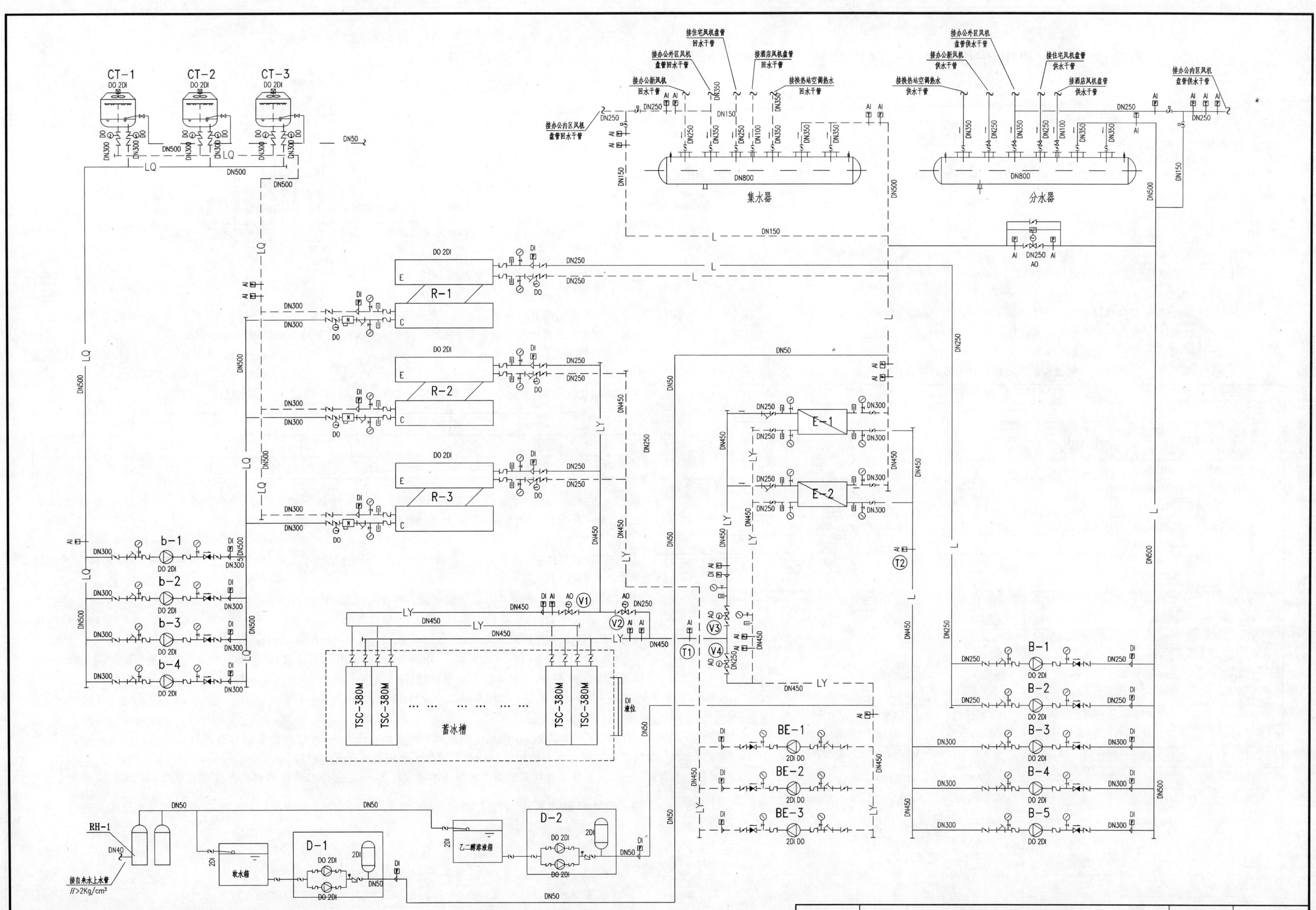

CT-1
CT-2
CT-3
接住宅风机盘管回水干管
接办公外区风机盘管回水干管
接酒店风机盘管回水干管
接办公新风机回水干管
接换热站空调热水回水干管
接办公内区风机盘管回水干管
接办公外区风机盘管供水干管
接办公新风机供水干管
接住宅风机盘管供水干管
接换热站空调热水供水干管
接酒店风机盘管供水干管
接办公内区风机盘管供水干管
集水器
分水器
DN800
R-1
R-2
R-3
E-1
E-2
b-1
b-2
b-3
b-4
B-1
B-2
B-3
B-4
B-5
BE-1
BE-2
BE-3
TSC-380M
蓄冰槽
DI 液位
RH-1
接自来水上水管
H>2Kg/cm²
软水箱
D-1
D-2
乙二醇溶液箱

第三章　北京机电研究院科技园区综合楼

中国建筑设计研究院　宋孝春

一、工程概述

本建设工程系北京市机电研究院建设的科技园区综合楼。建筑面积 38717m²。工程位于北京市朝阳区工体北路 4 号。

二、空调冷负荷

根据标书即设计院提供的设计日逐时冷负荷表，分析设计日空调冷负荷性质结果如下：

(1) 设计日峰值负荷(13：00)：4118kW(1171RT)；

(2) 夜间(电价低谷)峰值冷负荷(0：00)：468kW(133RT)；

(3) 设计日总冷负荷为：47811kW·h(13596RT·h)；

(4) 设计日总蓄冰冷负荷为：36706kW·h(10439RT·h)；

(5) 设计日连续空调冷负荷为：11104kW·h(3158RT·h)。

科技园区综合楼设计日逐时冷负荷表

时　间	逐时冷负荷 (kcal/h)					总冷负荷
	宾　馆	娱　乐	餐　厅	办　公	合　计	(RT)
0：00	124776.0	233595.0			376289.6	125
1：00	124776.0	140157.0			278179.7	92
2：00	124776.0	70078.5			204597.2	68
3：00	194962.5				204710.6	68
4：00	194962.5				204710.6	68
5：00	194962.5				204710.6	68
6：00	389925.0				409421.3	136
7：00	460111.5		447910.0	839670.0	1835076.1	607
8：00	522499.5		492701.0	909642.5	2021085.2	669
9：00	522499.5	233595.0	403119.0	1091571.0	2363323.7	782
10：00	584887.5	280314.0	447910.0	1133554.5	2568999.3	850
11：00	655074.0	373752.0	895820.0	1147549.0	3225804.8	1068
12：00	701865.0	397111.5	895820.0	1189532.5	3343545.5	1107
13：00	779850.0	420471.0	895820.0	1273499.5	3538122.5	1171
14：00	779850.0	467190.0	447910.0	1343472.0	3190343.1	1056
15：00	717462.0	467190.0	447910.0	1399450.0	3183612.6	1054
16：00	655074.0	439158.6	627074.0	1329477.5	3203323.3	1060
17：00	655074.0	415799.1	806238.0	1189532.5	3219975.8	1066
18：00	577089.0	397111.5	716656.0	895648.0	2715829.7	899
19：00	577089.0	387767.7	671865.0		1718557.8	569
20：00	389925.0	364408.2	537492.0		1356416.5	449
21：00	389925.0	313017.3			738089.4	244
22：00	257350.5	284985.9			569453.2	188
23：00	124776.0	256954.5			400817.0	133
合　计	10699542	5942657	8734245	13742599	41074995	13596

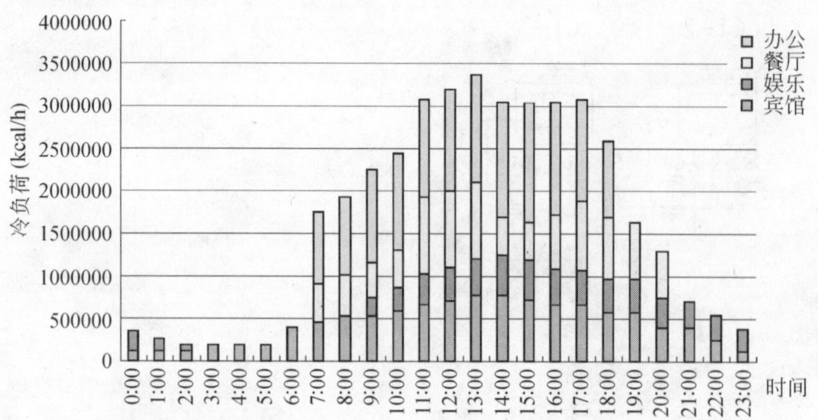

三、系统设计

本工程采用部分负荷蓄冰系统，制冷主机和蓄冰设备为串联方式，双工况(制冷-制冰)主机位于蓄冰设备上游。同时考虑到连续空调负荷的比例，设置了一台基载主机，并联运行，直接供应 7℃冷冻水。

1. 基载主机：一台 YORK 公司 YSBABAS15CCEO 型螺杆式冷水机组，制冷量 527kW(150USRT)，冷冻水温度为 7/12℃，冷却水温度为 32/37℃。

2. 双工况主机：两台 YORK 公司 YSDACAS35CHEO 型螺杆式冷水机组，变工况运行。

	乙二醇温度(℃)	冷却水温度(℃)	制冷量 kW(USRT)
制冷工况	7/11.05	32/37	1055(300)
制冰工况	－5.56/－2.62	30/33.6	710(202)

3. 蓄冰设备：6 台美国 BAC 公司 TSU-594M 型蓄冰槽，安装在制冷机房内，总潜热蓄冰冷量为 12532kW·h(3564USRT·h)，最大融冰供冷量为 1629kW(463USRT)。

4. 制冷系统：

(1) 板式换热器：瑞典 Alfa Laval，两台，单台换热量 2065kW，一次侧乙二醇温度 3.3/11.05℃，二次侧冷冻水温度 7/12℃。

(2) 乙二醇泵：美国 Paco，一用一备。单台流量为 240m³/h，扬程 30mH₂O。

(3) 冷冻水泵：山东双轮集团，三用一备(预留备用泵的位置)。一台基载冷冻泵，单台流量为 100m³/h，扬程为 32mH₂O；两台融冰冷冻泵，单台流量为 325m³/h，扬程为 30mH₂O。

(4) 冷却水泵：山东双轮集团，三用一备(预留备用泵的位置)。一台基载冷却泵，单台流量为 120m³/h，扬程为 30mH₂O；两台双工况冷却泵，单台流量为 280m³/h，扬程为 28mH₂O。

(5) 冷却塔：三组。处理水量 280m³/h 两台，120m³/h 一台。

5. 补水定压：

(1) 乙二醇系统：采用密闭隔膜式膨胀水罐定压方式；乙二醇溶液储存在闭式水箱内(用单向阀与箱外空气连通)，通过压力传感器启动乙二醇补水泵向系统补充乙二醇。

(2) 冷冻水系统：采用开式膨胀水箱定压方式；通过液位传感器启动冷冻水补水泵向系统补充软化水。

四、设计日蓄冰系统运行工况

1. 设计日蓄冰系统运行方案：

(1) 基载主机供冷量(全天)：13875kW·h(3946RT·h)；

(2) 双工况主机供冷量(7：00～20：00)：23207kW·h(6600RT·h)；

(3) 蓄冰槽融冰供冷量(7：00～22：00)：10728kW·h(3051RT·h)；

(4) 双工况主机制冰量(23：00～7：00)：10897kW·h(3099RT·h)。

设计日负荷平衡表

时间	总冷负荷(RT)	制冷机制冷量(RT)			蓄冰槽(RT)		取冷率(%)
		基载主机	主机制冰	主机制冷	储冰量	融冰量	
0：00	125	125	390		1035		
1：00	92	92	390		1423		
2：00	68	68	390		1811		
3：00	68	68	390		2199		
4：00	68	68	390		2587		
5：00	68	68	390		2975		
6：00	136	136	359		3332		
7：00	607	200		300	3223	107	3.21
8：00	669	200		300	3052	169	5.07
9：00	782	200		300	2768	282	8.46
10：00	850	200		600	2716	50	1.50
11：00	1068	200		600	2446	268	8.04
12：00	1107	200		600	2137	307	9.21
13：00	1171	200		600	1764	371	11.13
14：00	1056	200		600	1506	256	7.68
15：00	1054	200		600	1250	254	7.62
16：00	1060	200		600	988	260	7.80
17：00	1066	200		600	720	266	7.98
18：00	899	200		600	619	99	2.97
19：00	569	200		300	548	69	2.07
20：00	449	200			297	249	7.47
21：00	244	200			251	44	1.32
22：00	188	188			249		
23：00	133	133	400		647		
合计	13597	3946	3099	6600		3051	91.57

设计日冷负荷平衡图

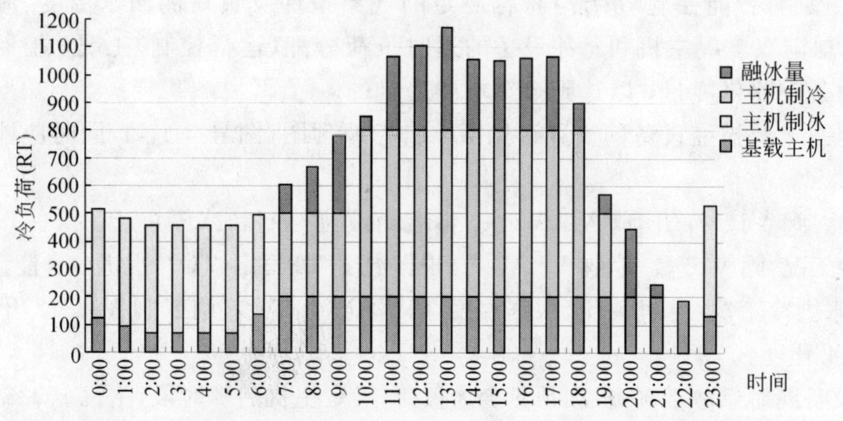

2.（80%）负荷蓄冰系统运行方案：

（1）基载主机供冷量（全天停1小时）：10042kW·h（2856RT·h）；

（2）双工况主机供冷量（9：00～18：00）：16878kW·h（4800RT·h）；

（3）蓄冰槽融冰供冷量（7：00～21：00）：11326kW·h（3221RT·h）；

（4）双工况主机制冰量（23：00～6：00）：11495kW·h（3269RT·h）。

（80%）负荷平衡表

时间	总冷负荷(RT)	制冷机制冷量(RT)			蓄冰槽(RT)		取冷率(%)
		基载主机	主机制冰	主机制冷	储冰量	融冰量	
0：00	100	100	420		1157		
1：00	74	74	415		1570		
2：00	54	54	404		1972		
3：00	54	54	404		2374		
4：00	54	54	404		2776		
5：00	54	54	400		3174		
6：00	109	109	392		3564		
7：00	486	150		0	3226	336	9.42
8：00	535	150		0	2839	385	10.81
9：00	626	0		300	2512	326	9.14
10：00	680	150		300	2280	230	6.45
11：00	854	150		300	1873	404	11.35
12：00	886	150		600	1736	136	3.80
13：00	937	150		600	1547	187	5.24
14：00	845	150		600	1450	95	2.66
15：00	843	150		600	1355	93	2.62
16：00	848	150		600	1255	98	2.75
17：00	853	150		600	1150	103	2.88
18：00	719	150		300	879	269	7.55
19：00	455	150		0	572	305	8.56
20：00	359	150		0	360	209	5.87
21：00	195	150			313	45	1.27
22：00	150	150			311	0	0.01
23：00	106	106	430		739		
合计	10878	2856	3269	4800		3221	90.38

冷负荷(80%)平衡图

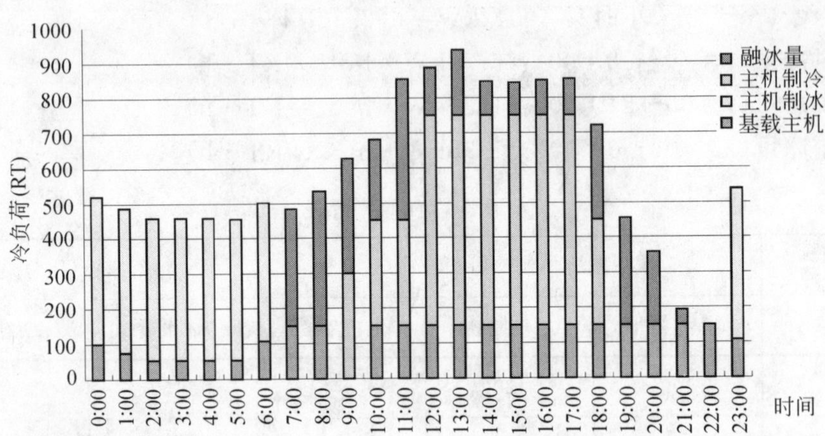

3. 60%冷负荷时蓄冰系统运行方案:

(1) 基载主机供冷量(全天停2小时):8984kW·h(2555RT·h);

(2) 双工况主机供冷量(11:00~18:00):8087kW·h(2300RT·h);

(3) 蓄冰槽融冰供冷量(7:00~22:00):11614kW·h(3303RT·h);

(4) 双工况主机制冰量(23:00~6:00):11782kW·h(3351RT·h)。

(60%)负荷平衡表

时 间	总冷负荷(RT)	制冷机制冷量(RT)			蓄冰槽(RT)		取冷率(%)
		基载主机	主机制冰	主机制冷	储冰量	融冰量	
0:00	75	75	435		1100		
1:00	55	55	425		1523		
2:00	41	41	420		1941		
3:00	41	41	415		2354		
4:00	41	41	410		2762		
5:00	41	41	405		3165		
6:00	82	82	401		3564		
7:00	364	150		0	3348	214	6.01
8:00	401	150		0	3094	251	7.05
9:00	469	150		0	2773	319	8.96
10:00	510	150		0	2411	360	10.10
11:00	641	150		300	2218	191	5.35
12:00	664	150		300	2002	214	6.01
13:00	703	150		300	1748	253	7.09
14:00	634	150		300	1562	184	5.15
15:00	632	150		300	1378	182	5.12
16:00	636	150		300	1190	186	5.22
17:00	640	150		300	998	190	5.32
18:00	539	150		200	807	189	5.31
19:00	341	150		0	613	191	5.37
20:00	269	150		0	492	119	3.35
21:00	146	0			343	146	4.11
22:00	113	0			229	113	3.16
23:00	80	80	440		667		
合 计	8158	2555	3351	2300		3303	92.69

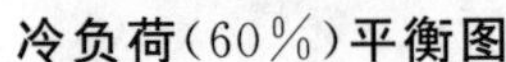
冷负荷(60%)平衡图

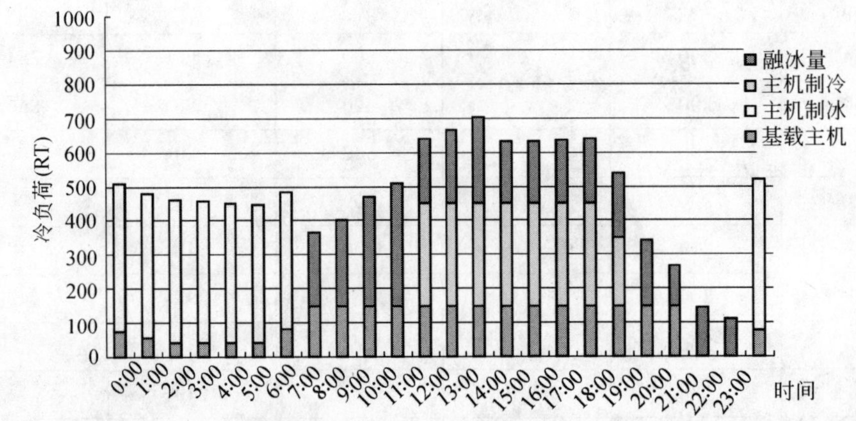

五、自控设计

部分负荷蓄冰系统运行工况比较复杂,对控制系统的要求相对较高,除了保证各运行工况间的相互转换及冷冻水、乙二醇的供水温度控制外,还应解决双工况主机和蓄冰设备间的供冷负荷分配问题。

本工程采用优化控制(智能控制)系统,根据测定的气象条件及负荷侧回水温度、流量,通过计算预测全天逐时冷负荷,然后制定双工况主机和蓄冰设备的逐时负荷分配(运行控制)工况,控制双工况主机启停,最大限度地发挥蓄冰设备融冰供冷量,以达到节约电费之目的。

制冷系统主要控制点及被控设备的设置请见蓄冰自控原理图(图号3-3-4),同时应能实现以下工况的运行控制:

1. 主机制冰工况:阀V1、V4开,阀V2、V3关,蓄冰槽液位控制制冰停止。

2. 主机单独供冷工况:阀V1、V4关,阀V2、V3开;根据温度T2恒定(7℃),主机自身能量控制。

3. 蓄冰设备融冰供冷工况:主机关闭,根据温度T1恒定(3.3℃),调节阀V1、V2开度;根据温度T2恒定(7℃),调节阀V3、V4开度。

4. 主机和蓄冰设备同时供冷工况:根据预测全天负荷,确定主机启停时段,主机100%负荷运行;根据温度T1恒定(3.3℃),调节阀V1、V2开度;根据温度T2恒定(7℃),调节阀V3、V4开度。

5. 系统关闭工况。

六、主要技术经济指标

1. 设备选型参数

序号	系统标号	设备名称	主要性能	数量	备注
1	R-1	（基载主机） 螺杆式冷水机组 YSBABAS15CCEO	制冷量 150RT(527kW) 电机 109kW,380V/50Hz 冷冻水 7/12℃,91m^3/h 冷却水 32/37℃,107m^3/h 工作压力 1.0MPa	1	YORK
2	R-2,3	（双工况主机） 螺杆式冷水机组 YSDACAS35CHEO	制冷工况制冷量： 300RT(1055kW) 乙二醇： 7/11.05℃,224m^3/h 冷却水 32/37℃,266m^3/h 电机 201kW,380V/50Hz 制冰工况制冷量： 202RT(710kW) 乙烯乙二醇： −5.56/−2.62℃,224m^3/h 冷却水 30/33.6℃, 电机 196kW,380V/50Hz 工作压力 1.0MPa	2	YORK
3		蓄冰槽 TSU-594M	潜热冷量 2089kW·h(594RT·h) 6050×2980×2440 工作压力 1.0MPa	6	BAC
4	HR-1,2	板式换热器 M15-BFGL	换热量 2065kW 换热面积 287m^2 乙二醇温度 3.3/11.05℃ 冷冻水温度 7/12℃ 工作压力 1.0MPa	2	ALFA LAVAL
5	B-1	基载冷冻水泵 IS125-100-315	流量 L=100m^3/h H=32mH_2O, n=1450r/min N=15kW 工作压力 1.0MPa	1	山东双轮
6	B-2,3	融冰冷冻水泵 IS200-150-315A	流量 L=325m^3/h H=30mH_2O, n=1450r/min N=45kW 工作压力 1.0MPa	2	
7	b-1	基载冷却水泵 IS125-100-315	流量 L=120m^3/h H=30mH_2O, n=1450r/min N=15kW 工作压力 1.0MPa	1	
8	b-2,3	主机冷却水泵 IS150-125-315	流量 L=280m^3/h H=28mH_2O, n=1450r/min N=30kW 工作压力 1.0MPa	2	
9	BY-1,2	乙二醇泵 11-5015-7	流量 L=240m^3/h H=30mH_2O, n=1450r/min N=30kW 工作压力 1.0MPa	2	Paco
10	bY-1,2	乙二醇补水泵 16-1270-7	L=6m^3/h,H=20mH_2O n=2800r/min, N=1.5kW 工作压力 1.0MPa	2	Paco
11	bb-1,2	冷冻水补水泵 50LG24-20×3	L=18m^3/h,H=66mH_2O n=2950r/min,N=7.5kW 工作压力 1.0MPa	2	
12	D-1	隔膜式膨胀罐 PN600×1.0	V=0.321m^3,D=600mm 工作压力 1.0MPa	1	保定太行
13	RH	组合式软水器 CSR-4	处理水量 G=6～12t/h, N=0.75kW	1	
14		软化水箱	V=7.5m^3 2000×1600×2400	1	
15		乙二醇储液箱	V=2.0m^3 1800×1200×1200	1	
16		乙二醇溶液	进口 100%乙烯乙二醇溶液 10t		
17		自控系统	包括执行机构	1	

2. 经济参数

该蓄冰空调系统与原有常规制冷系统并联协调使用，可以得到良好的节电效果。设计日节约电费 645.4 元，全年按 150 天供冷考虑，可节电费 13.2 万元。另外，该系统设计日转移高峰电量 675kW·h，转移平峰电量 2240kW·h，为电力削峰填谷作出了贡献。

全年节约电费统计计算见下表。

设计日节电费统计表

时　间	总冷负荷(RT)	制冷机制冷量(RT)			蓄冰槽(RT)		节省电费(元)
		基载主机	主机制冰	主机制冷	储冰量	融冰量	
0:00	125	125	420		1144		141.1
1:00	92	92	415		1557		139.4
2:00	68	68	404		1959		135.7
3:00	68	68	404		2361		135.7
4:00	68	68	404		2763		135.7
5:00	68	68	404		3165		135.7
6:00	136	136	401		3564		134.7
7:00	607	150		300	3405	157	−74.9
8:00	669	150		450	3334	69	−51.7
9:00	782	150		600	3300	32	−24.0
10:00	850	150		600	3198	100	−75.0
11:00	1068	150		600	2878	318	−151.7
12:00	1107	150		600	2519	357	−170.3
13:00	1171	150		600	2096	421	−200.8
14:00	1056	150		600	1788	306	−146.0
15:00	1054	150		600	1482	304	−145.0
16:00	1060	150		600	1170	310	−147.9
17:00	1066	150		600	852	316	−150.7
18:00	899	150		600	701	149	−111.7
19:00	569	150		300	580	119	−89.2
20:00	449	150		150	429	149	−111.7
21:00	244	150			333	94	−70.5
22:00	188	150			293	38	−28.5
23:00	133	133	435		726		146.1
合　计	13597	3158	440	7200		3239	−645.4
日移高峰电量＝675.0kW·h				日移平峰电量＝2240.1kW·h			

每年节省电费＝132026（元）

注：1. 全年空调运行时间按150天计；

2. 设计日运行20天；

3. 80％负荷运行70天；

4. 60％负荷运行60天。

(80％)负荷节电费统计表

时　间	总冷负荷	制冷机制冷量(RT)			蓄冰槽(RT)		节省电费(元)
		基载主机	主机制冰	主机制冷	储冰量	融冰量	
0:00	100	100	420		1162		141.1
1:00	74	74	415		1575		139.4
2:00	54	54	404		1977		135.7
3:00	54	54	404		2379		135.7
4:00	54	54	404		2781		135.7
5:00	54	54	404		3183		135.7
6:00	109	109	383		3564		128.7
7:00	486	150		0	3226	336	−160.1
8:00	535	150		0	2839	385	−288.8
9:00	626	0		300	2512	326	−244.1
10:00	680	150		300	2280	230	−172.4
11:00	854	150		300	1873	404	−192.9
12:00	886	150		600	1736	136	−64.7
13:00	937	150		600	1547	187	−89.1
14:00	845	150		600	1450	95	−45.2
15:00	843	150		600	1355	93	−44.5
16:00	848	150		600	1255	98	−46.7
17:00	853	150		600	1150	103	−49.0
18:00	719	150		300	879	269	−201.8
19:00	455	150		0	572	305	−228.8
20:00	359	150		0	360	209	−156.8
21:00	195	150			313	45	−33.9
22:00	150	150			311	0	−0.3
23:00	106	106	435		744		146.1
合　计	10878	2856	3269	4800		3221	−921.0
日移高峰电量＝1593.0kW·h				日移平峰电量＝1306.1kW·h			

(60%)负荷节电费统计表

时间	总冷负荷	制冷机制冷量(RT)			蓄冰槽(RT)		节省电费(元)
		基载主机	主机制冰	主机制冷	储冰量	融冰量	
0:00	75	75	435		1100		146.1
1:00	55	55	425		1523		142.8
2:00	41	41	420		1941		141.1
3:00	41	41	415		2354		139.4
4:00	41	41	410		2762		137.7
5:00	41	41	405		3165		136.0
6:00	82	82	401		3564		134.8
7:00	364	150		0	3348	214	−102.2
8:00	401	150		0	3094	251	−188.5
9:00	469	150		0	2773	319	−239.3
10:00	510	150		0	2411	360	−269.9
11:00	641	150		300	2218	191	−91.0
12:00	664	150		300	2002	214	−102.2

续表

时间	总冷负荷	制冷机制冷量(RT)			蓄冰槽(RT)		节省电费(元)
		基载主机	主机制冰	主机制冷	储冰量	融冰量	
13:00	703	150		300	1748	253	−120.5
14:00	634	150		300	1562	184	−87.6
15:00	632	150		300	1378	182	−87.0
16:00	636	150		300	1190	186	−88.7
17:00	640	150		300	998	190	−90.4
18:00	539	150		200	807	189	−142.0
19:00	341	150		0	613	191	−143.5
20:00	269	150		0	492	119	−89.5
21:00	146	0			343	146	−109.8
22:00	113	0			229	113	−84.6
23:00	80	80	440		667		147.8
合计	8158	2555	3351	2300		3303	−910.8
日移高峰电量=1521.0kW·h				日移平峰电量=1452.1kW·h			

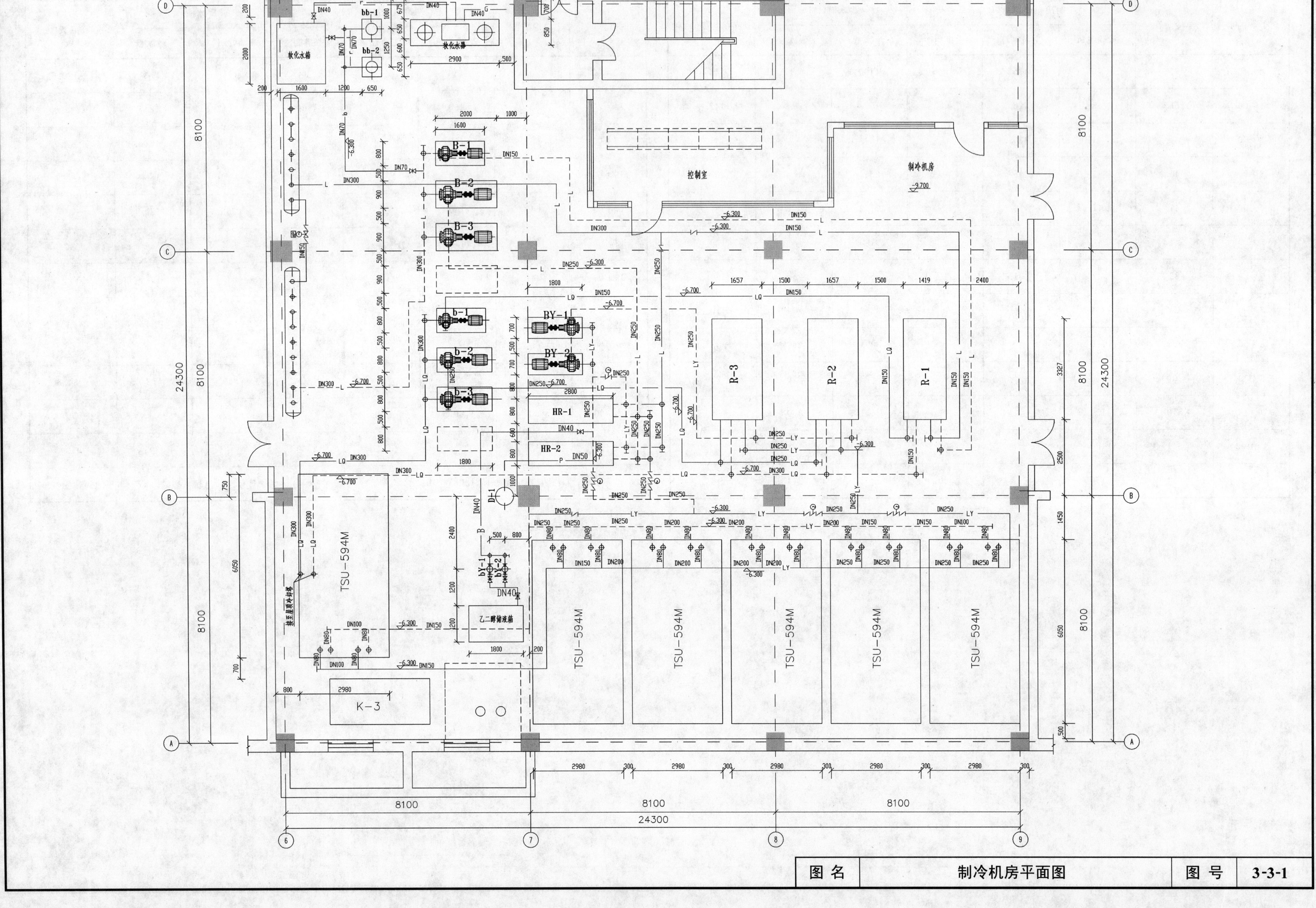

图 名	制冷机房平面图	图 号	3-3-1

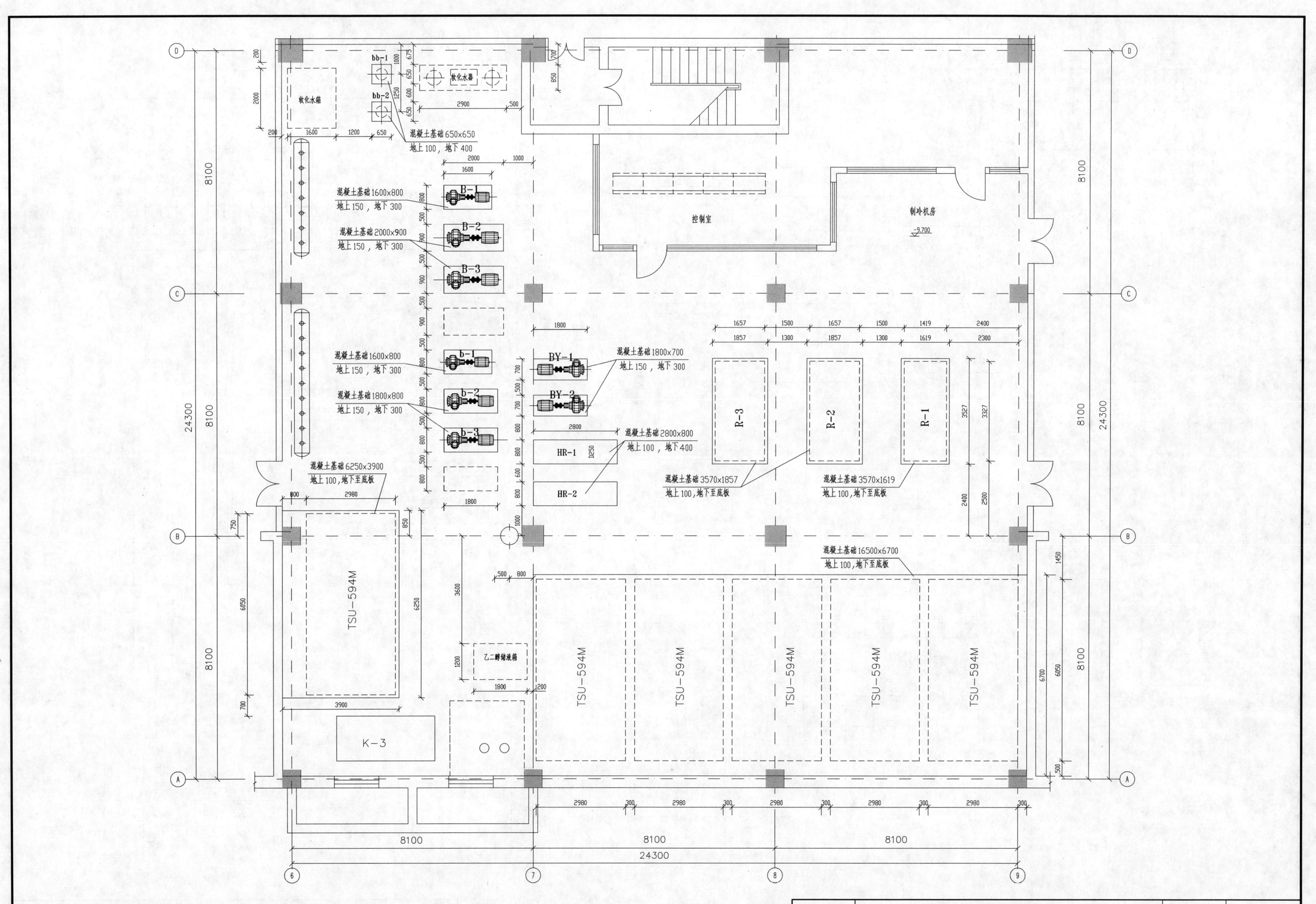

软化水箱
bb-1
bb-2
软化水器
混凝土基础 650x650
地上 100，地下 400
混凝土基础 1600x800
地上 150，地下 300
混凝土基础 2000x900
地上 150，地下 300
B-1
B-2
B-3
控制室
制冷机房
混凝土基础 1600x800
地上 150，地下 300
混凝土基础 1800x800
地上 150，地下 300
b-1
b-2
b-3
BY-1
BY-2
混凝土基础 1800x700
地上 150，地下 300
混凝土基础 2800x800
地上 100，地下 400
HR-1
HR-2
R-3
R-2
R-1
混凝土基础 3570x1857
地上 100，地下至底板
混凝土基础 3570x1619
地上 100，地下至底板
混凝土基础 6250x3900
地上 100，地下至底板
混凝土基础 16500x6700
地上 100，地下至底板
TSU-594M
乙二醇储液箱
K-3
8100
24300

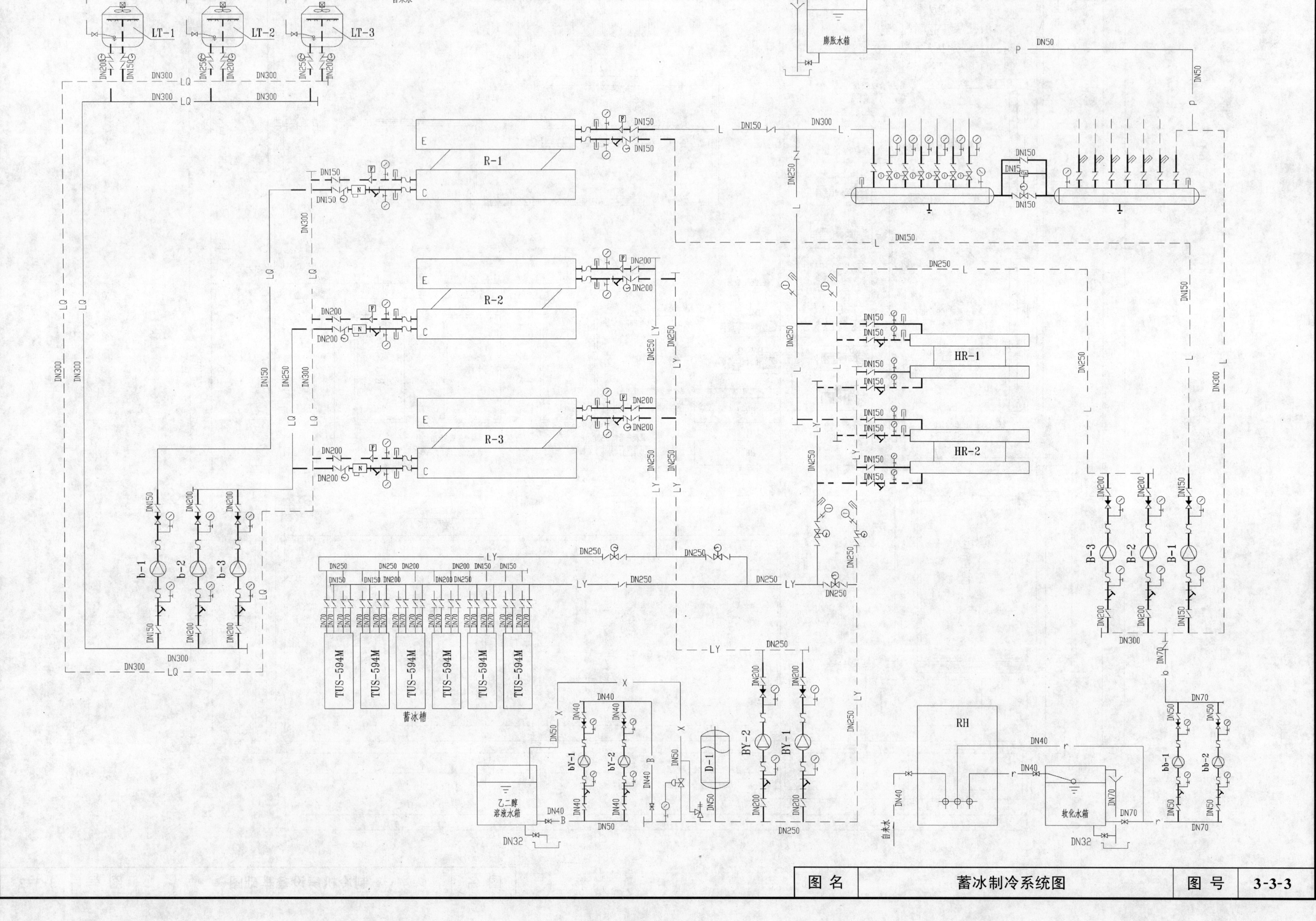

图 名	蓄冰制冷系统图	图 号	3-3-3

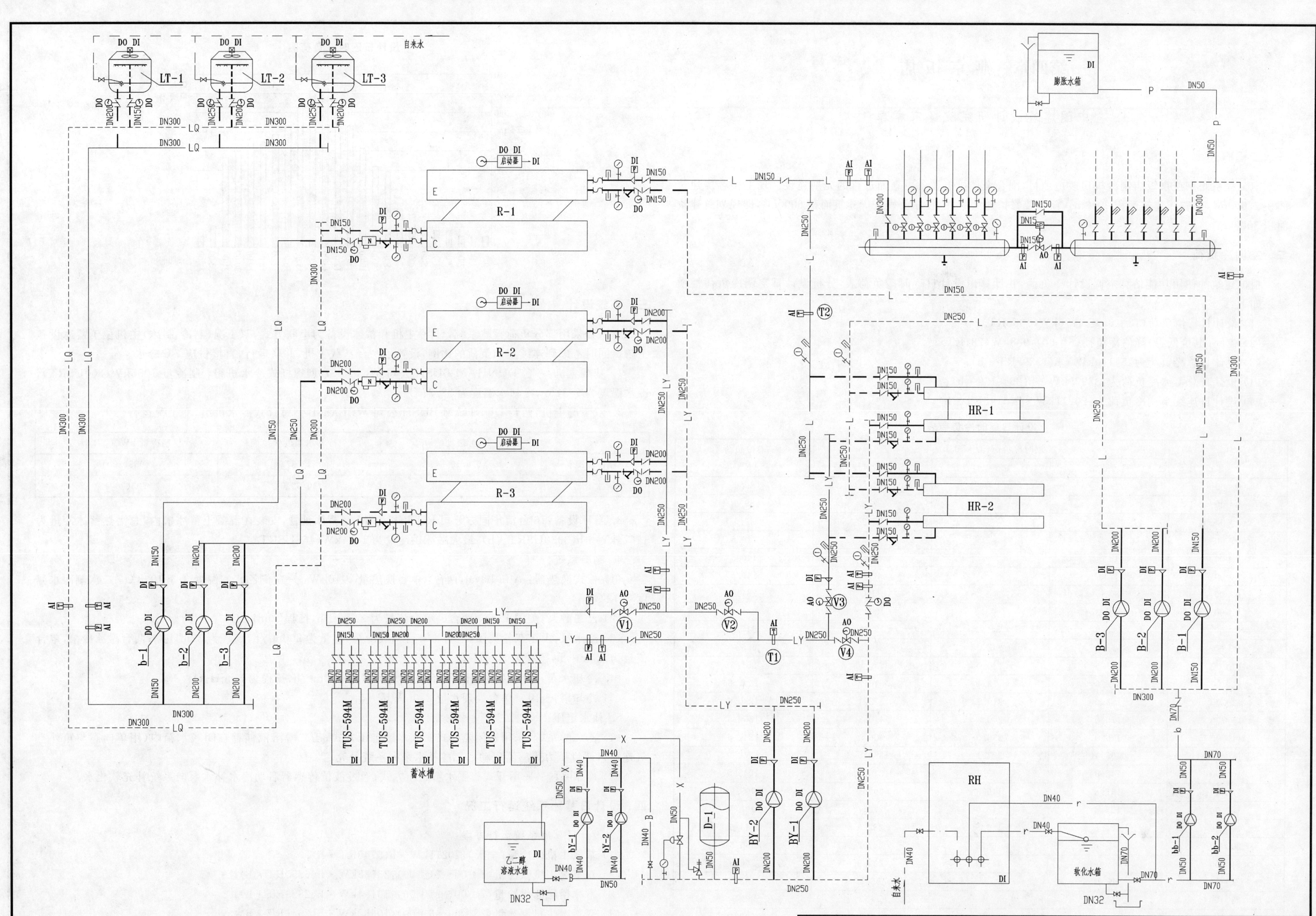

自来水
LT-1
LT-2
LT-3
膨胀水箱
启动器
R-1
R-2
R-3
HR-1
HR-2
T1
T2
V1
V2
V3
V4
B-1
B-2
B-3
b-1
b-2
b-3
TUS-594M
TUS-594M
TUS-594M
TUS-594M
TUS-594M
TUS-594M
蓄冰槽
乙二醇溶液水箱
bY-1
bY-2
D-1
BY-1
BY-2
RH
软化水箱
bb-1
bb-2

第四章　燕京饭店

中国建筑设计研究院　宋孝春

一、工程概述

本工程系北京燕京饭店制冷机房改造项目，配合全楼机电设备更新而进行的先期建设。现主楼客房建筑面积 22000m^2，中餐厅建筑面积 2000m^2，预计装修扩建大堂、中餐厅及娱乐等建筑面积 6000m^2，即规划总建筑面积 30000m^2。

二、空调冷负荷

根据建筑的使用功能估算空调设计冷负荷，并计算出设计日逐时冷负荷表，分析设计日空调冷负荷性质结果如下：

(1) 设计日峰值负荷(13：00)：4776kW(1358RT)；

(2) 夜间(电价低谷)峰值冷负荷(6：00)：988kW(281RT)；

(3) 设计日总冷负荷为：54140kW·h(15397RT·h)；

(4) 设计日总蓄冰冷负荷为：33929kW·h(9649RT·h)；

(5) 设计日连续空调冷负荷为：20211kW·h(5748RT·h)。

设计日逐时冷负荷表

时　间	逐时冷负荷(万 kcal/h)			总冷负荷
	宾　馆	餐　厅	合　计	(RT)
0：00	27.2		27.2	89.9
1：00	27.2		27.2	89.9
2：00	27.2		27.2	89.9
3：00	42.5		42.5	140.5
4：00	42.5		42.5	140.5
5：00	42.5		42.5	140.5
6：00	85.0		85.0	281.1
7：00	100.3		100.3	331.7
8：00	113.9	81.9	195.8	647.4
9：00	113.9	96.3	210.2	695.2
10：00	127.5	130.0	257.5	851.6
11：00	142.8	173.4	316.2	1045.6
12：00	153.0	219.1	372.1	1230.6
13：00	170.0	240.8	410.8	1358.5
14：00	170.0	236.0	406.0	1342.5
15：00	156.4	207.1	363.5	1202.0
16：00	142.8	173.4	316.2	1045.6
17：00	142.8	149.3	292.1	965.9
18：00	125.8	146.9	272.7	901.7
19：00	125.8	156.5	282.3	933.6
20：00	85.0	166.2	251.2	830.5
21：00	85.0	146.9	231.9	766.8
22：00	56.1		56.1	185.5
23：00	27.2		27.2	89.9
合计	2332	2324	4656	15397.2

设计日逐时冷负荷图

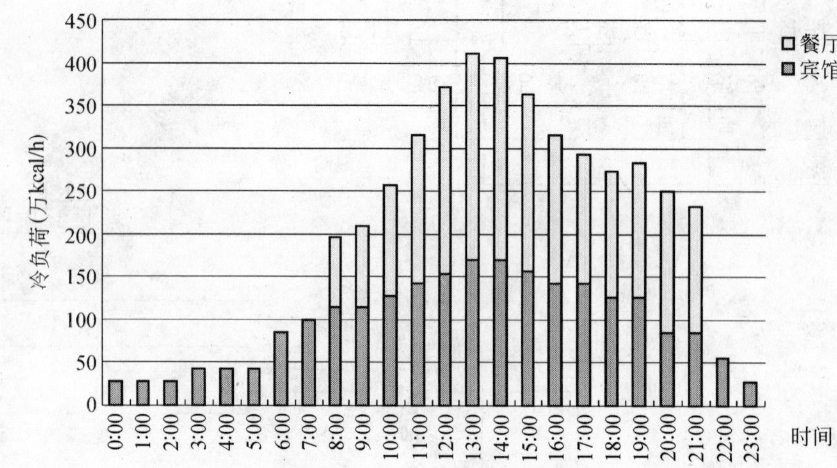

三、系统设计

本工程采用部分负荷蓄冰系统，制冷主机和蓄冰设备为串联方式，双工况(制冷-制冰)主机位于蓄冰设备上游。同时考虑到连续空调负荷的比例，设置了一台基载主机，并联运行，直接供应 7℃冷水。

1. 基载主机：一台 DUNHAM-BUSH 公司 WCFX33B 型螺杆式冷水机组，制冷量 1055kW(300USRT)，冷水温度为 7/12℃，冷却水温度为 32/37℃。

2. 双工况主机：两台 DUNHAM-BUSH 公司 WCFX36B 型螺杆式冷水机组，变工况运行。

	乙二醇温度(℃)	冷却水温度(℃)	制冷量 kW(USRT)
制冷工况	6.6/10.8	32/37	1055(300)
制冰工况	−5.6/−2.8	30/33.6	703(200)

3. 蓄冰设备：16 台清华同方公司 RH-ICU208M 型蓄冰盘管，安装在混凝土蓄冰槽内，总潜热蓄冰冷量为 11674kW·h(3320USRT·h)，最大融冰供冷量为 1634kW(465USRT)。

4. 制冷系统：

(1) 板式换热器：Alfa Laval，两台，单台换热量 2046kW，一次侧乙二醇温度 3.3/10.8℃，二次侧冷水温度 7/12℃。

(2) 乙二醇泵：美国 Paco，两台。单台流量为 240m^3/h，扬程 30mH$_2$O。

(3) 冷水泵：山东双轮集团，三台。一台基载冷泵，流量为 200m^3/h，扬程为 32mH$_2$O；两台融冰冷泵，单台流量为 350m^3/h，扬程为 30mH$_2$O。

(4) 冷却水泵：山东双轮集团，三台。单台流量为 250m^3/h，扬程为 30mH$_2$O。

(5) 冷却塔：三组。单台处理水量 250m^3/h。

5. 补水定压：

(1) 乙二醇系统：采用密闭隔膜式膨胀水罐定压方式；乙二醇溶液储存在闭式水箱内(用单向阀与箱外空气连通)，通过压力传感器启动乙二醇补水泵向系统补充乙二醇。

(2) 冷水系统：采用开式膨胀水箱定压方式；通过液位传感器启动冷水补水泵向系统补充软化水。

四、设计日蓄冰系统运行工况

1. 设计日蓄冰系统运行方案：

(1) 基载主机供冷量(全天)：20211kW·h(5748RT·h)；

(2) 双工况主机供冷量(8：00～21：00)：23735kW·h(6750RT·h)；

(3) 蓄冰槽融冰供冷量(7：00～21：00)：10194kW·h(2899RT·h)；

(4) 双工况主机制冰量(23：00～6：00)：10362kW·h(2947RT·h)。

设计日负荷平衡表

时间	总冷负荷(RT)	制冷机制冷量(RT)			蓄冰槽(RT)		取冷率(%)
		基载主机	主机制冰	主机制冷	储冰量	融冰量	
0：00	90	90	385		1172		
1：00	90	90	380		1550		
2：00	90	90	380		1928		
3：00	141	141	380		2306		
4：00	141	141	360		2664		
5：00	141	141	370		3032		
6：00	281	281	302		3332		
7：00	332	300		0	3298	32	0.95
8：00	647	300		300	3249	47	1.42
9：00	695	300		300	3152	95	2.86
10：00	852	300		450	3048	102	3.05
11：00	1046	300		600	2901	146	4.37
12：00	1231	300		600	2568	331	9.92
13：00	1358	300		600	2108	458	13.76
14：00	1343	300		600	1663	443	13.28
15：00	1202	300		600	1359	302	9.06
16：00	1046	300		600	1211	146	4.37
17：00	966	300		600	1143	66	1.98
18：00	902	300		450	990	152	4.55
19：00	934	300		450	804	184	5.51
20：00	831	300		300	572	231	6.92
21：00	767	300		300	403	167	5.01
22：00	186	186			401		
23：00	90	90	390		789		
合计	15397	5748	2947	6750		2899	87.01

设计日冷负荷平衡图

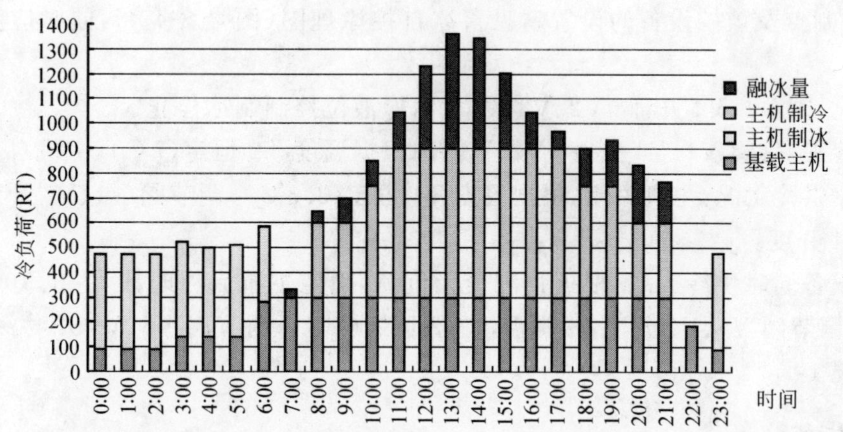

2.（80%）负荷蓄冰系统运行方案：

（1）基载主机供冷量（全天）：19220kW·h(5466RT·h)；

（2）双工况主机供冷量（10：00～20：00）：14241kW·h(4050RT·h)；

（3）蓄冰槽融冰供冷量（8：00～21：00）：9867kW·h(2806RT·h)；

（4）双工况主机制冰量（23：00～6：00）：10035kW·h(2854RT·h)。

（80%）负荷平衡表

时间	总冷负荷(RT)	制冷机制冷量(RT)			蓄冰槽(RT)		取冷率(%)
		基载主机	主机制冰	主机制冷	储冰量	融冰量	
0：00	72	72	385		1265		
1：00	72	72	380		1643		
2：00	72	72	380		2021		
3：00	113	113	380		2399		
4：00	113	113	360		2757		
5：00	113	113	370		3125		
6：00	225	225	209		3332		
7：00	266	266		0	3330	0	0.00
8：00	518	300		0	3110	218	6.53
9：00	556	300		0	2852	256	7.68
10：00	682	300		150	2619	232	6.95
11：00	837	300		300	2380	237	7.11
12：00	985	300		600	2293	85	2.55
13：00	1086	300		600	2105	186	5.59
14：00	1074	300		600	1928	174	5.23
15：00	962	300		600	1865	62	1.85
16：00	837	300		450	1776	87	2.61
17：00	773	300		300	1601	173	5.19
18：00	722	300		150	1328	272	8.15
19：00	747	300		150	1028	297	8.92
20：00	665	300		150	812	215	6.45
21：00	614	300		0	496	314	9.41
22：00	149	149			494		
23：00	72	72	390		882		
合计	12322	5466	2854	4050		2806	84.21

冷负荷(80%)平衡图

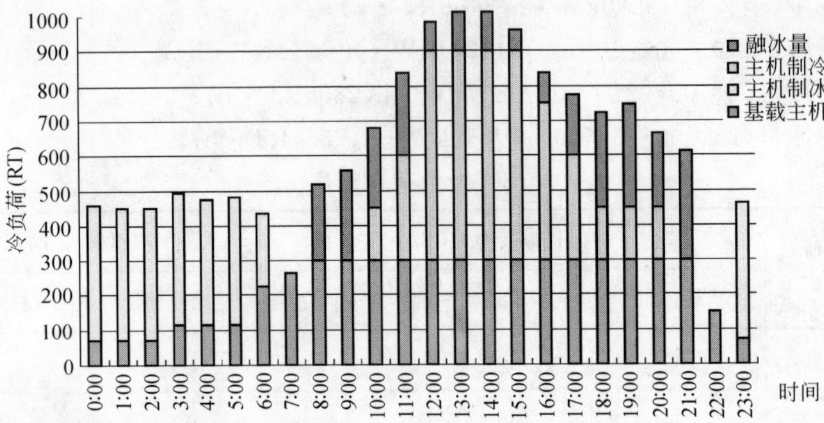

3. 60%冷负荷时蓄冰系统运行方案:

(1) 基载主机供冷量(全天停1小时):17050kW·h(4849RT·h);

(2) 双工况主机供冷量(12:00~17:00):5274kW·h(1500RT·h);

(3) 蓄冰槽融冰供冷量(8:00~21:00):10169kW·h(2892RT·h);

(4) 双工况主机制冰量(23:00~6:00):10338kW·h(2940RT·h)。

(60%)负荷平衡表

时　间	总冷负荷(RT)	制冷机制冷量(RT)			蓄冰槽(RT)		取冷率(%)
		基载主机	主机制冰	主机制冷	储冰量	融冰量	
0:00	54	54	385		1179		
1:00	54	54	380		1557		
2:00	54	54	380		1935		
3:00	85	85	380		2313		
4:00	85	85	360		2671		
5:00	85	85	370		3039		
6:00	169	169	295		3332		
7:00	199	199		0	3330	0	0.00
8:00	388	300		0	3240	88	2.65
9:00	417	300		0	3121	117	3.51
10:00	511	300		0	2908	211	6.34
11:00	628	300		0	2578	328	9.83
12:00	739	300		300	2437	139	4.16
13:00	815	300		300	2221	215	6.45
14:00	806	300		300	2013	206	6.18
15:00	721	300		300	1890	121	3.64
16:00	628	300		150	1710	178	5.33
17:00	580	300		150	1578	130	3.89
18:00	541	300		0	1335	241	7.24
19:00	560	300		0	1073	260	7.82
20:00	499	300		0	872	199	5.96
21:00	460	0		0	410	460	13.81
22:00	112	112			408		
23:00	54	54	390		796		
合　计	9241	4849	2940	1500		2892	86.79

续表

冷负荷(60%)平衡图

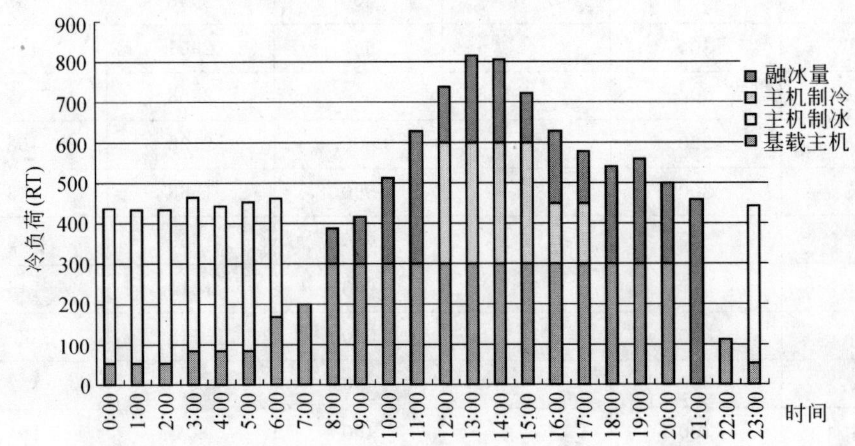

五、自控设计

部分负荷蓄冰系统运行工况比较复杂，对控制系统的要求相对较高，除了保证各运行工况间的相互转换及冷水、乙二醇的供水温度控制外，还应解决双工况主机和蓄冰设备间的供冷负荷分配问题。

本工程采用优化控制(智能控制)系统，根据测定的气象条件及负荷侧回水温度、流量，通过计算预测全天逐时冷负荷，然后制定双工况主机和蓄冰设备的逐时负荷分配(运行控制)工况，控制双工况主机启停，最大限度地发挥蓄冰设备融冰供冷量，以达到节约电费之目的。

制冷系统主要控制点及被控设备的设置请见蓄冰自控原理图(图号3-4-4),同时应能实现以下工况的运行控制:

1. 主机制冰工况:阀V1、V4开,阀V2、V3关,蓄冰槽液位控制制冰停止。

2. 主机单独供冷工况:阀V1、V4关,阀V2、V3开;根据温度T2恒定(7℃),主机自身能量控制。

3. 蓄冰设备融冰供冷工况:主机关闭,根据温度T1恒定(3.3℃),调节阀V1、V2开度;根据温度T2恒定(7℃),调节阀V3、V4开度。

4. 主机和蓄冰设备同时供冷工况:根据预测全天负荷,确定主机启停时段,主机100%负荷运行;根据温度T1恒定(3.3℃),调节阀V1、V2开度;根据温度T2恒定(7℃),调节阀V3、V4开度。

5. 系统关闭工况。

六、主要技术经济指标

1. 设备选型参数

序号	系统标号	设备名称	主要性能	数量
1	R-1	（基载主机） 螺杆式冷水机组 (DUNHAM-BUSH)	WCFX33B 制冷量 300RT(1055kW) 电机 206kW,380V/50Hz 冷水 7/12℃,182m³/h 冷却水 32/37℃,215m³/h 工作压力 1.0MPa	1
2	R-2,3	（双工况主机） 螺杆式冷水机组 (DUNHAM-BUSH)	WCFX36B 制冷工况制冷量： 300RT(1055kW) 乙烯乙二醇： 6.6/10.8℃,240m³/h 冷却水 32/37℃,225m³/h 电机 222kW,380V/50Hz	2
			制冰工况制冷量： 200RT(703kW) 乙烯乙二醇： －5.6/－2.8℃,240m³/h 冷却水 30/33.6℃, 电机 222kW,380V/50Hz 工作压力 1.0MPa	
3		蓄冰盘管 （清华同方）	RH-ICU208M 潜热冷量 738kW·h(208RT·h) 4861×1019×1962	16
4	HR-1,2	板式换热器 ALFA LAVAL	M15-BFGL 换热量 2046kW 换热面积 287m² 乙二醇温度 3.3/10.8℃ 冷水温度 7/12℃ 工作压力 1.0MPa	2
5	B-1	基载冷水泵 （山东双轮）	IS150-125-315 流量 $L=200m^3/h$，$H=32mH_2O$， $n=1450r/min$，$N=30kW$ 工作压力 1.0MPa	1
6	B-2,3	融冰冷水泵 （山东双轮）	IS200-150-315A 流量 $L=350m^3/h$，$H=30mH_2O$， $n=1450r/min$，$N=45kW$ 工作压力 1.0MPa	2

续表

序号	系统标号	设备名称	主要性能	数量
7	b-1,2,3	冷却水泵 （山东双轮）	IS150-125-315 流量 $L=250m^3/h$，$H=30mH_2O$ $N=30kW$，$n=1450r/min$ 工作压力 1.0MPa	3
8	LT-1,2,3	低噪声冷却塔 （上海金日）	KLN-350 处理水量 $L=250m^3/h$，$N=7.5kW$	3
9	BY-1,2	乙二醇泵 Paco	11-5015-7 流量 $L=240m^3/h$，$H=30mH_2O$ $N=30kW$，$n=1450r/min$ 工作压力 1.0MPa	2
10	bY-1,2	乙二醇补水泵 Paco	16-1270-7 $L=6m^3/h$，$H=20mH_2O$ $n=2800r/min$，$N=1.5kW$ 工作压力 1.0MPa	2
11	D-1	隔膜式膨胀罐 （保定太行）	PN600×1.0 $V=0.321m^3$，$D=600mm$ 工作压力 1.0MPa	1
12		乙二醇储液箱	$V=2.0m^3$ 1800×1200×1200	1
13		乙二醇溶液	进口 100%乙烯乙二醇溶液 10t	
14		自控系统	包括执行机构	1

2. 经济参数

该蓄冰空调系统与原有常规制冷系统并联协调使用，可以得到良好的节电效果。设计日节约电费 659.3 元，全年按 150 天供冷考虑，可节电费 12.35 万元。另外，该系统设计日转移高峰电量 879.2kW·h，转移平峰电量 1730.1kW·h，为电力削峰填谷作出了贡献。

全年节约电费统计计算见下表。

设计日节电费统计表

时　间	总冷负荷(RT)	制冷机制冷量(RT)			蓄冰槽(RT)		节省电费(元)
		基载主机	主机制冰	主机制冷	储冰量	融冰量	
0.00	90	90	385		1172		129.3
1∶00	90	90	380		1550		127.6
2∶00	90	90	380		1928		127.6
3∶00	141	141	380		2306		127.6
4∶00	141	141	360		2664		120.9
5∶00	141	141	370		3032		124.3
6∶00	281	281	302		3332		101.5
7∶00	332	300		0	3298	32	−15.1
8∶00	647	300		300	3249	47	−35.5
9∶00	695	300		300	3152	95	−71.4
10∶00	852	300		450	3048	102	−76.2
11∶00	1046	300		600	2901	146	−69.4
12∶00	1231	300		600	2568	331	−157.7
13∶00	1358	300		600	2108	458	−218.7
14∶00	1343	300		600	1663	443	−211.1
15∶00	1202	300		600	1359	302	−144.1
16∶00	1046	300		600	1211	146	−69.4
17∶00	966	300		600	1143	66	−31.4
18∶00	902	300		450	990	152	−113.8
19∶00	934	300		450	804	184	−137.6
20∶00	831	300		300	572	231	−172.8
21∶00	767	300		300	403	167	−125.1
22∶00	186	186			401		0.0
23∶00	90	90	390		789		131.0
合　计	15397	5748	2947	6750		2899	−659.3
日移高峰电量＝879.2kW·h				日移平峰电量＝1730.1kW·h			

每年节省电费＝123486（元）

注：1. 全年空调运行时间按 150 天计；

2. 设计日运行 20 天；

3. 80％负荷运行 70 天；

4. 60％负荷运行 60 天。

（80％）负荷节电费统计表

时　间	总冷负荷(RT)	制冷机制冷量(RT)			蓄冰槽(RT)		节省电费(元)
		基载主机	主机制冰	主机制冷	储冰量	融冰量	
0∶00	72	72	385		1265		129.3
1∶00	72	72	380		1643		127.6
2∶00	72	72	380		2021		127.6
3∶00	113	113	380		2399		127.6
4∶00	113	113	360		2757		120.9
5∶00	113	113	370		3125		124.3
6∶00	225	225	209		3332		70.2
7∶00	266	266		0	3330	0	0.0
8∶00	518	300		0	3110	218	−163.1
9∶00	556	300		0	2852	256	−191.9
10∶00	682	300		150	2619	232	−173.6
11∶00	837	300		300	2380	237	−113.0
12∶00	985	300		600	2293	85	−40.4
13∶00	1086	300		600	2105	186	−88.9
14∶00	1074	300		600	1928	174	−83.2
15∶00	962	300		600	1865	62	−29.4
16∶00	837	300		450	1776	87	−41.4
17∶00	773	300		300	1601	173	−82.4
18∶00	722	300		150	1328	272	−203.6
19∶00	747	300		150	1028	297	−222.8
20∶00	665	300		150	812	215	−161.0
21∶00	614	300		0	496	314	−235.1
22∶00	149	149			494		0.0
23∶00	72	72	390		882		131.0
合　计	12322	5466	2854	4050		2806	−871.3
日移高峰电量＝1622.2kW·h				日移平峰电量＝903.2kW·h			

（60%）负荷节电费统计表

时间	总冷负荷（RT）	制冷机制冷量（RT）			蓄冰槽（RT）		节省电费（元）
		基载主机	主机制冰	主机制冷	储冰量	融冰量	
0：00	54	54	385		1179		129.3
1：00	54	54	380		1557		127.6
2：00	54	54	380		1935		127.6
3：00	85	85	380		2313		127.6
4：00	85	85	360		2671		120.9
5：00	85	85	370		3039		124.3
6：00	169	169	295		3332		99.1
7：00	199	199		0	3330	0	0.0
8：00	388	300		0	3240	88	−66.1
9：00	417	300		0	3121	117	−87.7
10：00	511	300		0	2908	211	−158.3
11：00	628	300		0	2578	328	−156.3
12：00	739	300		300	2437	139	−66.1

续表

时间	总冷负荷（RT）	制冷机制冷量（RT）			蓄冰槽（RT）		节省电费（元）
		基载主机	主机制冰	主机制冷	储冰量	融冰量	
13：00	815	300		300	2221	215	−102.5
14：00	806	300		300	2013	206	−98.2
15：00	721	300		300	1890	121	−57.8
16：00	628	300		150	1710	178	−84.7
17：00	580	300		150	1578	130	−61.8
18：00	541	300		0	1335	241	−180.8
19：00	560	300		0	1073	260	−195.2
20：00	499	300		0	872	199	−148.9
21：00	460	0		0	410	460	−345.0
22：00	112	112			408		0.0
23：00	54	54	390		796		131.0
合计	9241	4849	2940	1500		2892	−821.9
日移高峰电量＝1419.1kW·h				日移平峰电量＝1183.7kW·h			

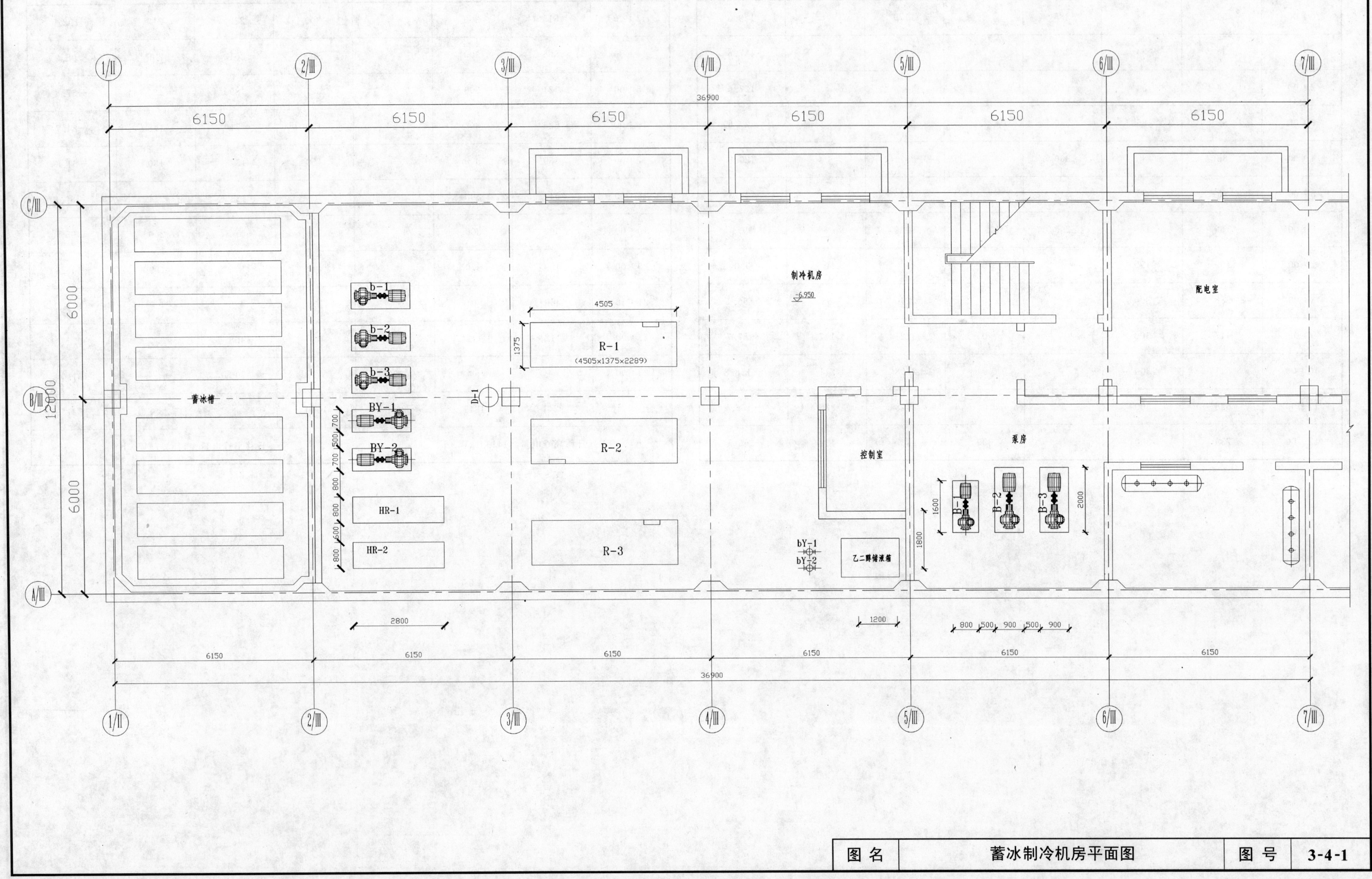

图 名	蓄冰制冷机房平面图	图 号	3-4-1

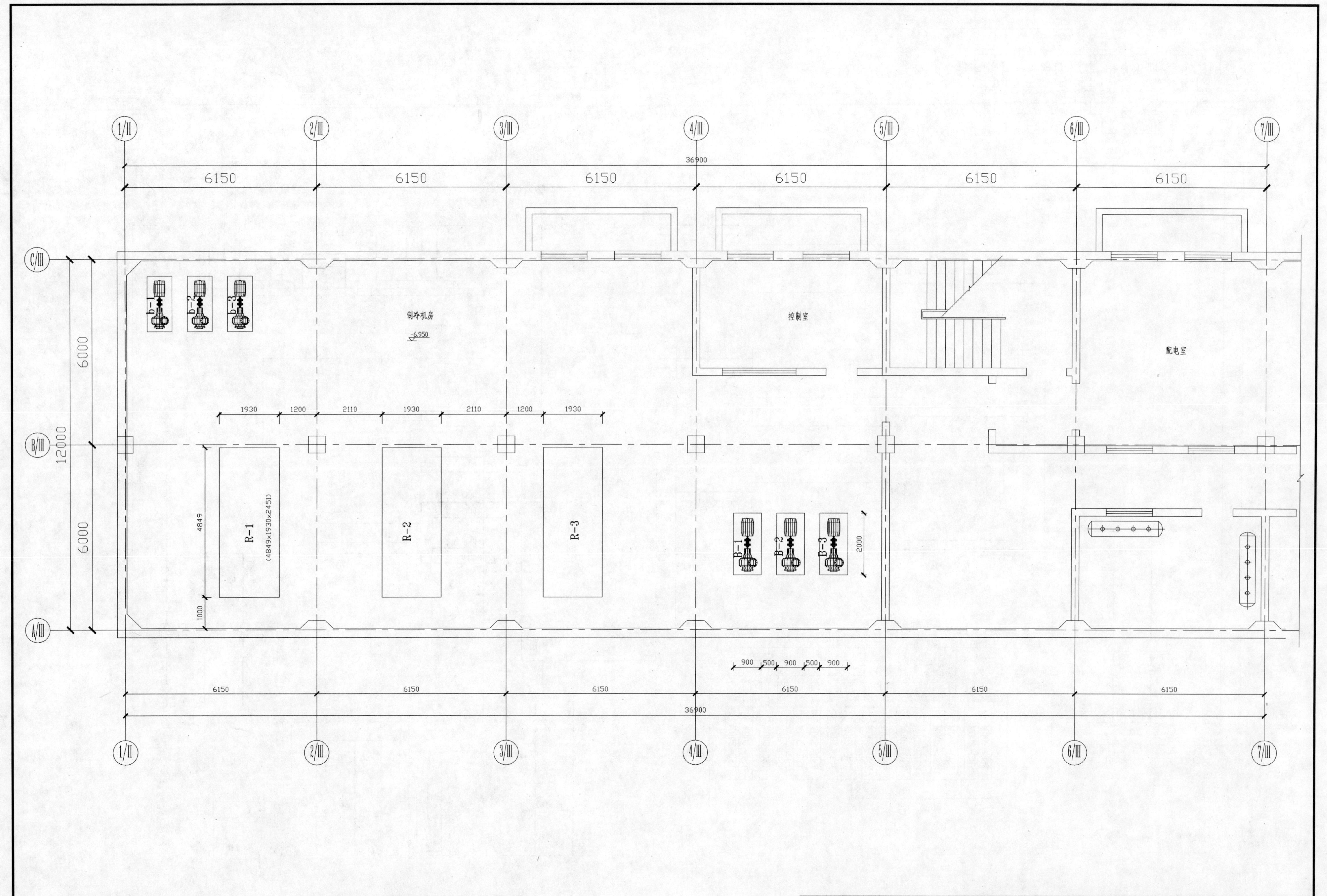
1/II
2/III
3/III
4/III
5/III
6/III
7/III
36900
6150
6150
6150
6150
6150
6150
C/III
B/III
A/III
12000
6000
6000
制冷机房
-6.950
控制室
配电室
1930
1200
2110
1930
2110
1200
1930
R-1
(4849x1930x2451)
R-2
R-3
4849
1000
b-1
b-2
b-3
B-1
B-2
B-3
2000
900
500
900
500
900

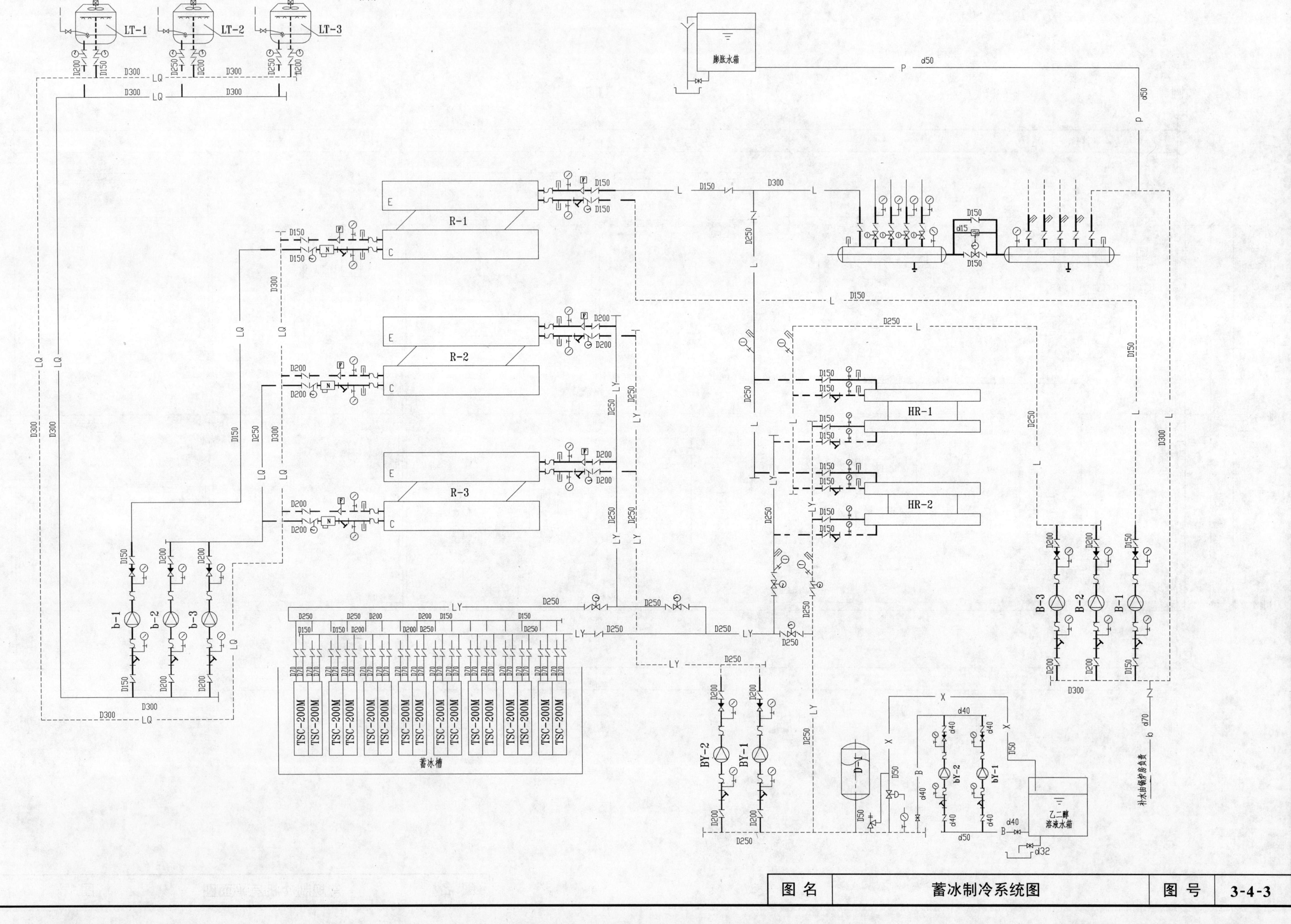

图名 蓄冰制冷系统图 图号 3-4-3

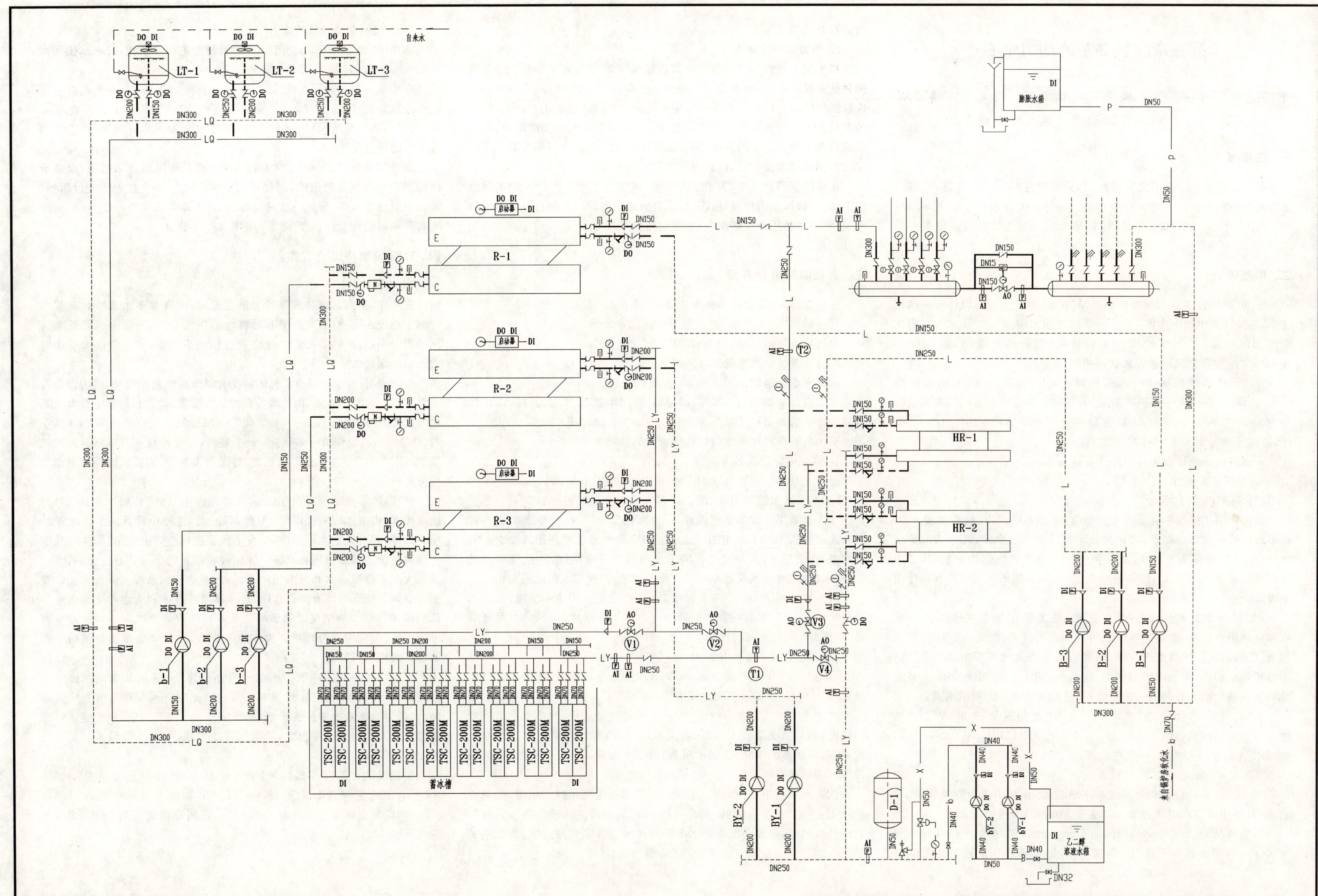
自来水
LT-1
LT-2
LT-3
膨胀水箱
启动器
R-1
R-2
R-3
HR-1
HR-2
T1
T2
V1
V2
V3
V4
b-1
b-2
b-3
B-1
B-2
B-3
BY-1
BY-2
D-1
TSC-200M
蓄冰槽
乙二醇溶液水箱
来自锅炉房软化水

第五章　总部基地动力中心

中国建筑设计研究院　宋孝春　魏文宇　关文吉　潘云刚
丁　高　孙淑萍　徐稳龙　熊育铭　洪泰杓

一、工程概述

道丰科技商务园位于北京西南角，为中关村（丰台园）科技开发区，主要为内外资企业提供商务办公建筑。预计总开发面积 210 万 m^2，其中一期 75 万 m^2 为区域集中供冷、供热，二、三期为区域锅炉房集中供热。

二、供热设计

根据"设计方案竞选参加单位须知"要求：锅炉房方案设计按一期供暖 75 万 m^2（其中地下车库 3.4 万 m^2），二期预留到 110 万 m^2，三期预留到 210 万 m^2 进行锅炉房方案设计；建筑物热负荷指标：80～90 W/m^2；末端装置为风机盘管加新风机组。

方案设计取热指标 80W/㎡，同时使用系数取 90%，管网损失取 5%。这样，计算结果一期热负荷为 56700kW（约 81.3t/h）；二期热负荷为 26480kW（约 37.9t/h）；三期热负荷为 75600kW（约 108.4t/h）。如此，总热负荷为 158780kW（约 227.5t/h）。

下面的供热设计方案将以此热负荷为基础展开。

1. 供热方案设计

（1）一期供热方案

根据一期供热用户性质为办公建筑，夏季集中供冷、供冷温差 8℃，在不增加外网投资前提下，有两种技术可行的供热方案，其一为锅炉出水的 95/70℃低温热水供应，建筑物（组团）端再放换热站方案，其二为锅炉供回水为 110/70℃，经集中换热成 65/50℃热水后供用户直接使用的方案。

两个方案相比较，方案一减少了热水输送费用，提高供热温差，方便有非空调用户供热，缺点是要增加用户端换热设备（空调 60/50℃）。末端增加运转设备，场地难于解决，增加运行管理及维护费用。方案二热水直接供给用户，简化用户端使用，减少末端用户站房用地面积，并且充分利用供热管网大管井的先决条件，其缺点是热水输送费用稍高。

根据一期总热负荷 56700kW（81.3t/h），选用三台 20000kW 热水锅炉。方案一供回水温度为 95/70℃。方案二则为 110/70℃，经换热后，供回水温度为 65/50℃。一次热水泵、二次热水泵变频运行。

（2）二、三期供热方案

二、三期为采暖用户，为降低热网输送费用，减小热力管网管径，节省投资，采用高温水供热方案。末端建筑（组团）设换热站方案。

总热负荷为 102080kW，拟选用 5 台 20000kW 热水锅炉，供回水温度为 110/70℃。根据末端用户负荷变化，热水泵采用变频控制技术，节省运行费用。

2. 热力管网设计方案

拟采用支状管网直埋敷设方式。根据锅炉房供热方案定性一期有两种热力管网方案，即末端有换热站——形成一次管网（95/70℃）和二次管网（60/50℃），其二为锅炉房集中换热后直接供应给用户（65/50℃）的直供方案。管网布置以三大环路为主线，分若干支线供应用户。二、三期只有一种热力管网方案，即末端有换热站的高温水管网方案。采用支状管网直埋敷设方式，以减少热力管网的投资。

在外线管网设计中，为求水力平衡，应加强水力平衡计算和工况分析工作。同时，在用户端（组团）增设自力式平衡阀以求运行时均衡用热要求，每栋单独用户设热能表，加强用热交费管理，为求节约能源消耗和人性化管理。

三、常规制冷设计方案

根据"设计方案竞选参加单位须知"要求：

按一期供冷 71 万 m^2 进行制冷机房方案设计。

建筑物冷负荷指标：110～120W/m^2。

末端装置为风机盘管加新风机组。

可以考虑机组供回水采用 8℃大温差机型。

方案设计取冷指标 120W/㎡，同时使用系数取 90%，这样，设计日空调制冷峰值负荷计算结果为 76660kW（约 21800RT）。

下面的制冷设计方案将以此冷负荷为基础展开。

1. 常规电制冷设计方案 1

选用 5 台 4000RT 和 1 台 2000RT 大容量 10kV 高压配电冷水机组，冷冻水供回水温度为 5/13℃，冷却水供回水温度为 32/37℃。

冷冻水采用二次泵系统设计，一次水定流量运行，与冷水机组一对一匹配设置，2000RT 机组的冷冻水泵和冷却水泵设置备用。二次泵为变频泵，变流量运行，与室外管网三大环路相对应；根据环路负荷情况（供回水压差）改变水泵频率——变流量，以节约冷冻水的输送费用。

该方案采用了 4000RT 大容量 10kV 高压工业用冷水机组，机组本身能耗低，低温（5℃）性能较好，同时可以减少并联机组台数，以尽量满足《措施》指导性 2～4 台要求。

2. 常规电制冷设计方案 2

选用 9 台 2500RT 大容量 380V 低压配电冷水机组，冷冻水供回水温度为 5/13℃，冷却水供回水温度为 32/37℃。

冷冻水采用二次泵系统设计，一次水定流量运行，与冷水机组一对一匹配设置，二次泵为变频泵，变流量运行，与室外管网三大环路相对应；根据环路负荷情况（供回水压差）改变水泵频率——变流量，以节约冷冻水的输送费用。

该方案采用了 2500RT 大容量 380V 低电压民用冷水机组，设备价格比工业用大容量机组低，同时可按 6.6kV 次高电压进行招标。并联机组台数过多，导致一次冷冻水泵和冷却水泵并联台数过多，而影响其并联后的性能。台数多运行维护工作量增加。

3. 常规电制冷设计方案 3

选用 11 台 2000RT 大容量 380V 低压配电冷水机组，冷冻水供回水温度为 5/13℃，冷却水供回水温度为 32/37℃。

冷冻水采用二次泵系统设计，一次水定流量运行，与冷水机组一对一匹配设置，二次泵为变频泵，变流量运行，与室外管网三大环路相对应；根据环路负荷情况（供回水压差）改变水泵频率——变流量，以节约冷冻水的输送费用。

该方案采用了 2000RT 大容量 380V 低电压民用冷水机组，设备价格比工业用大容量机组低，同时可按 10kV 和 6.6kV 高电压进行招标。并联机组台数过多，导致一次冷冻水泵和冷却水泵并联台数过多，而影响其并联后的性能。台数多运行维护工作量增加。

四、冰蓄冷制冷设计方案

1. 冰蓄冷的可行性

近几年，国内蓄冷技术得到了迅猛发展，一百多个水蓄冷和冰蓄冷空调工程投入了使用，对改善和缓解电力供需矛盾，平抑电网峰谷差起到了积极作用，取得了很好的社会效益和经济效益，备受业内人士和电力公司的瞩目。

实践表明，一般冰蓄冷系统比常规电制冷系统初投资高，机房设备投资增加 15%～20%左右，由于峰谷分时电价政策的实行，依靠电费节省其增加投资的回收年限在 3～5 年。同时可减少制冷用电装机容量 30%左右，移峰电量与空调负荷率有关。从上述看，冰蓄冷技术对电网经济运营及减缓电力生产供应矛盾是有利的，对投资人来讲，多投入的回报率也是很可观的（20%～30%）。

另外，冰蓄冷系统提供超低温水是力所能及的，外融冰提供 1℃超低温冷水，内融冰也可提供 3.3℃低温冷水。这样可降低冷水的输送费用和投资，同时低温水的供应，引发了低温送风空调的应用，同样可降低空调风系统的输送费用和投资。我院曾在西直门项目进行过详细计算，采用大温差低温送水和低温送风系统，冰蓄冷空调系统总体投资比常规制冷空调系统反而略有降低。所以说，冰蓄冷技术和大温差低温送水与低温送风相结合应是暖通界和电力行业广泛提倡的未来空调制冷发展方向，是充分利用电力峰谷差价和蓄冰能力，也是降低蓄冰空调初投资和运行费用的可靠方法。

道丰科技商务园一期工程主要为办公建筑，空调基本上在白天运行，夜间负荷很小（见设计日逐时负荷表），逐时空调负荷与电力峰谷相吻合，极适合冰蓄冷的经济运行，另外从吸引二级开发商（单位建筑），降低二级开发商初投资等出发，采用冰蓄冷方式，大温差低温送水是可行的，也是必要的。

根据设计日逐时冷负荷表，统计计算为：设计日总冷量为 240018 RT·h，连续空调总冷量为 53440 RT·h，蓄冷系统总冷量为 186578 RT·h，白天空调峰值负荷为 21800 RT，夜间峰值负荷为 2180 RT，仅为白天的 10%。

道丰科技设计日逐时冷负荷表

时　　间	逐时冷负荷(RT)	空调负荷率(%)	时间	逐时冷负荷(RT)	空调负荷率(%)
0：00	2180	10	13：00	18748	86
1：00	2180	10	14：00	19402	89
2：00	2180	10	15：00	21800	100
3：00	2180	10	16：00	21800	100
4：00	2180	10	17：00	19620	90
5：00	2180	10	18：00	12426	57
6：00	2180	10	19：00	6758	31
7：00	6758	31	20：00	4796	22
8：00	9374	43	21：00	3924	18
9：00	15260	70	22：00	3924	18
10：00	19402	89	23：00	2180	10
11：00	19838	91			
12：00	18748	86	合　　计	240018	

道丰科技设计日冷负荷曲线

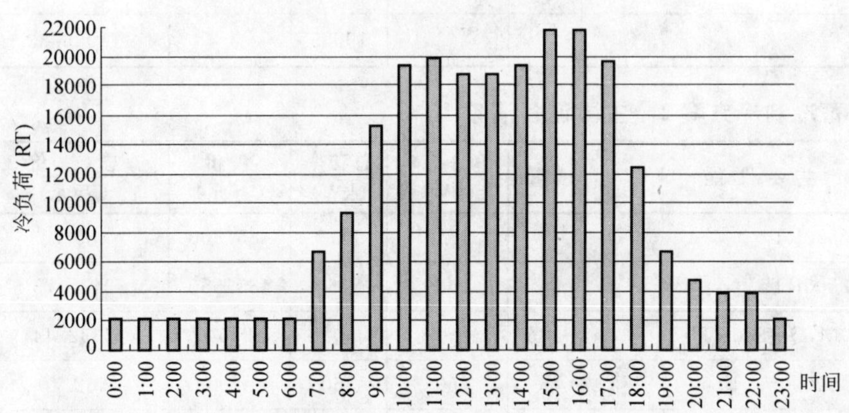

2. 冰蓄冷方案的可行性

针对区域供冷尤其是低温供冷技术，可行性的系统有三，其一为内融冰系统，其二为外融冰系统，其三为双蒸发器双工况主机的外融冰系统。

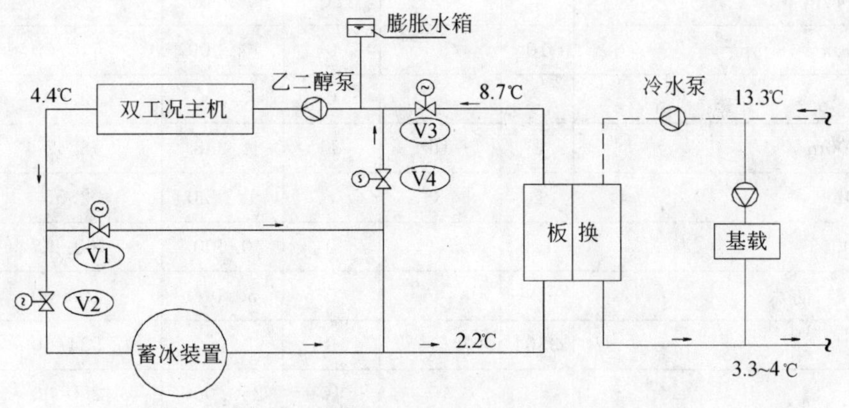

内融冰串联系统(有基载)

【系统一】 内融冰系统：采用主机上游中联系统，冷水供应温度可达3.3℃，系统简单，控制明了，对这套系统国内已完全掌握，有一定运行管理经验，主要设备均可合资生产，其市场价格公平合理，相对投资较低。

冷水输送温差可达10℃(回水温度13.3℃)，比常规大温差送水8℃高2℃，即管道和输送设备减少20%。

【系统二】 外融冰系统：白天主机制冷需通过板换交换后再进入冰模融冰供冷，供水温度可达1℃，外融冰盘管进口系统运行管理水平要求比内融冰要高，冷水输送系统可节省10%，为加强换热，冰槽内水要增设压缩空气系统进行水与冰的扰动，较为复杂。

冷水输送温差可提高到11℃，比内融冰高1℃。减少输送费用不到10%，但用户不宜用2.2℃冷水直接进入风机盘管系统，可能导致风口结露等问题，需增加末端(组团)换热站，供冷水温度控制在6/13℃左右较合理。

外融冰系统，可减少输送费用，但增加了末端换热设备，增大了区域管理维护费用，该方案较宜配合锅炉房直接供热(95/70℃)末端有换热站的系统，两者是统一的。

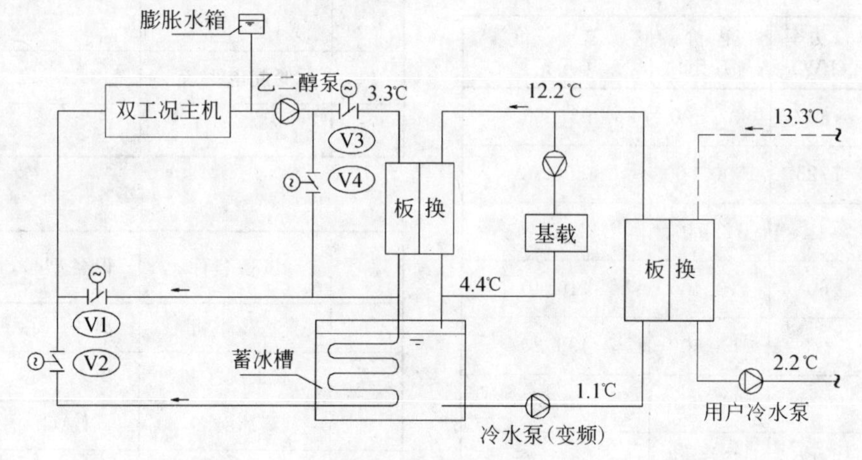

外融冰系统(有基载)

【系统三】 双蒸发器外融冰系统：双工况主机设两个蒸发器，夜间制冰为乙二醇蒸发器；白天制冷为冷水蒸发器。冷水不需换热直接进入冰槽融冰，白天主机工作效率与方案二相比可提高2%～3%(考虑由于换热温差为1%，导致主机蒸发温度下降1℃)，一次冷水泵功率可节省(无板换阻力5～8mH_2O)。

技术的核心是双蒸发器双工况冷水机组的应用，体现了外融冰系统的理想境界。白天冷机供冷运行时效率提高(2%～3%)，亦减少了乙二醇与冷水的换热损失，没有工况改变时阀门的相互切换调节只靠启停主机和水泵及恒温变容量运行。

外融冰盘管为进口，双蒸发器双工况主机为定单产品，独此一家，导致售价无可比性，无可替换性。双蒸发器冰水机为现场组装体，主机与蒸发器、冷凝器为三大件，冷媒管等现场连接，整体质量和运行维护难于保障，占地面积大，在美国其为本土产品，而在我国其安装、调试、运行、保养、售后服务等都是我们所担心的。

另外，双蒸发器双工况主机为整个冰蓄冷系统带来的性价比并不是很高，主机效率提高2%～3%，然而其双蒸发器冷水机的价格却是昂贵的，其一台2000RT双工况主机相当于一台4000RT工业用多级离心机的价格，更是民用主机的2.5倍以上。在我国现有电价水平和国民经济水平情况下，使用的代价是无期的。

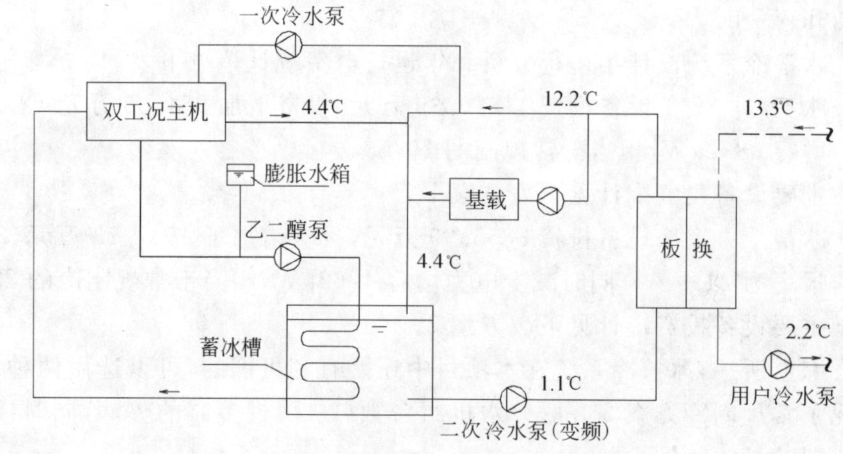

双蒸发器外融冰系统(有基载)

从三种系统分析，系统三应为技术最先进，运行成本最低，但投资最高，核心设备无可替换性的系统；系统二各项参数居中，较适合中国国情，但低温水(2.2℃)用户为风机盘管系统不可直接使用，需进行二次换热，增加用户费用和管理维护等；系统一国内技术较成熟，由于供水温适中，对现一期开发用户主要为风机盘管加新风空调系统来讲，比较适合，不用换冷就可直接使用，减少末端费用。

因此，如果采用冰蓄冷方式的话，我们认为道丰科技商务园动力中心较适合采用系统一内融冰主机上游串联系统的供冷方式。

根据上述分析，内融冰系统双工况制冷主机亦可采用两种方案，工业主机和民用主机，与前面常规电制冷方案相对应，得出了较好的经济技术指标。

3. 冰蓄冷制冷设计方案1

根据夜间冷负荷需要，设一台2500RT基载主机。全天提供3.5℃冷水(制冷量2250RT)。选用三台4000RT双工况主机，白天制冷夜间制冰，白天系统直接可向外网用户提供3.3/13.3℃冷水，现方案确定温度为4/13℃，以保证末端用户使用的可靠性。

双工况主机并联台数三台，较符合《措施》指导性台数要求，主机制冷性能较好，只是工业用冷水机组价格偏高。主要设备投资11310.33万元。比常规电制冷方案增加投资254.06万元，而冰蓄冷年节省电费331.65万元。当年可回收。其多投资回报率为130.5%。

4. 冰蓄冷制冷设计方案2

根据夜间冷负荷需要，设一台2500RT基载主机，全天提供3.5℃冷水(制冷量2250RT)。另设五台2500RT双工况主机，白天制冷夜间制冰，白天系统直接可向外网用户提供3.3/13.3℃冷水，现方案确定温度为4/13℃，以保证末端用户使用的可靠性。

双工况主机并联台数为5台，较接近《措施》指导性台数的要求，主机制冷性能尚可，民用主机价格较工业主机低得多。主要设备投资为8855.39

万元，比方案1节省2455万元，比常规电制冷方案2多增加投资1517.73万元。冰蓄冷多投资回报率为21.85%，回收年限为4.58年，即5年后可全面获利。

5. 冰蓄冷制冷经济分析

按普通工业用电计算，常规电制冷系统年运行电费1497.59万元，冰蓄冷系统年运行电费1165.94万元，冰蓄冷每年可节省电费331.65万元，节省率22.1%。设计日移高峰电量19868kW·h，移平峰电量37636kW·h。

冰蓄冷系统设计年运行分析和年运行电费统计请见下表。

冰蓄冷方案1设备投资11310.39万元，投资增加254.06万元（2.3%），当年即可回收资金。同时减少了电力增容3832kW，相当于常规制的19.6%。

主要设备投资统计见下表方案1。

冰蓄冷方案2设备投资8855.39万元，投资增加了1517.73万元(20.7%)。投资回收年限4.58年，多投资回报率为21.9%。同时减少电力增容4762kW，相当于常规制冷的23.1%，减少了电网压力。

主要设备投资统计见下表方案2。

综上所述，冰蓄冷系统在本项目中还是有利可图的，可以选用两种方案中的任何一种均可。尤其方案2，解况了常规制冷方案2并联冷水机组台数(9台)过多时的弊病，同时回报率相当高21.9%，是一般性投资无法比拟的。

冰蓄冷制冷方案1　主要设备清单

序号	设备名称	设备型号	主要性能	数量	单台功率(kW)	总功率(kW)	单价(万元)	总价(万元)
1	基载主机	离心	制冷量2500RT	1	1632	1632	937.500	937.50
2	双工况主机	离心	制冷量4000RT	3	2575	7725	1500.000	4500.00
3	蓄冰装置	BAC	TSC-380M，Q=380RT·h	186		0	12.540	2332.44
4	冷却塔	横流	处理水量2000t	1	60	60	110.400	110.40
5	冷却塔	横流	处理水量3000t	3	90	270	165.600	496.80
6	基载冷却泵	双吸	1950t，30m	2	250	500	36.750	73.50
7	冷却水泵	双吸	3000t，30m	4	375	1500	52.500	210.00
8	基载冷水泵	双吸	950t，45m	2	185	370	29.250	58.50
9	乙二醇泵	双吸	3000t，35m	4	450	1800	55.500	222.00
10	冷水泵	双吸	2400t，45m	4	450	1800	55.500	222.00
11	制冷板换	Alfa laval	Q=7390kW，805m^2	10		0	64.000	640.00
12	定压罐			2		0	1.000	2.00
13	补水泵	立式多级	25t，100m	2	15	30	4.238	8.48
14	乙二醇补水泵	立式	10t，50m	2	3	6	1.2820	2.56
15	乙二醇(t)	北京东方	浓度100%	100		0	0.600	60.00
16	蓄冰槽体	混凝土	包括保温、防水	2		0	50.000	100.00
17	机房土建(m^2)			3564		0	0.150	534.60
18	自控系统			1	10	10	250.000	250.00
19	变配电系统			1		15703	0.035	549.61
20	合计					15703		11310.39

常规电制冷方案1　主要设备清单

序号	设备名称	设备型号	主要性能	数量	单台功率(kW)	总功率(kW)	单价(万元)	总价(万元)
1	冷水机组	离心	制冷量4000RT	5	2575	12875	1500.000	7500.00
2	冷水机组	离心	制冷量2000RT	1	1290	1290	750.000	750.00
3	冷却塔	横流	处理水量3000t	5	90	450	165.600	828.00
4	冷却塔	横流	处理水量1500t	1	45	45	83.200	83.20
5	冷却泵	双吸	3000t，30m	5	375	1875	52.500	262.50
6	冷却泵	双吸	1500t，30m	2	200	160	27.000	54.00
7	一次冷水泵	双吸	1650t，15m	5	110	550	30.000	150.00
8	一次冷水泵	双吸	850t，15m	2	75	150	23.913	47.83
9	二次冷水泵	双吸	3000t，35m	4	525	2100	61.500	246.00
10	补水泵	立式多级	25t，100m	2	15	30	4.238	8.48
11	定压罐			1		0	1.000	1.00
12	机房土建(m^2)			1944		0	0.150	291.60
13	自控系统			1	10	10	150.000	150.00
14	变配电系统			1		19535	0.035	683.73
15	合计					19535		11056.33

冰蓄冷制冷方案2　主要设备清单

序号	设备名称	设备型号	主要性能	数量	单台功率(kW)	总功率(kW)	单价(万元)	总价(万元)
1	基载主机	离心	制冷量2500RT	1	1610	1610	485.550	485.55
2	双工况主机	离心	制冷量2500RT	5	1632	8160	485.550	2427.75
3	蓄冰装置	BAC	TSC-380M，Q=380RT·h	186		0	12.540	2332.44
4	冷却塔	横流	处理水量2000t	6	60	360	110.400	662.40
5	基载冷却泵	双吸	1950t，30m	2	250	500	36.750	73.50
6	冷却水泵	双吸	2000t，30m	6	250	1500	36.750	220.50
7	基载冷水泵	双吸	950t，45m	2	185	370	29.250	58.50
8	乙二醇泵	双吸	1900t，35m	6	250	1500	36.750	220.50
9	冷水泵	双吸	2400t，45m	4	450	1800	55.500	222.00
10	制冷板换	Alfa laval	Q=7390kW，805m^2	10		0	64.000	640.00
11	定压罐			2		0	1.000	2.00
12	补水泵	立式多级	25t，100m	2	15	30	4.238	8.48
13	乙二醇补水泵	立式	10t，50m	2	3	6	1.2820	2.56
14	乙二醇(t)	北京东方	浓度100%	100		0	0.600	60.00
15	蓄冰槽体	混凝土	包括保温、防水	2		0	50.000	100.00
16	机房土建(m^2)			3564		0	0.150	534.60
17	自控系统			1	10	10	250.000	250.00
18	变配电系统			1		15846	0.035	554.61
19	合计					15846		8855.39

常规电制冷方案2 主要设备清单

序号	设备名称	设备型号	主要性能	数量	单台功率（kW）	总功率（kW）	单价（万元）	总价（万元）
1	冷水机组	离心	制冷量2400RT	9	1632	14688	485.550	4369.95
3	冷却塔	横流	处理水量2000t	9	60	540	110.400	993.60
5	冷却泵	双吸	2000t，30m	9	250	2250	36.750	330.75
7	一次冷水泵	双吸	1000t，15m	9	110	990	25.000	225.00
9	二次冷水泵	双吸	3000t，35m	4	525	2100	61.500	246.00
10	补水泵	立式多级	25t，100m	2	15	30	4.238	8.48
11	定压罐			1		0	1.000	100
12	机房土建（m²）			1944		0	0.150	291.60
13	自控系统			1	10	10	150.000	150.00
14	变配电系统			1		20608	0.035	721.28
15	合计					20608		7337.66

道丰科技设计日负荷平衡表

时间	总冷负荷（RT）	基载制冷（RT）	制冷机制冷量（RT）		蓄冰槽（RT）		取冷率（%）
			主机制冰	主机制冷	储冰量	融冰量	
0：00	2180	2180	9000		21042		
1：00	2180	2180	9000		30022		
2：00	2180	2180	9000		39002		
3：00	2180	2180	9000		47982		
4：00	2180	2180	9000		56962		
5：00	2180	2180	9000		65942		
6：00	2180	2180	4738	0	70680		
7：00	6758	2250		3600	69752	908	1.28
8：00	9374	2250		5400	68008	1724	2.44
9：00	15260	2250		10800	65778	2210	3.13
10：00	19402	2250		10800	59406	6352	8.99
11：00	19838	2250		10800	52598	6788	9.60
12：00	18748	2250		10800	46880	5698	8.06
13：00	18748	2250		10800	41162	5698	8.06
14：00	19402	2250		10800	34790	6352	8.99
15：00	21800	2250		10800	26020	8750	12.38
16：00	21800	2250		10800	17250	8750	12.38
17：00	19620	2250		10800	10660	6570	9.30
18：00	12426	2250		7200	7664	2976	4.21
19：00	6758	2250		3600	6736	908	1.28
20：00	4796	2250		1800	5970	746	1.06
21：00	3924	2250		0	4276	1674	2.37
22：00	3924	2250		0	2582	1674	2.37
23：00	2180	2180	9500		12062		
合计	240018	53440	68238	118800		67778	95.89

设计日负荷平衡图

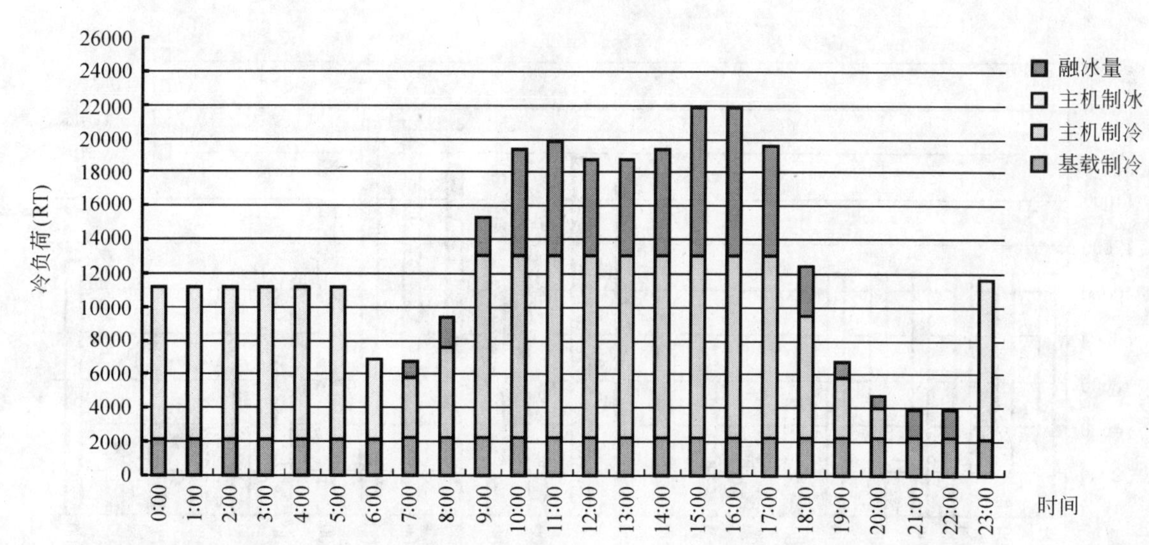

道丰科技负荷（80%）平衡表

时间	总冷负荷（RT）	基载制冷（RT）	制冷机制冷量（RT）		蓄冰槽（RT）		取冷率（%）
			主机制冰	主机制冷	储冰量	融冰量	
0：00	1744	1744	9000		22358		
1：00	1744	1744	9000		31338		
2：00	1744	1744	9000		40318		
3：00	1744	1744	9000		49298		
4：00	1744	1744	9000		58278		
5：00	1744	1744	9000		67258		
6：00	1744	1744	3422	0	70680		
7：00	5406	2250		0	67504	3156	4.47
8：00	7499	2250		0	62234	5249	7.43
9：00	12208	2250		7200	59456	2758	3.90
10：00	15522	2250		7200	53365	6072	8.59
11：00	15870	2250		7200	46924	6420	9.08
12：00	14998	2250		7200	41356	5548	7.85
13：00	14998	2250		10800	39388	1948	2.76
14：00	15522	2250		10800	36896	2472	3.50
15：00	17440	2250		10800	32486	4390	6.21
16：00	17440	2250		10800	28076	4390	6.21
17：00	15696	2250		7200	21810	6246	8.84
18：00	9941	2250		3600	17699	4091	5.79
19：00	5406	0		1800	14073	3606	5.10
20：00	3837	0		0	10216	3837	5.43
21：00	3139	0		0	7057	3139	4.44
22：00	3139	0		0	3898	3139	4.44
23：00	1744	1744	9500		13378		
合计	192014	40952	66922	84600		66462	94.03

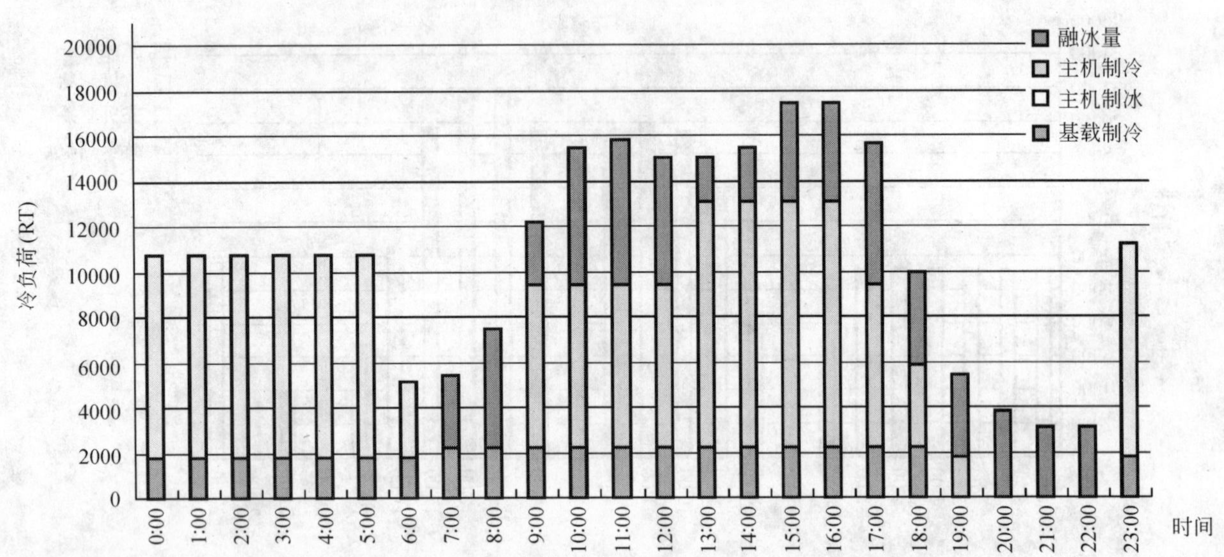

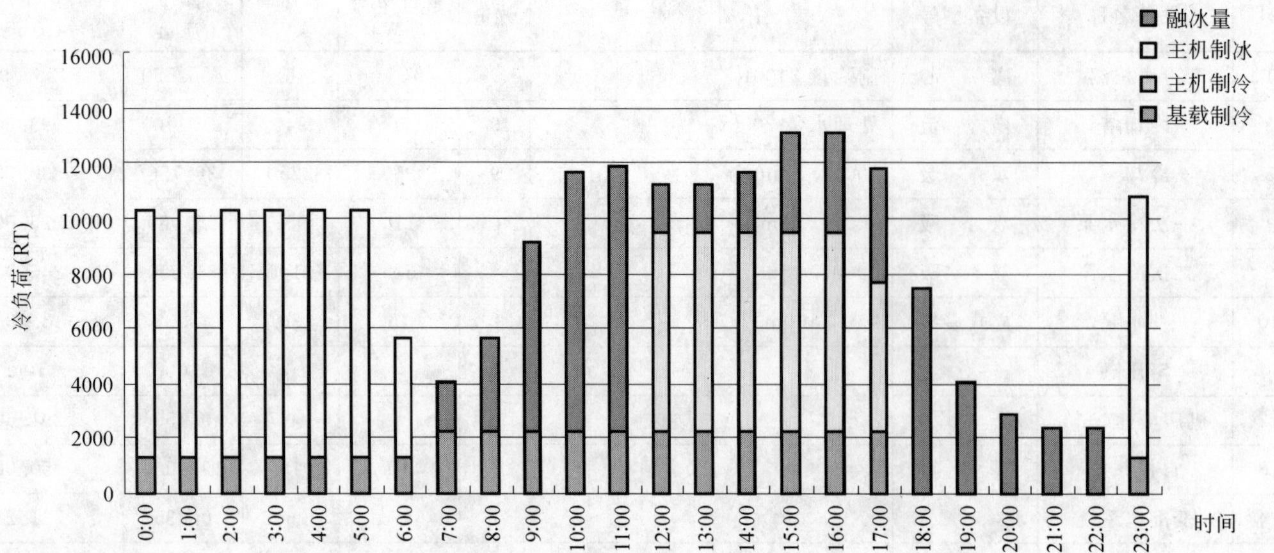

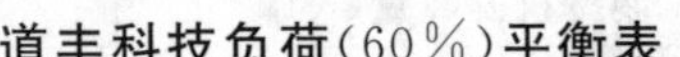

道丰科技负荷(60%)平衡表

时间	总冷负荷(RT)	基载制冷(RT)	制冷机制冷量(RT)		蓄冰槽 (RT)		取冷率(%)
			主机制冰	主机制冷	储冰量	融冰量	
0：00	1308	1308	9000		21423		
1：00	1308	1308	9000		30403		
2：00	1308	1308	9000		39383		
3：00	1308	1308	9000		48363		
4：00	1308	1308	9000		57343		
5：00	1308	1308	9000		66323		
6：00	1308	1308	4357	0	70680		
7：00	4055	2250		0	68855	1805	2.55
8：00	5624	2250		0	65461	3374	4.77
9：00	9156	2250		0	58535	6906	9.77
10：00	11641	2250		0	49124	9391	13.29
11：00	11903	2250		0	39451	9653	13.66
12：00	11249	2250		7200	37632	1799	2.54
13：00	11249	2250		7200	35813	1799	2.54
14：00	11641	2250		7200	33602	2191	3.10
15：00	13080	2250		7200	29952	3630	5.14
16：00	13080	2250		7200	26302	3630	5.14
17：00	11772	2250		5400	22160	4122	5.83
18：00	7456	0		0	14684	7456	10.55
19：00	4055	0		0	10610	4055	5.74
20：00	2878	0		0	7712	2878	4.07
21：00	2354	0		0	5338	2354	3.33
22：00	2354	0		0	2963	2354	3.33
23：00	1308	1308	9500		12443		
合计	144011		67857	41400		67397	95.35

道丰科技负荷(40%)平衡表

时间	总冷负荷(RT)	基载制冷(RT)	制冷机制冷量(RT)		蓄冰槽 (RT)		取冷率(%)
			主机制冰	主机制冷	储冰量	融冰量	
0：00	872	872	9000		21339		
1：00	872	872	9000		30319		
2：00	872	872	9000		39299		
3：00	872	872	9000		48279		
4：00	872	872	9000		57259		
5：00	872	872	9000		66239		
6：00	872	872	7541	0	73780		
7：00	2703	2250		0	73307	453	0.61
8：00	3750	0		0	69537	3750	5.08
9：00	6104	0		0	63413	6104	8.27
10：00	7761	0		0	55632	7761	10.52
11：00	7935	0		0	47677	7935	10.76
12：00	7499	2250		0	42408	5249	7.11
13：00	7499	2250		0	37139	5249	7.11
14：00	7761	2250		0	31608	5511	7.47
15：00	8720	2250		3600	28718	2870	3.89
16：00	8720	0		3600	23578	5120	6.94
17：00	7848	0		0	15710	7848	10.64
18：00	4970	0		0	10720	4970	6.74
19：00	2703	0		0	7996	2703	3.66
20：00	1918	0		0	6058	1918	2.60
21：00	1570	0		0	4468	1570	2.13
22：00	1570	0		0	2879	1570	2.13
23：00	872	872	9500		12359		
合计	96007		71041	7200		70581	95.66

冷负荷(40%)平衡图

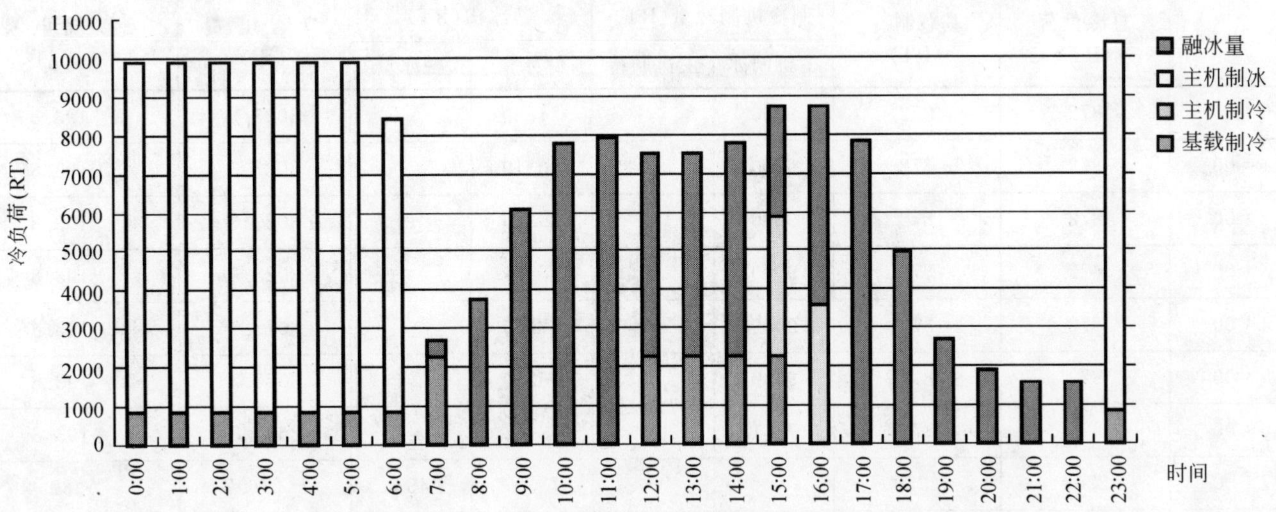

融冰量
主机制冰
主机制冷
基载制冷

续表

时间	总冷负荷(RT)	基载制冷(RT)	制冷机制冷量(RT)		蓄冰槽(RT)		节省电费(元)	常规电费(元)
			主机制冰	主机制冷	储冰量	融冰量		
22:00	3924	2250		0	2582	1674	−1255.0	2941.8
23:00	2180	2180	9500		12062		3191.2	484.6
合计	240018	53440	68238	118800		67778	−18986.7	136144.6
日移高峰电量=19868 kW·h					日移平峰电量=37636kW·h			

1. 每年节省电费=331.65(万元);常规运行电费=1497.59(万元)

注:制冷站全年(150天)供冷时间段分布:

(1) 设计日运行20天;

(2) 80%负荷运行60天;

(3) 60%负荷运行70天。

2. 每年节省电费=532.66(万元);常规运行电费=1987.71(万元)

注:制冷站全年(240天)供冷时间段分布:

(1) 设计日运行20天;

(2) 80%负荷运行60天;

(3) 60%负荷运行70天;

(4) 40%负荷运行90天。

设计日节电费统计表

时间	总冷负荷(RT)	基载制冷(RT)	制冷机制冷量(RT)		蓄冰槽(RT)		节省电费(元)	常规电费(元)
			主机制冰	主机制冷	储冰量	融冰量		
0:00	2180	2180	9000		21042		3023.3	484.6
1:00	2180	2180	9000		30022		3023.3	484.6
2:00	2180	2180	9000		39002		3023.3	484.6
3:00	2180	2180	9000		47982		3023.3	484.6
4:00	2180	2180	9000		56962		3023.3	484.6
5:00	2180	2180	9000		65942		3023.3	484.6
6:00	2180	2180	4738	0	70680		1591.6	484.6
7:00	6758	2250		3600	69752	908	−433.1	3223.6
8:00	9374	2250		5400	68008	1724	−1292.5	7027.7
9:00	15260	2250		10800	65778	2210	−1656.8	11440.4
10:00	19402	2250		10800	59406	6352	−4762.1	14545.7
11:00	19838	2250		10800	52598	6788	−5089.0	14872.5
12:00	18748	2250		10800	46880	5698	−3092.3	8942.8
13:00	18748	2250		10800	41162	5698	−3092.3	8942.8
14:00	19402	2250		10800	34790	6352	−3447.2	9254.8
15:00	21800	2250		10800	26020	8750	−4748.6	10398.6
16:00	21800	2250		10800	17250	8750	−4748.6	10398.6
17:00	19620	2250		10800	10660	6570	−3565.5	9358.7
18:00	12426	2250		7200	7664	2976	−2231.1	9315.8
19:00	6758	2250		3600	6736	908	−680.7	5066.5
20:00	4796	2250		1800	5970	746	−559.3	3595.6
21:00	3924	2250		0	4276	1674	−1255.0	2941.8

80%负荷节电费统计表

时间	总冷负荷(RT)	基载制冷(RT)	制冷机制冷量(RT)		蓄冰槽(RT)		节省电费(元)	常规电费(元)
			主机制冰	主机制冷	储冰量	融冰量		
0:00	1744	1744	9000		22358		3023.3	387.7
1:00	1744	1744	9000		31338		3023.3	387.7
2:00	1744	1744	9000		40318		3023.3	387.7
3:00	1744	1744	9000		49298		3023.3	387.7
4:00	1744	1744	9000		58278		3023.3	387.7
5:00	1744	1744	9000		67258		3023.3	387.7
6:00	1744	1744	3422	0	70680		1149.7	387.7
7:00	5406	2250		0	67504	3156	−1505.6	2578.9
8:00	7499	2250		0	62234	5249	−3935.3	5622.2
9:00	12208	2250		7200	59456	2758	−2067.7	9152.3
10:00	15522	2250		7200	53365	6072	−4551.9	11636.5
11:00	15870	2250		7200	46924	6420	−4813.4	11898.0
12:00	14998	2250		7200	41356	5548	−3011.1	7154.2
13:00	14998	2250		10800	39388	1948	−1057.4	7154.2
14:00	15522	2250		10800	36896	2472	−1341.3	7403.8
15:00	17440	2250		10800	32486	4390	−2382.5	8318.9
16:00	17440	2250		10800	28076	4390	−2382.5	8318.9
17:00	15696	2250		7200	21810	6246	−3389.7	7487.0
18:00	9941	2250		3600	17699	4091	−3066.9	7452.6
19:00	5406	0		1800	14073	3606	−2703.7	4053.2

续表

时间	总冷负荷（RT）	基载制冷（RT）	制冷机制冷量（RT）		蓄冰槽（RT）		节省电费（元）	常规电费（元）
			主机制冰	主机制冷	储冰量	融冰量		
20：00	3837	0		0	10216	3837	−2876.4	2876.4
21：00	3139	0		0	7057	3139	−2353.5	2353.5
22：00	3139	0		0	3898	3139	−2353.5	2353.5
23：00	1744	1744	9500		13378		3191.2	387.7
合计	192014	40952	66922	84600		66462	−21311.7	108915.6
日移高峰电量＝30799 kW·h				日移平峰电量＝22495kW·h				

60%负荷节电费统计表

时间	总冷负荷（RT）	基载制冷（RT）	制冷机制冷量（RT）		蓄冰槽（RT）		节省电费（元）	常规电费（元）
			主机制冰	主机制冷	储冰量	融冰量		
0：00	1308	1308	9000		21423		3023.3	290.8
1：00	1308	1308	9000		30403		3023.3	290.8
2：00	1308	1308	9000		39383		3023.3	290.8
3：00	1308	1308	9000		48363		3023.3	290.8
4：00	1308	1308	9000		57343		3023.3	290.8
5：00	1308	1308	9000		66323		3023.3	290.8
6：00	1308	1308	4357	0	70680		1463.5	290.8
7：00	4055	2250		0	68855	1805	−860.9	1934.1
8：00	5624	2250		0	65461	3374	−2529.8	4216.6
9：00	9156	2250		0	58535	6906	−5177.4	6864.3
10：00	11641	2250		0	49124	9391	−7040.6	8727.4
11：00	11903	2250		0	39451	9653	−7236.7	8923.5
12：00	11249	2250		7200	37632	1799	−976.2	5365.7
13：00	11249	2250		7200	35813	1799	−976.2	5365.7
14：00	11641	2250		7200	33602	2191	−1189.2	5552.9
15：00	13080	2250		7200	29952	3630	−1970.0	6239.2
16：00	13080	2250		7200	26302	3630	−1970.0	6239.2
17：00	11772	2250		5400	22160	4122	−2237.0	5615.2
18：00	7456	0		0	14684	7456	−5589.5	5589.5
19：00	4055	0		0	10610	4055	−3039.9	3039.9
20：00	2878	0		0	7712	2878	−2157.3	2157.3
21：00	2354	0		0	5338	2354	−1765.1	1765.1
22：00	2354	0		0	2963	2354	−1765.1	1765.1
23：00	1308	1308	9500		12443		3191.2	290.8
合计	144011		67857	41400		67397	−23686.4	81686.7
日移高峰电量＝36869kW·h				日移平峰电量＝15454kW·h				

40%负荷节电费统计表

时间	总冷负荷（RT）	基载制冷（RT）	制冷机制冷量（RT）		蓄冰槽（RT）		节省电费（元）	常规电费（元）
			主机制冰	主机制冷	储冰量	融冰量		
0：00	872	872	9000		21339		3023.3	193.8
1：00	872	872	9000		30319		3023.3	193.8
2：00	872	872	9000		39299		3023.3	193.8
3：00	872	872	9000		48279		3023.3	193.8
4：00	872	872	9000		57259		3023.3	193.8
5：00	872	872	9000		66239		3023.3	193.8
6：00	872	872	7541	0	73780		2533.2	193.8
7：00	2703	2250		0	73307	453	−216.2	1289.4
8：00	3750	0		0	69537	3750	−2811.1	2811.1
9：00	6104	0		0	63413	6104	−4576.2	4576.2
10：00	7761	0		0	55632	7761	−5818.3	5818.3
11：00	7935	0		0	47677	7935	−5949.0	5949.0
12：00	7499	2250		0	42408	5249	−2848.7	3577.1
13：00	7499	2250		0	37139	5249	−2848.7	3577.1
14：00	7761	2250		0	31608	5511	−2990.7	3701.9
15：00	8720	2250		3600	28718	2870	−1557.5	4159.4
16：00	8720	0		3600	23578	5120	−2778.6	4159.4
17：00	7848	0		0	15710	7848	−4259.1	3743.5
18：00	4970	0		0	10720	4970	−3726.3	3726.3
19：00	2703	0		0	7996	2703	−2026.6	2026.6
20：00	1918	0		0	6058	1918	−1438.2	1438.2
21：00	1570	0		0	4468	1570	−1176.7	1176.7
22：00	1570	0		0	2879	1570	−1176.7	1176.7
23：00	872	872	9500		12359		3191.2	193.8
合计	96007		71041	7200		70581	−22334.6	54457.8
日移高峰电量＝29979kW·h				日移平峰电量＝28662 kW·h				

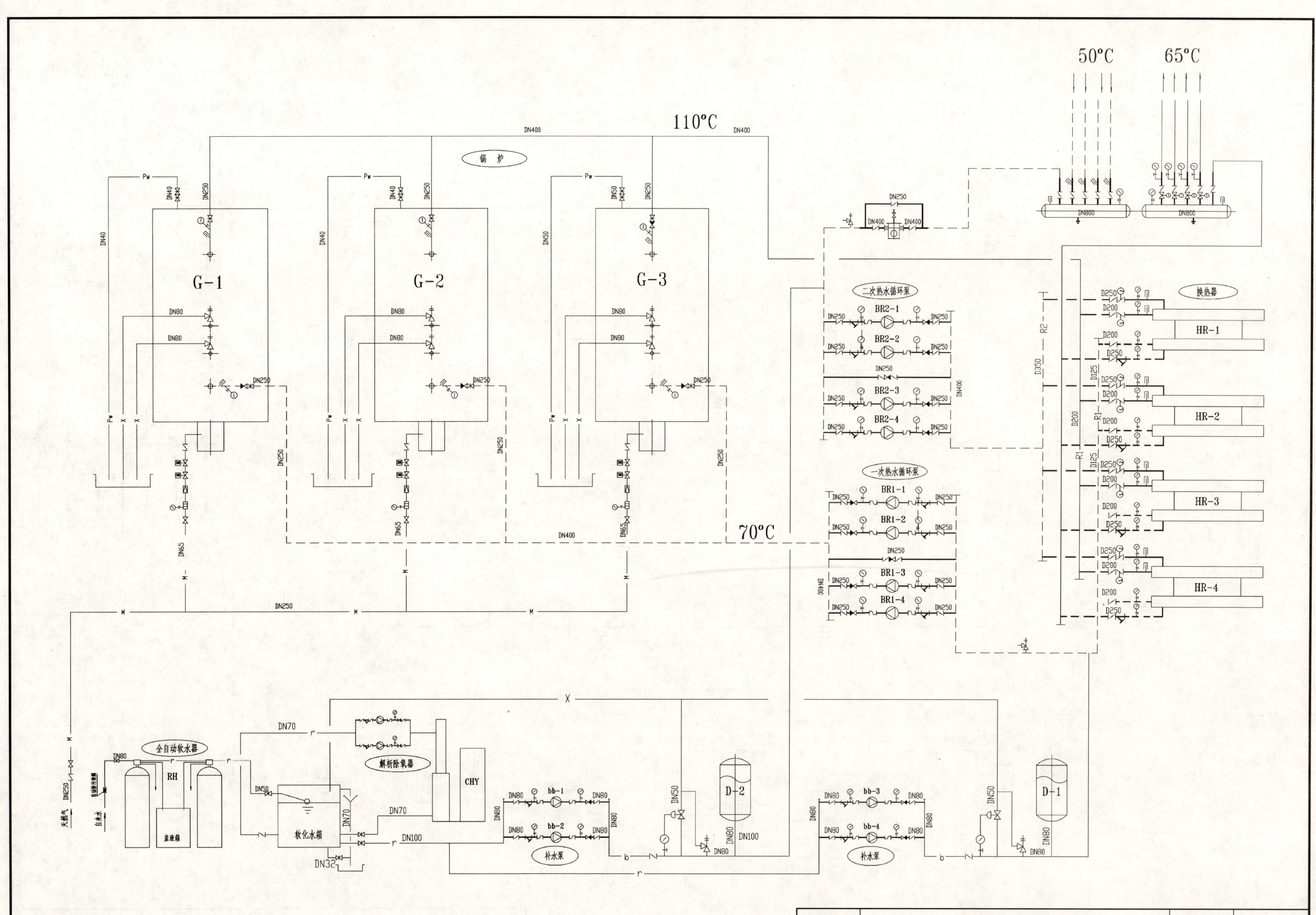
50°C
65°C
110°C
DN400
DN400
锅 炉
Pw
DN40
DN250
DN50
G-1
G-2
G-3
DN80
DN80
DN250
DN65
DN400
70°C
DN250
DN800
DN800
二次热水循环泵
BR2-1
BR2-2
BR2-3
BR2-4
一次热水循环泵
BR1-1
BR1-2
BR1-3
BR1-4
换热器
HR-1
HR-2
HR-3
HR-4
D250
D200
D350
D125
R1
R2
全自动软水器
RH
盐液箱
解析除氧器
CHY
软化水箱
DN70
DN50
DN100
DN32
补水泵
bb-1
bb-2
bb-3
bb-4
D-1
D-2
天然气
自来水

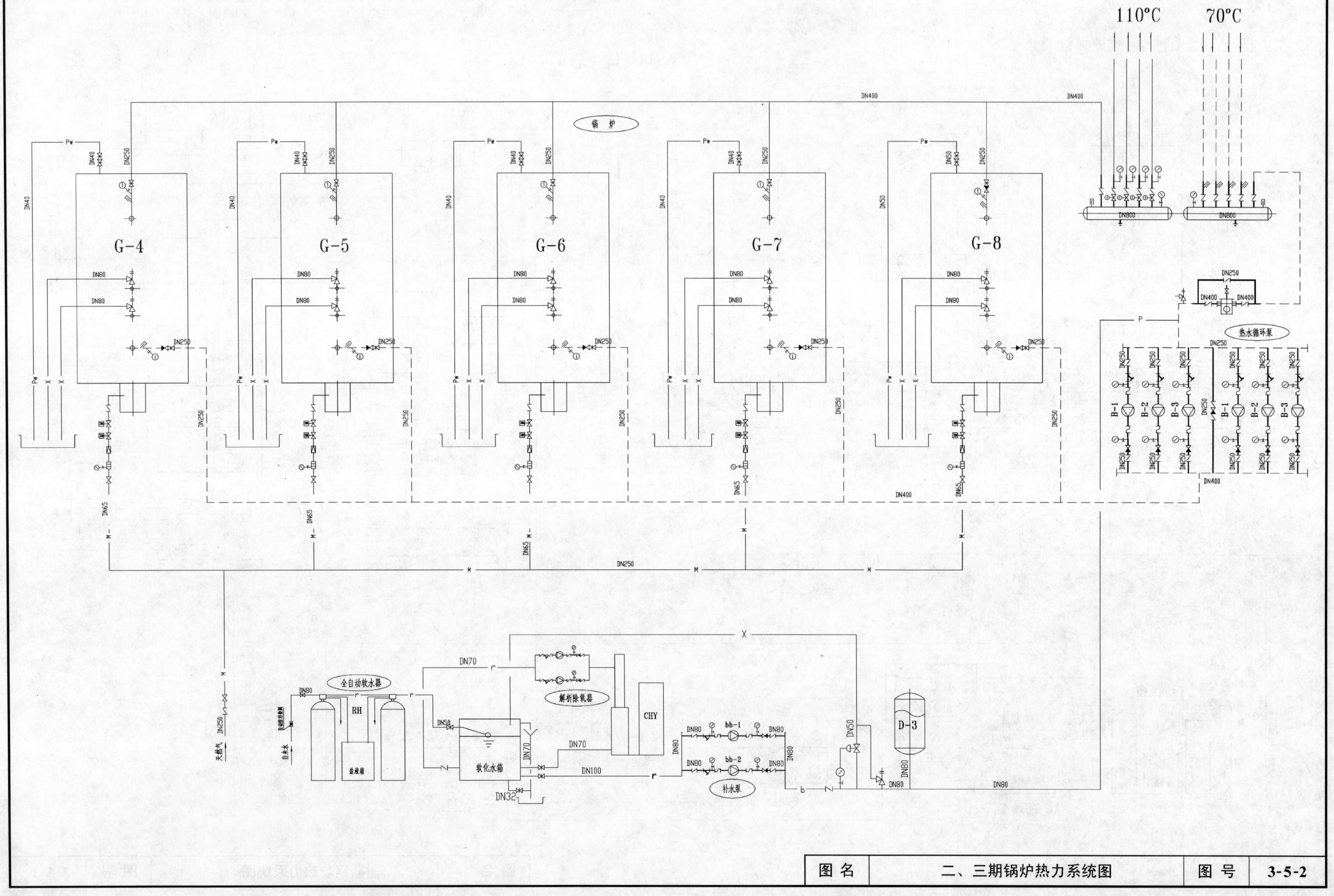

图名	二、三期锅炉热力系统图	图号	3-5-2

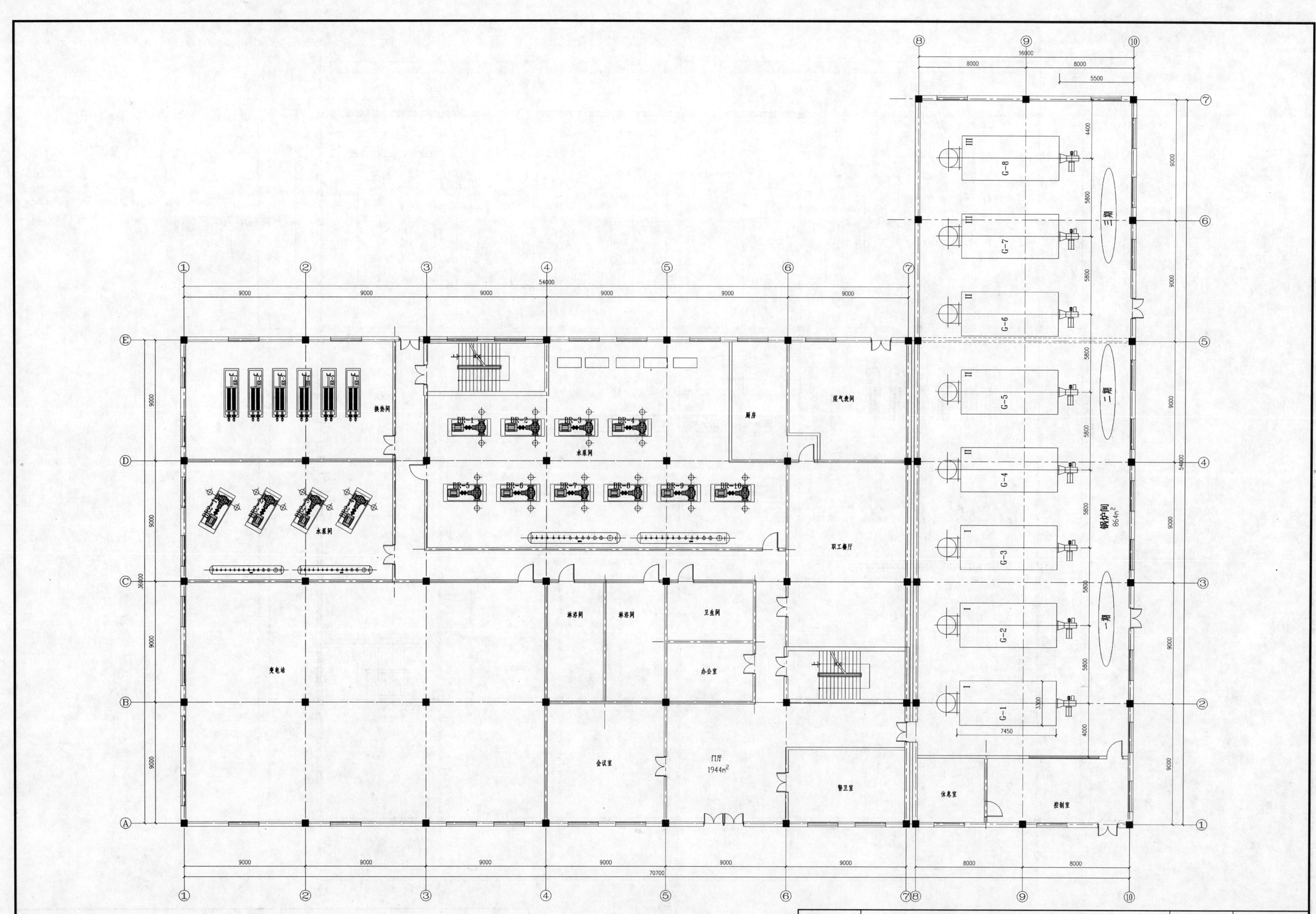

换热间
水泵间
水泵间
厨房
煤气表间
职工餐厅
淋浴间
淋浴间
卫生间
办公室
变电站
会议室
门厅
1944m²
警卫室
休息室
控制室
锅炉间
864m²
一期
二期
三期

74

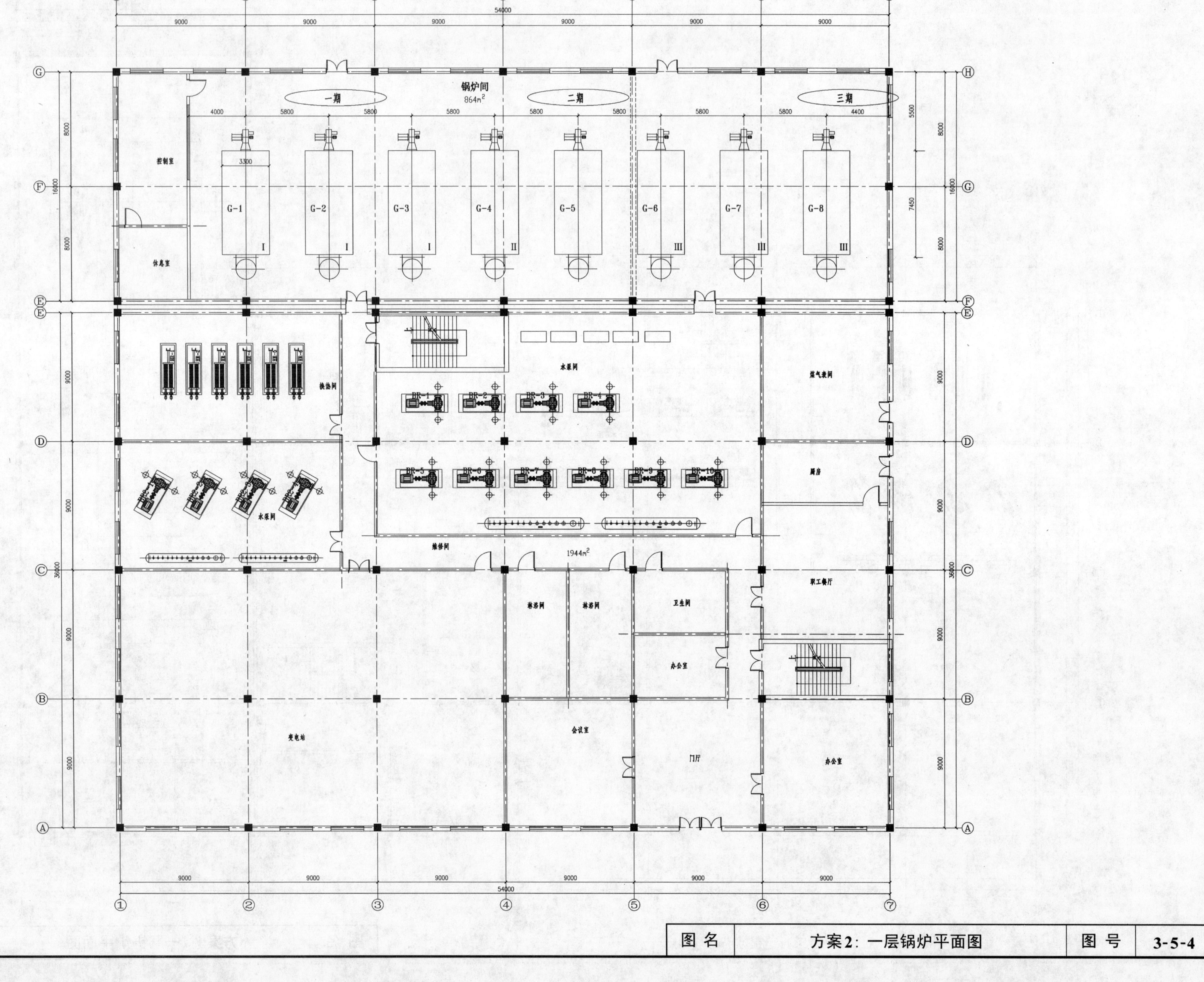

图名 方案2：一层锅炉平面图 图号 3-5-4

图名	枝状管网直接供应布置图	图号	3-5-5

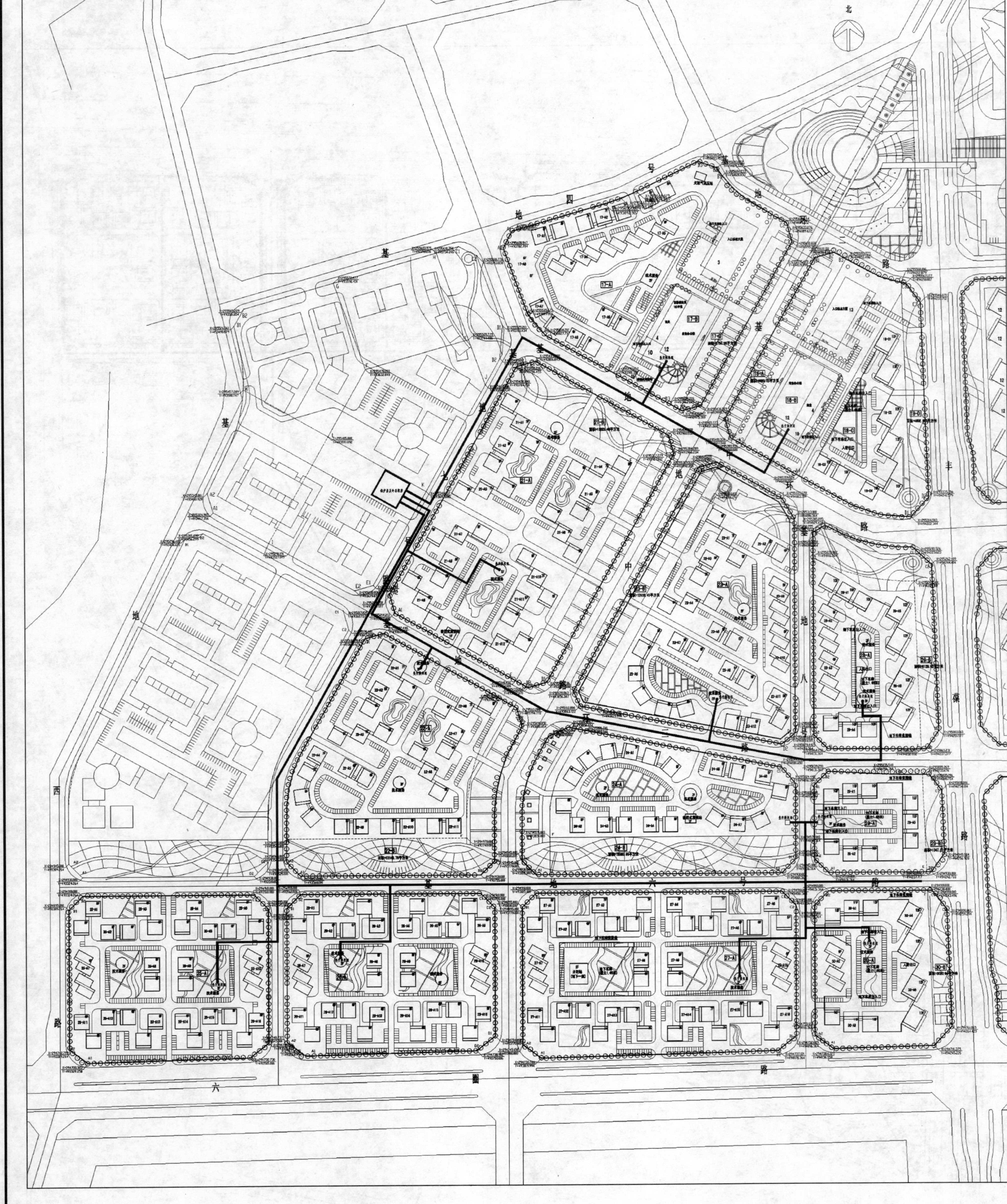

图 名	环状管网间接供应布置图	图 号	3-5-6

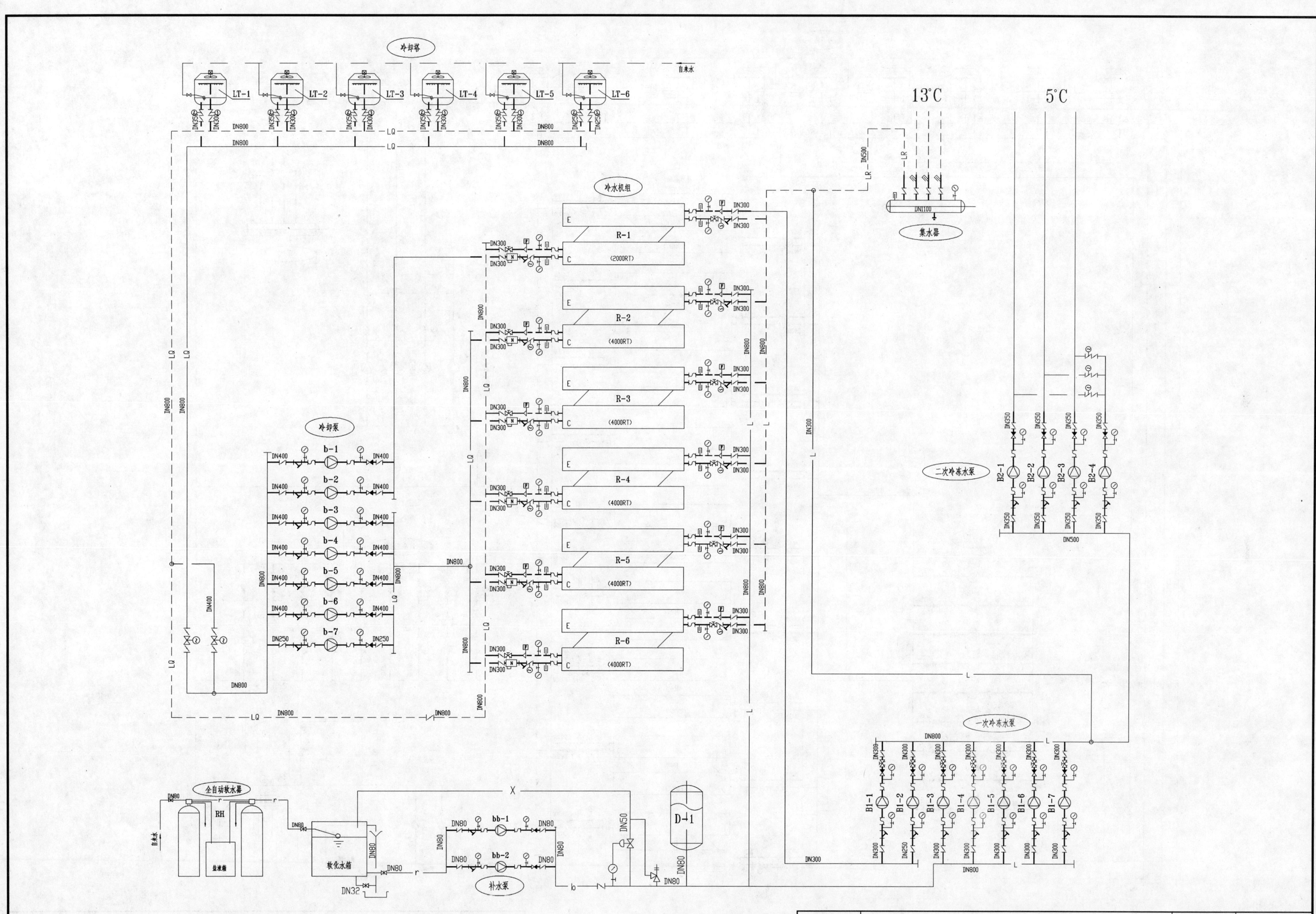

冷却塔
LT-1
LT-2
LT-3
LT-4
LT-5
LT-6
自来水
13°C
5°C
集水器
冷水机组
R-1
(2000RT)
R-2
(4000RT)
R-3
(4000RT)
R-4
(4000RT)
R-5
(4000RT)
R-6
(4000RT)
冷却泵
b-1
b-2
b-3
b-4
b-5
b-6
b-7
二次冷冻水泵
B2-1
B2-2
B2-3
B2-4
一次冷冻水泵
B1-1
B1-2
B1-3
B1-4
B1-5
B1-6
B1-7
全自动软水器
RH
盐液箱
软化水箱
补水泵
bb-1
bb-2
D-1

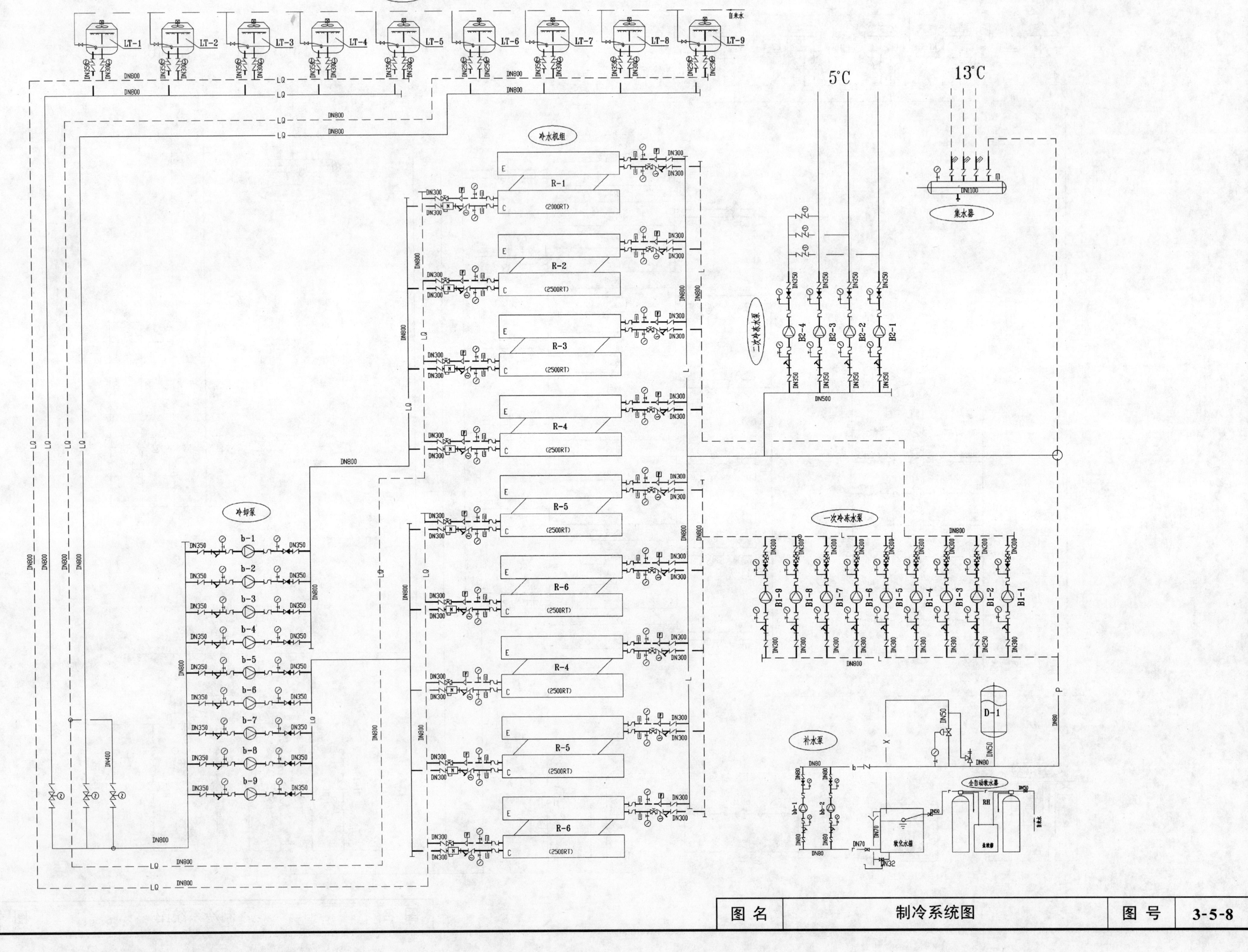

图 名	制冷系统图	图 号	3-5-8

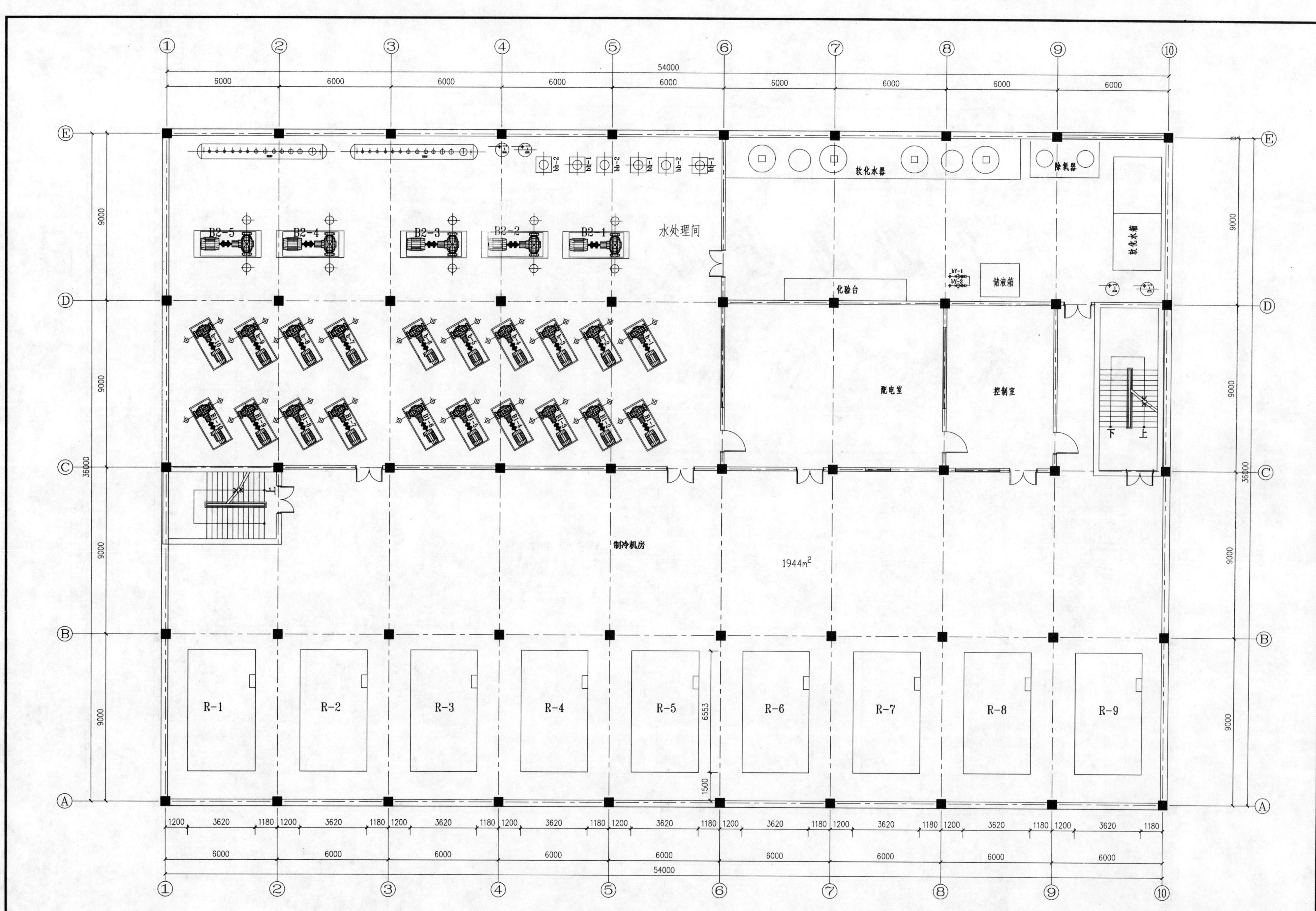

水处理间
软化水器
除氧器
软化水箱
化验台
储液箱
配电室
控制室
制冷机房
1944m²
B2-5
B2-4
B2-3
B2-2
B2-1
R-1
R-2
R-3
R-4
R-5
R-6
R-7
R-8
R-9
54000
6000
36000
9000

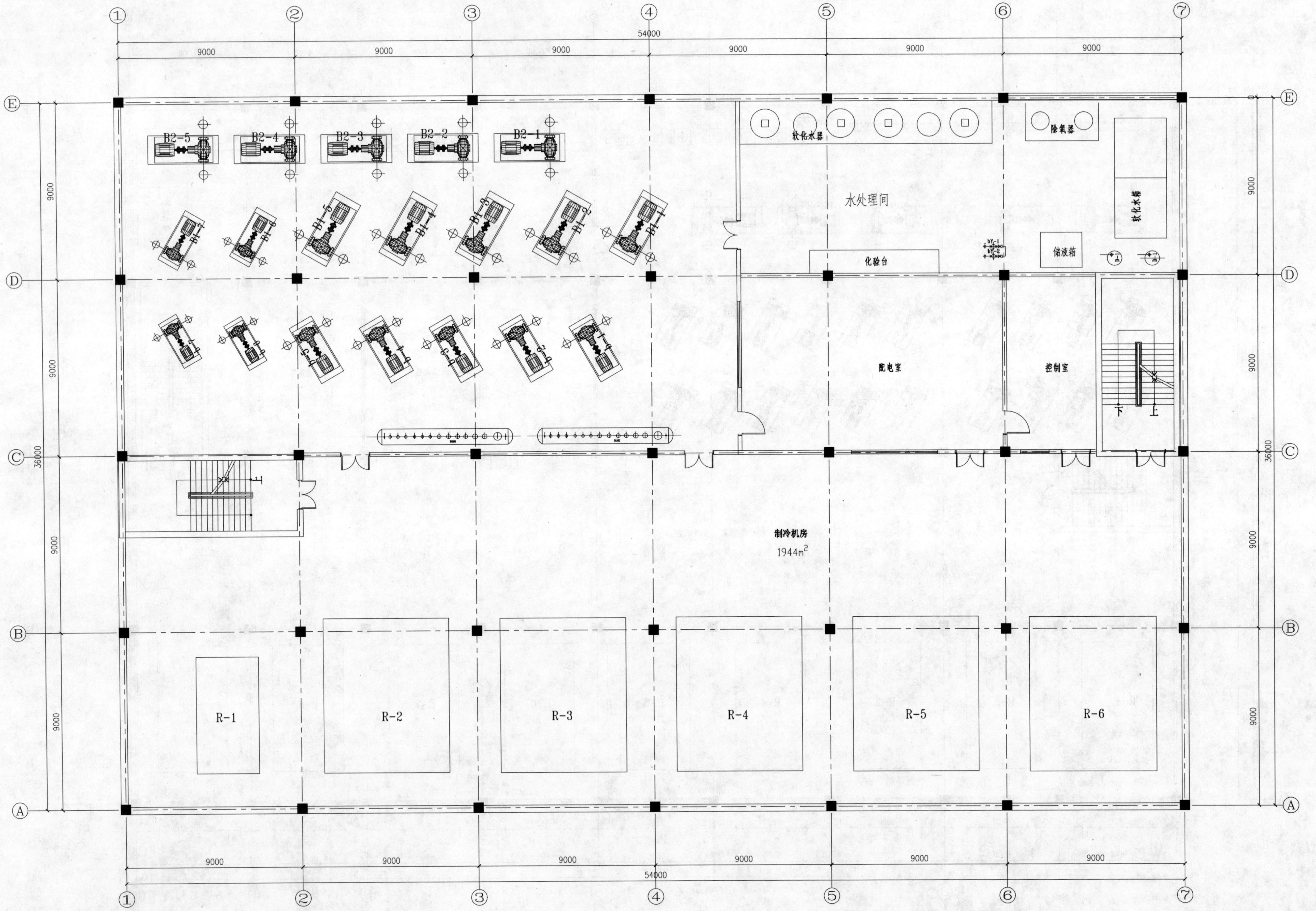

图 名	方案1: 常规制冷地下一层(4000RT+2000RT)	图 号	3-5-10

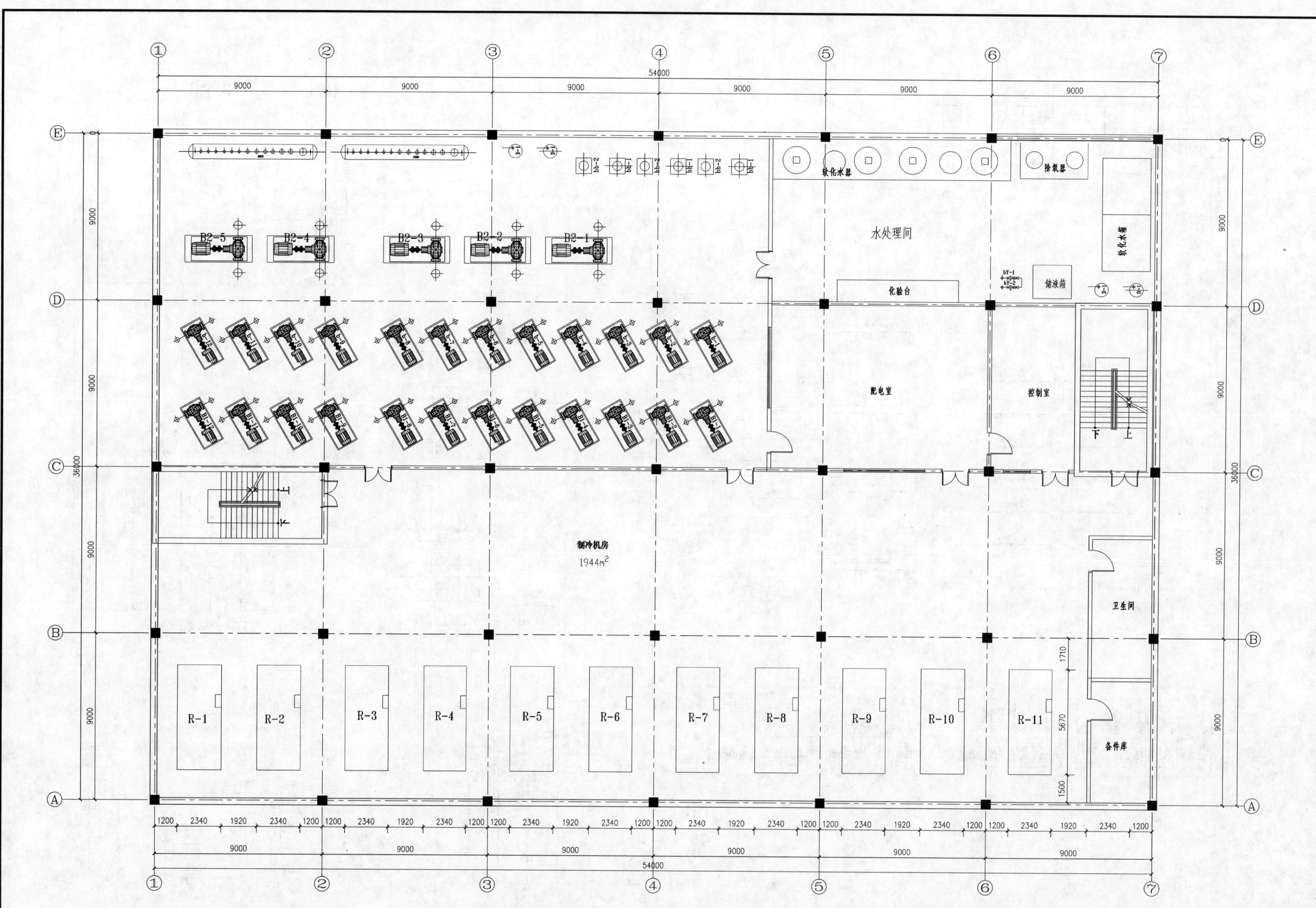

软化水器
除氧器
水处理间
软化水箱
化验台
储液箱
配电室
控制室
制冷机房
1944m²
卫生间
备件库
R-1
R-2
R-3
R-4
R-5
R-6
R-7
R-8
R-9
R-10
R-11
B2-5
B2-4
B2-3
B2-2
B2-1
54000
9000
36000

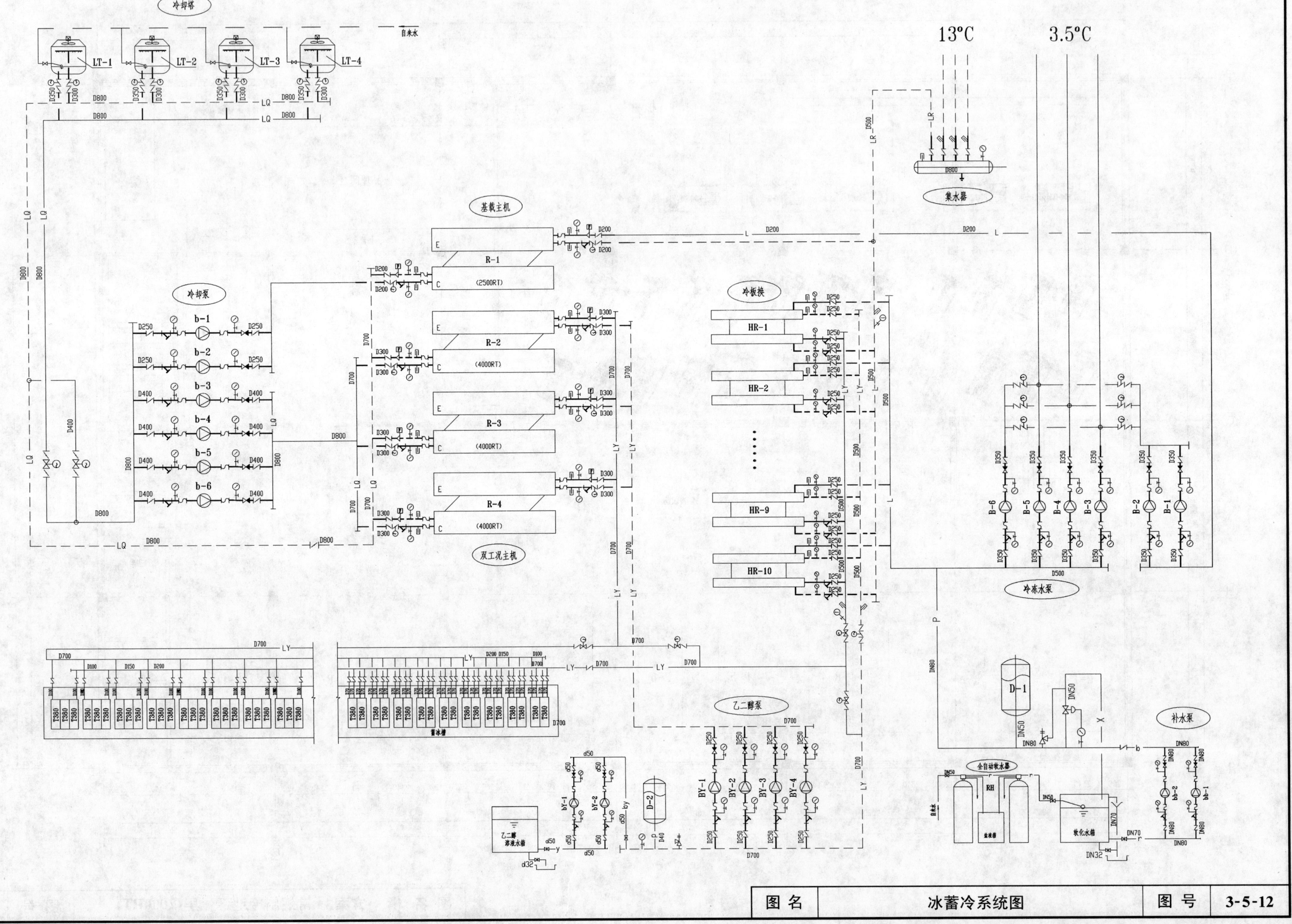
冷却塔
自来水
LT-1
LT-2
LT-3
LT-4
13°C
3.5°C
集水器
基载主机
R-1
(2500RT)
R-2
(4000RT)
R-3
(4000RT)
R-4
(4000RT)
双工况主机
冷却泵
b-1
b-2
b-3
b-4
b-5
b-6
冷板换
HR-1
HR-2
HR-9
HR-10
B-6
B-5
B-4
B-3
B-2
B-1
冷冻水泵
蓄冰槽
乙二醇泵
BY-1
BY-2
BY-3
BY-4
bY-1
bY-2
D-1
D-2
乙二醇
溶液水箱
全自动软水器
RH
盐液箱
软化水箱
补水泵
bb-2
bb-1
图 名
冰蓄冷系统图
图 号
3-5-12

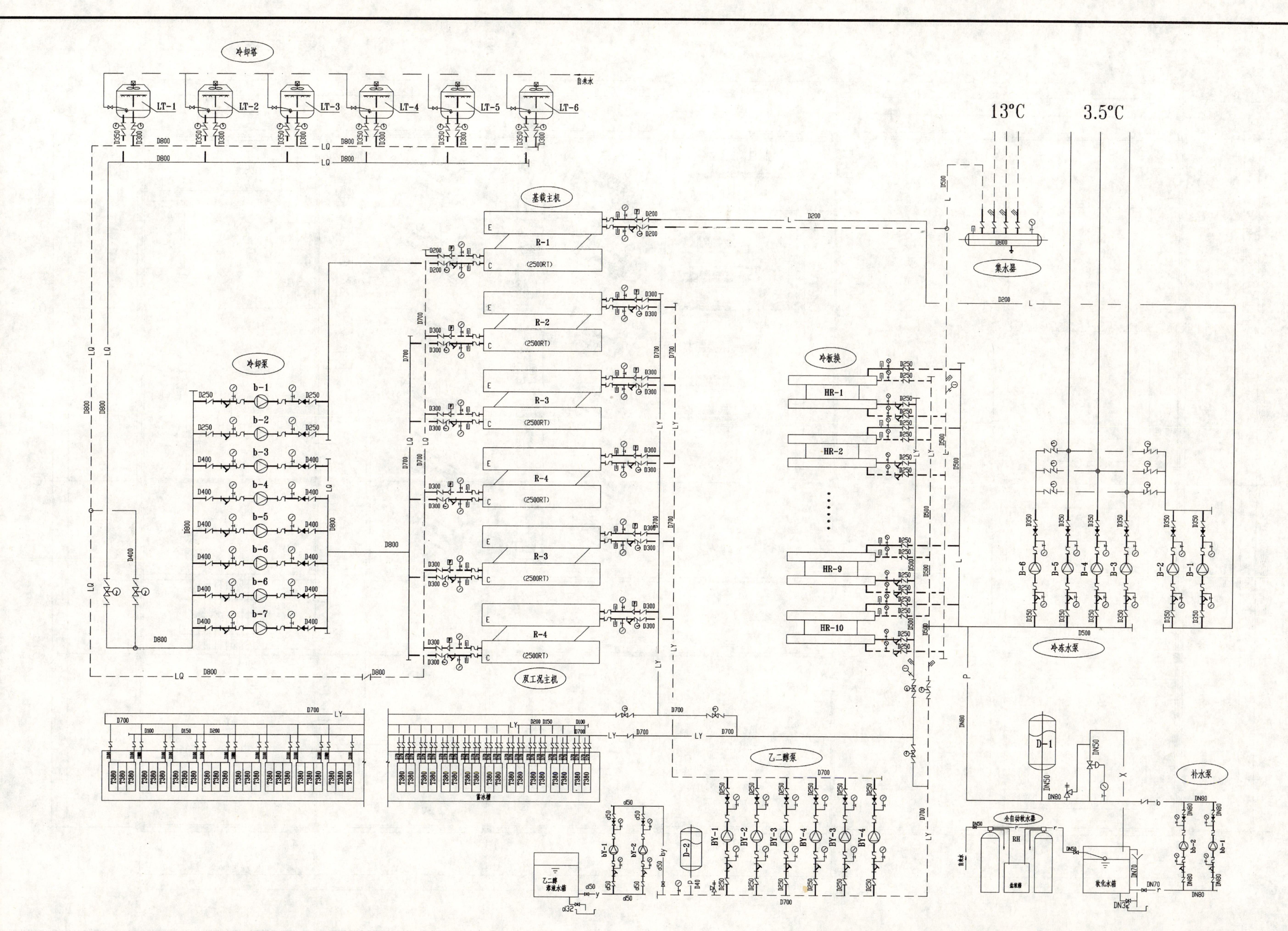

冷却塔
自来水
LT-1
LT-2
LT-3
LT-4
LT-5
LT-6
13°C
3.5°C
基载主机
R-1
(2500RT)
R-2
R-3
R-4
双工况主机
集水器
冷却泵
b-1
b-2
b-3
b-4
b-5
b-6
b-7
冷板换
HR-1
HR-2
HR-9
HR-10
冷冻水泵
B-6
B-5
B-4
B-3
B-2
B-1
蓄冰槽
乙二醇泵
BY-1
BY-2
BY-3
BY-4
乙二醇
膨胀水箱
D-1
D-2
补水泵
bb-1
bb-2
全自动软水器
软化水箱

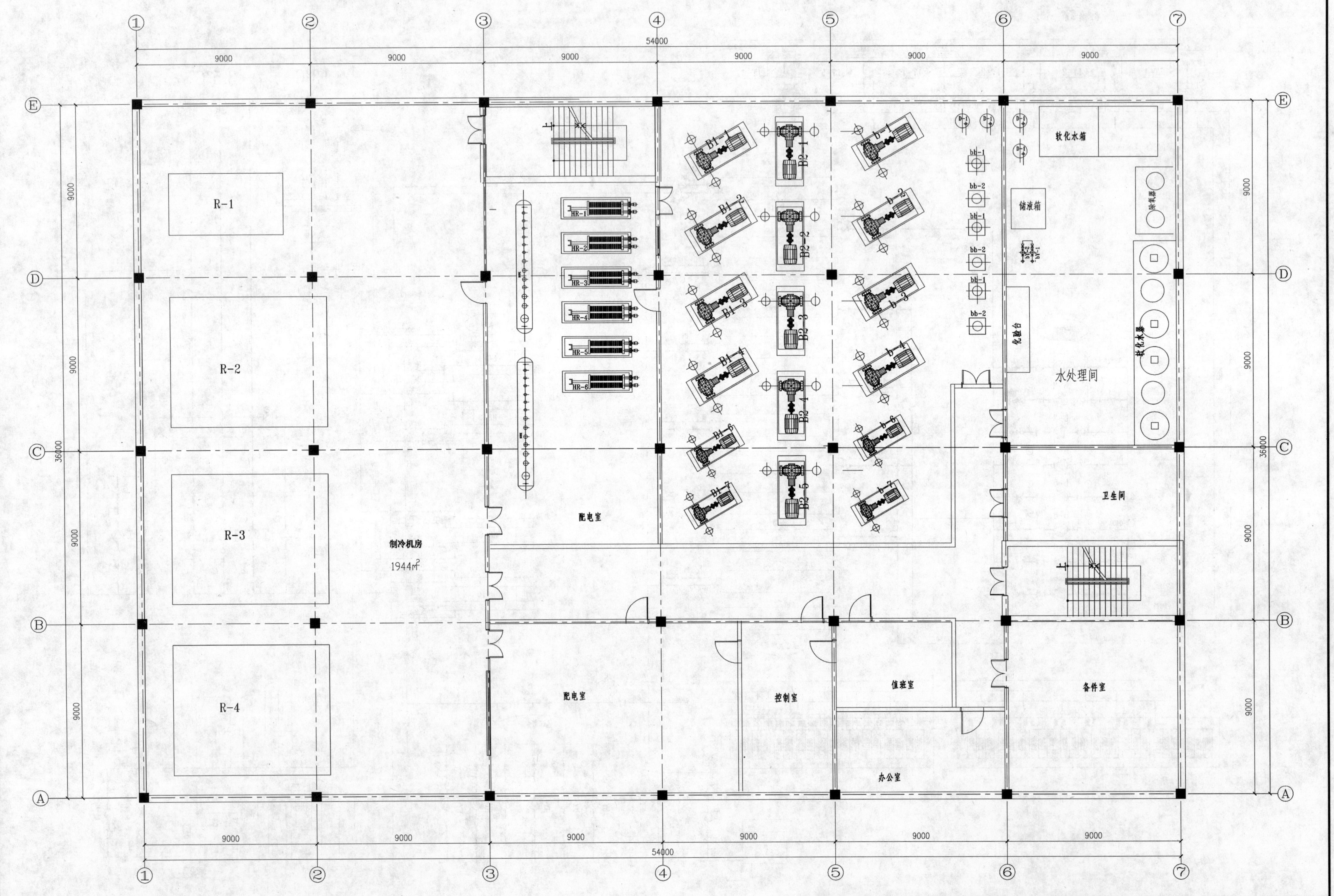

R-1
R-2
R-3
R-4
制冷机房
1944m²
配电室
配电室
控制室
值班室
办公室
备件室
卫生间
水处理间
软化水箱
储液箱
化验台
软化水器

图 名	方案1：冰蓄冷地下一层(4000RT+2500RT)	图 号	3-5-14

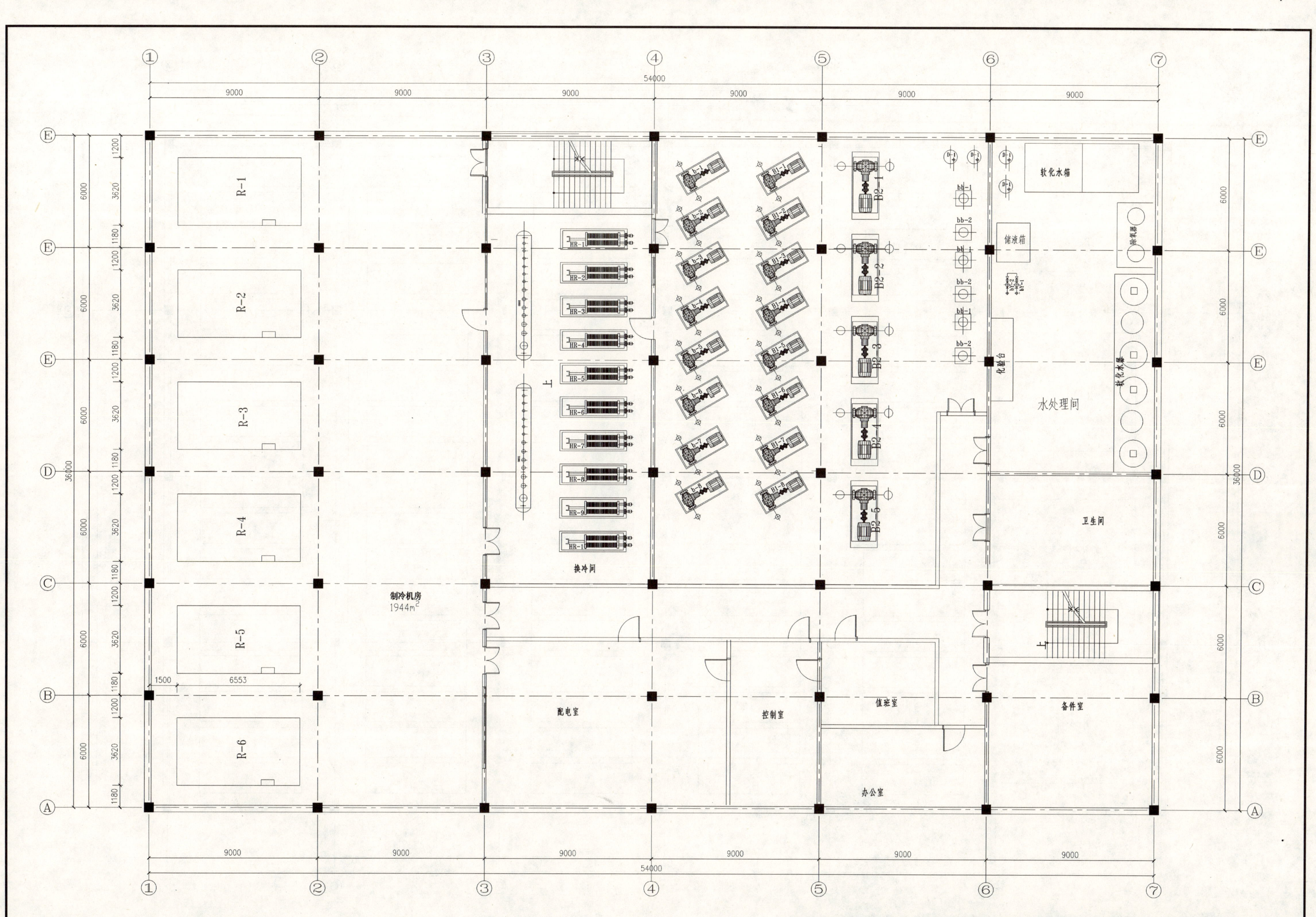
制冷机房
1944m²
换冷间
水处理间
软化水箱
储液箱
化验台
卫生间
配电室
控制室
值班室
备件室
办公室
54000
9000
36000
R-1
R-2
R-3
R-4
R-5
R-6
B2-1
B2-2
B2-3
B2-4
B2-5

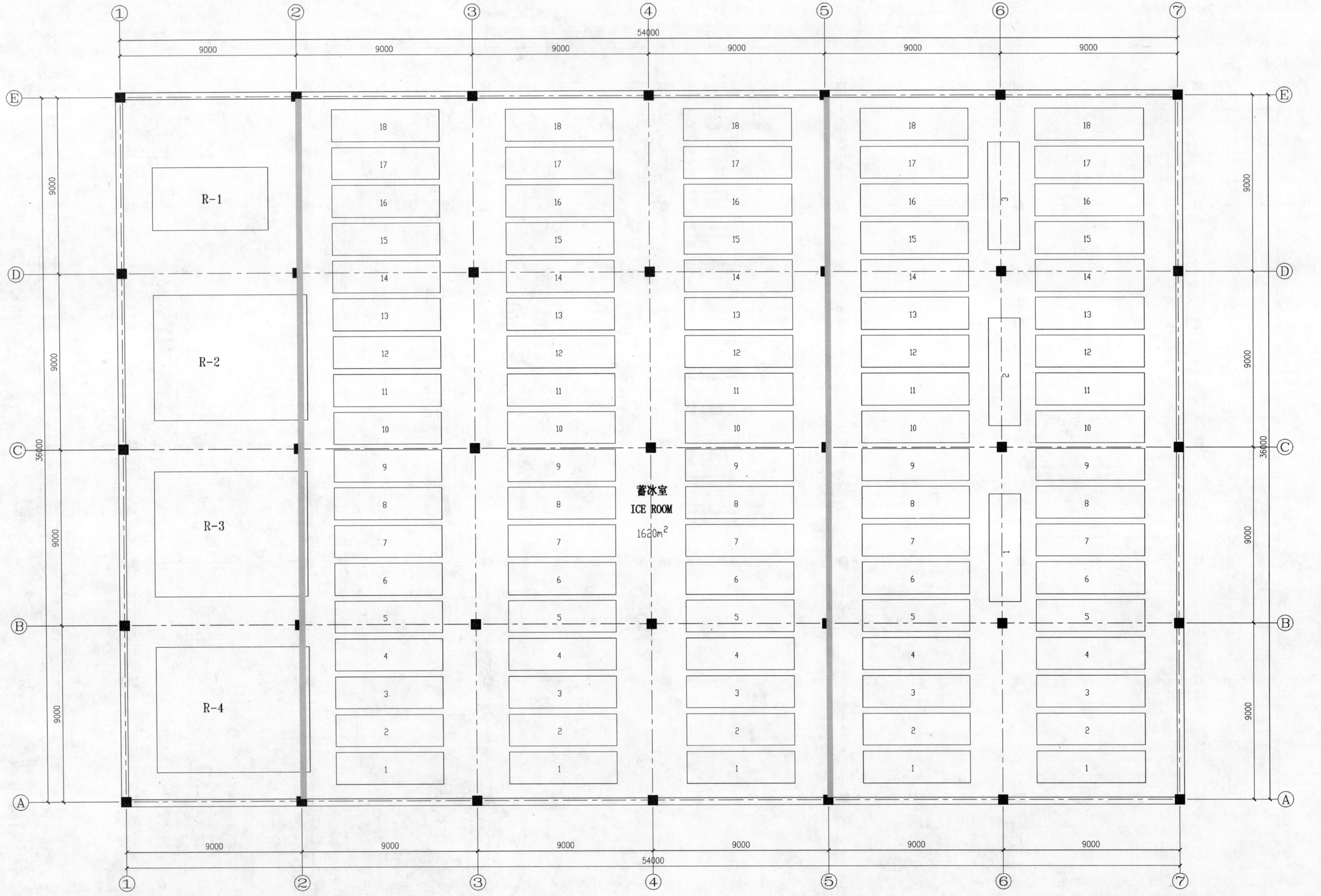

蓄冰室
ICE ROOM
1620m²

R-1
R-2
R-3
R-4

图 名	地下二层蓄冰槽布置平面图	图 号	3-5-16

第四部分　蓄冷空调初步设计

第一章　西直门综合交通枢纽

中国建筑设计研究院　宋孝春

一、工程概述

本工程总用地面积 5.99hm²，南北走向，位于北京市城区西北角，古西直门附近，是通往西北郊区的门户，中关村科技园的“龙头”，总建筑面积 262682.8m²，其地下 8953.5m²，地上177729.3m²。建筑主体高度 100m，地上 24 层，裙房 5 层，地下 3 层。

该工程为一综合性多功能建筑群，裙房 5 层为多用途的大型商业、餐饮中心，坐落在 5 层裙房上的三座高层塔楼将提供大量的现代新型办公空间和“SOHO”办公公寓单元，地段北侧是一座三星级酒店，旅馆的东侧与之相连的部分为城铁指挥中心。地下一层为大型超市，地下二、三层为北京之首的大型对外收费式地下汽车库，局部地下二、三层为两层通高的机电设备机房。

二、制冷设计

本工程采用部分负荷蓄冰系统，制冷主机和蓄冰设备串联方式，且制冷主机为上游设计。

夜间电价低谷时制冰系统将冰蓄满，白天电价高峰时融冰供冷，融冰量通过改变进入冰盘管水量控制，各工况转换通过电动阀门开关切换。

冬季供冷系统，利用室外空气换热之天然冷源降温方式，即冷却水通过制冷系统的冷却塔降温，再经过热交换器换热将冷冻水温度降低的供冷方式。

设计日总冷量 315034kW·h(89593RT·h)，连续空调总冷量 35019kW·h(9959RT·h)，设计日总蓄冰冷量 280011kW·h(79634RT·h)。

设计选用 1 台 450RT 基载主机，全天供应 7/12℃冷冻水；选用 5 台 970RT 双工况主机，夜间制冰，白天供冷。

蓄冰设备选用 76 台 TSC-380M 型冰盘管，安装在钢筋混凝土蓄冰水槽中，总潜热蓄冰冷量 101550 kW·h(28880RT·h)，最大融冰供冷负荷 10155kW(2888RT)，提供 2.2℃低温水。

设计日逐时冷负荷表

时　间	逐时冷负荷（kW）					总冷负荷（RT）
	酒　店	办　公	商　场	餐　厅	合　计	
0：00	934.0				934.0	266
1：00	934.0				934.0	266
2：00	934.0				934.0	266
3：00	1459.4				1459.4	415
4：00	1459.4				1459.4	415
5：00	1459.4				1459.4	415
6：00	2918.8				2918.8	830
7：00	3444.2	2204.1			5648.3	1606

续表

时　间	逐时冷负荷（kW）					总冷负荷（RT）
	酒　店	办　公	商　场	餐　厅	合　计	
8：00	3911.2	3057.3	5368.1	1030.0	13366.6	3801
9：00	3911.2	4977.1	6710.1	1211.7	16810.1	4781
10：00	4378.2	6328.0	10199.3	1635.8	22541.3	6411
11：00	4903.6	6470.2	10736.1	2181.1	24291.0	6908
12：00	5253.8	6114.7	11809.7	2756.7	25934.9	7376
13：00	5837.6	6114.7	12615.0	3029.3	27596.5	7848
14：00	5837.6	6328.0	12883.4	2968.7	28017.7	7968
15：00	5370.6	7110.1	13420.1	2605.2	28506.0	8107
16：00	4903.6	7110.1	12883.3	2181.1	27078.1	7701
17：00	4903.6	6399.1	11407.1	1878.2	24587.9	6993
18：00	4319.8	4052.8	10736.1	1847.9	20956.5	5960
19：00	4319.8		8588.9	1969.0	14877.7	4231
20：00	2918.8		6710.1	2090.2	11719.1	3333
21：00	2918.8		5368.0	1847.9	10134.7	2882
22：00	1926.4				1926.4	548
23：00	934.0				934.0	266
合　计	80092	66266	139435	29233	315025.8	89591

设计日逐时冷负荷图

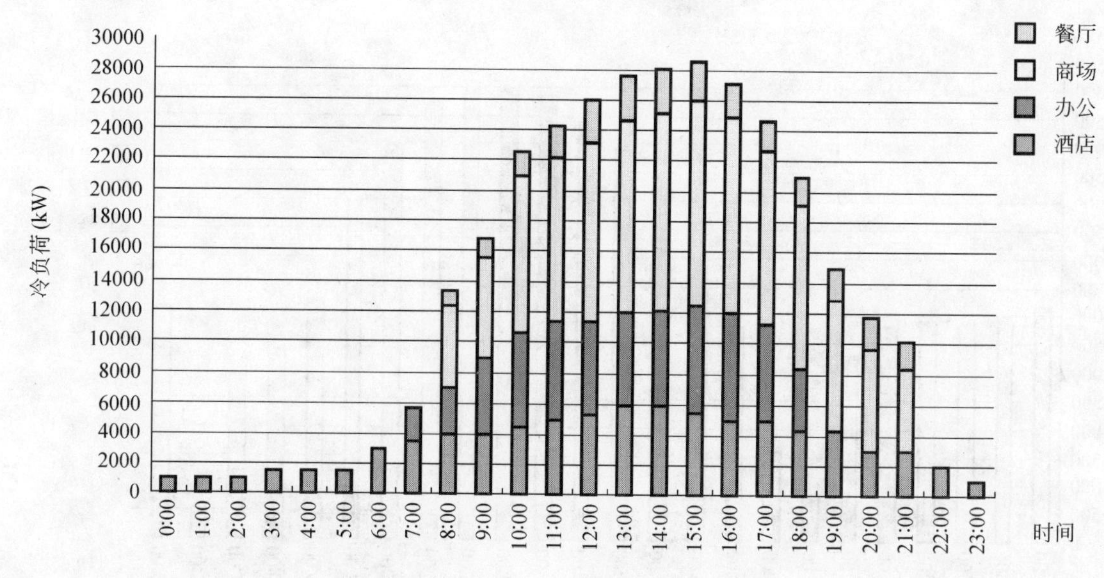

设计日负荷平衡表

时　　间	总冷负荷（RT）	制冷机制冷量（RT）			蓄冰槽（RT）		取　冷　率（%）
		基载主机	主机制冰	主机制冷	储冰量	融冰量	
0：00	266	266	3880		11814		
1：00	266	266	3700		15512		
2：00	266	266	3600		19110		
3：00	415	415	3500		22608		
4：00	415	415	3400		26006		
5：00	415	415	2876		28880		
6：00	830	450		380	28878		
7：00	1606	450		1156	28878		
8：00	3801	450		1940	27465	1411	4.89
9：00	4781	450		1940	25072	2391	8.28
10：00	6411	450		3880	22989	2081	7.21
11：00	6908	450		4850	21379	1608	5.57
12：00	7376	450		4850	19301	2076	7.19
13：00	7848	450		4850	16751	2548	8.82
14：00	7968	450		4850	14081	2668	9.24
15：00	8107	450		4850	11272	2807	9.72
16：00	7701	450		4850	8869	2401	8.31
17：00	6993	450		4850	7174	1693	5.86
18：00	5960	450		4850	6512	660	2.29
19：00	4231	450		2910	5639	871	3.02
20：00	3333	450		1940	4694	943	3.27
21：00	2882	450		1940	4200	492	1.70
22：00	548	450			4100	98	0.34
23：00	266	266	3838		7936		
合　　计	89593	9959	24794	54886		24748	85.69

设计日冷负荷平衡图

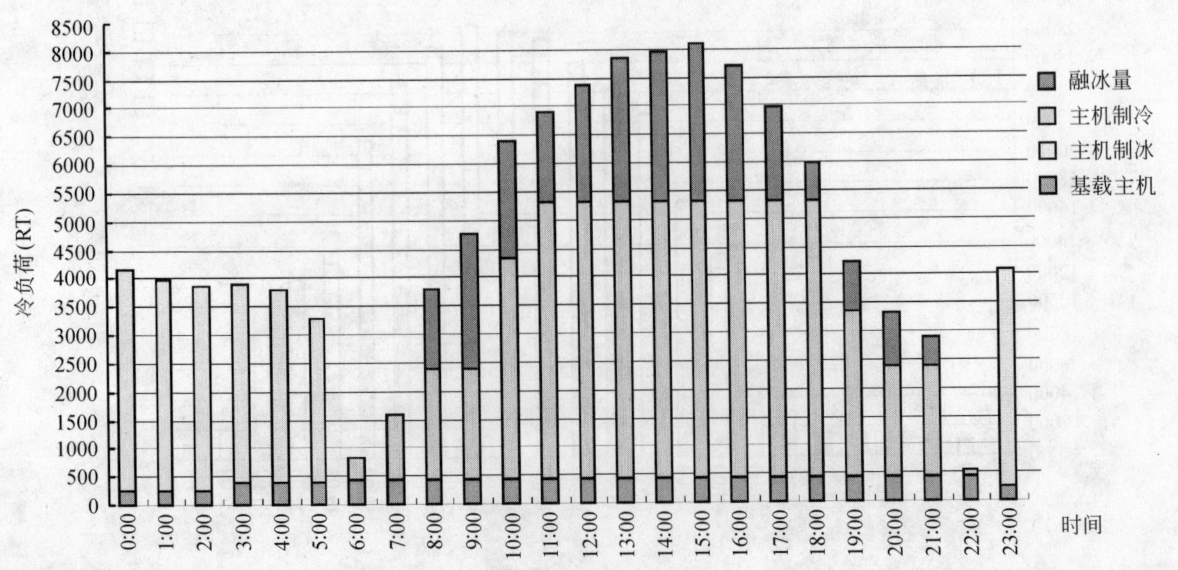

乙二醇泵、冷却泵、基载冷冻泵定流量运行，冷冻泵及冬季用冷却泵变频运行。

乙二醇系统采用补水泵加密闭隔膜式膨胀水罐定压方式，冷冻水采用开式膨胀水箱定压方式。

另外裙房与塔楼分设两个冷冻水系统，其中裙房供回水温度为 4/12℃，塔楼（办公、公寓 SOHO、酒店）供回水温度为 7/12℃。

三、供热设计

本工程采用城市热网集中供热，热交换站设在地下二层，由甲方另行委托热力专业设计院设计，我院配合。

空调总供热量为 20876.2kW，空调用热媒为 65/55℃，冬夏季手动切换，采用开式膨胀水箱定压方式（冬夏共用）。

四、空调设计

1. 空调水系统

本工程酒店为两管制变水量系统，办公楼、公寓楼为四管制变水量系统；裙房为风机盘管与空调机组分开设置的两管制变水量系统，其中风机盘管为夏季供冷，冬季供热，全空气空调机组全年供冷。

2. 空调风系统

空调设计以竖向分层、横向按防火分区设置空调系统为原则，同时根据建筑使用功能，本工程主要采用全空气空调系统和风机盘管加新风系统，且裙房部分全空气空调系统采用低温送风方式，送风温度为 10℃。

五、经济指标

蓄冷空调系统年节省电费 137.5 万元；设计日移高峰电量 8052kW·h，移平峰电量 14221kW·h。

六、制冷主要设备表

序号	系统标号	设备名称	主要性能	单位	数量	备注
1	R-1	基载 螺杆式冷水机组 WCFX51B	制冷量 1582kW（450RT），电量 318kW，380V/50Hz，冷冻水 7/12℃，272m³/h，冷却水 32/37℃，396m³/h， 设备承压 1.6MPa	台	1	
2	R-2～6	双工况 螺杆式冷水机组 WCDX128	制冷工况制冷量：3411kW（970RT）；乙烯乙二醇：8.7/4.4℃，620m³/h；冷却水：32/37℃，735m³/h 制冰工况制冷量：2377kW（676RT）；乙烯乙二醇：－5.6/－2.8℃，670m³/h；冷却水：30/33.4℃，735m³/h 电机功率 660kW，380V/50Hz，设备承压 1.0MPa	台	5	
3		蓄冰盘管 TSC-380M	潜热储冷量 380RT·h 设备承压 1.0MPa	组	76	
4	HR-4～7	板式换热器（低温） MX25	换热量 4808kW，换热面积 530m² 一次侧乙二醇温度：2.2/8.7℃ 二次侧冷冻水温度：4/12℃ 设备承压 1.6MPa，水阻力≤90kPa	台	4	
5	HR-1～3	板式换热器（常温） MX25	换热量 4360kW，换热面积 300m² 一次侧乙二醇温度：2.2/8.7℃ 二次侧冷冻水温度：7/12℃ 设备承压 1.6MPa，水阻力≤90kPa	台	3	

续表

序号	系统标号	设备名称	主要性能	单位	数量	备注
6	HR-8	板式换热器 （天然冷源） MX25	换热量 5471kW，换热面积 720m² 一次侧冷却水温度：5/10℃ 二次侧冷却水温度：6/13℃ 设备承压 1.6MPa，水阻力≤90kPa	台	1	
7	HR-9	板式换热器 （天然冷源） MX25	换热量 3884kW，换热面积 420m² 一次侧冷却水温度：5/10℃ 二次侧冷却水温度：7/12℃ 设备承压 1.6MPa，水阻力≤90kPa	台	1	
8	LT-1～3	冷却塔 BAC-33935	$A=850\text{m}^3$，$N=37\text{kW}$	台	3	夏季运行
9	LT-4，5	冷却塔 FXV-288-100×2	$Q=850\text{m}^3/\text{h}$ $N_1=45\times2\text{kW}$，$N_2=27.5\times2\text{kW}$	台	2	全年运行
10	LT-6	FXV-288-1QN	$Q=400\text{m}^3/\text{h}$ $N_1=38\text{kW}$，$N_2=27.5\text{kW}$	台	1	全年运行
11	b-1～6	冷却水泵 Norma 250-350/E	$Q=850\text{m}^3/\text{h}$，$H=35\text{m}$ $N=110\text{kW}$	台	6	变频
12	b-7	冷却水泵 Norma150-315.2f	$Q=400\text{m}^3/\text{h}$，$H=35\text{m}$ $N=55\text{kW}$	台	1	变频
13	BY-1～6	乙二醇泵 29-8015-3/4	$L=850\text{m}^3/\text{h}$，$H=26\text{m}$，$N=75\text{kW}$， $n=1450\text{r/min}$，设备承压 1.0MPa	台	6	（双吸）
14	B-1	基载冷冻泵 11-60.5-7	$L=325\text{m}^3/\text{h}$，$H=32\text{m}$，$N=45\text{kW}$， $n=1450\text{r/min}$，设备承压 1.6MPa	台	1	（端吸）
15	B-2～5	常温冷冻泵 29-8015-3/4	$L=680\text{m}^3/\text{h}$，$H=32\text{m}$，$N=75\text{kW}$， $n=1450\text{r/min}$，设备承压 1.6MPa	台	4	双吸变频
16	B-6～9	低温冷冻泵 29-8015-3/4	$L=630\text{m}^3/\text{h}$，$H=32\text{m}$，$N=75\text{kW}$， $n=1450\text{r/min}$，设备承压 1.6MPa	台	4	双吸变频
17	B-10～11	冷水循环泵 29-8015-3/4	$L=620\text{m}^3/\text{h}$，$H=32\text{m}$，$N=75\text{kW}$， $n=1450\text{r/min}$，设备承压 1.6MPa	台	2	变频
18	bY-1，2	乙醇补水泵 VM120-4	$L=20\text{m}^3/\text{h}$，$H=50\text{m}$，$N=5.5\text{kW}$， $n=2900\text{r/min}$，设备承压 1.0MPa	台	2	（立式）
19	bb-1～6	冷水补水泵 VM120-11	$L=26\text{m}^3/\text{h}$，$H=131\text{m}$，$N=15\text{kW}$， $n=2900\text{r/min}$，设备承压 1.6MPa	台	6	（立式）
20		组合式软水器 CSR-V	$G=10\sim20\text{t/h}$，$N=0.75\text{kW}$	台	1	
21		软化水箱	$V=5\text{m}^3$，2400×1600×1500	个	1	
22		膨胀水箱	$V=2.3\text{m}^3$，1800×1200×1200	个	2	
23		乙二醇储液箱	$V=2.3\text{m}^3$，1800×1200×1200	个	1	
24		隔膜式膨胀罐	PN600×1.0，$V=0.321\text{m}^3$，$D=600\text{mm}$	个	1	
25		空调自控	DDC 空调自控系统及电动阀执行器	套	1	
26		自动排气阀	ZP88-1	个	略	
27		蝶　阀	$DN\geqslant50$	个	略	

负荷（80%）平衡表

时间	总冷负荷（RT）	制冷机制冷量（RT）			蓄冰槽（RT）		取冷率（%）
		基载主机	主机制冰	主机制冷	储冰量	融冰量	
0：00	213	213	3880		11886		
1：00	213	213	3700		15584		
2：00	213	213	3600		19182		
3：00	332	332	3500		22680		
4：00	332	332	3400		26078		
5：00	332	332	2804		28880		
6：00	664	450		214	28878		
7：00	1285	450		835	28878		
8：00	3041	450		970	27255	1621	5.61
9：00	3825	450		970	24848	2405	8.33
10：00	5129	450		1940	22108	2739	9.48
11：00	5526	450		2910	19939	2166	7.50
12：00	5901	450		3880	18366	1571	5.44
13：00	6278	450		4850	17386	978	3.39
14：00	6374	450		4850	16310	1074	3.72
15：00	6486	450		4850	15122	1186	4.11
16：00	6161	450		4850	14259	861	2.98
17：00	5594	450		3880	12993	1264	4.38
18：00	4768	450		1940	10613	2378	8.23
19：00	3385	450		970	8646	1965	6.80
20：00	2666	450		0	6428	2216	7.67
21：00	2306	450		0	4570	1856	6.43
22：00	438	0			4130	438	1.52
23：00	213	213	3880		8008		
合　计	71674	9047	24764	37909		24718	85.59

冷负荷（80%）平衡图

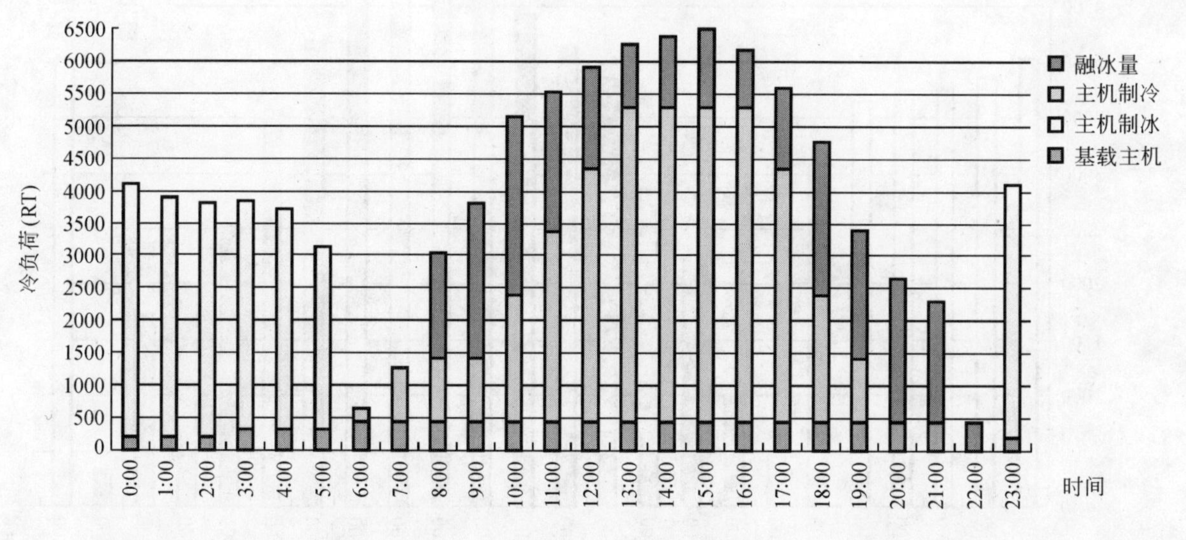

负荷(60%)平衡表

时　间	总冷负荷(RT)	制冷机制冷量(RT)			蓄冰槽(RT)		取冷率(%)
		基载主机	主机制冰	主机制冷	储冰量	融冰量	
0：00	160	160	3880		11852		
1：00	160	160	3700		15550		
2：00	160	160	3600		19148		
3：00	249	249	3500		22646		
4：00	249	249	3400		26044		
5：00	249	249	2838		28880		
6：00	498	450		0	28364	48	
7：00	964	450		0	28364	514	
8：00	2281	450		0	26532	1831	6.36
9：00	2869	450		0	24111	2419	8.40
10：00	3847	450		970	21683	2427	8.43
11：00	4145	450		1940	19926	1755	6.09
12：00	4426	450		2910	18858	1066	3.70
13：00	4709	450		2910	17507	1349	4.68
14：00	4781	450		2910	16085	1421	4.93
15：00	4864	450		2910	14578	1504	5.22
16：00	4621	450		2910	13316	1261	4.38
17：00	4196	450		1940	11508	1806	6.27
18：00	3576	450		970	9350	2156	7.49
19：00	2539	450		0	7259	2089	7.25
20：00	2000	450		0	5708	1550	5.38
21：00	1729	450		0	4426	1279	4.44
22：00	329	0			4096	329	1.14
23：00	160	160	3880		7974		
合　计	53756	8585	24798	20370		24800	84.16

冷负荷(60%)平衡图

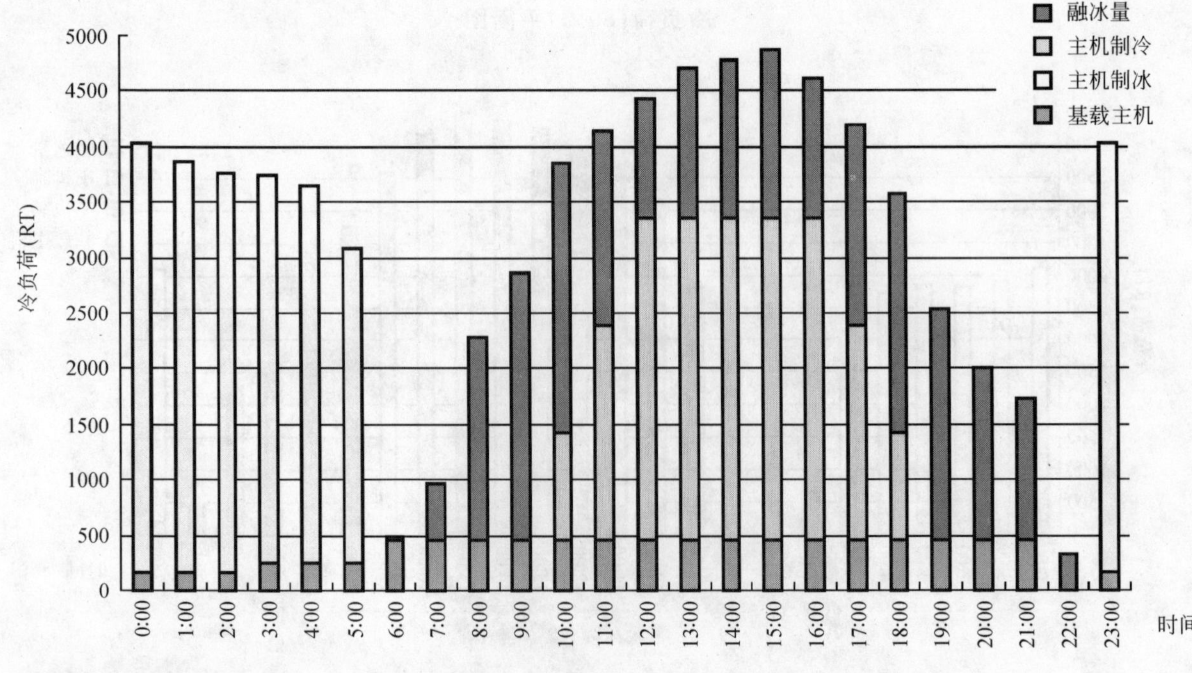

设计日节电费统计表

时　间	总冷负荷(RT)	制冷机制冷量　(RT)			蓄冰槽　(RT)		节省电费(元)
		基载主机	主机制冰	主机制冷	储冰量	融冰量	
0：00	266	266	3880		11814		1451.1
1：00	266	266	3700		15512		1383.8
2：00	266	266	3600		19110		1346.4
3：00	415	415	3500		22608		1309.0
4：00	415	415	3400		26006		1271.6
5：00	415	415	2876		28880		1075.6
6：00	830	450		380	28878		0.0
7：00	1606	450		1156	28878		0.0
8：00	3801	450		1940	27465	1411	−1210.2
9：00	4781	450		1940	25072	2391	−2050.8
10：00	6411	450		3880	22989	2081	−1784.9
11：00	6908	450		4850	21379	1608	−1379.2
12：00	7376	450		4850	19301	2076	−1126.6
13：00	7848	450		4850	16751	2548	−1382.8
14：00	7968	450		4850	14081	2668	−1447.9
15：00	8107	450		4850	11272	2807	−1523.4
16：00	7701	450		4850	8869	2401	−1303.0
17：00	6993	450		4850	7174	1693	−918.8
18：00	5960	450		4850	6512	660	−566.1
19：00	4231	450		2910	5639	871	−747.1
20：00	3333	450		1940	4694	943	−808.8
21：00	2882	450		1940	4200	492	−422.0
22：00	548	450			4100	98	−84.1
23：00	266	266	3838		7936		1435.4
合　计	89593	9959	24794	54886		24748	−7482.6
日移高峰电量＝8052.3kW·h				日移平峰电量＝14220.9kW·h			

每年节省电费＝1375152(元)

注：1. 全年空调运行时间按 150 天计；
2. 设计日运行 20 天；
3. 80%负荷运行 60 天；
4. 60%负荷运行 70 天。

80%负荷节电费统计表

时间	总冷负荷(RT)	制冷机制冷量 (RT)			蓄冰槽 (RT)		节省电费(元)
		基载主机	主机制冰	主机制冷	储冰量	融冰量	
0:00	213	213	3880		11886		1451.1
1:00	213	213	3700		15584		1383.8
2:00	213	213	3600		19182		1346.4
3:00	332	332	3500		22680		1309.0
4:00	332	332	3400		26078		1271.6
5:00	332	332	2804		28880		1048.8
6:00	664	450		214	28878		0.0
7:00	1285	450		835	28878		0.0
8:00	3041	450		970	27255	1621	−1390.2
9:00	3825	450		970	24848	2405	−2062.6
10:00	5129	450		1940	22108	2739	−2349.1
11:00	5526	450		2910	19939	2166	−1858.1
12:00	5901	450		3880	18366	1571	−852.5
13:00	6278	450		4850	17386	978	−531.0
14:00	6374	450		4850	16310	1074	−583.1
15:00	6486	450		4850	15122	1186	−643.4
16:00	6161	450		4850	14259	861	−467.2
17:00	5594	450		3880	12993	1264	−686.2
18:00	4768	450		1940	10613	2378	−2039.6
19:00	3385	450		970	8646	1965	−1685.2
20:00	2666	450		0	6428	2216	−1901.0
21:00	2306	450		0	4570	1856	−1591.5
22:00	438	0			4130	438	−376.0
23:00	213	213	3880		8008		1451.1
合计	71674	9047	24764	37909		24718	−9754.8
日移高峰电量=14055.8kW·h				日移平峰电量=8190.7kW·h			

60%负荷节电费统计表

时间	总冷负荷(RT)	制冷机制冷量 (RT)			蓄冰槽 (RT)		节省电费(元)
		基载主机	主机制冰	主机制冷	储冰量	融冰量	
0:00	160	160	3880		11852		1451.1
1:00	160	160	3700		15550		1383.8
2:00	160	160	3600		19148		1346.4
3:00	249	249	3500		22646		1309.0
4:00	249	249	3400		26044		1271.6
5:00	249	249	2838		28880		1061.6
6:00	498	450		0	28364	48	0.0
7:00	964	450		0	28364	514	−278.7
8:00	2281	450		0	26532	1831	−1570.1
9:00	2869	450		0	24111	2419	−2074.4
10:00	3847	450		970	21683	2427	−2081.3
11:00	4145	450		1940	19926	1755	−1505.1
12:00	4426	450		2910	18858	1066	−578.3
13:00	4709	450		2910	17507	1349	−732.0
14:00	4781	450		2910	16085	1421	−771.1
15:00	4864	450		2910	14578	1504	−816.3
16:00	4621	450		2910	13316	1261	−684.1
17:00	4196	450		1940	11508	1806	−980.0
18:00	3576	450		970	9350	2156	−1849.2
19:00	2539	450		0	7259	2089	−1791.4
20:00	2000	450		0	5708	1550	−1329.3
21:00	1729	450		0	4426	1279	−1097.2
22:00	329	0			4096	329	−282.0
23:00	160	160	3880		7974		1451.1
合计	53756	8585	24798	20370		24800	−9145.9
日移高峰电量=12670.4kW·h				日移平峰电量=9606.8kW·h			

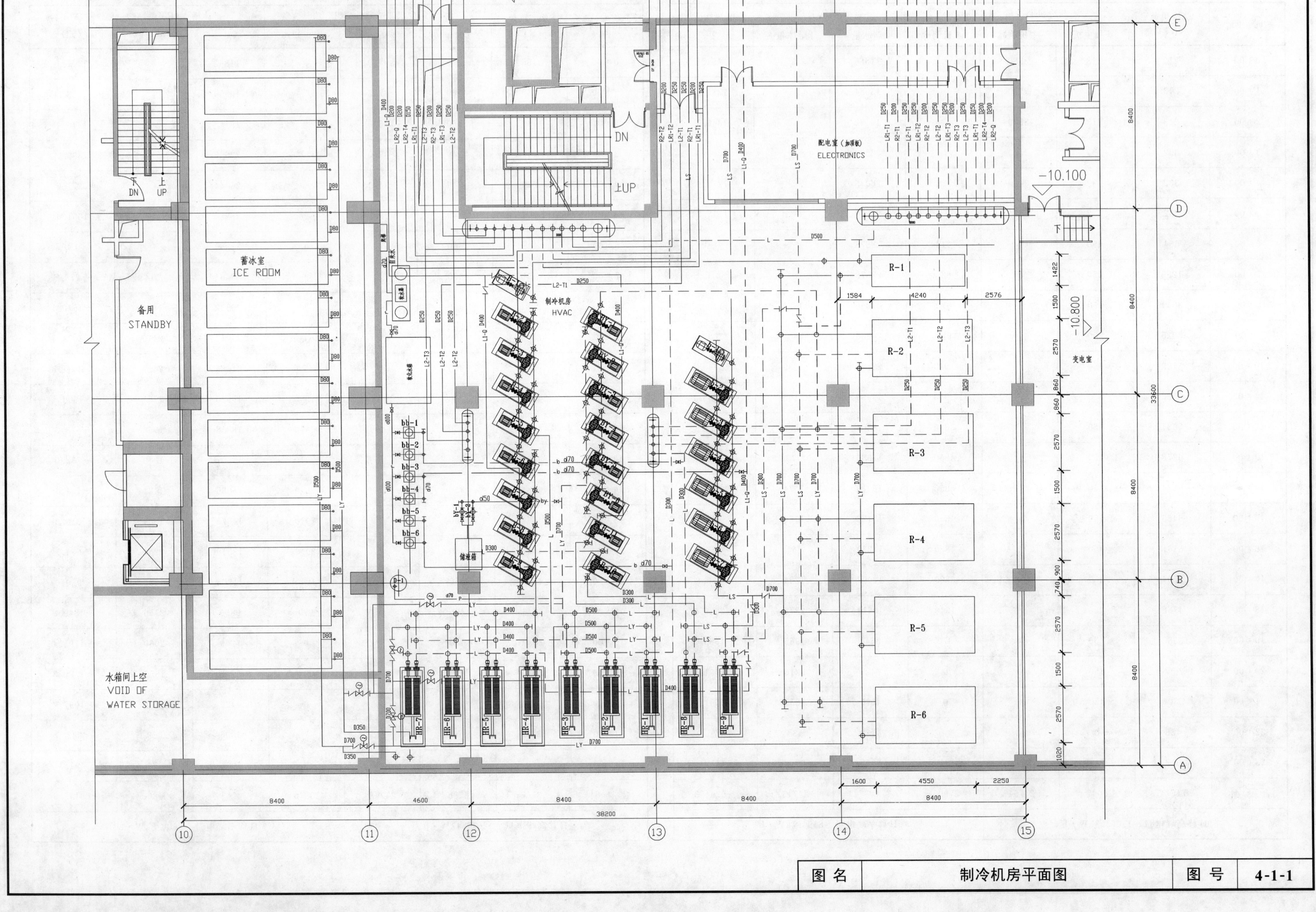
蓄冰室
ICE ROOM
备用
STANDBY
水箱间上空
VOID OF
WATER STORAGE
制冷机房
HVAC
配电室（加顶板）
ELECTRONICS
变电室
DN
UP
−10.100
−10.800
R-1
R-2
R-3
R-4
R-5
R-6
bb-1
bb-2
bb-3
bb-4
bb-5
bb-6
8400
4600
8400
8400
8400
38200
1600
4550
2250
33600
图名
制冷机房平面图
图号
4-1-1

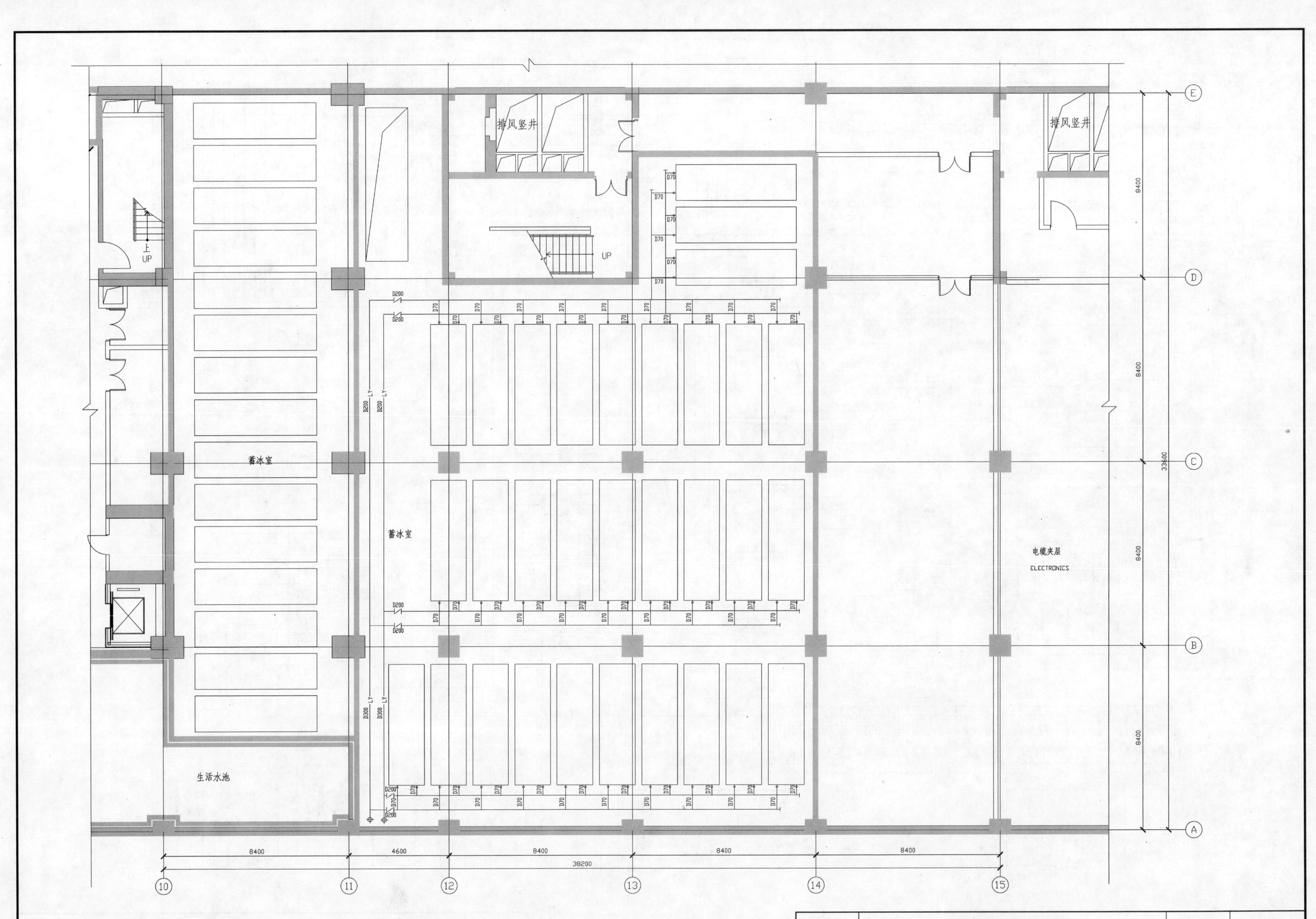
排风竖井
排风竖井
UP
上
UP
蓄冰室
蓄冰室
生活水池
电缆夹层
ELECTRONICS
8400
4600
8400
8400
8400
38200
33600
10
11
12
13
14
15
A
B
C
D
E

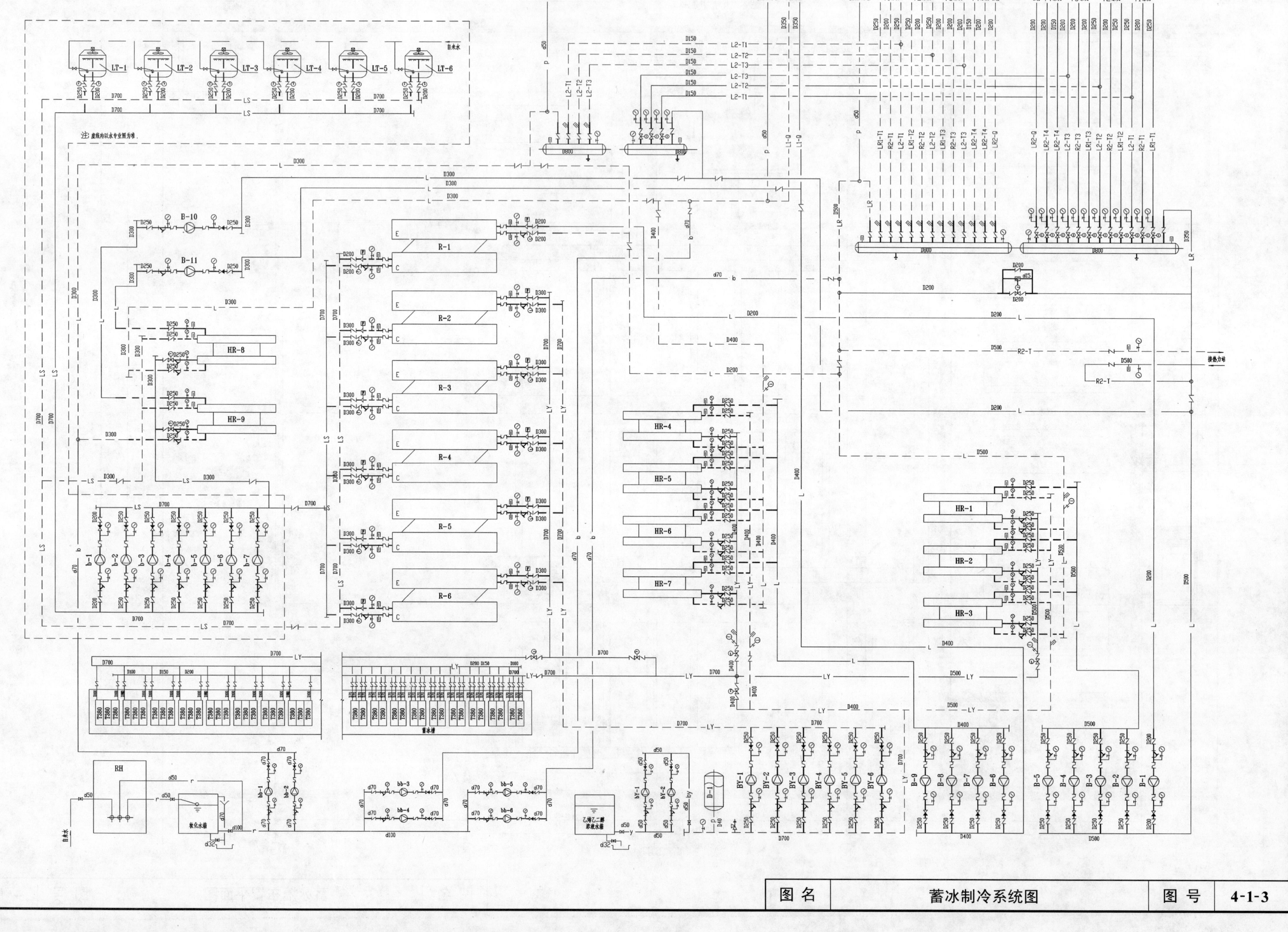

图名	蓄冰制冷系统图	图号	4-1-3

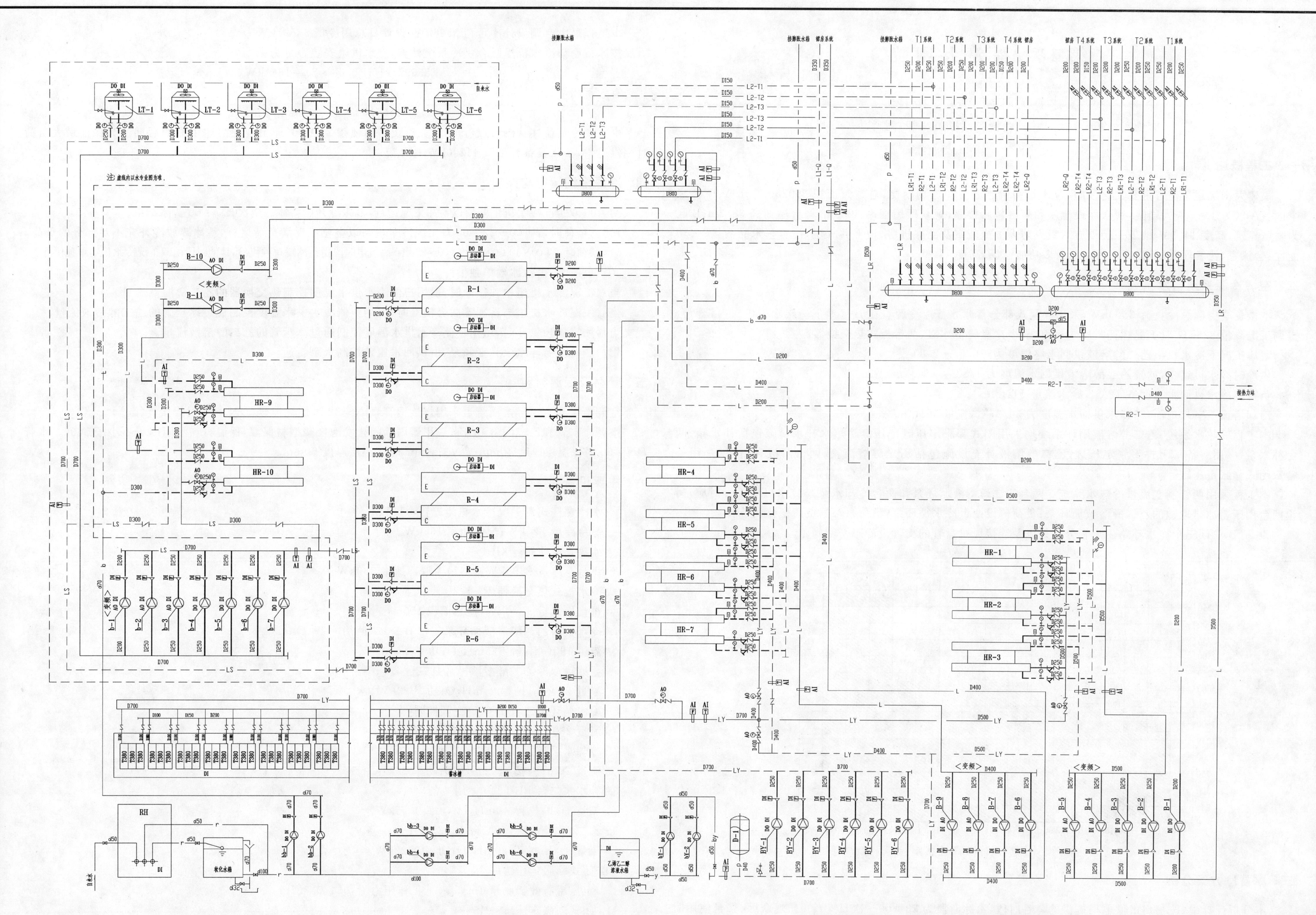
LT-1
LT-2
LT-3
LT-4
LT-5
LT-6
自来水
注:虚线内以水专业图为准
B-10
B-11
<变频>
R-1
R-2
R-3
R-4
R-5
R-6
HR-1
HR-2
HR-3
HR-4
HR-5
HR-6
HR-7
HR-9
HR-10
T1系统
T2系统
T3系统
T4系统
接膨胀水箱
RH
软化水箱
乙烯乙二醇溶液水箱
D-1
BY-1
BY-2
BY-3
BY-4
BY-5
BY-6
B-1
B-2
B-3
B-4
B-5
B-6
B-7
B-8
B-9
蓄冰槽

第二章　福建大剧院

中国建筑设计研究院　徐稳龙

（徐稳龙，1964年生，硕士，教授级高级工程师，副所总工程师）

一、工程概述

福建大剧院是福建省重要文化设施，位于福州市中心五一广场南侧，总建筑面积29925m²，分A、B、C三个区。A区为1442人大剧院，观众厅设池座和两层包厢楼座，观众厅屋面高22.8m，舞台屋面高38.2m；B区为附属建筑，高度14.8m，地下一层设有六级人防人员掩蔽室及冷冻机房，地上共3层，设有艺术品商场、多功能厅、会议室、快餐厅及厨房；C区为480人多功能剧场，高度14.8m。

二、空调冷源系统与水系统

本楼夏季空调总冷负荷3566kW，采用并联式部分蓄冰水蓄冷冷源。在B区地下一层冷冻机房内设两台空调工况冷量826kW双工况螺杆式冷水机组、五个冰盘管蓄冰罐、两台板式热交换器。

蓄冰工况下冷水机组乙二醇溶液供回水终温度为−5.6/−2.8℃。

供冷时冷水机组、蓄冰罐乙二醇溶液供回水温度为4/8℃。

负荷侧冷水供回水温度6/12℃，冷水流量511t/h。

冷却塔设于室外地面，冷却水供回水温度为32/37℃，流量351t/h。

本工程冷热水系统、乙二醇溶液循环系统均采用闭式膨胀定压罐定压。冷热水补水设施包括补水箱、两台补水泵（一用一备）、闭式膨胀定压罐；乙二醇溶液补充设施包括乙二醇溶液箱、两台溶液补给泵（一用一备）、闭式膨胀定压罐。

本工程采用两管制变流量冷热水系统。两台乙二醇溶液循环泵和两台冷却水泵与冷水机组一一对应，另设两台用于蓄冰罐取冷的乙二醇溶液循环泵；负荷侧设两台冷水循环泵，负荷泵根据负荷变化调节转速。

设A、B、C区三个冷水环路。干管分支处以及连接风机盘管的支管设静态平衡阀。

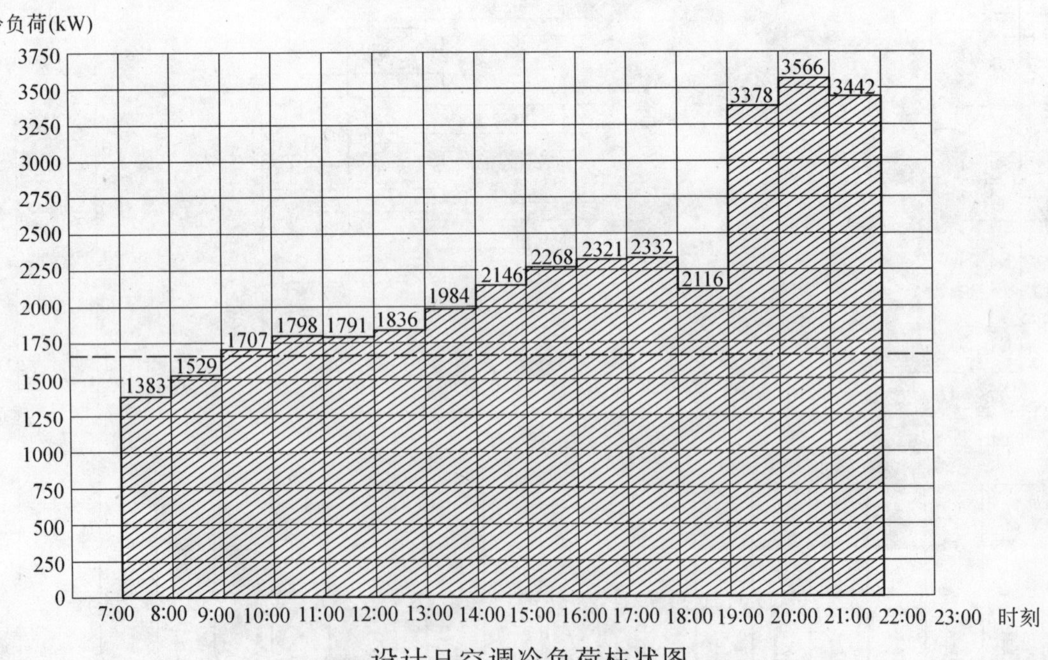

设计日空调冷负荷柱状图

三、冰蓄冷方案分析

本分析计算中，按福州市供电局提供的峰谷时段，蓄冰时段为23：00～次日7：00。观众厅、舞台使用时段是19：00～22：00，其他区域使用时段是7：00～22：00。

本工程最大空调设计冷负荷3566kW，设计日总用冷量33597kW·h。

按冰蓄冷与冷水机组联合供冷系统计算，冷水机组安装容量为：

$$33597/(15+0.68\times8)=1644\text{kW}$$

有效蓄冰量为：

$$1644\times0.68\times8=8943\text{kW}\cdot\text{h}$$

由空调冷负荷柱状图可以看出，最大冷负荷出现在20：00，即出现在溶冰供冷的后期。为保证最大负荷时刻供冷量，蓄冰设备容量取11200kW·h。

四、冷源系统运行与控制

23：00双工况冷水机组开始以蓄冰工况运行，蓄冰罐开始蓄冰。至次日7：00蓄冰结束。

100%负荷时，7：00～22：00双工况冷水机组以空调工况满负荷运行，蓄冰罐放冷补充不足部分的负荷。

60%负荷时，7：00～10：00和19：00～22：00高价电时段由蓄冰罐单独供冷，其他时段由双工况冷水机组单独供冷。

30%负荷时，由蓄冰罐单独供冷。

当双工况冷水机组单独供冷时，由用户侧冷水供水温度控制热交换器的乙二醇溶液流量。

当双工况冷水机组与蓄冰罐联合供冷时，由用户侧冷水供水温度控制通过冰盘管的乙二醇溶液流量。

当蓄冰罐单独供冷时，由用户侧冷水供水温度控制通过冰盘管的乙二醇溶液流量。

用户侧冷水循环水泵为变频泵，由供回水压差控制水泵转速。

五、管材及保温材料

空调冷水和乙二醇溶液管道采用焊接钢管，$DN\leqslant32$时螺纹连接；$DN\geqslant40$时焊接连接。

空调冷水管和乙二醇溶液管道采用聚丙烯闭孔发泡橡塑型材保温，保温材料湿阻因子不小于5000。水管$DN\leqslant50$时保温层厚度40mm；$DN>50$mm时保温层厚度50mm。

六、主要设备

1. 水冷螺杆式双工况冷水机组二台　L-1、2
   每台冷量826kW；配电功率165kW。
2. 冰盘管蓄冰箱　XB-1～5
   每台蓄冰量2435kW·h，最大取冷速率383kW。
3. 冷水板式热交换器 RJ-1、2
   每台换热量1800kW，换热面积150m²。
4. 冷水机组乙二醇溶液循环泵三台 B-1～3（两用一备）
   流量190t/h；扬程25mH_2O；功率18.5kW。
5. 蓄冰罐取冷乙二醇溶液循环泵二台 B-4、5
   流量230t/h；扬程25mH_2O；功率22kW。
6. 冷水循环泵二台 B-6、7（变频控制）
   流量280t/h；扬程35mH_2O；功率37kW。
7. 冷却水循环泵三台 b-1～3（两用一备）
   流量200t/h；扬程28mH_2O；功率22kW。
8. 补水泵二台 BB-1、2（一用一备）
   流量1t/h；扬程40mH_2O；功率0.55kW。
9. 乙二醇溶液补给泵二台 BB-3、4（一用一备）
   流量1t/h；扬程20mH_2O；功率0.22kW。
10. 闭式膨胀定压罐一个
    定压罐有效膨胀量1m³，高/低工作压力为：0.4/0.3MPa。
11. 闭式膨胀定压罐一个
    定压罐有效膨胀量1m³，高/低工作压力为：0.2/0.1MPa。

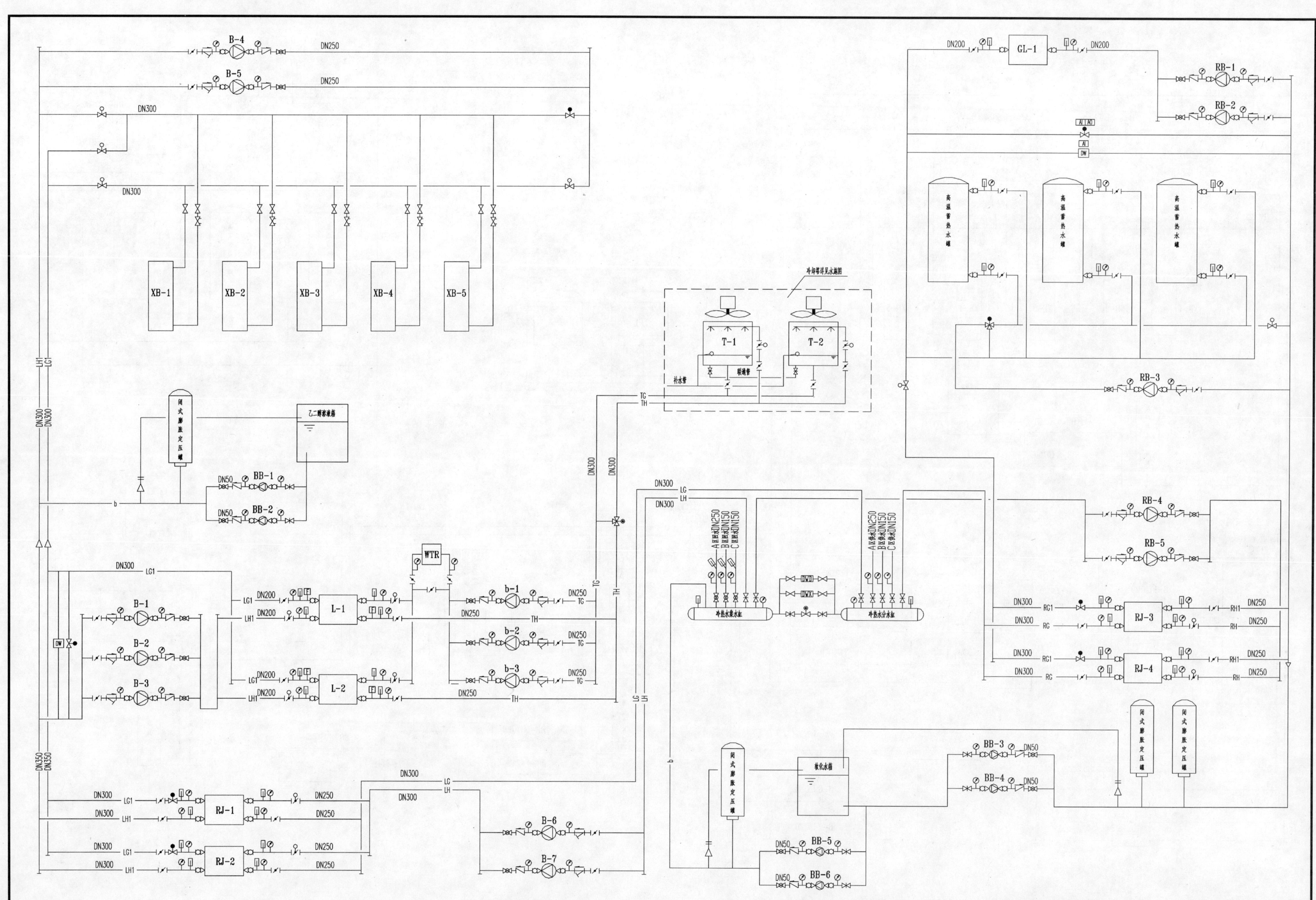
B-4
B-5
DN250
DN300
XB-1
XB-2
XB-3
XB-4
XB-5
LH1
LG1
闭式膨胀定压罐
乙二醇溶液箱
BB-1
BB-2
DN50
WTR
B-1
B-2
B-3
L-1
L-2
DN200
b-1
b-2
b-3
TG
TH
冷却塔详见水施图
T-1
T-2
补水管
联通管
GL-1
RB-1
RB-2
高温蓄热水罐
RB-3
RB-4
RB-5
冷热水集水缸
冷热水分水缸
RG1
RG
RH1
RH
RJ-3
RJ-4
RJ-1
RJ-2
LG
LH
B-6
B-7
软化水箱
BB-3
BB-4
BB-5
BB-6
DN350

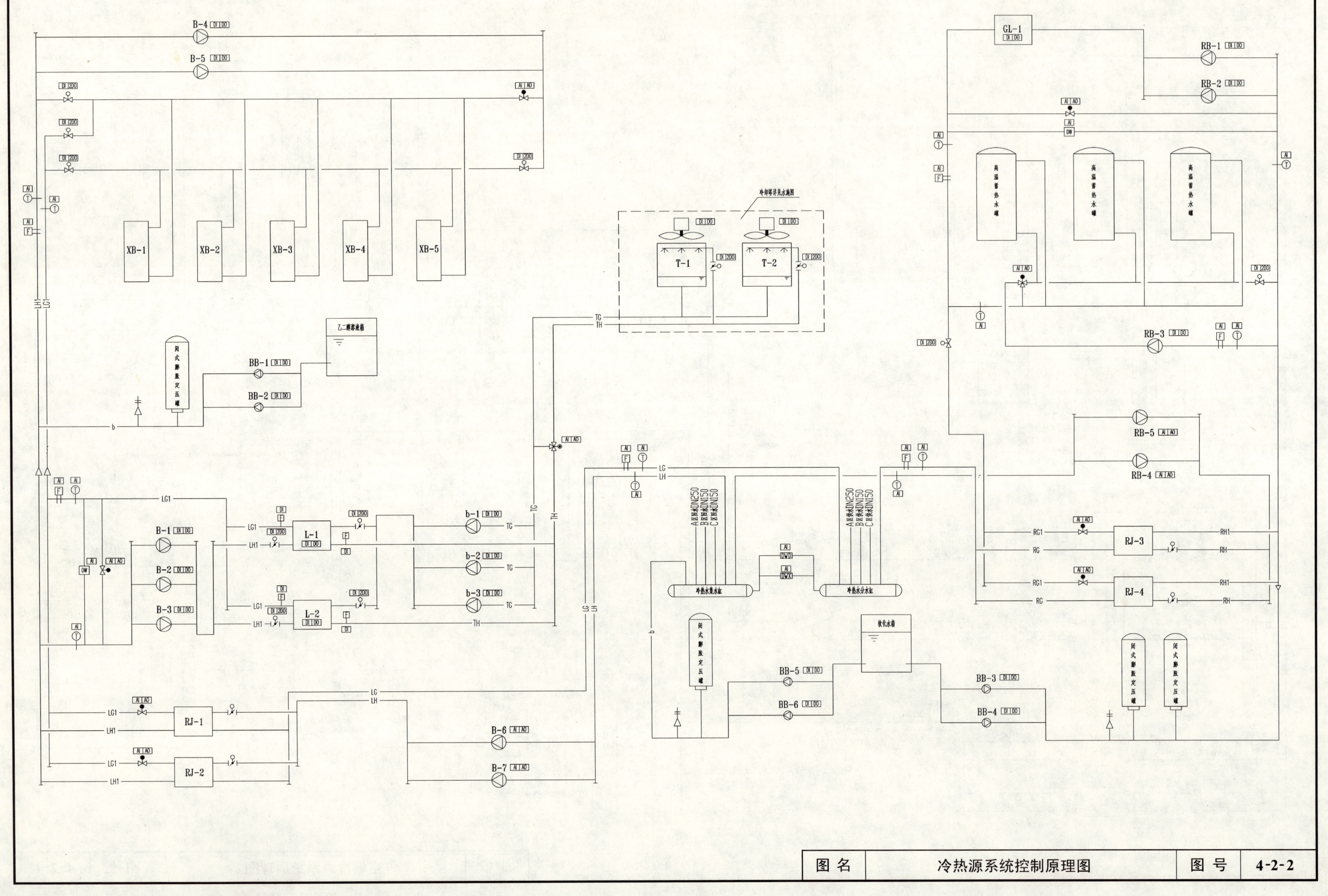

图名	冷热源系统控制原理图	图号	4-2-2

第五部分　蓄冷空调施工图设计

第一章　电力部国家电网调度控制中心

中国建筑设计研究院　宋孝春

一、工程概述

本工程位于北京宣武区，为国家某行业综合业务楼，超高层建筑。主楼为长方形，南北走向，总建筑面积50391.9m²，其中地上38046.2 m²，地下8669.2 m²。建筑主体高度113.45m，制高点123.45m；地上27层，裙房6层，地下3层。

首层至十六层为普通办公、会议室，其中首层有大堂、物业管理及中心控制室，多功能厅及可视电话会议室设在五层（局部与六层共享空间），十五层为避难层；十七至二十七层为无线通信机房、计算机中心、主机网络室、调度室及配套办公管理等专业用房；地下一层、地下二层为汽车库，地下三层为机电设备机房（制冷机房、给水泵房、变配电室、UPS机房及热交换站等）。

本工程施工图设计时间为1997年3月～5月，1998年1月进行重大修改，增加7层（包括原屋顶四层架空

运行证明：该系统设计合理，设备选型（匹配）正确，各设备运行状况、技术性能均符合设计要求。冰蓄冷空调系统之制冰、融冰及主机加融冰工况运转正常，冰槽出水温度及空调冷水温度稳定；全楼蓄冷空调系统运行正常，得到了业主的赞可。

本工程获建设部优秀设计三等奖、北京市优秀设计二等奖、国家优秀工程银质奖，空调设计获第五届《暖通空调》优秀工程设计实例论文奖。

二、设计特点

1. 冷源　采用部分负荷冰蓄冷系统，制冷主机（美国 York）与蓄冰设备（美国 BAC，安装在混凝土水槽中）为串联方式，主机位于蓄冰设备上游。同时考虑到连续空调负荷的比例，设置了一台基载主机。

空调总冷负荷为6523kW，冷指标为129W/m²，夜间空调冷负荷为1512kW，总热负荷为6047kW，热指标为120W/m²；设计日空调总冷量为78265kW・h，其中设计日连续空调总冷量为34681kW・h，设计日总蓄冷量为43588kW・h，总潜热储冰冷量为16741kW・h（4760USRT・h），空调通风用电气安装容量为1761kW，耗电指标为35W/m²。

典型设计日冷负荷表（kW）

时　间	新风负荷	围护负荷	人员负荷	照明负荷	设备负荷	合　计
1：00	509.3	385.2	143.3	56.3	111.9	1205.9
2：00	503.0	385.2	143.3	56.3	111.9	1199.7
3：00	494.5	385.2	143.3	56.3	111.9	1191.1
4：00	488.3	385.2	143.3	56.3	111.9	1184.9
5：00	484.1	385.2	143.3	56.3	111.9	1180.7
6：00	496.8	385.2	143.3	56.3	111.9	1193.4
7：00	524.3	385.2	143.3	56.3	111.9	1220.9
8：00	1886.9	1300.1	546.7	228.4	144.1	4106.2
9：00	1993.9	1507.6	778.1	329.0	504.8	5113.4
10：00	2086.9	1525.3	799.3	355.1	526.9	5293.5
11：00	2179.8	1472.4	817.1	378.5	544.2	5392.0
12：00	2258.7	1508.7	831.4	394.8	566.2	5559.7
13：00	2315.7	1659.1	844.4	410.5	581.5	5811.2
14：00	2343.8	1838.1	854.0	422.6	591.6	6050.1
15：00	2336.8	1972.6	860.5	434.5	598.0	6202.4
16：00	2279.0	2021.4	867.0	444.5	603.4	6215.3
17：00	2250.9	1943.6	873.7	451.9	611.0	6131.1
18：00	642.8	385.2	143.3	56.3	111.9	1339.5
19：00	613.3	385.2	143.3	56.3	111.9	1309.9
20：00	583.5	385.2	143.3	56.3	111.9	1280.1
21：00	562.4	385.2	143.3	56.3	111.9	1259.1
22：00	547.6	385.2	143.3	56.3	111.9	1244.3
23：00	534.9	385.2	143.3	56.3	111.9	1231.6
0：00	528.5	385.2	143.3	56.3	111.9	1225.1
日总负荷	29445.7	22142.2	10077.8	4637.6	6837.7	73141.0

蓄冰空调冷负荷：42480.3kW（12081.0RT・h）

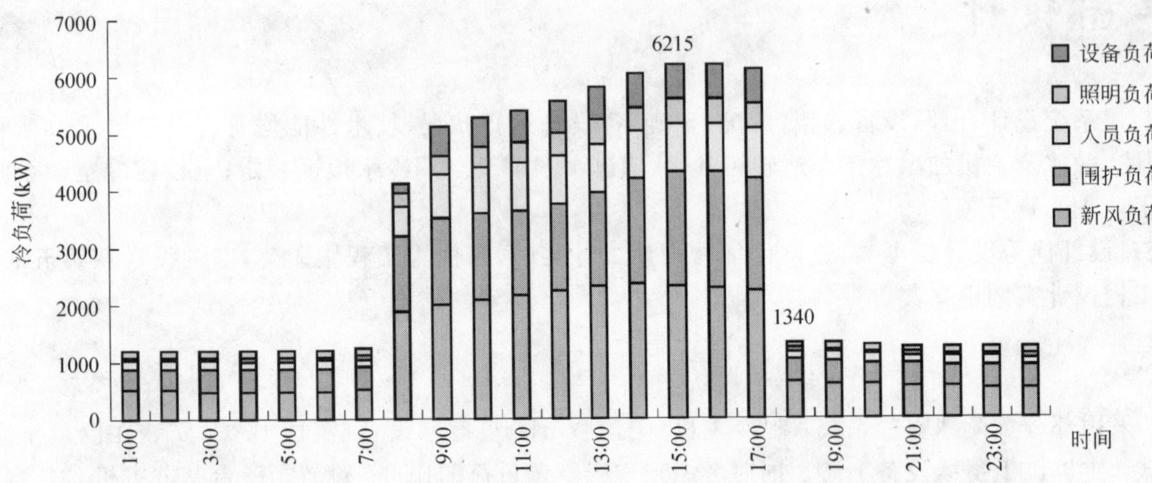

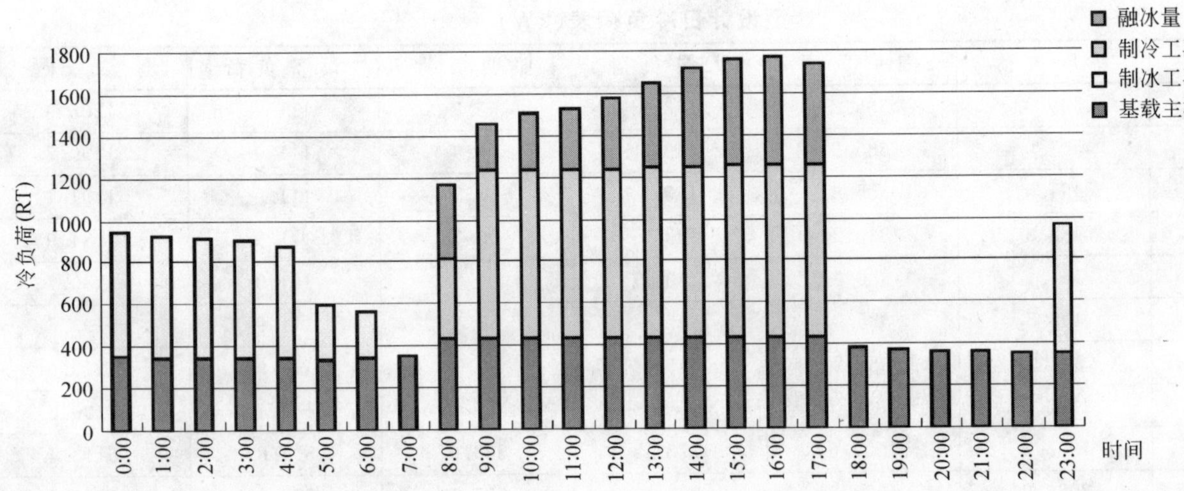

2. 热源　采用城市热网集中供热，冬夏季手动切换。

3. 水系统　双管制变水量系统，且竖向以六层和二十层为界，分为高中低三个区；其中低区、中区冷水由制冷机房直接供给，供回水温度为7/12℃；高区（二十至二十七层）冷水经板式热交换器（瑞典 Alfa Laval 小温差板换）换热后间接供给，供回水温度为7.5/12.5℃，二次换热站设在十九层。冷水管路同程设置，系统采用膨胀水箱定压（冬夏共用），低中区系统膨胀水箱设在二十一层，高区系统膨胀水箱设在屋顶水箱间内，其补充水来自中区空调冷水。

4. 经验　施工时将冷水泵和高区冷水泵改为变频泵，加长了流量传感器前直管段长度；塔楼走廊有外窗，未设集中机械排风，证明风平衡是可行的。

三、经济指标

1. 设备参数及投资

(1) 常规电制冷系统

设计拟选用三台 McQuay 公司 PEH100KAY65F 型离心式冷水机组，单台制冷量 2110kW(600RT)，以及相应的附属设备。

序号	设备名称	主要性能	数量	功率(kW)	单价(万元)
1	冷水机组 McQuay	制冷量 2110kW(600RT) 冷冻水 7/12℃，流量 360m³/h 冷却水 32/37℃，流量 455m³/h 工质 HFC-134a	3	426.8	18.0(美元)
2	冷冻水泵	流量 396m³/h，扬程 45mH₂O	4	75	1.21(美元)
3	冷却水泵	流量 495m³/h，扬程 35mH₂O	4	75	1.21(美元)
4	冷却塔	LRCM-LN400，冷却水量 460m³/h	3	16.8	30.35(人民币)
5	软化水器	CSR-4，处理水量 6～12m³/h	1	1	9.5(人民币)
6	补水泵	流量 20m³/h，扬程 110mH₂O	2	15	0.27(美元)
7	软化水箱	V=10m³，3000×2000×2000	1		0.8(人民币)
8	膨胀水箱	V=2.3m³，1800×1200×1200	1		0.24(人民币)
9	管网系统	(包括管道、阀门及设备安装)			59.1(人民币)
10	自控系统	(包括执行机构)			5.0(美元)
11	合　计			1796.8	878.85(人民币)

注：① 水泵备用一台，总功率未统计；
② 汇率 1 美元=8.3 人民币元，进口关税按 25%计。

(2) 蓄冰空调系统：

序号	设备名称	主要性能	数量	功率(kW)	单价(万元)
1	基载主机 YORK	YSECEAS45CKC，工质 R22， 空调工况制冷量 1512kW(430RT)	1	277	12.5(美元)
2	双工况主机 YORK	YSECEAS45CKCS，工质 R22， 制冷工况制冷量 1477kW(420RT) 制冰工况制冷量 978kW(278RT)	2	277	13.1(美元)
3	蓄冰设备	TSU-238M 潜热蓄冷量 837kW·h(238RT·h)	20		1.071(美元)
4	板式换热器	SWEP-G158，换热量 1570kW	3		3.24(美元)
5	乙二醇泵	流量 350m³/h，扬程 36mH₂O	3	45	0.9(美元)
6	冷冻水泵	流量 300m³/h，扬程 45mH₂O	5	55	0.84(美元)
7	冷却水泵	流量 330m³/h，扬程 37mH₂O	4	45	0.9(美元)
8	冷却塔	LRCM-LN300，冷却水量 345m³/h	3	11	22.6(人民币)
9	乙二醇补水泵	流量 6m³/h，扬程 20mH₂O	2	0.8	0.05(美元)
10	冷冻水补水泵	流量 20m³/h，扬程 110mH₂O	2	15	0.27(美元)
11	软化水器	CSR-4，处理水量 6～12 m³/h	1	1	9.5(人民币)
12	隔膜式膨胀水罐	PN600×1.0， V=0.321m³，D=600mm	1		0.55(人民币)

续表

序号	设备名称	主 要 性 能	数量	功 率 (kW)	单 价 (万元)
13	软化水箱	$V=10m^3$,3000×2000×2000mm	1		0.8(人民币)
14	膨胀水箱	$V=2.3m^3$,1800×1200×1200mm	1		0.24(人民币)
15	乙二醇溶液箱	$V=2.0m^3$,1800×1200×1200mm	1		0.24(人民币)
16	乙二醇溶液	进口100%乙烯乙二醇溶液10t			0.25(美元)
17	管网系统	包括设备、管道、阀门施工费			48.2(人民币)
18	自控系统	包括执行机构			9.2(美元)
19	合 计			1325.8	1088.89(人民币)

注:1. 水泵备用一台,总功率未统计;
2. 汇率1美元=8.3人民币元,进口关税按25%计;
3. 蓄冰系统设计调试费4.5万美元;
4. 变配电设备节省费约35.0万人民币元。

2. 经济比较:

序 号	项 目	常规电制冷系统	蓄 冰 空 调 系 统
1	制冷设备初投资(万元)	878.85	1088.89
2	综合初投资(万元)	2053.41	2070.95
3	电力负荷(kW)	1796.8	1325.8
4	机房面积(m^2)	455.7	678.8
5	变配电设备差额(万元)		−35.0
6	电力增容费差额(万元)		−268.47
7	设备初投资差额(万元)		+175.04
8	设备折旧费差额(万元)		+11.67
9	综合初投资差额(万元)		+17.54
10	削峰负荷(kW)		471
11	日削峰电量(kW·h)		3497.7
12	年节电费(万元)		12
13	静态回收年限(年)		1.5
14	动态回收年限(年)		无

注:1. 北京地区每千瓦用电负荷电力投资费用:5700元/kW。
其中:电源集资费(购电权)4000元/kW,最低可购买60%即2400元/kW。
贴费:双路供电900×2=1800元/kW。
电力设备(变压器、配电柜等)费用:1500元/kW。
2. 京津唐电网峰谷分时电价(1994年11月起执行)
峰值电价:0.534元/kW,8:00~11:00,18:00~23:00;
平峰电价:0.318元/kW,7:00~8:00,11:00~18:00;
低谷电价:0.118元/kW,23:00~7:00。
3. 建筑结构投资按3300元/m^2计算。
4. 设备使用年限按15年计

3. 设计日节省电费统计表

时间	冷负荷 (RT)	制冷机制冷量(RT)			蓄冰槽(RT)		取冷率 (%)	节省电费 (元)
		基载主机	制冰工况	制冷工况	储冰量	取冰量		
0:00	348	348	595		2046			95.49
1:00	343	343	581		2625			93.24
2:00	341	341	571		3194			91.63
3:00	339	339	564		3756			90.51
4:00	337	337	534		4288			85.70
5:00	336	336	256		4542			41.08
6:00	339	339	220		4760			35.36
7:00	347	347			4758			
8:00	1168	430		387	4405	351	7.37	−168.59
9:00	1454	430		803	4182	221	4.65	−106.31
10:00	1505	430		805	3910	270	5.68	−129.97
11:00	1533	430		805	3609	298	6.27	−143.43
12:00	1581	430		807	3263	344	7.23	−98.50
13:00	1653	430		812	2850	411	8.63	−117.53
14:00	1721	430		818	2376	473	9.93	−135.26
15:00	1764	430		822	1862	512	10.75	−146.50
16:00	1768	430		823	1345	515	10.81	−147.27
17:00	1744	430		822	852	492	10.33	−140.71
18:00	381	381			850			
19:00	373	373			848			
20:00	364	364			846			
21:00	358	358			844			
22:00	354	354			842			
23:00	350	350	613		1453			98.37
合 计	20801	9210	3934	7704		3886.34	81.65	−702.67
日移高峰电量=1026.8kW·h					日移平峰电量=2470.9kW·h			

每年节省电费=120292(元)

注:1. 全年空调运行时间按120天计;
2. 设计日运行20天;
3. 80%负荷运行70天;
4. 60%负荷运行30天。

制冷设计说明

根据“设计委托任务书”要求，技术经济比较及专家论证，本工程采用蓄冰空调制冷系统，机房设在地下三层，具体如下：

一、空调冷负荷

根据建筑专业提供的设计图纸以及房间的不同使用功能进行的空调负荷计算，同时考虑到该建筑的使用性质，暂定办公部分空调使用时间为 7：30～17：30，从 17：30 到次日 7：30 只考虑部分楼层有人员使用，如信息中心、电网调度层及中心管理控制室等专业用房。

遵此原则，计算结果为：

(1) 设计日峰值冷负荷(16：00)： 1768RT(534.5×10^4kcal/h)；

(2) 夜间峰值冷负荷(7：30)： 381RT(115.2×10^4kcal/h)；

(3) 设计日总冷负荷： 20800RT·h(6290.1×10^4kcal)；

(4) 设计日连续空调总冷负荷： 8720RT·h(2637×10^4kcal)；

(5) 设计日总蓄冰冷负荷： 12081RT·h(3653.3×10^4kcal)。

二、系统设计

本工程采用部分负荷蓄冰系统，制冷主机和蓄冰设备为串联方式，主机位于蓄冰设备上游。同时考虑到连续空调负荷的比例，设置了一台基载主机，并联运行，直接供应 7℃冷冻水。

另外，冷水机组与冷冻水泵(乙二醇泵)、冷却水泵，换热器与冷冻水泵一对一匹配设置，所有水泵备用一台，自动(或手动)投入运行。

1. 基载主机：选用一台 YORK 公司 YSECEAS45CKC 型螺杆式冷水机组，制冷量 430RT，冷冻水温度为 7/12℃，流量为 263m^3/h，冷却水温度为 32/37℃，流量为 307m^3/h。

2. 双工况主机：选用两台 YORK 公司 YSECEAS45CKCS 型螺杆式冷水机组，制冷工况制冷量 420RT，制冰工况制冷量 278RT；乙二醇流量为 320m^3/h，冷却水流量为 298m^3/h。

	乙二醇温度(℃)	冷却水温度(℃)
制冷工况	6.6/10.8	32/37
制冰工况	－5.6/－2.8	32/37

3. 蓄冰设备：选用 20 台美国 BAC 公司 TSU-238M 型冰盘管，安装在混凝土蓄冰水槽中，总潜热蓄冰冷负荷为 4760RT·h，最大融冰供冷量为 750RT。

4. 板式换热器：选用三台 SWEP 公司板式换热器，单台换热量 1570kW，一次水温度 3.6/10.8℃，二次水温度 7/12℃。

5. 乙二醇泵：选用三台 NT200-315 型 Allweiler 水泵，其中一台备用，单台流量为 350m^3/h，扬程为 36mH_2O。

6. 冷冻水泵：选用五台 NT200-400 型 Allweiler 水泵，其中一台备用，单台流量为 300m^3/h，扬程为 45mH_2O。

7. 冷却水泵：选用四台 NT200-315 型 Allweiler 水泵，其中一台备用，单台流量为 330m^3/h，扬程为 37mH_2O。

8. 补水定压：

(1) 乙二醇系统：采用隔膜式定压罐定压方式，乙二醇溶液储存在闭式水箱内，通过压力传感器启动乙二醇补水泵向系统补充乙二醇。

(2) 冷冻水系统：采用开式膨胀水箱定压方式，通过液位传感器启动补水泵向系统补充软化水。

三、设计日蓄冰系统运行工况

(1) 基载主机供冷量(全天)： 9210RT·h；

(2) 双工况主机供冷量(7：30～17：30)： 7704RT·h；

(3) 蓄冰槽融冰供冷量(7：30～17：30)： 3886RT·h；

(4) 双工况主机制冰量(23：00～6：00)： 3934RT·h。

典型设计日系统供冷情况，请见下表：

设计日负荷平衡表

时间	总冷负荷(RT)	制冷机制冷量(RT)			蓄冰槽		取冷率(%)
		基载主机	制冰工况	制冷工况	储冰量(RT·h)	取冰量(RT)	
0：00	348	348	595		2046		
1：00	343	343	581		2625		
2：00	341	341	571		3194		
3：00	339	339	564		3756		
4：00	337	337	534		4288		
5：00	336	336	256		4542		
6：00	339	339	220		4760		
7：00	347	347			4758		
8：00	1168	430		387	4405	351	7.37
9：00	1454	430		803	4182	221	4.65
10：00	1505	430		805	3910	270	5.68
11：00	1533	430		805	3609	298	6.27
12：00	1581	430		807	3263	344	7.23
13：00	1653	430		812	2850	411	8.63
14：00	1721	430		818	2376	473	9.93
15：00	1764	430		822	1862	512	10.75
16：00	1768	430		823	1345	515	10.81
17：00	1744	430		822	852	492	10.33
18：00	381	381			850		
19：00	373	373			848		
20：00	364	364			846		
21：00	358	358			844		
22：00	354	354			842		
23：00	350	350	613		1453		
合计	20801	9210	3934	7704		3886	81.65

四、自控设计

本工程空调自控采用集散式直接数字控制系统(DDC 系统)，制冷机房内设备及蓄冰系统控制均纳入 DDC 控制系统中，微机控制中心设在制冷机房内。

部分负荷蓄冰系统运行工况比较复杂，对控制系统的要求相对较高，除了保证各运行工况间的相互转换及冷冻水、乙二醇的供回水温度控制外，还应解决主机和蓄冰设备间的供冷负荷分配问题。

本工程采用优化控制(智能控制)系统，根据测定的气象条件及负荷侧回水温度、流量，通过计算预测全天逐时负荷，然后制定主机和蓄冰设备的逐时负荷分配(运行控制)情况，控制主机输出，最大限度地发挥蓄冰设备融冰供冷量，以达到节约电费之目的。

制冷系统主要控制点请见制冷机房自控原理图，同时应能实现以下运行工况的控制：

(1) 主机制冰工况；

(2) 蓄冰设备融冰供冷工况；

(3) 主机单独供冷工况；

(4) 主机和蓄冰设备同时供冷工况；

(5) 系统关闭工况。

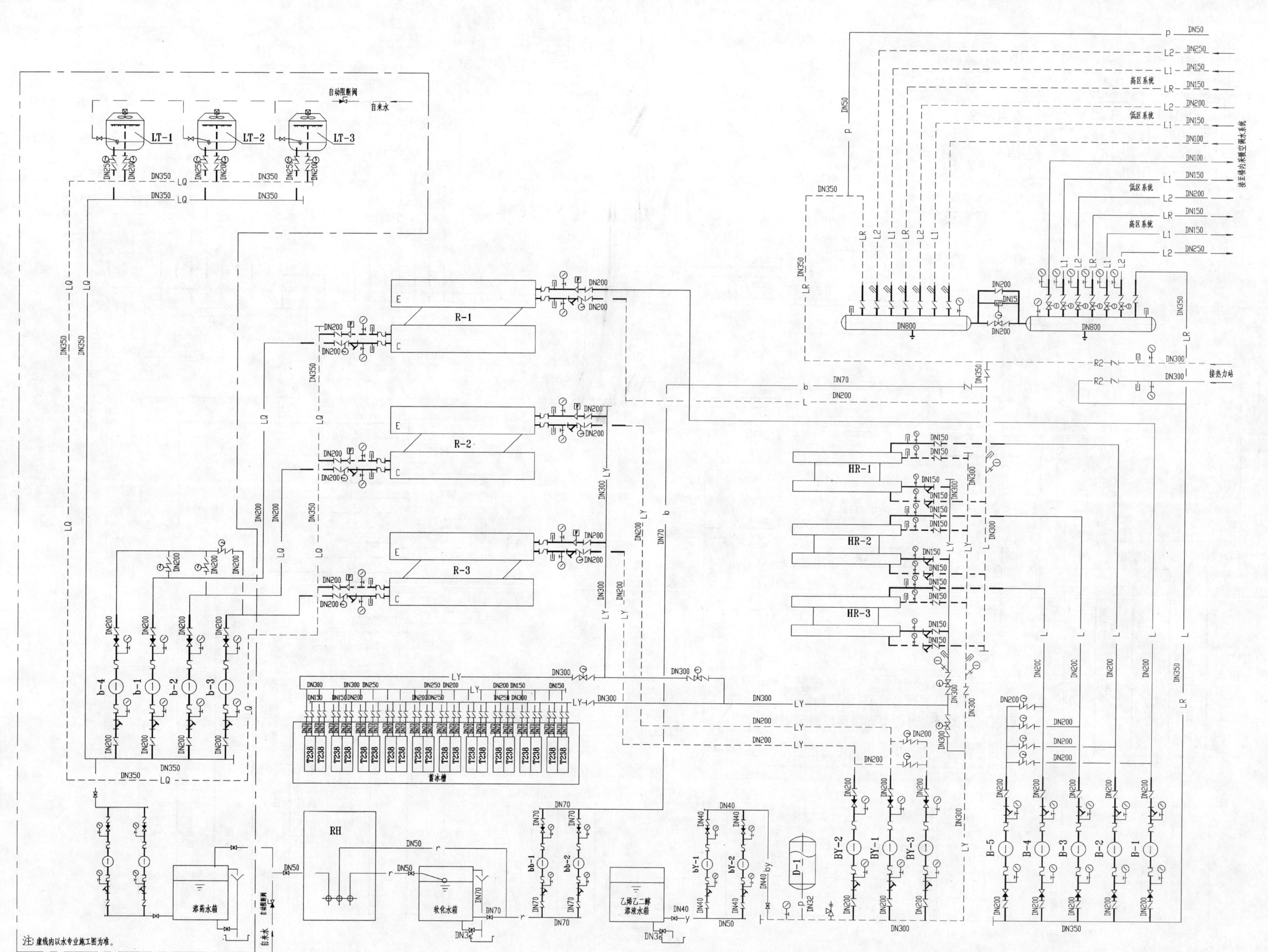

注：虚线内以水专业施工图为准。

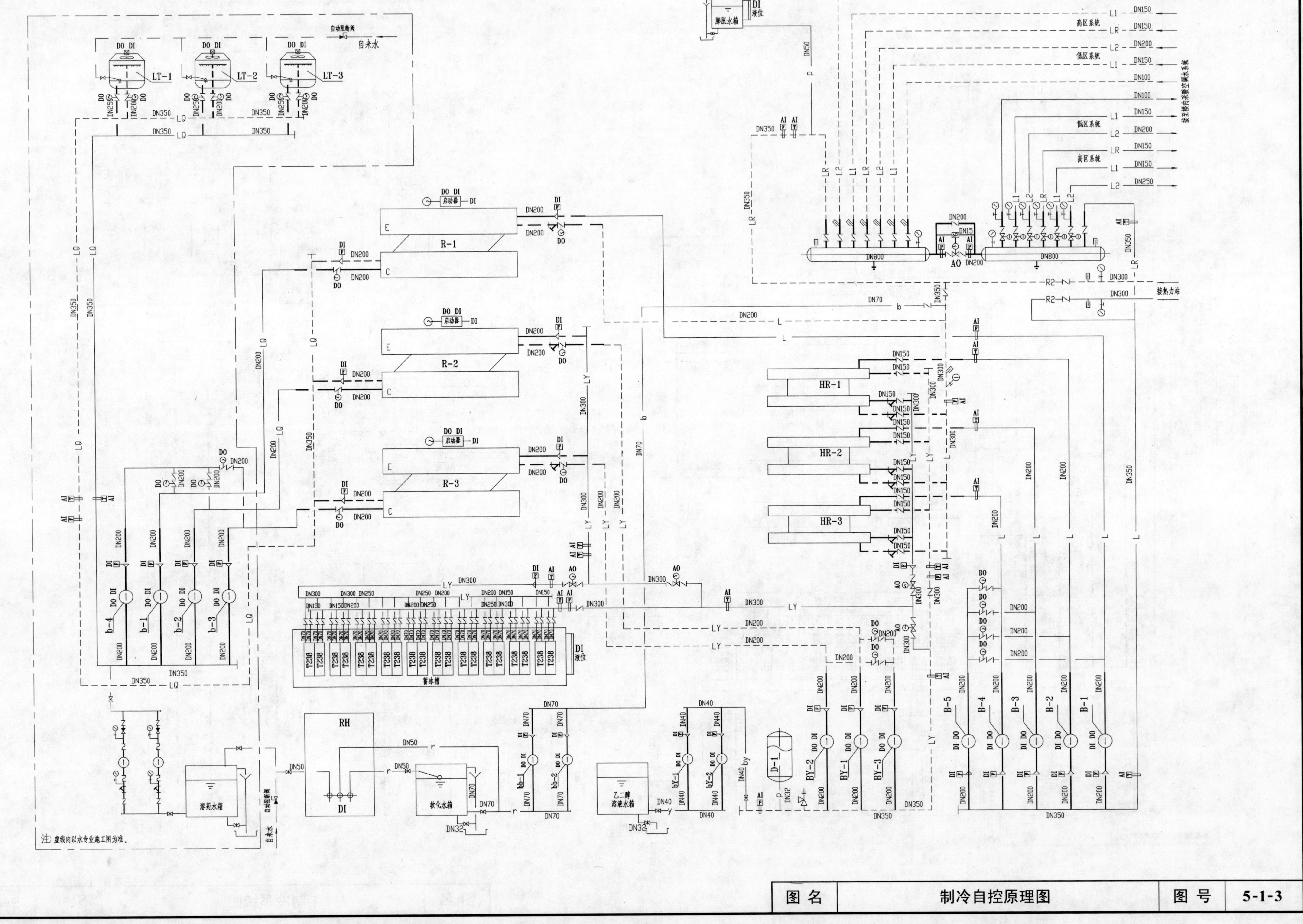

图 名	制冷自控原理图	图 号	5-1-3

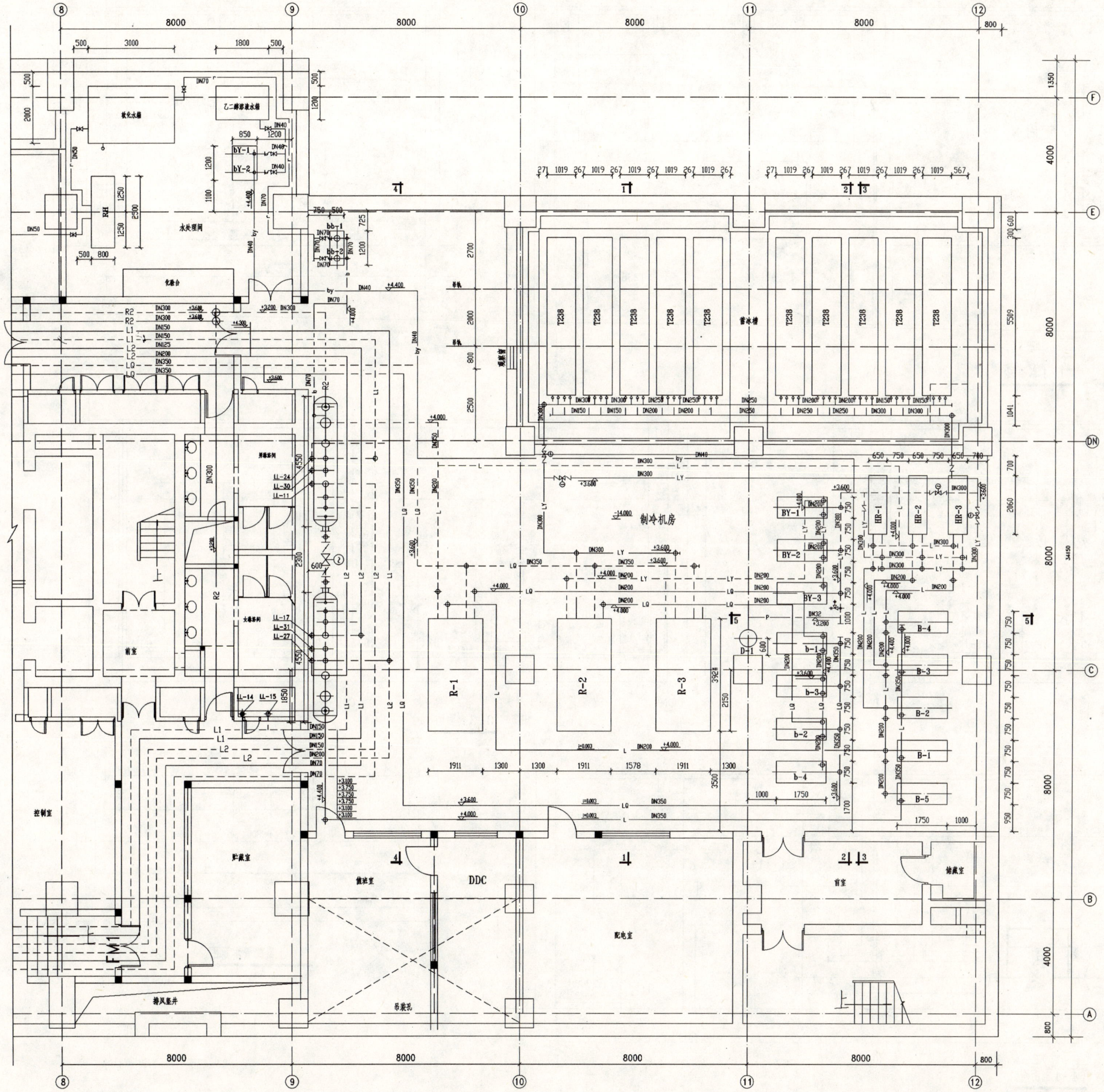

图 例

系统及设备编号	系统及设备名称
R---	冷冻机编号
B---	冷冻水泵编号
BR--	热水泵编号
BY--	乙二醇泵编号
b---	冷却水泵编号
bb--	补水泵编号
bY--	乙二醇补水泵编号
HR--	热交换器编号
RH--	软化水器编号
D--	定压罐编号
———— ●	采暖热水供水管
- - - - ○	采暖热水回水管
—— R2 —— ●	二次热水供水管
- - - R2 - - - ○	二次热水回水管
—— L —— ●	冷冻水供水管
- - - L - - - ○	冷冻水回水管
—— LR —— ●	空调冷热水供水管
- - - LR - - - ○	空调冷热水回水管
—— LQ —— ●	冷却水供水管 (低温32°C)
- - - LQ - - - ○	冷却水回水管 (高温37°C)
—— L1 —— ●	空调器供水管
- - - L1 - - - ○	空调器回水管
—— L2 —— ●	风机盘管供水管
- - - L2 - - - ○	风机盘管回水管
—— LY —— ●	乙二醇 (冷冻)供水管
- - - LY - - - ○	乙二醇 (冷冻)回水管
—— —— ——	自来水管
—— r ——	软化水管
—— Y ——	乙二醇溶液管
—— b ——	补水管
—— by ——	乙二醇补液管
—— p ——	膨胀管
	闸阀
	蝶阀
	止回阀
	手动调节阀
	电动两通阀
	电动三通阀
	电磁阀
	电动蝶阀
	水管软接头
	自动排气阀
	压力表
	温度计

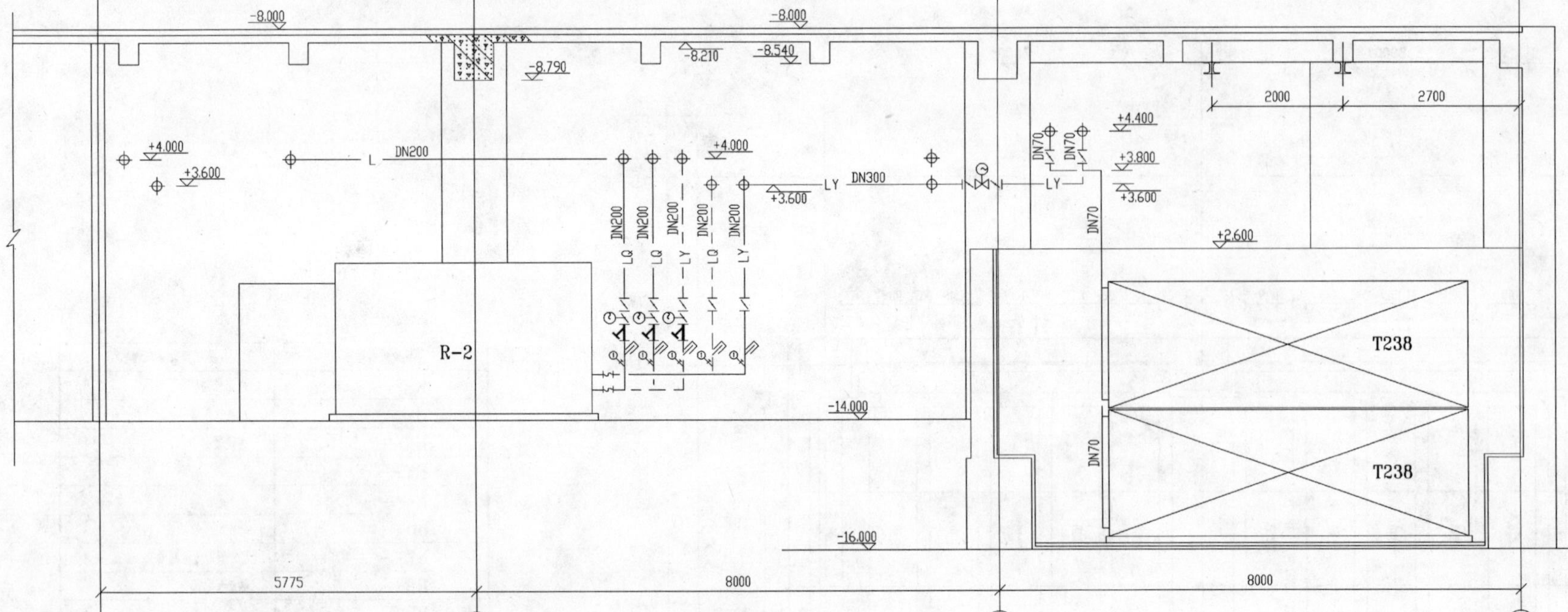

1-1 剖面图

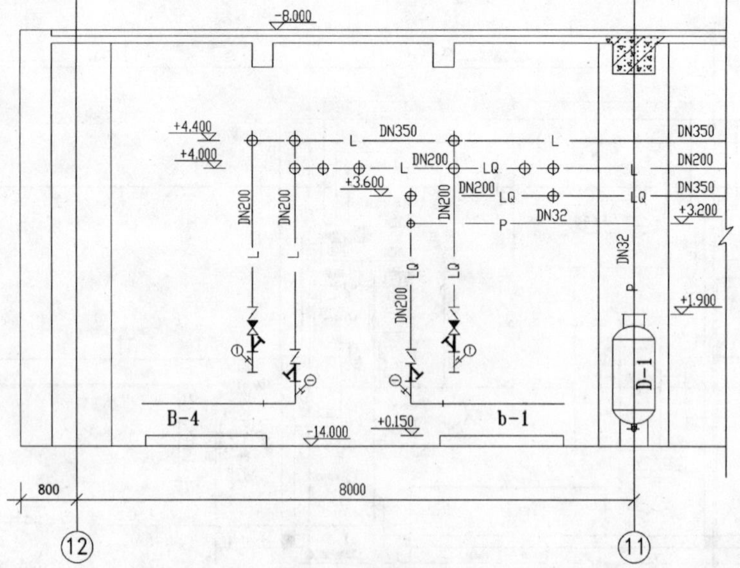

5-5 剖面图

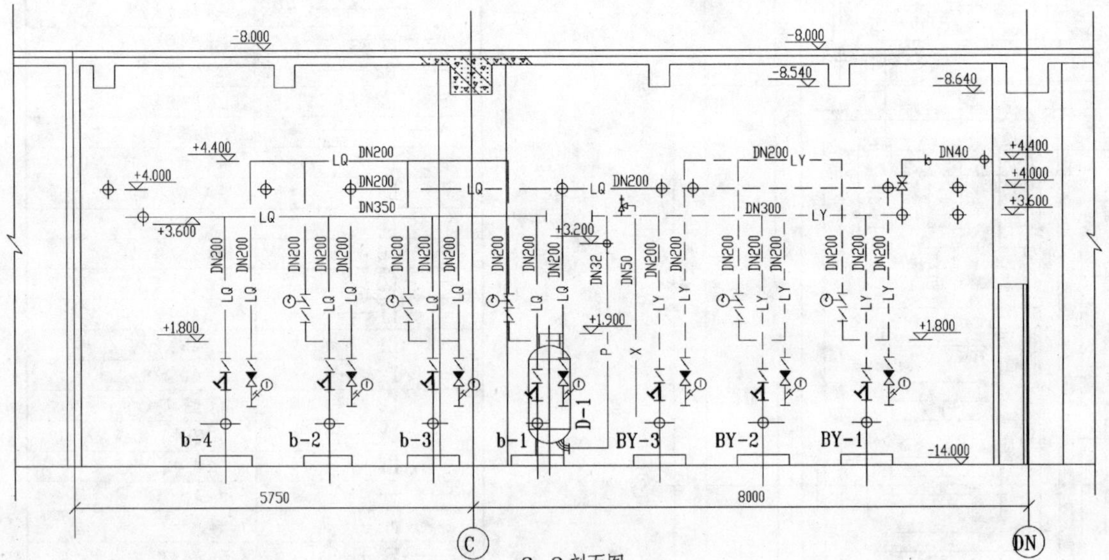

2-2 剖面图

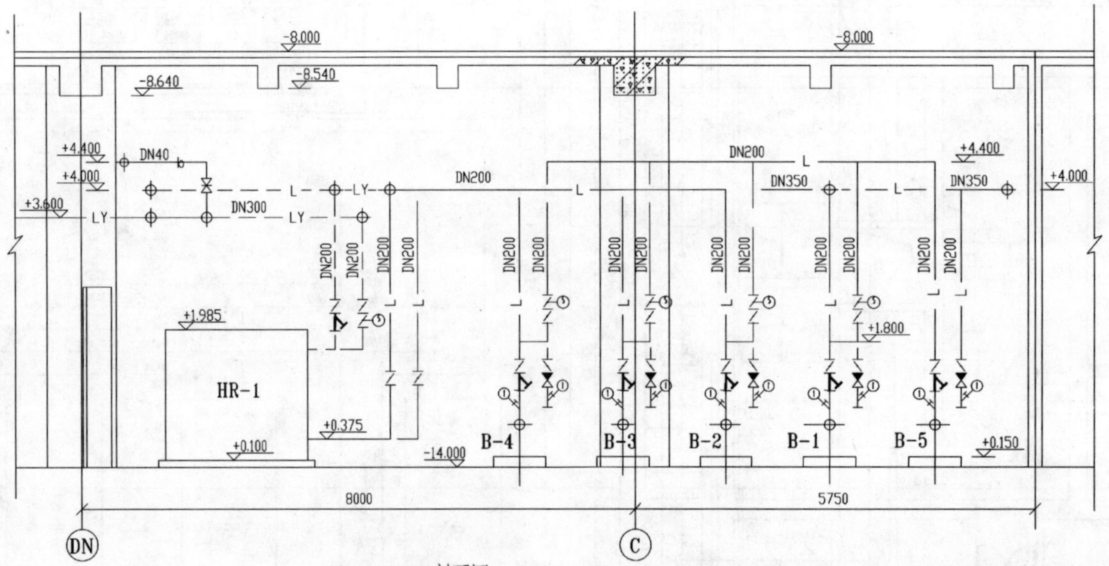

3-3 剖面图

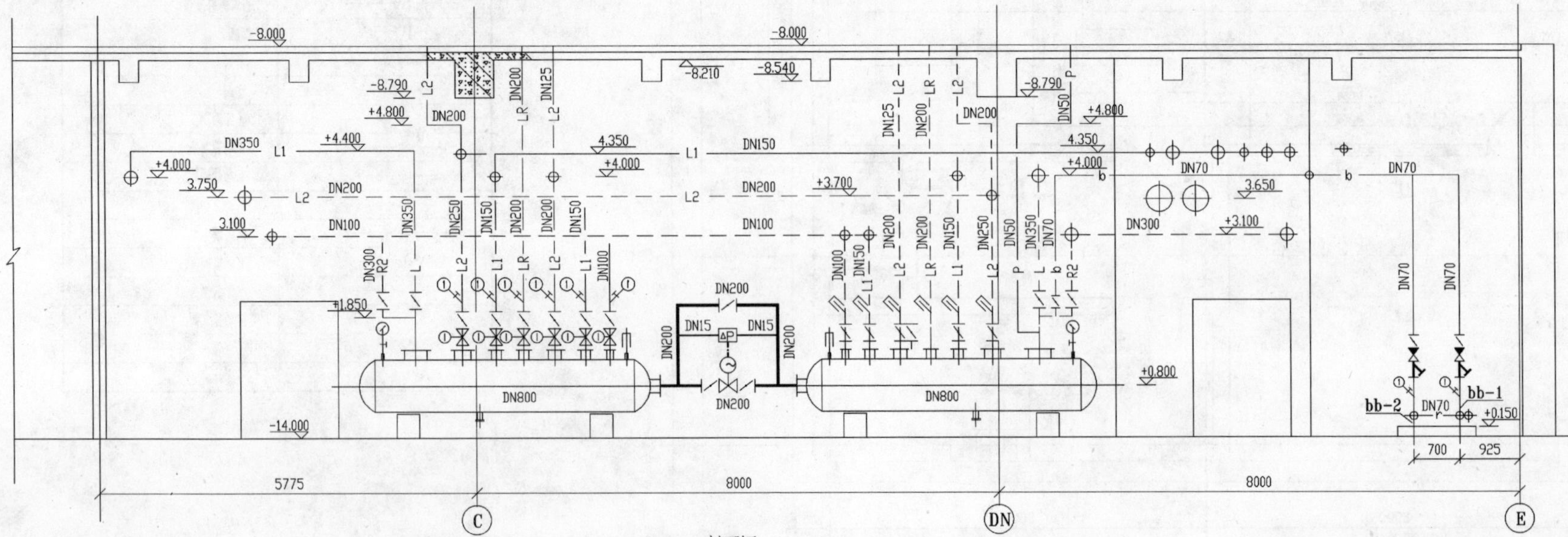

4-4 剖面图

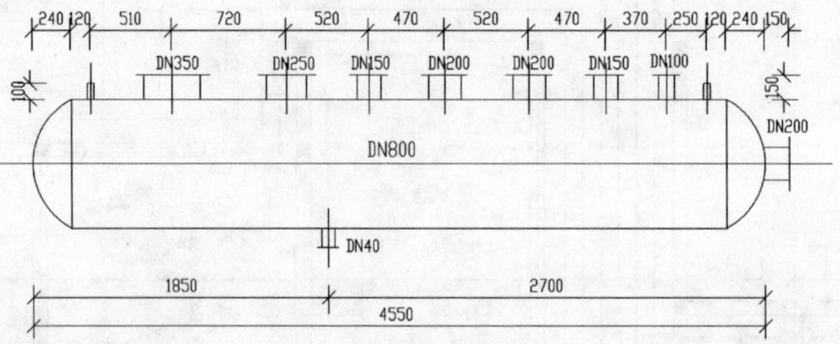

集分水器配管示意图

图 名	制冷机房剖面图	图 号	5-1-5

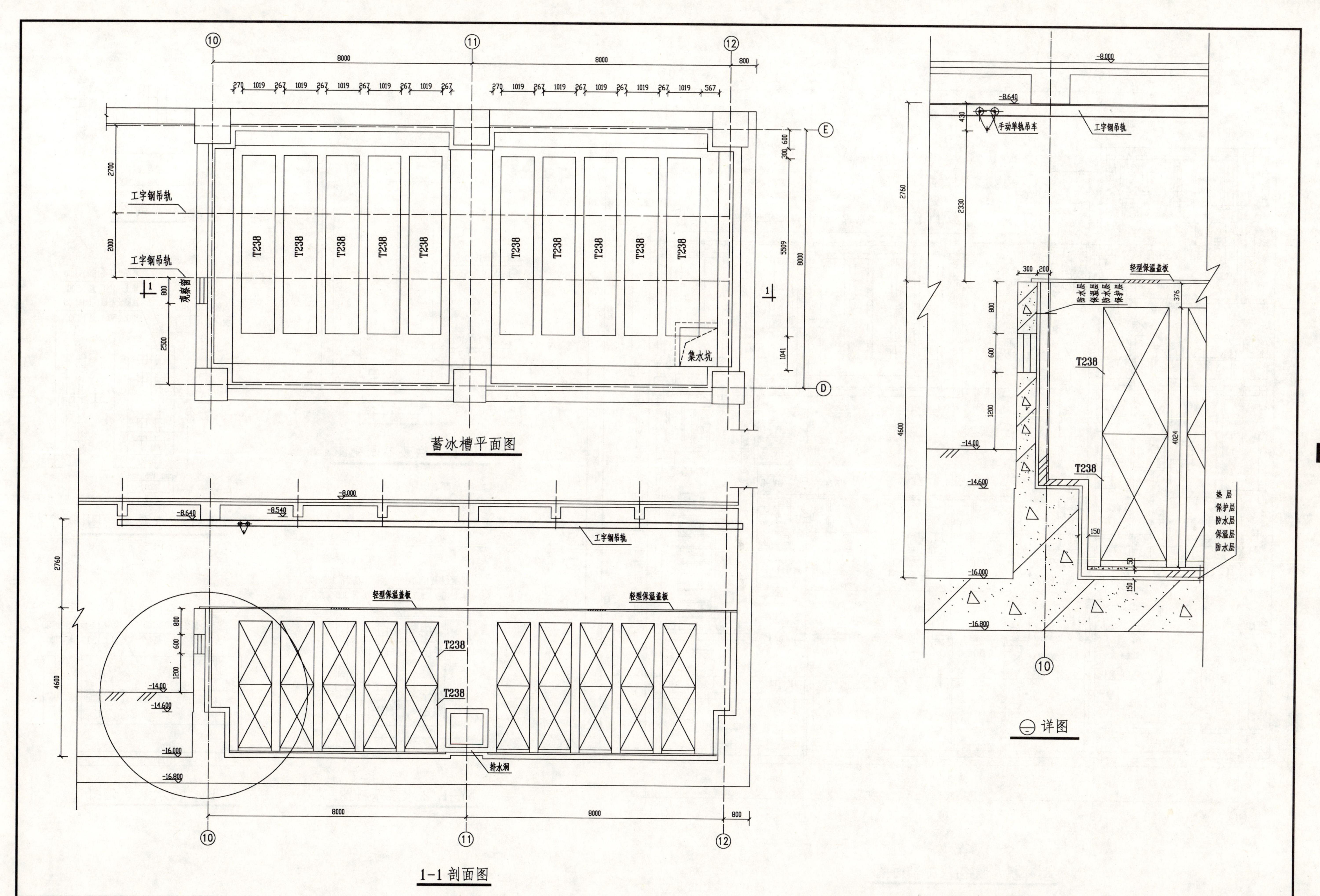

蓄冰槽平面图
工字钢吊轨
观察窗
集水坑
T238
轻型保温盖板
排水洞
手动单轨吊车
防水层
保温层
保护层
垫层
1-1 剖面图
详图

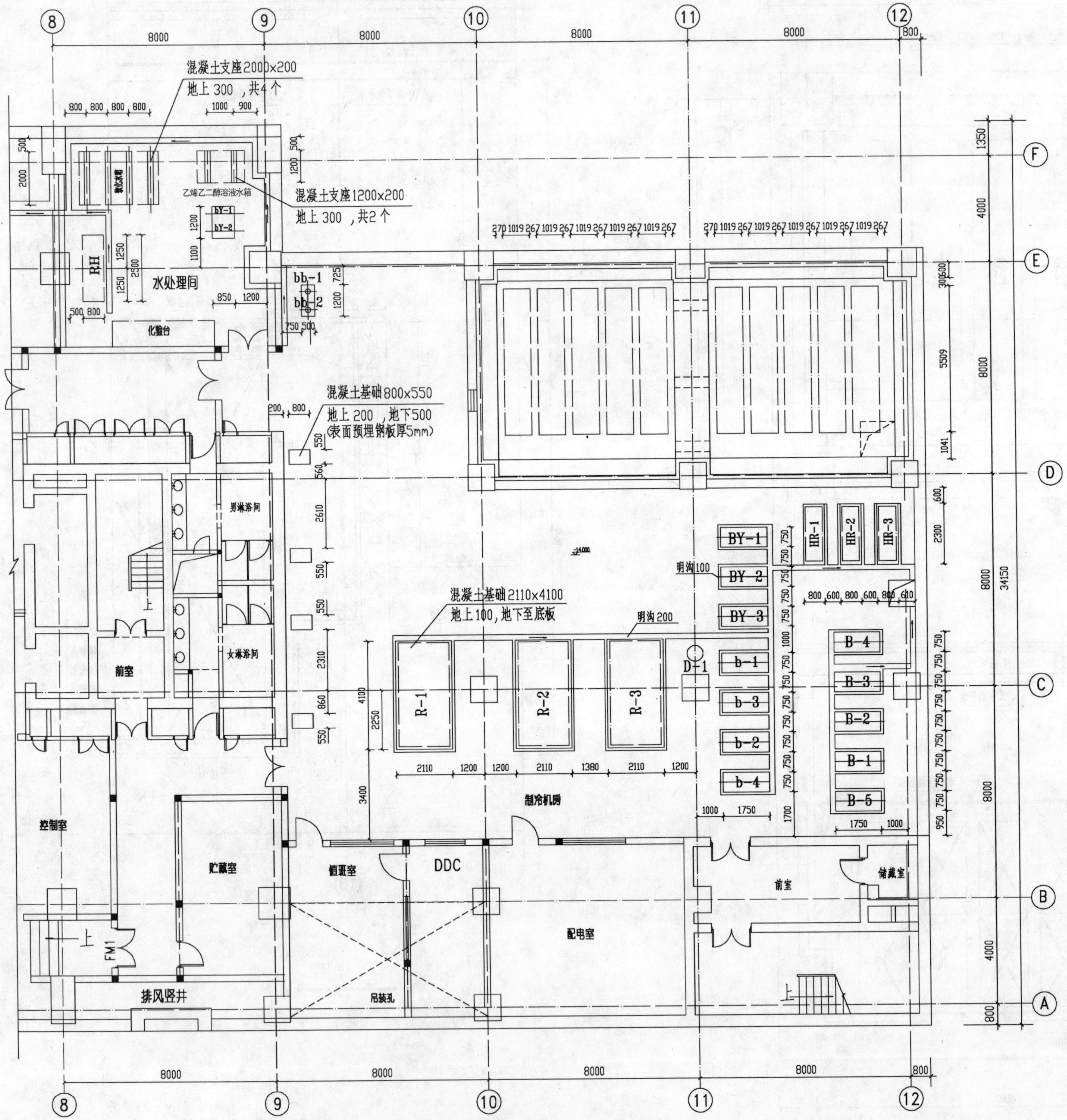

混凝土支座2000×200
地上 300，共4个

乙烯乙二醇溶液水箱

混凝土支座1200×200
地上 300，共2个

水处理间

混凝土基础800×550
地上 200，地下500
(表面预埋钢板厚5mm)

男淋浴间

女淋浴间

前室

混凝土基础2110×4100
地上100，地下至底板

明沟100

明沟200

制冷机房

控制室

贮藏室

值班室

DDC

配电室

前室

储藏室

排风竖井

吊装孔

制冷机房设备基础平面图

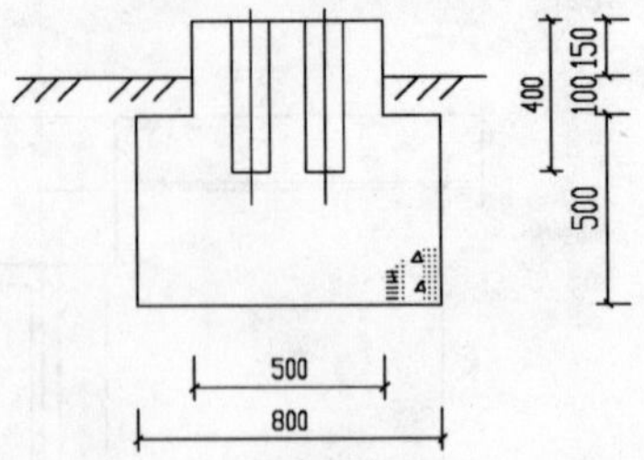

A-A 剖图

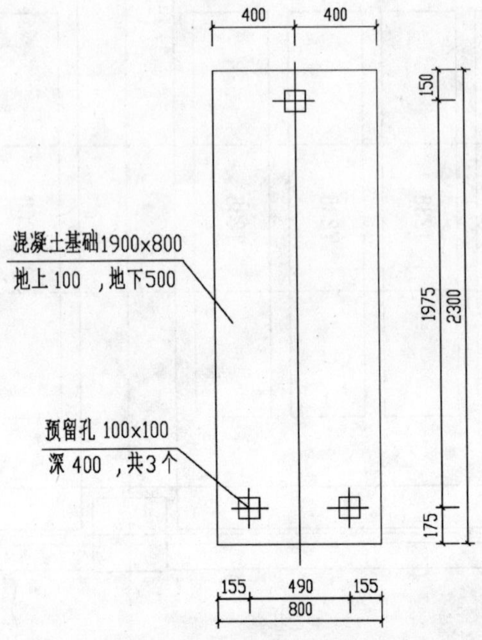

混凝土基础1900×800
地上 100，地下500

预留孔 100×100
深 400，共3个

HR-1~3 换热器基础图

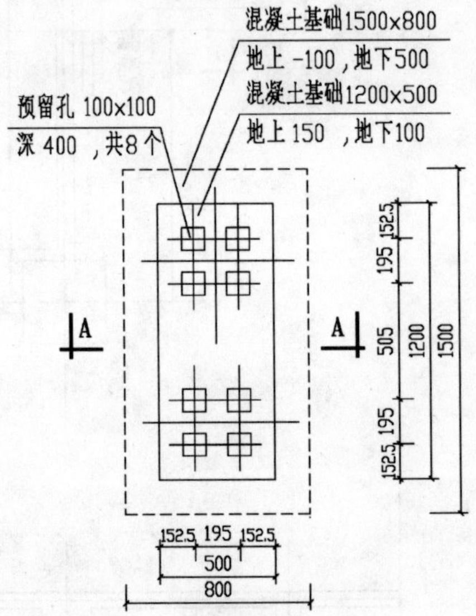

混凝土基础1500×800
地上 -100，地下500
混凝土基础1200×500
地上 150，地下100

预留孔 100×100
深 400，共8个

bb-1，2水泵基础图

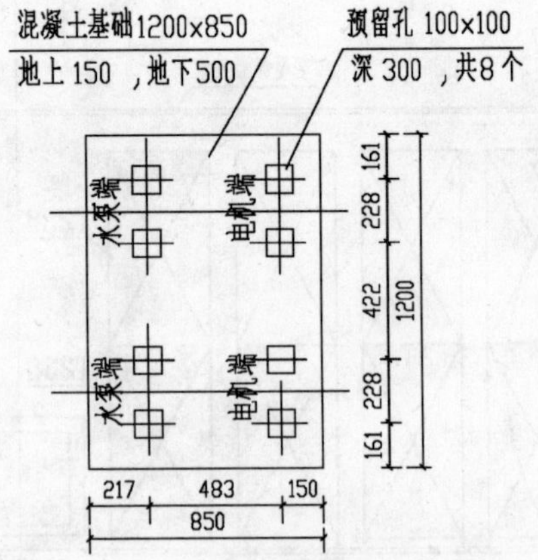

混凝土基础1200×850
地上 150，地下500

预留孔 100×100
深 300，共8个

bY-1，2 水泵基础图

预留孔 100×100
深 300，共4个

混凝土基础1750×750
地上 150，地下500

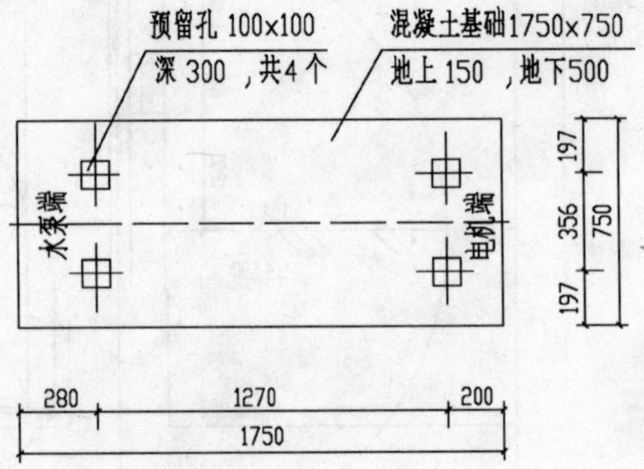

B，BY，bb水泵基础图

图名	制冷机房设备基础图	图号	5-1-7

第二章　国家电力调度中心

华东建筑设计院　杨光　苏夯　周凌云

（杨光，1966年生，工学学士，高级工程师，主任工程师）

一、工程概述

1. 建筑概况

国家电力调度中心工程位于北京市西长安街86号，于2001年7月建造完工并正式投入使用。该建筑地上12层，以办公、会议用房为主，部分区域设置电力调度、计算和通讯等生产工艺用房；地下建筑3层，主要为汽车库、建筑设备用房、职工餐厅和活动用房。总建筑面积73667m²，地上建筑高度49.2m。整体的建筑设计定位于高智能化标准的现代化办公大楼。

2. 空调设计原则

为满足建筑物的形体及功能要求，空调系统的设计原则为：内外分区，全年运行；品质优良，环境舒适；工艺空调，安全可靠；个别调节，智能监控；降低成本，环保节能等。

3. 空调系统概况

该工程空调系统的设计全面立足于整体化蓄冰空调系统的设计理念，整体化地应用了冰蓄冷、变风量、低温送风等多项空调新技术。该工程空调面积约58000m²，空调冷负荷7718kW，热负荷6290kW。空调冷源采用蓄冰系统，空调热源来自城市热网的高温热水。空调形式主要为变风量的低温送风系统，个别区域设置风机盘管加新风系统。大楼设有完整的空调自控系统并纳入BAS系统之中。

4. 使用效果及评价

几年来的运行实践证明，整体化的蓄冰空调系统对减少空调系统的投资和运行费用、大幅度空调节能以及对电力负荷的"移峰填谷"等方面都起到良好的作用。在室内空气品质方面，国家环境卫生权威检测机构对该建筑室内环境进行了全面的检测，包括室内空气质量、室内微生物含量、空调送风品质、室内噪声、室内热环境等，其评价结论为"达到世界卫生组织（WHO）室内环境标准的健康建筑物"。

二、制冷设计

1. 空调负荷

建筑物夏季设计日的空调逐时负荷计算结果见表1。

蓄冰系统计算结果　　表1

时刻	电价	运行模式	冷却进水温度	总冷负荷	基载主机	冰蓄冷负荷	双工况主机	主机放热	制冰	融冰	冷损失	存冰量
			℃	RT	RT	RT	RT	RT	RT	RT	RT	RT·h
0:00	L	B	30.6	342	342	0	876	1073	876	0	2.8	894
1:00	L	B	30.6	320	320	0	862	1056	862	0	2.8	1767
2:00	L	B	30.0	310	310	0	851	1043	851	0	2.8	2627
3:00	L	B	30.0	311	311	0	843	1032	843	0	2.8	3475
4:00	L	B	30.0	314	314	0	827	1013	827	0	2.8	4315
5:00	L	B	30.0	322	322	0	790	968	790	0	2.8	5139
6:00	L	B	30.0	343	343	0	762	934	762	0	2.8	5927
7:00	M	B	30.0	374	374	0	117	143	117	0	2.8	6686
8:00	H	I	30.6	2081	410	1671	951	1165	0	720	2.8	6800
9:00	H	I	30.6	2029	410	1619	1178	1443	0	441	2.8	6077
10:00	H	I	31.1	2070	410	1660	1180	1446	0	480	2.8	5634
11:00	M	I	31.7	2115	410	1705	1182	1448	0	523	2.8	5151
12:00	M	I	31.7	2148	410	1738	1183	1450	0	555	2.8	4626
13:00	M	I	32.2	2173	410	1763	1184	1451	0	579	2.8	4068
14:00	M	I	32.2	2185	410	1775	1184	1451	0	591	2.8	3487
15:00	M	I	32.2	2195	410	1785	1184	1451	0	601	2.8	2893
16:00	M	I	32.2	2188	410	1778	1185	1451	0	593	2.8	2290
17:00	M	I	32.2	695	410	285	285	349	0	0	2.8	1694
18:00	H	I	31.7	671	260	411	0	0	0	411	2.8	1691
19:00	H	I	31.7	653	260	393	0	0	0	393	2.8	1277
20:00	H	I	31.1	605	260	345	0	0	0	345	2.8	881
21:00	H	I	31.1	578	260	318	0	0	0	318	2.8	533
22:00	H	I	30.6	462	260	202	0	0	0	202	2.8	212
23:00	L	B	30.6	342	342	0	889	1089	889	0	2.8	8
总计(RT·h)				25826	8378	17448	17513	21456	6817	6752	67	

注：1. 运行模式中，B为双工况主机制冰工况，I为双工况主机制冷工况。

2. 电价一栏，H表示峰值电价，M表示平价，L表示低谷电价。

2. 蓄冰系统设计

蓄冰系统按分量蓄冰方式设计。主机与蓄冰装置串联，主机上游。设计工况的供冷运行策略为主机优先模式，部分负荷时可按融冰优先模式甚至全量蓄冰模式运行。系统流程见图1。

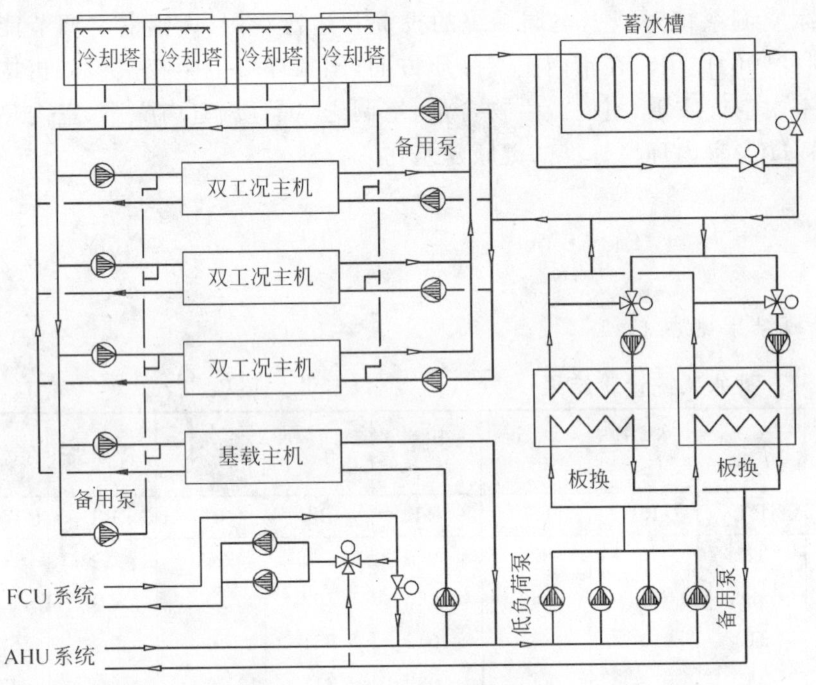

图1　蓄冰系统流程图

蓄冰装置采用8台钢盘管式整装蓄冰槽，总蓄冰量为6800RT·h，占设计日空调负荷总量的26%。主机采用3台双工况螺杆式冷水机组和1台常规型螺杆冷水机组，制冷工质均为R22。每台双工况机组额定工况（7/12℃）制冷量为417RT，实际空调工况（5.0/10.1℃）时为394RT，制冰工况（−2.0/−5.6℃）时为271RT，装机功率为277kW，载冷剂采用容积百分比浓度为25%的乙二醇溶液；常规型主机用作基载主机，制冷量为420RT，装机功率为277kW；机组总装机功率比常规系统减少24%。乙二醇系统一次泵为定流量运行，与制冷主机采用一一对应方式；二次泵为变频调速的变流量运行。蓄冰系统计算见表1，系统运行负荷图见图2。

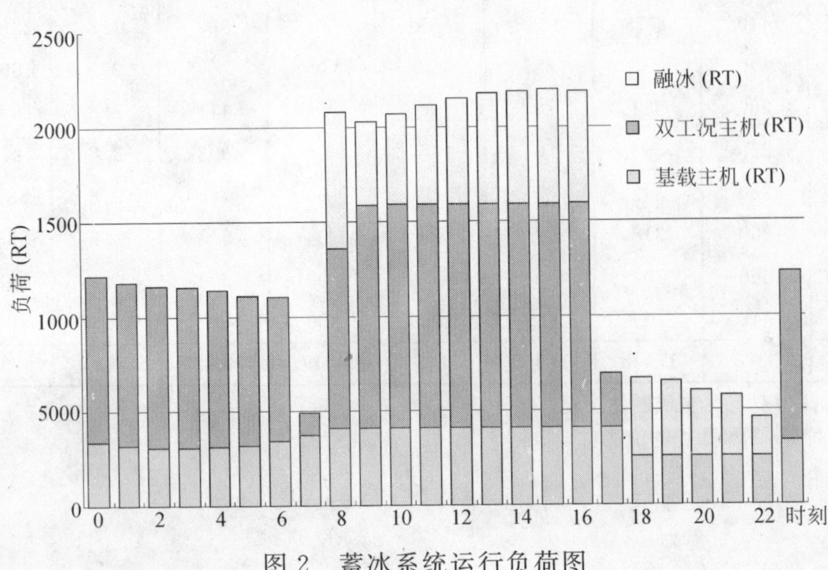

图2　蓄冰系统运行负荷图

冰蓄冷系统可以按照以下工作模式运行：① 基载主机单供冷；② 单制冰；③ 单融冰供冷；④ 双工况主机单供冷；⑤ 双工况主机与融冰的联合供冷；⑥ 双工况主机同时制冰及供冷。其中，①模式可与其他5种模式的任意一种联合运行。

3. 空调冷水系统

冰蓄冷系统的融冰出水温度为2.2℃，通过板式换热器提供3.3℃的冷冻水，直接供空调箱（AHU）使用，回水温度为14.4℃，温差为11.1℃。对于建筑物内设置的少量风机盘管，采用3.3℃冷冻水与回水混合的方式，提供7.8℃的冷冻水，回水仍为14.4℃，温差为6.6℃。

4. 自控要求

对于整体化蓄冰空调系统来说，完善的自动控制系统是必不可少的组成部分。暖通专业的设计任务主要是明确控制对象，提出运行模式和控制要求，合理安排及布置控制装置（传感器和执行器）等。

本工程空调自控系统采用分布式计算机监控与管理的集散型系统，空调冷源设备采用PLC（可编程控制器）控制，中央控制站对系统的运行进行集中监视、控制和管理。

（1）系统的优化控制和负荷预测

制冰模式的控制比较简单，一般根据时间预设及剩余冰量来操作，如果剩余冰量大于第二天负荷的全部需求量也可不制冰。

供冷的模式较多，应用的条件应是在满足空调使用要求的前提下运行费用最少。显而易见，优选次序是先用冰（单融冰方式），次加基载主机（融冰＋基载），再加双工况主机（联合供冷＋基载）。双工况主机单供冷及制冰供冷模式作为非常规情况下的应急措施，一般不会用到。而联合供冷时，是采用融冰优先方式还是主机优先方式，冰和主机负荷在不同电价时段上如何分配，以及随着用户负荷的变化而进行的各种模式的转换、设备运行状态和参数的调整等，要以一套完善的优化控制程序为基础。

实现系统优化控制的前提是软件的负荷预测能力。本工程是先利用运行日的室外气温和焓值条件对设计日负荷曲线进行修正，运行后的实际负荷曲线作为下一日室外气候条件下负荷预测的基础，利用软件的再学习和记忆功能，经过一年时间的不断积累，建立起一套比较符合实际情况的各种气候条件下本工程专有的数据库。

（2）主要的控制对象及参数说明

1）冷冻水系统的供水温度、工作压力和供回水压差

供水温度是通过变频调节乙二醇溶液泵（二次泵）的流量来维持恒定；

工作压力是采用闭式膨胀水箱的定压及补水来保持恒定；

供回水压差是通过变频调节冷冻水泵流量来保持恒定。

风机盘管水系统的出水温度是通过比例调节水泵前的三通阀来保持恒定。

风机盘管水系统的供回水压差是通过变频调节该系统冷冻水泵流量来保持恒定。

2）乙二醇溶液系统的供液温度和工作压力

供液温度稳定在2.2℃是通过：① 有融冰时，比例调节蓄冰装置出口三通阀；② 主机单制冷时，主机出水温度设定；③ 制冰供冷时，比例调节板式换热器乙二醇溶液侧的三通阀。

工作压力的稳定也是利用闭式膨胀水箱。

3）蓄冰装置的充冰量和融冰量

充冰量和融冰量利用蓄冰装置的液位信号来检测，也利用蓄冰装置供回水的冷量积算来辅助检测。

4）制冷机

出水温度，亦即冷机和冰槽之间的温度，按照系统运行模式的不同，程序将采用不同的设定值，联合供冷时还视主机优先或融冰优先而不同，由制冷机本身的控制器执行。制冰时为−5.6℃，融冰优先时为5℃，主机优先时按最低温度设定为2.2℃，而实际温度值应在5～2.2℃之间变化。

冷机卸载与台数控制，一般发生在融冰优先方式，负荷降低时，冷机进水温度降低，冷机自动卸载而进行台数控制，当进水温度等于出水设定温度时（5℃），全部停机。

主机制冰时，为保证运行效率最高，一般不进行容量控制，但可进行台数控制。

制冰时主机停机除受蓄冰装置的液位控制和冷量积算辅助控制外，还应受进出水温度低于预定值控制和蓄冰时间控制。

5）水泵

除前述的冷冻水泵和乙二醇溶液二次泵受压差和温度信号变频控制流量外，乙二醇溶液初级泵为定流量运行，可根据冷量积算或温差进行台数控制，但一次液流量不得小于二次液流量。

6）其他

负荷侧（空调箱等）采用两通阀对供冷量的控制；板式换热器的防冻保护；低负荷泵、备用水泵及变频器的自动切换；其他必要的参数检测等。

三、制冷施工说明（部分）

1. 管材

（1）空调冷热水管：$DN \leqslant 70$mm采用镀锌钢管，丝扣连接；$DN > 70$mm采用无缝钢管焊接。

（2）乙二醇管道：无缝钢管，焊接。

无缝钢管规格见下表：

公称直径(mm)	DN80	DN100	DN125	DN150	DN200	DN250	DN300	DN350	DN400	DN450
外径×壁厚(mm)	89×3.5	108×4	133×4	159×4.5	219×6	273×6.5	325×7.5	377×9	426×9	480×9

2. 保温

空调冷热水管道，乙二醇管道采用闭孔橡塑海绵保温材料保温，厚度按下列：

冷冻水管道：$DN < 100$mm　　$\delta = 25$mm

$DN \geqslant 100$mm　　$\delta = 32$mm

乙二醇管道：$\delta = 44$mm

热水管道：　$\delta = 19$mm

冷凝水管道：$\delta = 9$mm

3. 系统试压及冲洗

水系统安装完毕（保温之前）须进行水压试验，乙二醇系统的试验压力为0.8MPa，空调冷热水系统的试验压力为1.2MPa，10min内压力降不超过0.02 MPa、且外观检查不漏为合格。经试压合格后，应对系统进行反复冲洗，直至水中不夹带泥沙、铁屑等杂质，且水色不浑浊方为合格。冲洗之前，应先除去过滤器的滤网。管路冲洗时，水流不得经过所有设备。

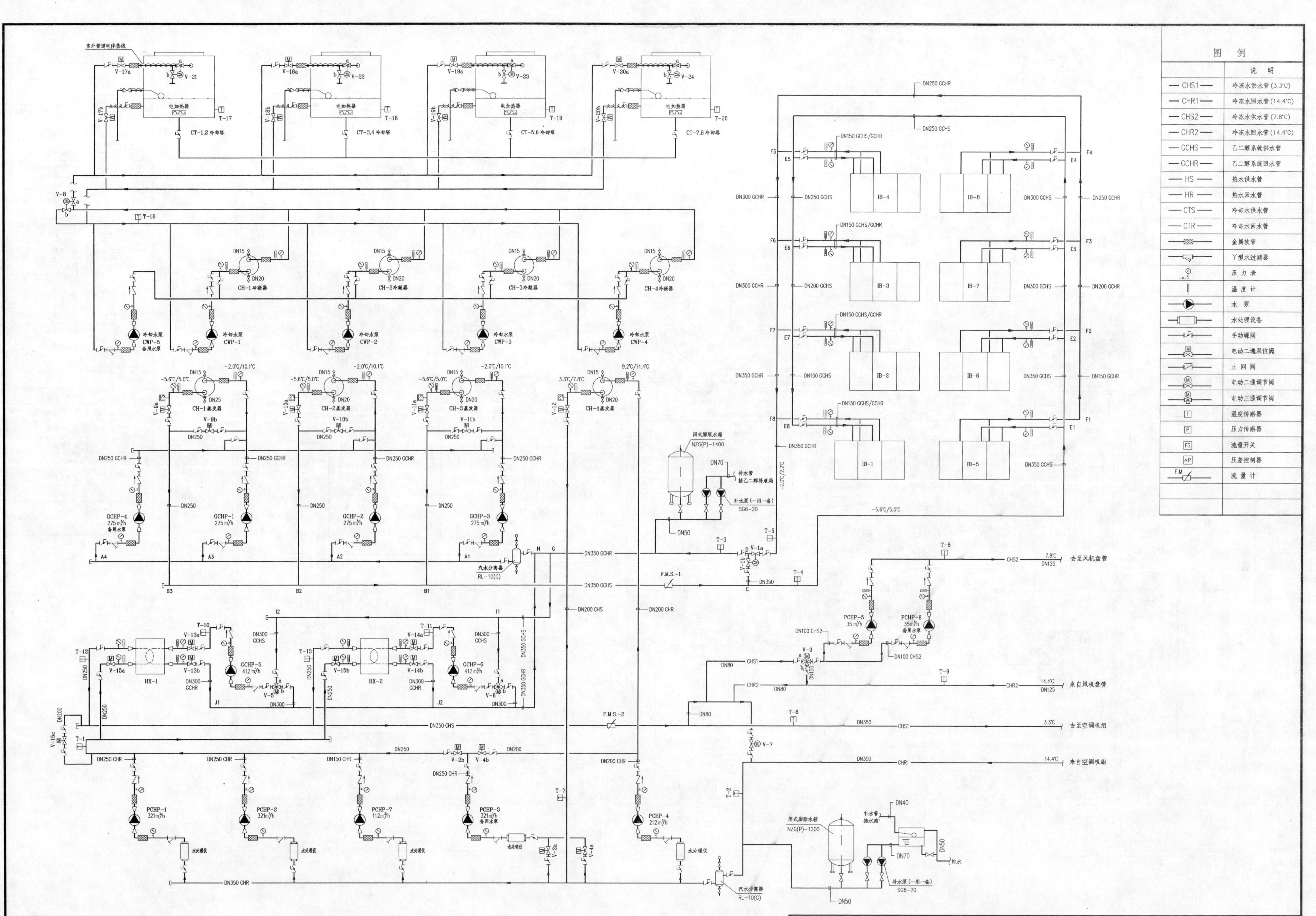

室外管道电伴热线
CT-1,2 冷却塔
CT-3,4 冷却塔
CT-5,6 冷却塔
CT-7,8 冷却塔
电加热器
CH-1 冷凝器
CH-2 冷凝器
CH-3 冷凝器
CH-4 冷凝器
冷却水泵 CWP-5 备用水泵
冷却水泵 CWP-1
冷却水泵 CWP-2
冷却水泵 CWP-3
冷却水泵 CWP-4
CH-1 蒸发器
CH-2 蒸发器
CH-3 蒸发器
CH-4 蒸发器
GCHP-4 275m³/h 备用水泵
GCHP-1 275m³/h
GCHP-2 275m³/h
GCHP-3 275m³/h
汽水分离器 RL-10(G)
闭式膨胀水箱 NZG(P)-1400
补水管 接乙二醇补液箱
补水泵（一用一备） SG6-20
IB-1
IB-2
IB-3
IB-4
IB-5
IB-6
IB-7
IB-8
HX-1
HX-2
GCHP-5 412m³/h
GCHP-6 412m³/h
PCHP-5 35m³/h
PCHP-6 35m³/h 备用水泵
去至风机盘管
来自风机盘管
去至空调机组
来自空调机组
PCHP-1 321m³/h
PCHP-2 321m³/h
PCHP-7 112m³/h
PCHP-3 321m³/h 备用水泵
PCHP-4 212m³/h
水处理仪
闭式膨胀水箱 NZG(P)-1200
补水管 接水箱
补水泵（一用一备） SG6-20
排水
图例
说明
CHS1 冷冻水供水管(3.3°C)
CHR1 冷冻水回水管(14.4°C)
CHS2 冷冻水供水管(7.8°C)
CHR2 冷冻水回水管(14.4°C)
GCHS 乙二醇系统供水管
GCHR 乙二醇系统回水管
HS 热水供水管
HR 热水回水管
CTS 冷却水供水管
CTR 冷却水回水管
金属软管
Y型水过滤器
压力表
温度计
水泵
水处理设备
手动蝶阀
电动二通双位阀
止回阀
电动二通调节阀
电动三通调节阀
温度传感器
压力传感器
流量开关
压差控制器
F.M 流量计

节点A

节点B

节点C

节点D

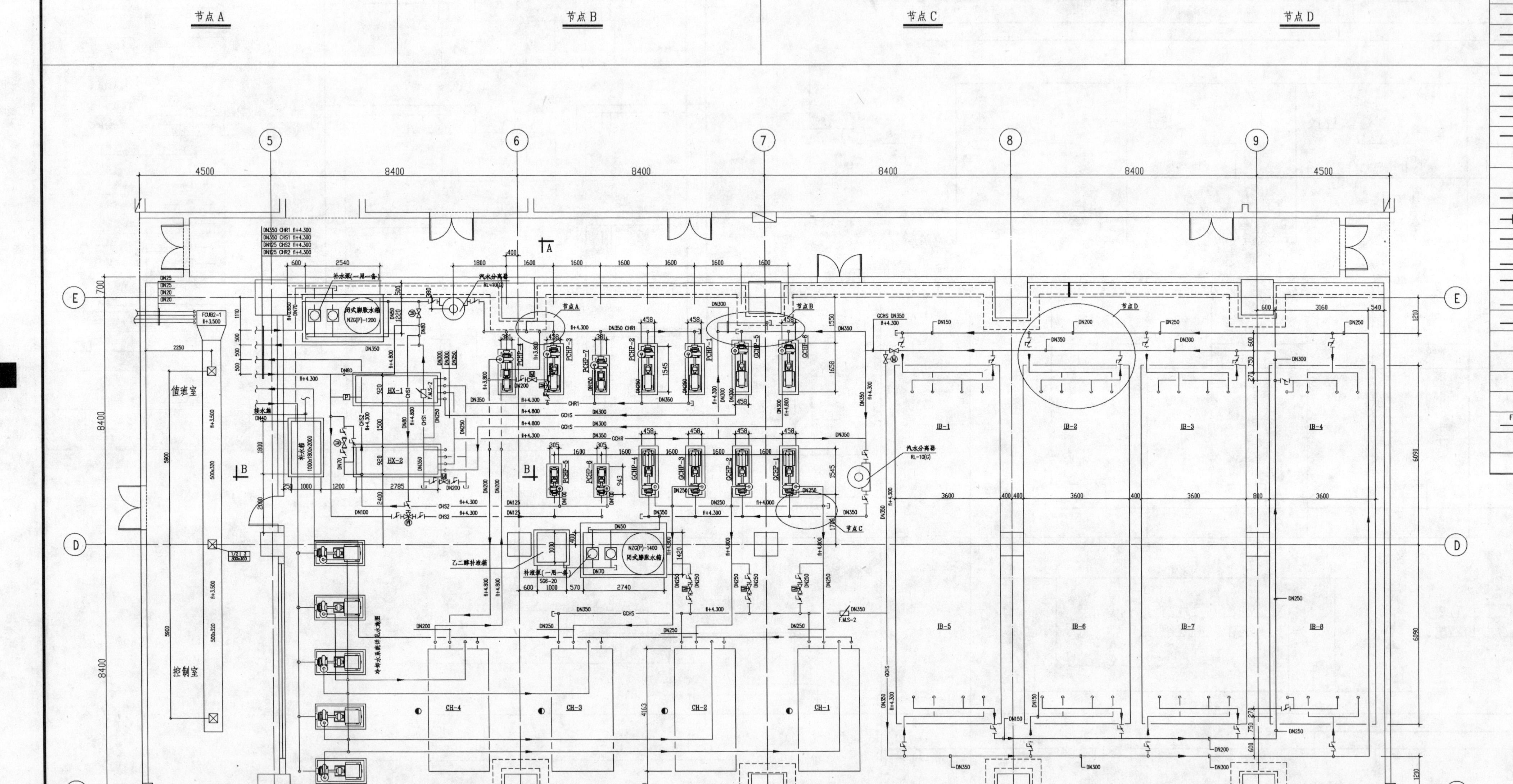

图例	
	说　　明
—CHS1—	冷冻水供水管(3.3℃)
—CHR1—	冷冻水回水管(14.4℃)
—CHS2—	冷冻水供水管(7.8℃)
—CHR2—	冷冻水回水管(14.4℃)
—GCHS—	乙二醇系统供水管
—GCHR—	乙二醇系统回水管
—HS—	热水供水管
—HR—	热水回水管
—CTS—	冷却水供水管
—CTR—	冷却水回水管
	金属软管
	Y型水过滤器
	压　力　表
	温　度　计
	水　　泵
	水处理设备
	手动蝶阀
M	电动二通双位阀
	止　回　阀
M	电动二通调节阀
M	电动三通调节阀
T	温度传感器
P	压力传感器
FS	流量开关
ΔP	压差控制器
F.M	流　量　计

图名	冷冻机房平面图	图号	5-2-2

蓄冰系统主要设备表

水冷式螺杆冷冻机

序号	设备编号	服务范围	标准制冷量	制冷工质	装机容量	冷凝器							蒸发器——制冷模式							
						介质	污垢系数	进口温度（制冷/制冰）	出口温度（制冷/制冰）	流量	阻力	工作压力	介质	污垢系数	进口温度	出口温度	流量	阻力	制冷量	工作压力
			TONS		kW		m²℃/W	℃	℃	m³/h	mH₂O	MPa		m²℃/W	℃	℃	m³/h	mH₂O	TONS	MPa
1	CH-1	乙二醇系统	417	R22	277	水	.000044	32 / 30	37 / 35	300	5.4	1.0	25%乙二醇	.0000176	10.1	5.0	250	7.3	394	1.0
2	CH-2	乙二醇系统	417	R22	277	水	.000044	32 / 30	37 / 35	300	5.4	1.0	25%乙二醇	.0000176	10.1	5.0	250	7.3	394	1.0
3	CH-3	乙二醇系统	417	R22	277	水	.000044	32 / 30	37 / 35	300	5.4	1.0	25%乙二醇	.0000176	10.1	5.0	250	7.3	394	1.0
4	CH-4	冷冻水系统	420	R22	277	水	.000044	32	37	300	5.4	1.0	水	.0000176	14.4	7.8	200	6.5	420	1.6
	·	·	·			·	·	·	·	·	·	·	·	·	·	·	·	·	·	·

序号	蒸发器——制冰模式							压缩机——制冷模式				压缩机——制冰模式				设计参考		备注
	介质	污垢系数	进口温度	出口温度	流量	阻力	制冷量	功率	千瓦/冷吨	电压	频率	功率	千瓦/冷吨	电压	频率	生产厂家	型号	
		m²℃/W	℃	℃	m³/h	mH₂O	TONS	kW	kW/TONS	V	Hz	kW	kW/TONS	V	Hz			
1	25%乙二醇	.0000176	−2.0	−5.6	250	6.4	271	266	.675	380	50	257	.959	380	50	YORK	YSEBEAS45CKD0	
2	25%乙二醇	.0000176	−2.0	−5.6	250	6.4	271	266	.675	380	50	257	.959	380	50	YORK	YSEBEAS45CKD0	
3	25%乙二醇	.0000176	−2.0	−5.6	250	6.4	271	266	.675	380	50	257	.959	380	50	YORK	YSEBEAS45CKD0	
4	·	·	·	·	·	·	·	266	.633	380	50	·	·	·	·	YORK	YSEBEAS45CKD0	
	·	·	·	·	·	·	·	·	·	·	·	·	·	·	·	·	·	

蓄冰槽

序号	设备编号	设备尺寸			蓄冷量（潜热）	制冰		流量	压力降	工作压力	乙二醇浓度（体积百分比）	设计参考		备注
		长	宽	高		进口温度	出口温度					生产厂家	型号	
		m	m	m	kW·h	℃	℃	m³/h	mH₂O	MPa	%			
1	IB-1	7.09	3.6	3.0	3100	−5.1	−1.4	94	10.3	1.0	25	BAC	TSU-890MS	
2	IB-2	7.09	3.6	3.0	3100	−5.1	−1.4	94	10.3	1.0	25	BAC	TSU-890MS	
3	IB-3	7.09	3.6	3.0	3100	−5.1	−1.4	94	10.3	1.0	25	BAC	TSU-890MS	
4	IB-4	7.09	3.6	3.0	3100	−5.1	−1.4	94	10.3	1.0	25	BAC	TSU-890MS	
5	IB-5	7.09	3.6	3.0	3100	−5.1	−1.4	94	10.3	1.0	25	BAC	TSU-890MS	
6	IB-6	7.09	3.6	3.0	3100	−5.1	−1.4	94	10.3	1.0	25	BAC	TSU-890MS	
7	IB-7	7.09	3.6	3.0	3100	−5.1	−1.4	94	10.3	1.0	25	BAC	TSU-890MS	
8	IB-8	7.09	3.6	3.0	3100	−5.1	−1.4	94	10.3	1.0	25	BAC	TSU-890MS	

板式热交换器

序号	设备编号	服务范围	换热量	一次侧（乙二醇）					二次侧（水）					设计参考		备注
				流量	阻力	进口温度	出口温度	工作压力	流量	阻力	进口温度	出口温度	工作压力	生产厂家	型号	
			kW	m³/h	mH₂O	℃	℃	MPa	m³/h	mH₂O	℃	℃	MPa			
1	HX-1	CHILLED WATER	3251	375	8.5	2.2	10.3	1.6	292	4.8	12.9	3.3	1.6	ALFA-LAVAL	MX25BFG	外表面保温
2	HX-2	CHILLED WATER	3251	375	8.5	2.2	10.3	1.6	292	4.8	12.9	3.3	1.6	ALFA-LAVAL	MX25BFG	外表面保温
	·	·	·	·	·	·	·		·	·	·	·		·	·	·
	·	·	·	·	·	·	·		·	·	·	·		·	·	·

泵

序号	设备编号	服务对象	类型	流量	扬程	效率	工作压力	接管尺寸		电机				设计参数		备注
								进口 φ	出口 φ	功率	转速	电压	频率	生产厂家	型号	
				m³/h	mH₂O	%	MPa	mm	mm	kW	r/min	V	Hz			
1	GCHP-1	CH-1	端吸式	275	27	86	1.0	200	150	30	1450	380	50	PACO	L-6012-3	
2	GCHP-2	CHI-2	端吸式	275	27	86	1.0	200	150	30	1450	380	50	PACO	L-6012-3	
3	GCHP-3	CH-3	端吸式	275	27	86	1.0	200	150	30	1450	380	50	PACO	L-6012-3	
4	GCHP-4	CHI-1～3备用	端吸式	275	27	86	1.0	200	150	30	1450	380	50	PACO	L-6012-3	
5	GCHP-5	HX-1一次侧	端吸式	412	17	80	1.0	200	150	30	1450	380	50	PACO	L-8012-3	变频调速
6	GCHP-6	HX-2一次侧	端吸式	412	17	80	1.0	200	150	30	1450	380	50	PACO	L-8012-3	变频调速
7	PCHP-1	HX-1二次侧	端吸式	321	29	88	1.6	200	150	37	1450	380	50	PACO	L-6012-3	变频调速
8	PCHP-2	HX-2二次侧	端吸式	321	29	88	1.6	200	150	37	1450	380	50	PACO	L-6012-3	变频调速
9	PCHP-3	HX-1,2二次侧备用	端吸式	321	29	88	1.6	200	150	37	1450	380	50	PACO	L-6012-3	
10	PCHP-4	CH-4	端吸式	212	12	84	1.6	150	125	11	1450	380	50	PACO	L-5095-7	
11	PCHP-5	风机盘管水系统	端吸式	35	16	73	1.6	70	50	4	1450	380	50	PACO	L-2595-5	
12	PCHP-6	风机盘管水系统备用	端吸式	35	16	73	1.6	70	50	4	1450	380	50	PACO	L-2595-5	
13	PCHP-7	HX-1,2二次侧低负荷泵	端吸式	112	19	75	1.6	·	·	11	1450	380	50	PACO	·	

第三章 中国大饭店

中国建筑设计研究院 宋孝春

一、工程概述

中国大饭店及国贸一期制冷机房原有常规电制冷机组1000RT三台和500RT两台，总供冷量4000RT，随着经营业务的扩大，其附属建筑的改扩建，如将国贸一期停车场改建为商场使用等，空调面积增加约8000m²，工程部从长远规划考虑，要求增加空调负荷1000RT。

另外，原有制冷机组已进入大修更新阶段，亦需要解决该阶段供冷问题；国贸一期机电系统改造，增添了冬季冷负荷供应，故此对制冷机房改造。

二、空调冷负荷

设计条件：白天电价峰值8小时，最大融冰供冷负荷为1000RT；系统储冰量大于8000RT·h，原有空调负荷曲线；同时应考虑原有常规制冷机检修时，停运一台1000RT或500RT主机情况下系统能保证供冷，计算结果为：

(1) 设计日峰值冷负荷： 15823kW(4500RT)；

(2) 夜间峰值冷负荷： 7033kW(2000RT)；

(3) 冬季峰值冷负荷： 3956kW(1125RT)；

(4) 设计日总冷量： 284819kW·h(81000RT·h)；

(5) 设计日总蓄冰冷量： 40437kW·h(11500RT·h)；

(6) 设计日连续空调冷量： 168781kW·h(48000RT·h)。

三、系统设计

本工程采用部分负荷蓄冰系统，制冷主机和蓄冰设备为并联方式，该蓄冰制冷系统与原制冷系统并联使用，直接供应7℃冷冻水。

夜间电价低谷制冰系统将冰蓄满，白天电价高峰时段融冰供冷，融冰量通过改变融冰水泵频率控制；电价平峰时段制冷系统补充供冷，各工况转换通过电动阀门开关自动切换。

冬季供冷系统，利用室外冷空气换热之天然冷源降温方式，即冷却水通过制冷系统的冷却塔降温，再经过热交换器换热将冷冻水温度降低的供冷方式。

另外，冷水机组与乙二醇泵，冷却水泵、冷却塔，换热器与冷冻水泵一对一匹配设置，自动(或手动)投入运行。

1. 双工况主机：选用两台美国特灵TRANE公司CVHG780-489-142L1420TE型三级压缩离心式冷水机组，变工况运行，制冷工况制冷量757RT，制冰工况制冷量503RT；乙二醇流量为491m³/h，冷却水流量为544m³/h。

	乙二醇温度(℃)	冷却水温度(℃)	制冷量(RT)
制冷工况	5.56/10.56	32/37	757
制冰工况	−4.94/−1.6	30/33.3	503

2. 蓄冰设备：选用1152组美国FAFCO公司HXR-10型蓄冰盘管，每组潜热储冷量为8.6RT·h；安装在原筏基改装的24个蓄冰槽内，总潜热蓄冰冷负荷为9907RT·h，最大融冰供冷量为1000RT。

3. 制冷系统：

(1) 板式换热器两台，单台换热量2900kW，一次侧乙二醇温度5.56/10.56℃，二次侧冷冻水温度7/12℃。

(2) 乙二醇泵：单台流量为550m³/h，扬程为37mH₂O。

(3) 冷冻水泵：单台流量为500m³/h，扬程为26mH₂O。

(4) 冷却水泵：单台流量为600m³/h，扬程为32mH₂O。

(5) 冷却塔：两组高效逆流超低噪声方形组合式冷却塔，单组处理水量575m³/h。

4. 融冰系统：

(1) 板式换热器两台，单台换热量1950kW，一次侧乙二醇温度5.5/10.5℃，二次侧冷冻水温度7/12℃。

(2) 乙二醇泵：变频运行，单台流量为360m³/h，扬程为26mH₂O。

(3) 冷冻水泵：单台流量为330m³/h，扬程为26mH₂O。

5. 天然冷源供冷系统：

(1) 板式换热器两台，单台换热量2900kW，一次侧冷却水温度5/10℃，二次侧冷冻水温度7/12℃。

(2) 利用制冷系统的冷却水泵变频控制运行，制冷冷冻水泵定流量。

为保证冬季正常运行，冷却水管及冷却塔底盘应作保温，冷却塔集水盘内设电加热盘管并与水位连锁控制；室外冷却水管保温层内设自控电伴热线，以防冷却水冻结。

6. 补水定压：乙二醇系统采用密闭隔膜式膨胀水罐定压方式；乙二醇溶液储存在闭式水箱内(用单向阀与室内空气连通)，通过压力传感器启动乙二醇补水泵向系统补充乙二醇。

四、设计日蓄冰系统运行工况

1. 设计日蓄冰系统运行方案：

(1) 常规主机供冷量(全天)： 244381kW·h(69500RT·h)；

(2) 双工况主机供冷量(11：00～17：00)： 12307kW·h(3500RT·h)；

(3) 蓄冰槽融冰供冷量(电价峰值时段)： 28130kW·h(8000RT·h)；

(4) 双工况主机制冰量(23：00～6：00)： 28542kW·h(8117RT·h)。

蓄冰空调逐时冷负荷平衡表

时间	总冷负荷(RT)	制冷机制冷量(RT)			蓄冰槽(RT)		取冰率(%)
		常规主机	主机制冰	主机制冷	储冰量	融冰量	
0：00	2000	2000	1000		3937		
1：00	2000	2000	1000		4932		
2：00	2000	2000	1000		5927		
3：00	2000	2000	1000		6922		
4：00	2000	2000	1000		7917		
5：00	2000	2000	1000		8912		
6：00	2000	2000	997		9907		
7：00	2000	2000		0	9902		
8：00	4000	3000		0	8897	1000	10.1
9：00	4000	3000		0	7892	1000	10.1
10：00	4000	3000		0	6887	1000	10.1
11：00	4500	4000		500	6882	0	0.0
12：00	4500	4000		500	6877	0	0.0
13：00	4500	4000		500	6872	0	0.0
14：00	4500	4000		500	6867	0	0.0
15：00	4500	4000		500	6862	0	0.0
16：00	4500	4000		500	6857	0	0.0
17：00	4500	4000		500	6852	0	0.0
18：00	4500	3500		0	5847	1000	10.1
19：00	4500	3500		0	4842	1000	10.1
20：00	4500	3500		0	3837	1000	10.1
21：00	3000	2000		0	2832	1000	10.1
22：00	3000	2000		0	1827	1000	10.1
23：00	2000	2000	1120		2942		
合计	81000	69500	8117	3500		8000	80.8

2. 设计日(原一台1000RT主机停运)蓄冰系统运行方案:

(1) 常规主机供冷量(全天): 214493kW · h(61000RT · h);

(2) 双工况主机供冷量(11:00～20:00): 42195kW · h(12000RT · h);

(3) 蓄冰槽融冰供冷量(电价峰值时段): 28130kW · h(8000RT · h);

(4) 双工况主机制冰量(23:00～6:00): 28542kW · h(8117RT · h)。

蓄冰空调逐时冷负荷平衡表(停一台1000RT)

时间	总冷负荷(RT)	制冷机制冷量(RT)			蓄冰槽(RT)		取冰率(%)
		常规主机	主机制冰	主机制冷	储冰量	融冰量	
0:00	2000	2000	1000		3937		
1:00	2000	2000	1000		4932		
2:00	2000	2000	1000		5927		
3:00	2000	2000	1000		6922		
4:00	2000	2000	1000		7917		
5:00	2000	2000	1000		8912		
6:00	2000	2000	997		9907		
7:00	2000	2000		0	9902		
8:00	4000	3000		0	8897	1000	10.1
9:00	4000	3000		0	7892	1000	10.1
10:00	4000	3000		0	6887	1000	10.1
11:00	4500	3000		1500	6882	0	0.0
12:00	4500	3000		1500	6877	0	0.0
13:00	4500	3000		1500	6872	0	0.0
14:00	4500	3000		1500	6867	0	0.0
15:00	4500	3000		1500	6862	0	0.0
16:00	4500	3000		1500	6857	0	0.0
17:00	4500	3000		1500	6852	0	0.0
18:00	4500	3000		500	5847	1000	10.1
19:00	4500	3000		500	4842	1000	10.1
20:00	4500	3000		500	3837	1000	10.1
21:00	3000	2000		0	2832	1000	10.1
22:00	3000	2000		0	1827	1000	10.1
23:00	2000	2000	1120		2942		
合 计	81000	61000	8117	12000		8000	80.8

3. 设计日(原一台500RT主机停运)蓄冰系统运行方案:

(1) 常规主机供冷量(全天): 232074kW · h(66000RT · h);

(2) 双工况主机供冷量(11:00～17:00): 24614kW · h(7000RT · h);

(3) 蓄冰槽融冰供冷量(电价峰值时段): 28130kW · h(8000RT · h);

(4) 双工况主机制冰量(23:00～6:00): 28542kW · h(8117RT · h)。

蓄冰空调逐时冷负荷平衡表(停一台500RT)

续表

时间	总冷负荷(RT)	制冷机制冷量(RT)			蓄冰槽(RT)		取冰率(%)
		常规主机	主机制冰	主机制冷	储冰量	融冰量	
0:00	2000	2000	1000		3937		
1:00	2000	2000	1000		4932		
2:00	2000	2000	1000		5927		
3:00	2000	2000	1000		6922		
4:00	2000	2000	1000		7917		
5:00	2000	2000	1000		8912		
6:00	2000	2000	997		9907		
7:00	2000	2000		0	9902		
8:00	4000	3000		0	8897	1000	10.1
9:00	4000	3000		0	7892	1000	10.1
10:00	4000	3000		0	6887	1000	10.1
11:00	4500	3500		1000	6882	0	0.0
12:00	4500	3500		1000	6877	0	0.0
13:00	4500	3500		1000	6872	0	0.0
14:00	4500	3500		1000	6867	0	0.0
15:00	4500	3500		1000	6862	0	0.0
16:00	4500	3500		1000	6857	0	0.0
17:00	4500	3500		1000	6852	0	0.0
18:00	4500	3500		0	5847	1000	10.1
19:00	4500	3500		0	4842	1000	10.1
20:00	4500	3500		0	3837	1000	10.1
21:00	3000	2000		0	2832	1000	10.1
22:00	3000	2000		0	1827	1000	10.1
23:00	2000	2000	1120		2942		
合 计	81000	66000	8117	7000		8000	80.8

五、自控设计

本工程空调自控采用集散式直接数字控制系统(DDC系统),制冷机房内设备及蓄冰系统控制均纳入DDC控制系统中,微机控制中心设在制冷机房附近。

部分负荷蓄冰系统运行工况比较复杂,对控制系统的要求相对较高,除了保证各运行工况间的相互转换及冷冻水,乙二醇的供回水温度控制外,还应解决双工况主机和蓄冰设备间的供冷负荷分配问题。

本工程采用融冰优先控制系统,即在电价峰值时段,以恒定的速度消耗储存的冰,不足的部分的冷量再由冷水机组补充的控制方案,达到最大的节约电费目的。

制冷系统主要控制点设置,请见蓄冰制冷自控原理图,同时应能实现以下运行工况的控制:

(1) 主机制冰工况:阀V2开,蓄冰槽液位控制。

(2) 蓄冰设备融冰供冷工况:阀V3开,冷冻水恒温(T2)——融冰水泵变频控制。

(3) 主机单独供冷工况:阀V1开,冷冻水恒温(T1)——主机变能量调节控制。

(4) 主机和蓄冰设备同时供冷工况:阀V1,3开,以上两项联合控制。

(5) 冬季天然冷源供冷工况:冷冻水恒温(T3)——冷却水泵变频控制。

(6) 系统关闭工况。

六、主要技术经济指标

该蓄冰空调系统与原有常规制冷系统并联协调使用,可以得到良好的节电效果。计算日节约电费3851.6元,全年按150天供冷考虑,可节电费57.8万元。另外,该系统日转移高峰电量7200kW · h,为电力移峰填谷作出了贡献。

施 工 说 明

1. 管材：

冷冻水管道，冷却水管道，乙二醇管道管径 $DN\leqslant 50$mm 采用焊接钢管，焊接或零件连接，$DN\geqslant 70$mm 采用热轧无缝钢管(管径及壁厚见下表)，弯头煨弯时其曲率半径为管外径的 2～4 倍，较大的冷水管道采用焊接弯头；焊接或法兰连接。

公称直径	外径×壁厚	公称直径	外径×壁厚	公称直径	外径×壁厚
mm	mm×mm	mm	mm×mm	mm	mm×mm
*D*70	73×4.0	*D*150	159×4.5	*D*350	377×9
*D*80	89×4.0	*D*200	219×6.0	*D*400	426×10
*D*100	108×4.0	*D*250	273×8.0	*D*500	529×10
*D*125	133×4.0	*D*300	325×8.0	*D*600	620×10

2. 试压：

(1) 全部水管道安装完毕后，应进行分段试压，乙二醇系统工作压力为 0.5MPa，试验压力为 0.6MPa；冷冻水系统工作压力为 1.6MPa，试验压力为 1.70MPa；冷却水系统工作压力为 0.5MPa，试验压力为 0.6MPa。

(2) 冷水机组，水泵，换热器等设备的试压，应按厂家说明书的有关要求进行。

3. 冲洗：应进行分段冲洗，至排水清净为合格。

4. 防腐：非镀锌钢管表面除锈后，刷防锈漆两道，明装管道再刷银粉两道；镀锌钢管表面缺损处刷防锈漆一道，银粉两道。

5. 保温：乙二醇管道，冷冻水管道及其配件均做保温，保温材料采用 PVC 橡塑保温管材(难燃 B1 级)；厚度为乙二醇管道：38mm；冷冻水管道：30mm；冷却水管道：25mm；所有缝隙均要求用专用胶水粘结严密，不得存在漏气现象，且冷冻水管与支吊架之间应置经过防腐处理的硬木垫块，具体作法参见《通用图集 91SB-6》。

制冷机房内管道及设备保温后，再做 0.4mm 铝合金板保护层，具体作法参见《通用图集 91SB-6》。

6. 管道穿墙及楼板处应加套管，待管道安装完毕后予以堵严。

7. 供水管道的分流三通及回水管道的合流三通应采用下图连接方式。

8. 明装管道外表面应每隔 3m，贴不同颜色色环以示区别，但为辨别管内水流方向也宜用颜色箭头表示，所有管道阀门均应挂牌，牌上注明是某系统的供水阀或回水阀。

9. 图中所注平面尺寸以 mm 计，标高尺寸以 m 计。

图中所注管道标高为相对本层地面标高。

10. 所有设备基础均应待设备到货，核对其地脚螺栓尺寸无误后，方可浇筑。在施工过程中，请与土建专业密切配合，做好管道穿墙及楼板孔洞的预留工作。

11. 冷水机组、热交换器、水泵、各类阀门配件及空调自控等设备到货后，应仔细检查其产品性能规格是否符合设计要求和生产厂家的技术规定，且在确认其主体和零配件无任何缺损、锈蚀等情况，各种技术文件齐全后方可安装。

12. 其他未说明部分，请按《采暖与卫生工程施工及验收规范》(GBJ 242—82)，《机械设备工程施工及验收规范》(JGJ 71—90)，《建筑设备施工安装图集》(91SB6)，以及其他的国家标准或行业标准进行施工。

主要设备材料表

序 号	系统编号	设备名称	主 要 性 能	单位	数量	备 注
1	R-1,2	三级压缩 离心式冷水机组 CVHG780-489-305 -142L1420TECU28 -142L1420TECU2	制冷工况制冷量：757RT(2662kW) 乙烯乙二醇：5.56/10.56℃，491m³/h 冷却水：32/37℃，544m³/h 制冰工况制冷量：503RT(1769kW) 乙烯乙二醇：－4.94/－1.6℃，491m³/h 冷却水：30/33.4℃，544m³/h 电机功率 489kW，380V/50Hz 设备承压 10kg/cm²	台	2	TRANE
2		蓄冰盘管 HXR-10	潜热储冷量 8.6RT・h 设备承压 6kg/cm²	组	1248	FAFCO
3	HR-1,2	板式换热器(制冷) GX-145	换热量 2900kW，换热面积 410m² 一次侧乙二醇温度：5.56/10.56℃ 二次侧冷冻水温度：7/12℃ 设备承压 16kg/cm²，水阻力≤90kPa	台	2	SWEP
4	HR-3,4	板式换热器(融冰) GX-145	换热量 1950kW，换热面积 271m² 一次侧乙二醇温度：5.5/10.5℃ 二次侧冷冻水温度：7/12℃ 设备承压 16kg/cm²，水阻力≤90kPa	台	2	
5	HR-5,6	板式换热器 (天然冷源) GX-100	换热量 2900kW，换热面积 266m² 一次侧冷却水温度：5/10℃ 二次侧冷冻水温度：7/12℃ 设备承压 16kg/cm²，水阻力≤90kPa	台	2	
6	b-1,2	冷却水泵 29-8015-3	流量：L=600m³/h H=32mH_2O，n=1450r/min N=75kW，380V/50Hz 设备承压 10kg/cm²	台	2	(变频) (双吸)
7	BY-1,2	制冷乙二醇泵 29-8015-3	流量：L=550m³/h H=39mH_2O，n=1450r/min N=75kW，380V/50Hz 设备承压 10kg/cm²	台	2	PACO (双吸)
8	B-1,2	制冷冷冻水泵 29-8012-5	流量：L=500m³/h H=26mH_2O，n=1450r/min N=55kW，380V/50Hz 设备承压 16kg/cm²	台	2	(双吸)
9	BY-3,4	融冰乙二醇泵 16-8012-3	流量：L=360m³/h H=26mH_2O，n=1450r/min N=37kW，380V/50Hz 设备承压 10kg/cm²	台	2	(变频) (端吸)
10	B-3,4	融冰冷冻水泵 16-8012-3	流量：L=330m³/h H=26mH_2O，n=1450r/min N=37kW，380V/50Hz 设备承压 16kg/cm²	台	2	(端吸)

续表

序号	系统编号	设备名称	主要性能	单位	数量	备注
11	bY-1,2	乙二醇补水泵 16-1270-7	流量:$L=6m^3/h$ $H=20mH_2O$,$n=2900r/min$ $N=1.5kW$,380V/50Hz 设备承压 $10kg/cm^2$	台	2	(管道泵)
12	LT-1,2	冷却塔 KFT-700	处理水量:$L=575m^3/h$ $N=7.35\times2kW$,380V/50Hz	台	2	上海金日 (配电加热)
13		气液分离器	14AS:处理水量:$L=980m^3/h$	个	1	JANGHAN
14	D-1	隔膜式膨胀水罐	EX1200-L:$V=0.317m^3$	个	1	JANGHAN
15		沉淀罐	$V=1.5m^3$,设备承压 $10kg/cm^2$	个	1	
16		乙二醇储液箱	$V=2.0m^3$,1400×1200×1400	个	1	
17		电子除垢仪	STC-9A,$DN250$ $N=0.3kW$,380V/50Hz	个	2	
18		自动排气阀	Over trp1670066;$DN20$	个	略	
19		电动蝶阀	$D350$	个	3	
			$D300$	个	1	
			$D250$	个	13	
			$D200$	个	4	
20		蝶阀	$DN\geqslant50$	个	略	
21		自控电伴管线	BTV2-CT,220V/50Hz;$t=5℃$	米	略	Raychem
22	LT-3	冷却塔 KFT-350	处理水量:$L=275m^3/h$ $N=5.5\times2kW$,380V/50Hz	台	1	(配电加热)

图例

图例	名称	图例	名称
R-x	冷冻机编号	—L—	冷冻水供水管
B-x	冷冻水泵编号	—L—	冷冻水回水管
BY-x	乙二醇泵编号	—LS—	冷却水供水管
b-x	冷却水泵编号	—LS—	冷却水回水管
bb-x	补水泵编号	—LY—	乙二醇(冷冻)供水管
bY-x	乙二醇补水泵编号	—LY—	乙二醇(冷冻)回水管
HR-x	热交换器编号	——	自来水管
D-x	定压罐编号	—Y—	乙二醇溶液管
	自动排气阀	—b—	补水管
	压力表	—by—	乙二醇补液管
	温度计	—p—	膨胀管
F	水量开关		闸阀
T	温度传感器		蝶阀

续表

图例	名称	图例	名称
H	湿度传感器		止回阀
P	压力传感器		平衡阀
F	流量传感器		电动两通阀
AI	模拟输入量		电动蝶阀
AO	模拟输出量		水管软接头
DI	数字输入量		电子除垢仪
DO	数字输出量		

图纸目录

序号	图号	图纸名称	图纸规格	备注
1	5-3-1	制冷设计说明		
2	5-3-2	制冷施工说明		
3	5-3-3	冰蓄冷系统原理图		
4	5-3-4	冰蓄冷自控原理图		
5	5-3-5	制冷机房平面图		
6	5-3-6	制冷机房剖面图		
7	5-3-7	蓄冰槽盘管安装图		
8	5-3-8	制冷机房设备基础图		
9	5-3-9	冷却塔安装图		

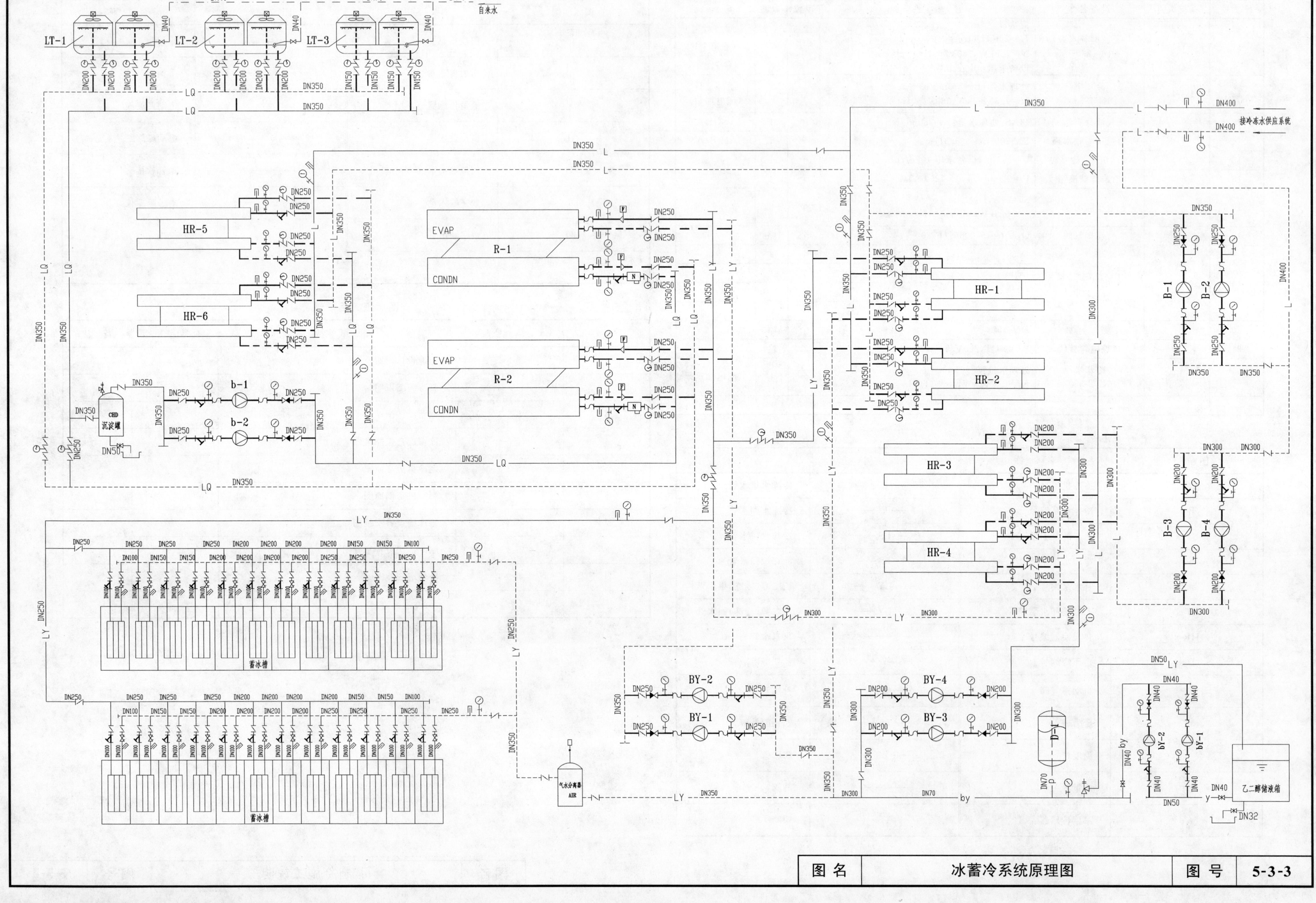

图名	冰蓄冷系统原理图	图号	5-3-3

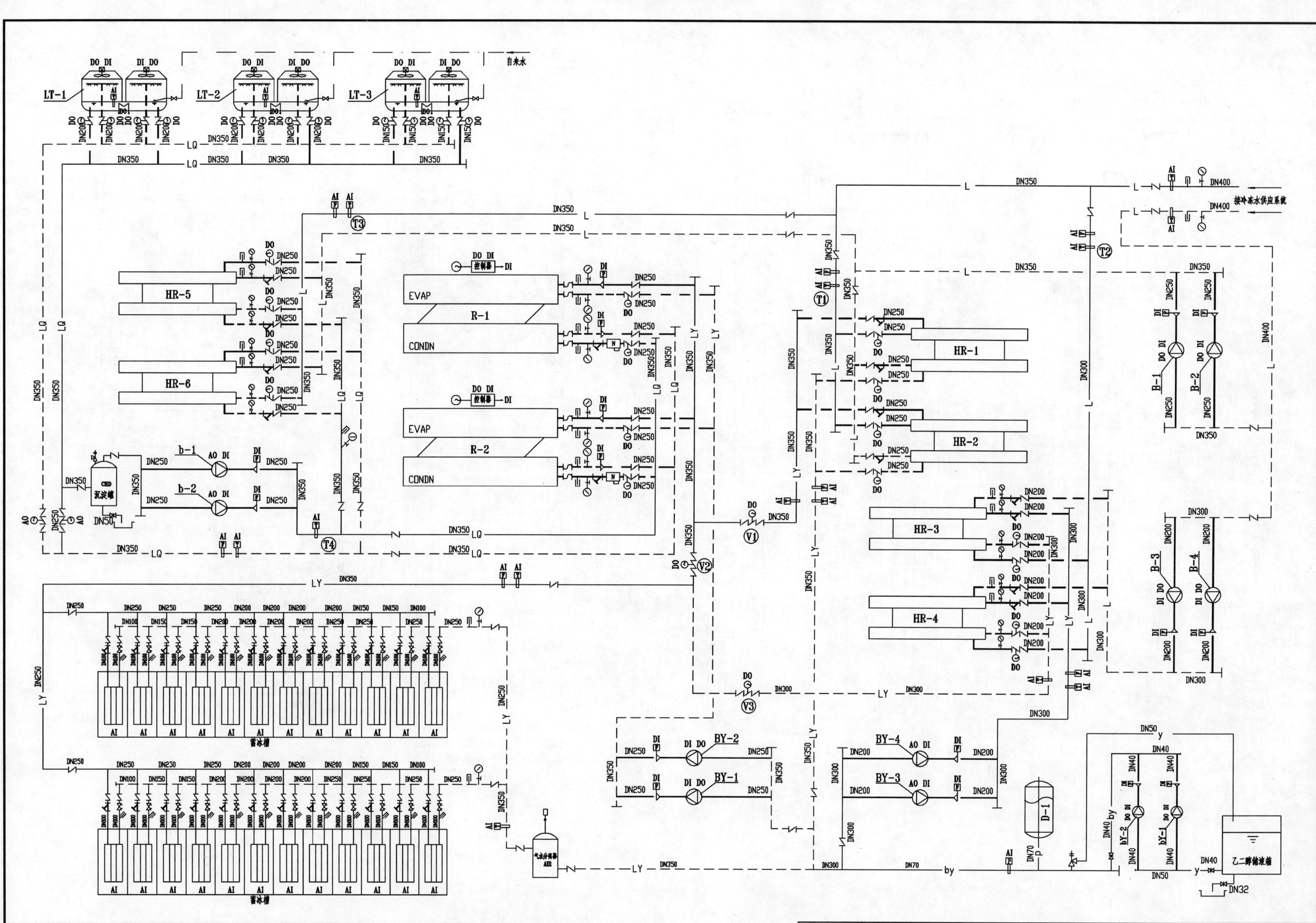

LT-1
LT-2
LT-3
自来水
HR-1
HR-2
HR-3
HR-4
HR-5
HR-6
R-1
R-2
EVAP
CONDN
控制器
b-1
b-2
沉淀罐
蓄冰槽
气水分离器 AIR
BY-1
BY-2
BY-3
BY-4
B-1
B-2
B-3
B-4
D-1
by-1
by-2
乙二醇储液箱
接冷冻水供应系统
T1
T2
T3
T4
V1
V2
V3

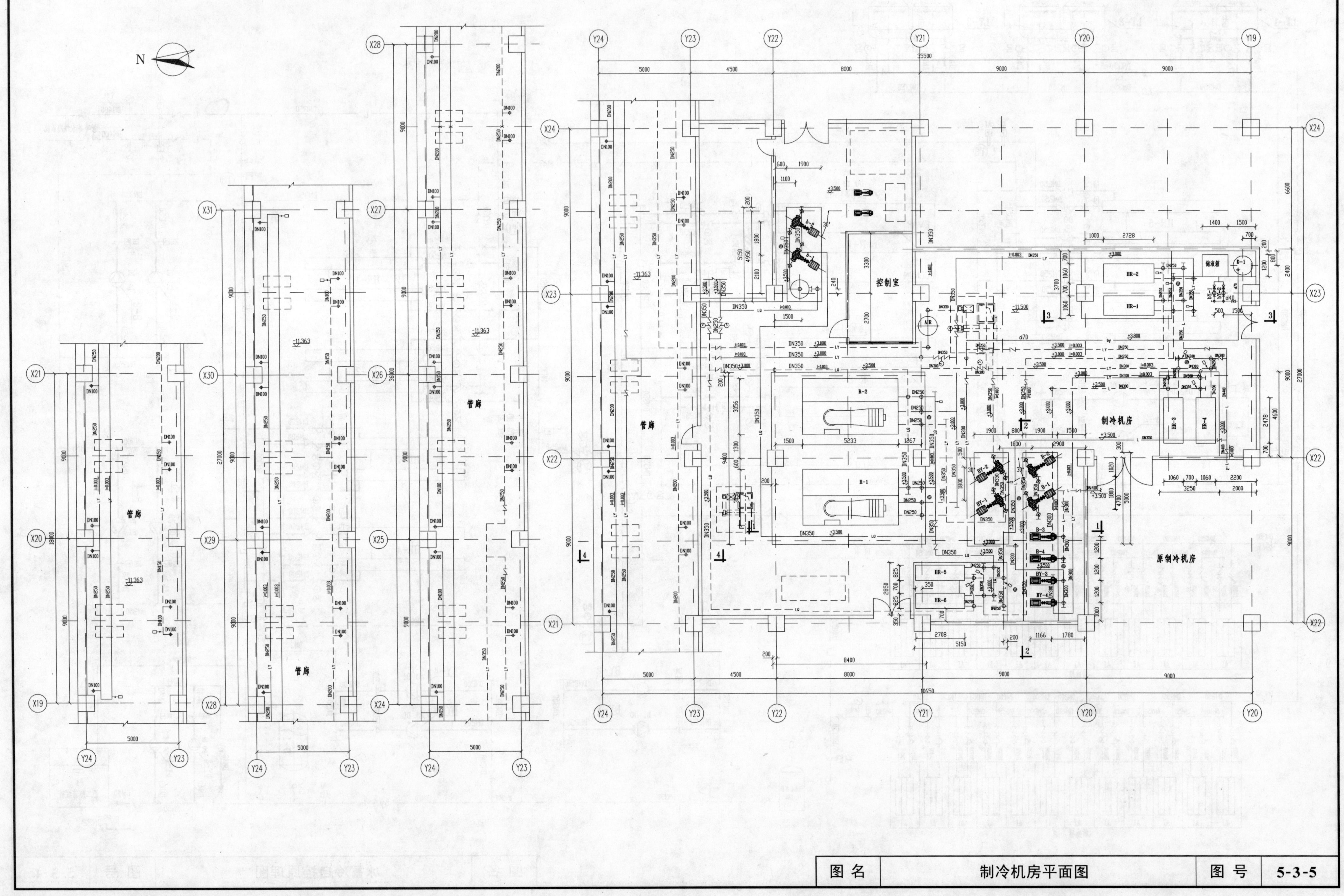
N
管廊
管廊
管廊
管廊
管廊
控制室
制冷机房
原制冷机房
图名
制冷机房平面图
图号
5-3-5

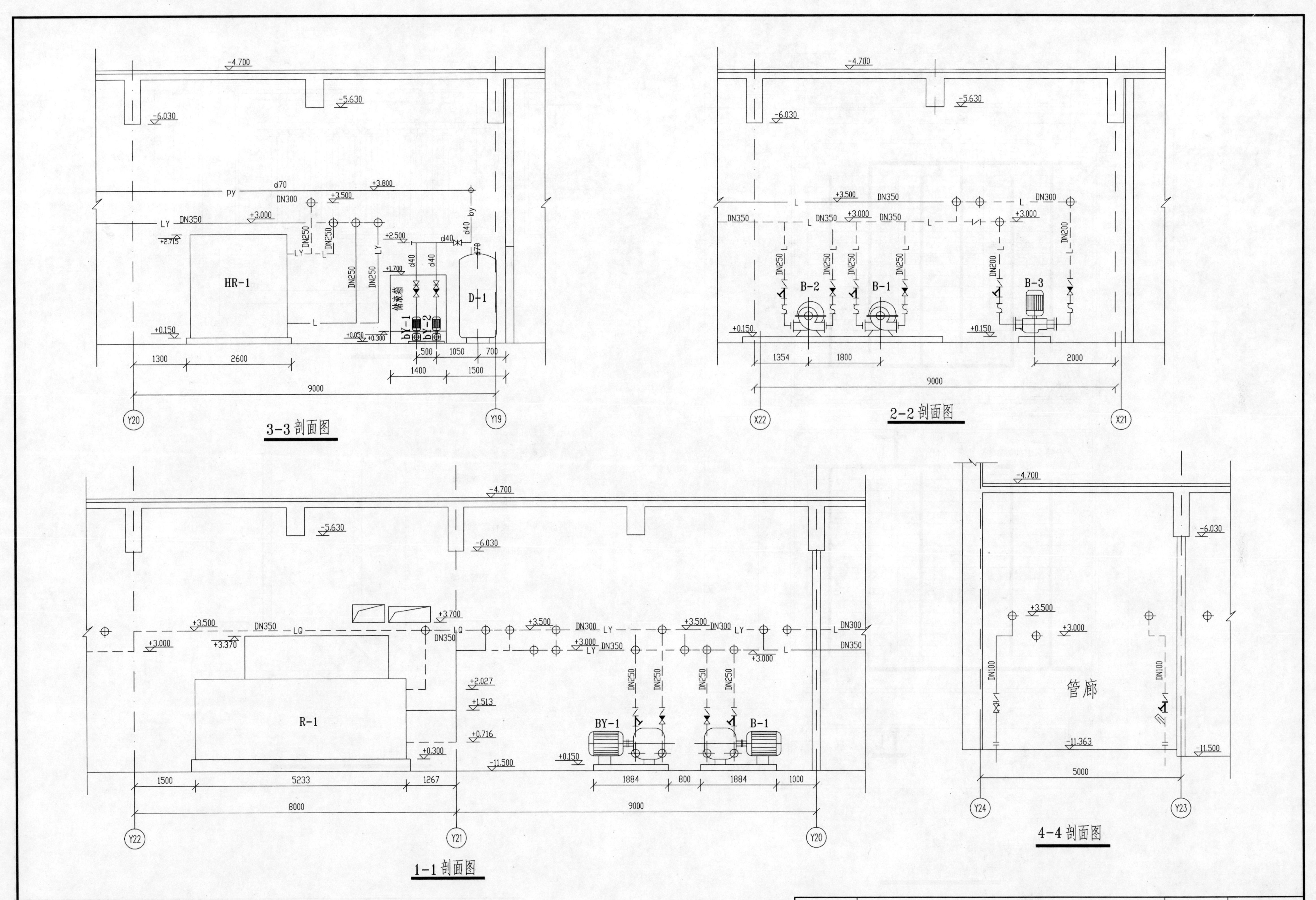

3-3 剖面图
2-2 剖面图
1-1 剖面图
4-4 剖面图
HR-1
D-1
B-1
B-2
B-3
R-1
BY-1
BY-2
储液箱
管廊
-4.700
-5.630
-6.030
-11.500
-11.363
+3.800
+3.700
+3.500
+3.370
+3.000
+2.715
+2.500
+2.027
+1.700
+1.513
+0.716
+0.300
+0.150
+0.050
DN350
DN300
DN250
DN200
DN100
d70
d40
9000
8000
5000

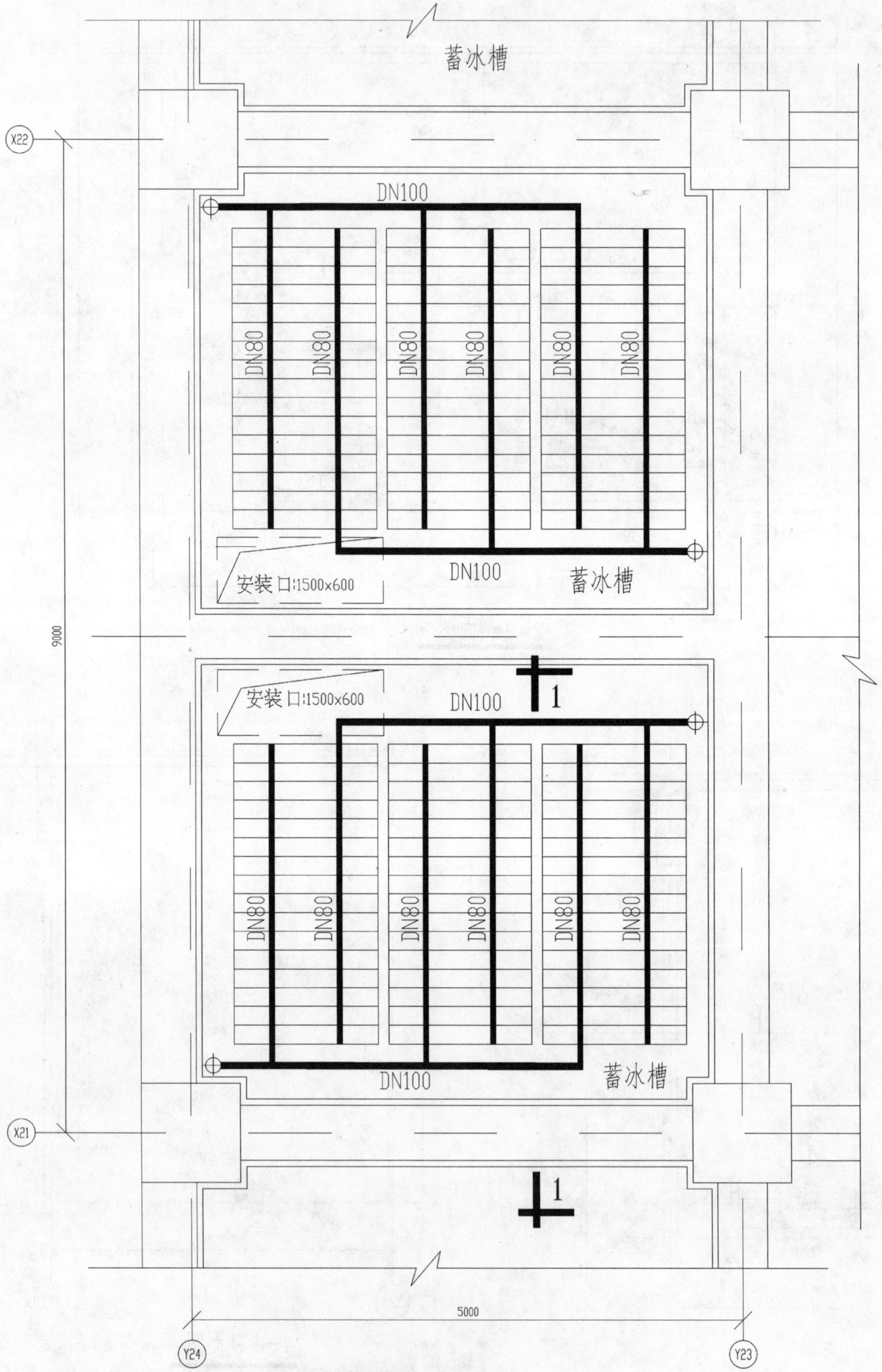

蓄冰槽
DN100
DN80
DN80
DN80
DN80
DN80
DN80
安装口:1500×600
DN100
蓄冰槽
9000
安装口:1500×600
DN100
1
DN80
DN80
DN80
DN80
DN80
DN80
DN100
蓄冰槽
1
X22
X21
5000
Y24
Y23

蓄冰槽盘管布置图

-11.363
100
1524
100
2177
2287
-13.900
170
720
2720
500
4500
X21

1-1剖面图

5布玻璃钢环氧树脂涂料防水层
20厚防水砂浆保护层
50厚硬聚氨酯发泡保温层
两道4厚SBS改性沥青防水卷材
20厚防水砂浆找平层
钢筋混凝土板
-13.900
X21

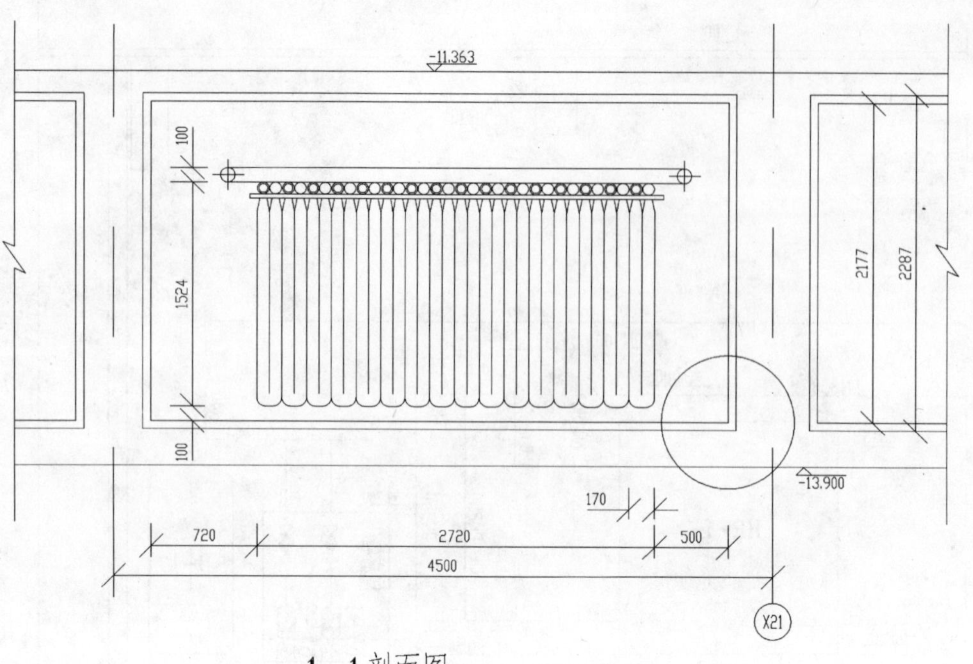

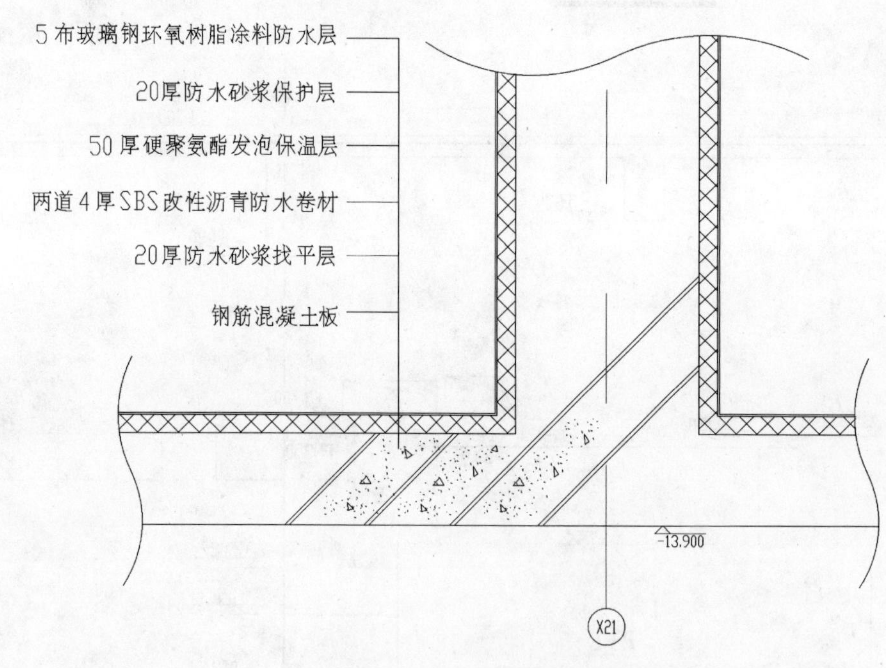

蓄冰槽保温防水示意图

图名	蓄冰槽盘管安装图	图号	5-3-7

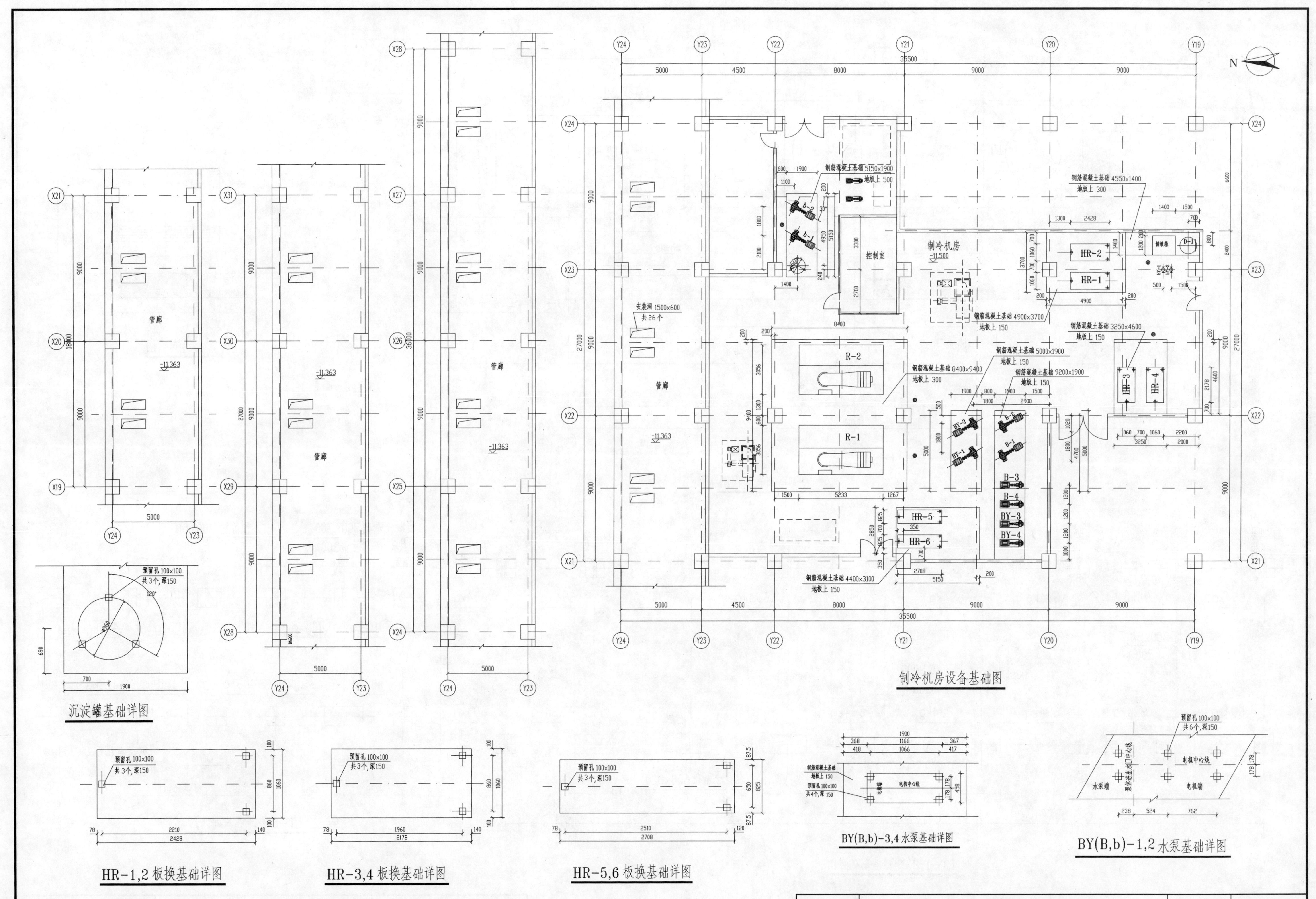

制冷机房设备基础图
制冷机房
-11.500
控制室
管廊
-11.363
安装洞 1500x600
共26个
钢筋混凝土基础 5150x1900
地板上 500
钢筋混凝土基础 4550x1400
地板上 300
钢筋混凝土基础 4900x3700
地板上 150
钢筋混凝土基础 3250x4600
地板上 150
钢筋混凝土基础 5000x1900
地板上 150
钢筋混凝土基础 8400x9400
地板上 300
钢筋混凝土基础 9200x1900
地板上 150
钢筋混凝土基础 4400x3100
地板上 150
R-1
R-2
HR-1
HR-2
HR-3
HR-4
HR-5
HR-6
BY-1
BY-2
BY-3
BY-4
B-3
B-4
b-1
b-2
N
35500
沉淀罐基础详图
预留孔 100x100
共3个,深150
HR-1,2 板换基础详图
HR-3,4 板换基础详图
HR-5,6 板换基础详图
BY(B,b)-3,4 水泵基础详图
钢筋混凝土基础
地板上 150
预留孔 100x100
共4个,深 150
电机中心线
BY(B,b)-1,2 水泵基础详图
预留孔 100x100
共6个,深150
水泵端
电机端

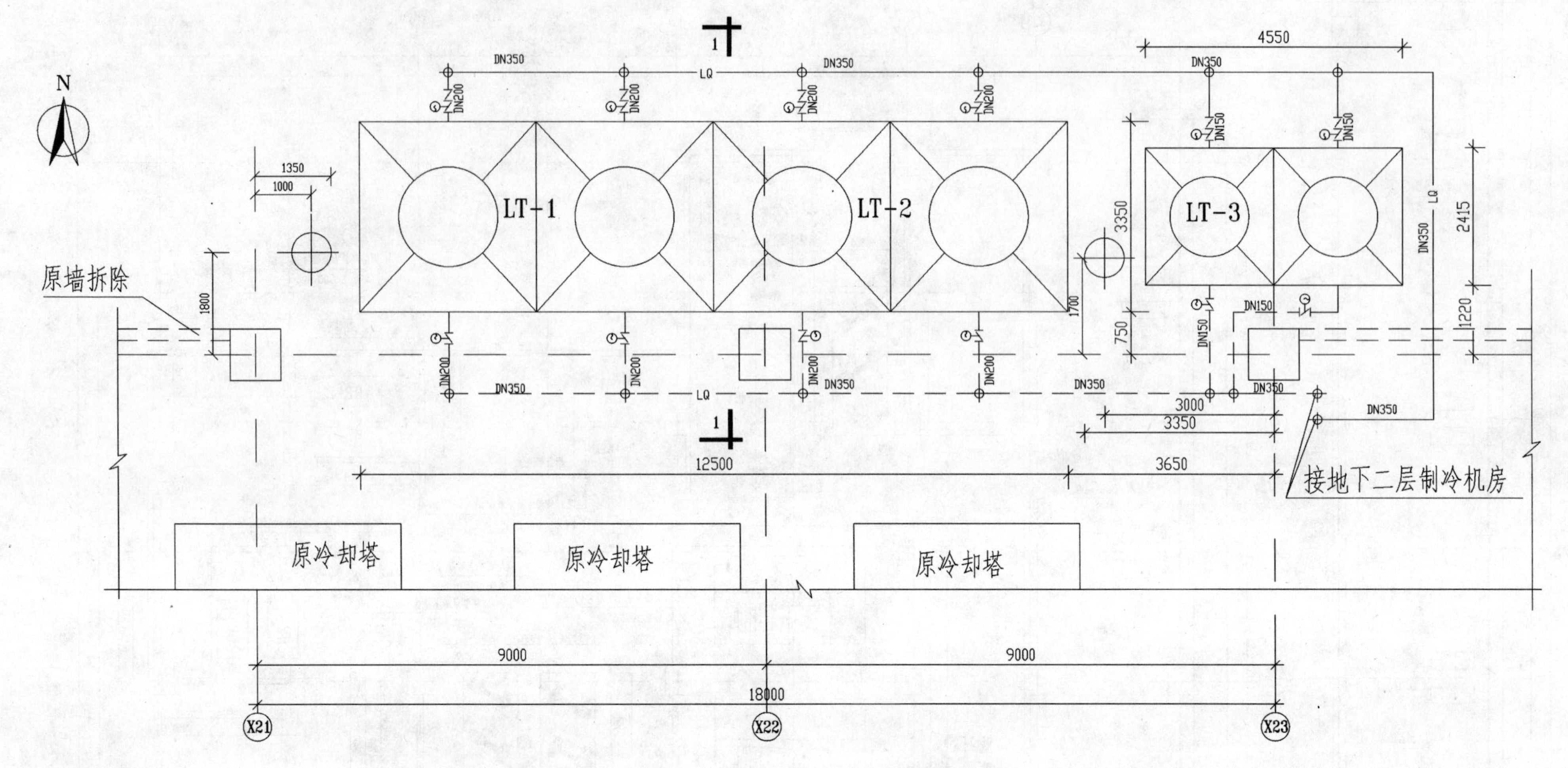

冷却塔布置平面图

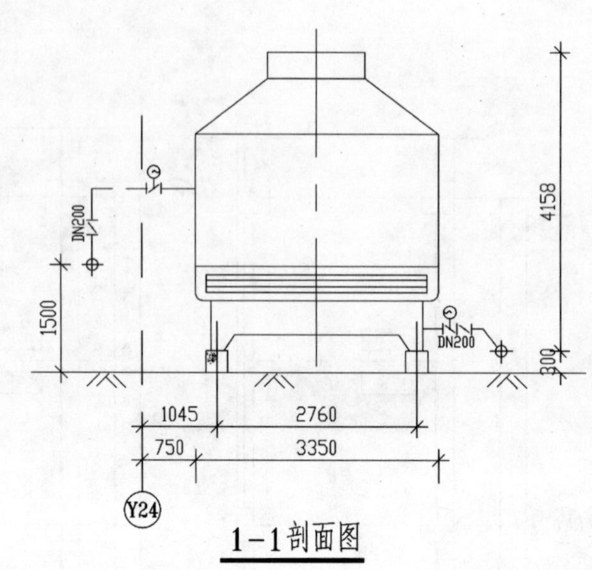

1-1剖面图

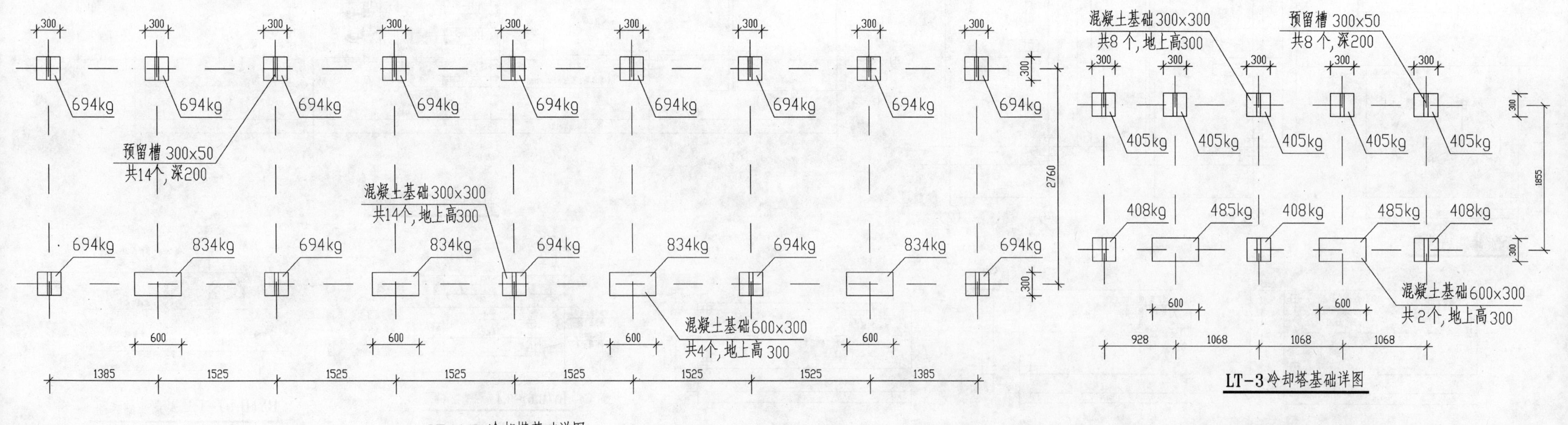

LT-1,2 冷却塔基础详图

LT-3 冷却塔基础详图

图 名	冷却塔安装图	图 号	5-3-9

第四章 上海科技城

上海建筑设计研究院 叶祖典 张继红

(叶祖典,1945 年生,高级工程师,主任工程师)

一、设计说明

1. 概况

(1) 上海科技馆位于开发中的浦东新区,是集科技馆、天文馆和自然博物馆于一身的大型公共建筑。上海科技馆工程分一号地块及二号地块,建筑面积各为 8.4 万 m^2 和 0.8 万 m^2,总建筑面积约 9.2 万 m^2。其中一号地块地上 4 层地下 1 层,总高约 40m 左右。二号地块为行政办公等辅助用房。

(2) 1 号地块空调设计日负荷为 28232RT(约 8537×10^4kcal/h 或 99272kW),小时最大负荷为 3122RT(约 944×10^4kcal/h 或 10978kW)。2 号地块空调设计负荷为 183RT(约 54.8×10^4kcal/h 或 643kW)。夜间 1 号地块最大值班负荷为 115RT(约 34.4×10^4kcal/h 或 404kW),2 号地块为 77RT(约 23.2×10^4kcal/h,或 271kW),共 192RT(约 58×10^4kcal/h 或 675kW)。

(3) 1 号地块采用低温送风空调形式,冷冻供回水温度 4.5~14.5℃,2 号地块为常规空调形式,冷冻供回水温度为 6.5~11.5℃。二个地块分别单独为一个二管制闭式机械循环系统,而 1 号地块的冷冻水管路又为一个两级泵系统,2 号地块为单级泵系统。

(4) 1、2 号地块的冷热源机房均设在 2 号地块内,其中冷机房设在地下室,冷却塔设置在 2 号地块的屋顶。1 号地块的一级冷冻水泵设置在冷机房内,二级泵则设置在 1 号地块泵房内,冷冻水管道通过天桥连接一、二级泵房。

(5) 1 号地块空调用低温水由"冰蓄冷"系统提供,该系统夜间利用低谷电,制冰蓄冷,白天高峰用电时段融冰,与冷冻机共同供冷。

(6) 2 号地块空调负荷由 1 台 200RT 螺杆式冷水机组承担,该机并作为 1、2 号地块值班机组,夜间向 1、2 号地块供冷,通过板式换热器,将 1、2 号地块水系统隔离。

2. 冰蓄冷系统的设计依据

(1) 上海市电管局,对本市采用"冰蓄冷"空调形式、实施移峰填谷用电措施的工程,制订并实施一系列优惠政策。包括减免增容费、贴费、拉大峰谷用电差价等。

(2) 本工程的"冰蓄冷"系统与常规制冷系统相比,减少了约 1/3 冷冻机组等设备的装机容量,因而取消了 3.5 万 V 降压站,并减小了高压变电设备容量及投资。

(3) 由于充分利用"冰蓄冷"优势,采用低温送风技术,加大冷冻供、回水和空调送、回风的温差,减小了风机、水泵等空调设备的规格、初投资和电耗等等。

(4) 综合以上诸条,本工程"冰蓄冷"系统的初投资和经常运行费用,与常规制冷装置相比,可能相仿,甚至更低,这为本工程冰蓄冷系统的设计在经济上提供了可行性。

(5) 结合本工程特点,经充分讨论,业主要求本工程按"冰蓄冷"系统设计,主机容量控制在 2200RT 左右,蓄冰装置控制在 6000~8000RT·h 左右。

(6)《采暖通风与空气调节设计规范》(GBJ 19—87)。

3. 冰蓄冷系统的组成及主要设备配置

(1) 本系统由双工况螺杆式制冷机组、钢盘管蓄冰槽、乙二醇溶液泵、CG/CS 板式换热器、冷冻水一级循环泵、冷却塔、冷却水循环泵、膨胀水箱等设备和乙二醇溶液管路、冷冻水、冷却水管路、自控装置等组成。

(2) 本系统以:①载冷剂采用 25% 乙烯乙二醇溶液;②间接制冷;③静态制冰;④采用分量蓄冰策略;⑤钢盘管内融冰、管外蓄冰式;⑥主机在上游,主机与蓄冰装置串联供冷;⑦溶液泵为单级制,兼蓄冰泵、融冰泵、空调负荷泵之用;⑧在蓄冰和空调两种工况时,流经主机蒸发器溶液相应为两种流量,而蓄冰盘管内为定流量等等为特点。

(3) 主机采用美国 YORK 公司生产的 YSFCFBS55CMD 双工况螺杆式制冷机组四台。在空调工况时,当机组载冷剂流量为 330m^3/h,供、回液温度为 7/12℃,冷却水流量为 407m^3/h,冷却水温为 32/37℃时,单台制冷量为 550USRT(约 166×10^4kcal/h 或 1934kW);在制冰工况时,当载冷剂流量为 430m^3/h,供回液温度为 −5.56/−2.78℃,冷却水流量为 360m^3/h,冷却水温为 30/33.5℃时,单台制冷量为 354USRT(约 107×10^4kcal/h 或 1254kW)。前者的耗电指标为 0.602kW/Ton,后者为 0.870kW/Ton。

(4) 蓄冰装置采用美国 BAC 公司生产的 TSU-L462M 型钢盘管蓄冰装置 20 台,组装成 6050mm×3000mm×3600mm(长×宽×高)的蓄冰槽 10 套。槽体由厚镀锌钢板及隔热层、防潮层等组成,该套装置所有技术参数应符合生产厂商有关的技术规定。每台蓄冰槽应带水位视管。整套装置应提供二个压差传感器。本套装置蓄冰量约为 9240RT·h,蓄冰率(蓄冰量与空调日负荷之比)约为 32.7%。

(5) 乙二醇溶液泵为双吸式离心泵,共五台,其中一台备用。在制冰模式时,串联主机和蓄冰槽,流量约 430m^3/h,供、回液温度为−5.56/−2.78℃;在空调模式时,串联主机、蓄冰槽和板式换热器,流量约 330m^3/h,供、回液温度为 3.3/11℃。

(6) 四台板式换热器,初级侧为乙二醇溶液通路,供、回液温度为 3.3/11℃,次级侧为冷冻水通路,供、回水温度为 4.5/14.5℃。每台板式换热器的换热能力为 800RT(约 242×10^4kcal/h 或 2813kW)。

(7) 冷冻水循环泵为端吸式离心泵,共五台,其中一台备用,流量约 245m^3/h,向 1 号地块供 4.5/14.5℃冷冻水。

(8) 为主机配套的四台冷却塔由 BAC 公司生产提供,型号为 33620/JE3620。查样本当室外湿球温度为 28.2℃(82.8℉),冷却水进、回水温度为 32/36℃,流量为 550m^3/h 时,冷却能力约为 222×10^4kcal/h (2576kW)。

(9) 乙二醇管路系统的设计压力为 0.6MPa,工作压力约为 0.45MPa。为使并联安装的冰槽和板式换热器流量均衡,管路采用同程(逆向回流接管)方式。

(10) 为确保系统的调试和正常运行,"冰蓄冷"的自动控制独立于 BA 自成系统,并提供与 BA 的通信接口。

4. 冰蓄冷系统的运行

(1) 冰蓄冷系统简图(省略冷却水管路和 2 号地块冷源部分)见图 5-4-8,附后。

(2) 本系统的运行,可实施:①蓄冰;②单融冰供冷;③单主机空调供冷;④主机与融冰串联供冷;⑤夜间蓄冰,同时,单主机空调供冷;⑥系统关闭待用等六种模式。

(3) 在标准设计日,晚上:22:00~次日 7:00 低谷电时段,用 3 台主机向 10 台冰槽蓄冰制冷,乙二醇溶液管路的流程为:主机→V3→V6→冰槽→V7→V1→溶液泵→主机。当冰槽达到~9240RT·h 蓄冰设定值时,制冷机和溶液泵关闭,停止蓄冰。

(4) 蓄冰槽单独融冰供冷时的流程:

主机(关闭)→V3→V5(互调)→V8→V9→板式换热器初级侧→V2→溶液泵→主机(关闭)。

(V3 →V6→冰槽→ V8)

(5) 单主机空调供冷时的流程:

主机→V4→V9→板换→V2→溶液泵→主机。

(6) 主机与冰槽串联供冷时的流程，同(4)条，但主机是开启的。

(7) 夜间蓄冰，同时主机空调供冷时，3台主机与冰槽的蓄冰流程，同(3)条；另一台主机单独空调供冷的流程同(5)条。

(8) 在各种运行模式中主机、溶液泵和电动阀门启闭一览表：

运行模式	主机	溶液泵	冷冻水泵	V1	V2	V3	V4	V5	V6	V7	V8	V9	V10	V11
蓄　冰	开3台	开4台	关	开	关	开	关	关	开	开	关	关	关	关
融冰供冷	关	开	开	关	开	开	关	互调		关	开	开	关	开
主机供冷	开	开	开	关	开	关	开	关	关	关	关	开	关	开
主机融冰串联供冷	开	开	开	关	开	开	关	互调		关	开	开	关	开

注：1. 夜间蓄冰，同时主机空调供冷时的启闭情况，同上表蓄冰条＋主机供冷条，其中空调供冷的主机开1台，相应的泵、板换和阀也开一套。

2. 当空调负荷变化时，冷冻水泵作台数控制。当冷冻水泵关闭时，对应的板换初级侧V9关、V10开(旁通)，次级侧V11关，使乙二醇管路中流量稳定；反之，V9开、V10关、V11开。

5. 冰蓄冷系统的自控

区别于常规空调冷源的自控系统，冰蓄冷系统的自动控制，更复杂，亦更具特点。“冰蓄冷”系统的基点是移峰填谷，拉平电负荷，改善整个电网用电状况，使之更合理用电。因此“冰蓄冷”系统的自动控制不仅应具备常规空调冷源自控所有合理的技术内容和功能，使系统正常运行；而且必须充分利用峰谷时段的电价差，在满足用户需求的前提下，通过优化控制，充分利用蓄冰槽的融冰供冷量，达到运行费用最省的目的。然而，就本工程“冰蓄冷”系统而言，自控必须满足4.(2)条六种模式的可靠正常运行，这是最基本和最主要的。

(1) 系统的温度、压力(压差、压降)、流量等测点位置、电动二通阀、电动调节阀等执行器的安装部位见图5-4-9空调冰蓄冷自控布置图。

(2) 主要控制功能：

1) 优化控制软件根据气象条件预测全天逐时空调负荷，并经校正，优化双工况主机与蓄冰装置间的负荷分配，设定全天各时段系统运行模式及开机台数。

2) 自控装置按设定模式控制制冷机、溶液泵、冷却塔、冷却泵、蓄冰槽、板换、冷冻水泵等，各类设备的顺序启停及相关阀门的开、关、调节，并检测运行状态及过载保护、故障诊断、报警等。

3) 自控装置应能自动检测并显示、分析、处理、记录、存储、打印以下参数及相关图表、曲线：

载冷剂在制冷机、蓄冰槽、板换等设备的供回液温度、压力(压差)、流量、冷量等；冷冻供、回水温度、压力(压差)、流量、冷量等；冷却供、回水温度、压力等，蓄冰槽内的液位及贮冰量，峰、谷、平各时段各类设备的单位时间电耗值及累计值；室外干、湿球温度等。

4) 在蓄冰工况时，当达到设定的蓄冰量时，根据蓄冰槽水位，通过压差传感器，自动关机，停止制冰。

5) 在融冰工况时，根据蓄冰槽出液温度，控制蓄冰槽进液管上电动调节阀和旁通阀的开度，恒定供液温度，控制融冰速率。

6) 在主机和冰槽串联供冷时，根据空调负荷的变化，自动设定各时段主机供液温度，调整主机和冰槽各自承担空调负荷的比例，达到优化控制的目的。

7) 因一级冷冻水泵为定流量，二级冷冻水泵为变频调节、变流量系统，因此，根据冷冻供、回水温差、流量对一级冷冻水泵及对应板换和相关电动阀作台数控制，使供冷量适应空调负荷的变化。

8) 当夜间值班空调时，根据冷冻供、回水温差、流量，控制相关电动调节阀分配1、2号地块的冷冻水流量。并调整200RT主机供、回水管上的压差旁通阀以平衡系统流量。

6. 标准设计日的空调设计负荷及系统运行参数

(1) 设：A. 机和冰串联供冷模式；　B. 单融冰供冷模式；

C. 蓄冰兼主机空调供冷模式；　D. 制冰蓄冰模式。

(2) 设：T1. 主机进液温度；　T2. 主机出液温度；　T3. 冰槽进液温度；

T4. 冰槽出液温度；　T5. 板换进液温度；　T6. 板换出液温度。

(3) 系统运行参数表(略)。

二、施工说明

1. 施工与验收标准

(1)《通风与空调工程施工及验收规范》(GB 50243—97)。

(2)《采暖与卫生工程施工及验收规范》(GBJ 242—82)。

(3)《制冷设备安装工程施工及验收规程》(GBJ 66—84)。

(4) 设备生产厂、供应商提供产品说明书、样本、使用手册等文字、图纸中有关安装与验收的技术要求。

2. 管道材料

(1) 冷冻水、冷却水系统的管道选材，见一号地块施工说明中有关内容。

(2) 乙二醇溶液管道 $D\leqslant450$ 采用无缝钢管，$D>450$ 采用卷板钢管。

(3) 无缝钢管管径与壁厚

名称管径	规格(外径×壁厚)(mm)	名称管径	规格(外径×壁厚)(mm)
$D100$	$\phi108\times4.0$	$D300$	$\phi325\times8.0$
$D125$	$\phi133\times4.5$	$D350$	$\phi377\times9.0$
$D150$	$\phi159\times4.5$	$D400$	$\phi426\times9.0$
$D200$	$\phi219\times6.0$	$D450$	$\phi477\times9.0$
$D250$	$\phi273\times8.0$		

3. 管道安装

(1) 镀锌钢管用丝扣连接，无缝钢管及卷板钢管用法兰或电焊连接。

(2) 所有钢制配件及无缝钢管、卷板钢管除锈后，外壁刷红丹漆二度。

(3) 保温管道与吊支架之间用垫木分隔，垫木厚度与保温材料厚度相同。

(4) 管道与吊支架视现场情况制作，管道活动支架间最大距离(m)见下表：

管径(DN)	15	20	25	32	40	50	70	80	100	125	≥150
保温管道	1.5	2.0	2.0	2.5	3.0	3.0	4.0	4.0	4.5	5.0	6.0
非保温管道	2.5	3.0	4.0	4.0	5.0	5.0	6.0	6.0	6.5	7.0	8.0

吊支架形式参阅 T607 、 N117 、 98 沪 S/T-303。

(5) 系统中管道坡度一般按顺流向，管道坡度>0.003。

(6) 乙二醇系统最高点(各主、支管)设排气阀门，最低点设排水阀门。

(7) 各系统管道根据需要，在适当位置安装伸缩补偿器。

(8) 管道穿墙或楼板处必须加套管，套管内径应比保温层外径大20～30mm，套管处不得有管子接头焊接缝，在管道保温竣工后，用不燃保温材料填塞孔隙，墙体上套管两端应与墙面抹灰层外平。穿楼板套管应比建筑面层高 30mm。

(9) 乙二醇管道用 1.25 倍的设计压力(即 0.75MPa)试压检漏，30min 内不降压，无渗漏为合格。

4. 管道保温

(1)“冰蓄冷”系统的管道采用难燃型发泡橡塑管壳(板)作保温材料，用专用胶水粘贴保温。当保温层较厚，用二层板材安装时，板材间每层用胶水粘贴，并错缝安装。

(2) 保温材料厚度(mm)见下表：

管 径	乙二醇溶液系统	管 径	乙二醇溶液系统
D50～D200	50.0	>D200	65.0

(3) 上表管道保温厚度，应待与保温材料生产厂、供应商协商、确认后再定；当改变保温材料时，保温厚度应由设计人员重新确定；保温方法应详见生产厂有关技术说明。

(4) 7～12℃和 4.5～14.5℃冷冻水系统，冷却水系统的管道保温要求见 1 号地块施工说明中有关内容。

(5) 制冷机组的蒸发器部分及 CG/CS 板换的保温应在工厂完成，或随产品带来。其他设备的保温，留待与生产厂或供应商协商后再定。

5. 蓄冰槽的安装

(1) 在 2 号地块头层楼板上，结构必须预留一大于最大设备外形尺寸的吊装孔，使冰槽等较大型设备能顺利吊入地下室机房就位。

(2) 在放置冰槽的位置，浇筑高出地坪 100mm 的水平基础，并能承载冰槽运转重量及其管道、配件的重量，基础面要求平整、等高。

(3) 在蓄冰槽旁，装置带有 *DN*25 皮带水嘴的水槽，便于蓄冰槽充水。加水的水位高度应符合产品生产厂的技术要求，使之不影响蓄冰槽的蓄冰功能。

6. 制冷机组及其他设备的安装

(1) 制冷机组及水泵基础应待设备到货校核尺寸后浇筑。要求同 5.(2)条。

(2) 制冷机组及水泵等动力设备，应做减振基座，其中制冷机组的弹簧减振器由设备供应商提供，应符合厂方的技术安装要求。水泵减振基座的制作可参照有关国标图集。

(3) 制冷机组及水泵等动力设备与管道接口处应安装软接管隔振。

(4) 冷机房的四壁应采取吸声措施。

7. 乙二醇管路系统的加液

(1) 在系统中加注乙二醇溶液前，管路必须进行化学清洗和水清洗，保证管内清洁无异物，清洗时将蓄冰槽与管路隔开，以免冲洗时焊渣、铁锈等杂物、垃圾进入蓄冰槽盘管内。

(2) 乙烯乙二醇溶液的品牌及配方应经 BAC 公司认定，所配制溶液应保证为 25%。

(3) 溶液可从膨胀水箱加入系统。为提高初次加液速度，可用泵将溶液直接从蓄冰槽集管中注入，灌注溶液后在正常使用前应使系统运转 4 小时以上，使管道中空气完全排出。

设 备 表

冷水机组性能：

设备编号	类 型	制冷工质	制冷量	蒸发器						冷凝器						压缩机			机组噪声	减振方式	数量	备 注
				水 量	进水温度	出水温度	最大水阻力	工作压力	污垢系数	水 量	进水温度	出水温度	最大水阻力	工作压力	污垢系数	电 源	装机功率	千瓦/冷吨				
			kW	m³/h	℃	℃	kPa	MPa	Sq-m℃/kW	m³/h	℃	℃	kPa	MPa	Sq-m℃/kW	φ-V-Hz	kW	kW/RT	dB(A)			
CH-BF-(1-4)	双工况螺杆式冷水机组	R22	1935/550RT	330	12	7	20.5	1.03	0.044	490.4	32	36	34.2	1.03	0.044	3-380-50	366	0.596	88	S	4	25%(质量比容)乙烯乙二醇溶液作载冷剂
		R22	1245/354RT	450	−3.02	−5.56	37.8	1.03	0.044	490.4	30	32.66	34.7	1.03	0.044	3-380-50	366	0.852	88	S		制 冰 工 况
CH-B1-5	螺杆式冷水机组	R22	703/200RT	121.3	12	7	42	1.03	0.044	179	32	36	53.6	1.03	0.044	3-380-50	170	0.67	82	S	1	

冷却塔性能表：

设备编号	类 型	冷却能力 m³/h	进风湿球温 度	进塔水温	出塔水温	电源	风 机		水加热器		机组噪声	运行重量	减振方式	数量	备 注
							功 率	数 量	功 率	数 量					
			℃	℃	℃	φ-V-Hz	kW	台	kW	台	dB(A)	kg			
CT-4F-(1-4)	方塔	500	28.3	36	32	3-380-50	37	1				12999	R	4	
CT-4F-5	方塔	180	28.3	36	32	3-380-50	15	1				5200	R	1	

泵性能表：

设备编号	类 型	功 能	介质	最高介质温度	流 量	扬 程	泵体工作压力	转 速	电 源	电机功率	噪 声	运行重量	减振方式	数量	备 注
				℃	m³/h	mH_2O	MPa	r/min	φ-V-Hz	kW	dB(A)	kg			
CGP-BF-(1-5)	双吸离心式	制冷、融冰	CG	−6～12	350	30	1.0	1450	3-380-50	45	68	930	S	5	CG为25%质量比容乙烯乙二醇溶液
CTP-B1-(1-5)	离心式	冷却水	H_2O	32～36	490	26	1.0	1450	3-380-50	55	68	635	S	5	用于550RT制冷机
CTP-BF-(6-7)	离心式	冷却水	H_2O	32～36	180	26	1.0	1450	3-380-50	22	64	349	S	2	用于200RT制冷机
CP-BF-(1-5)	离心式	冷冻水	H_2O	7～12	240	25	1.0	1450	3-380-50	30	65	447	S	5	用于1号地块
CP-BF-(6-7)	离心式	冷冻水	H_2O	7～12	120	25	1.0	1450	3-380-50	15	62	318	S	2	用于2号地块
CP-BF-(8-9)	离心式	冷冻水	H_2O	7～12	120	32	1.0	1450	3-380-50	18.55	64	350	S	2	用于1号地块(值班用)
CGP-1F-1	离心式	乙二醇溶液	CG	常温	5	15	1.0	1450	3-380-50	1.5			S	1	用于乙二醇加液

板式换热器性能表：

设备编号	类 型	功 能	换热量	初 级						次 级						换热器材 质	数量	备 注
				进水温度	出水温度	水 量	最大水压降	工作压力	污垢系数	进水温度	出水温度	水 量	最大水压降	工作压力	污垢系数			
			kW	℃	℃	m³/h	kPa	MPa		℃	℃	m³/h	kPa	MPa				
PHE-BF-(1-4)	水-乙二醇	供冷冻水	2795	3.3	10.6	350	50	1.0		14.5	4.5	240	23	1.0		AISI316	4	用于1号地块
PHE-BF-5	水-水	供冷冻水	699	5.8	10.8	120	50	1.0		12	7	120	50	1.0		AISI316	1	用于1号地块
PHE-BF-6	水-水	供暖热水	465	55	60	80		1.0		93.3	71.1	17.9	13	1.0		AISI316	1	用于2号地块
PHE-BF-7	水-水	供暖热水	1163	50	60	100	50	1.0		93.3	71.1	46	10	1.0		AISI316	1	用于1号地块
PHE-BF-(8-9)	水-水	供暖热水	2616	50	60	225	50	1.0		93.3	71.1	101	10	1.0		AISI316	3	用于1号地块
PHE-BF-10	水-水	供暖热水	233	70	90	9.98	5	1.0		93.3	71.1	9.068	4	1.0		AISI316	1	用于热带雨林

注：1. 本表所注的为设计计算数据，实际订货时设备的换热能力应为设计换热量的1.1倍。
2. 水-乙二醇板式换热器的初级介质为25%乙二醇溶液。

图名	设备表	图号	5-4-1

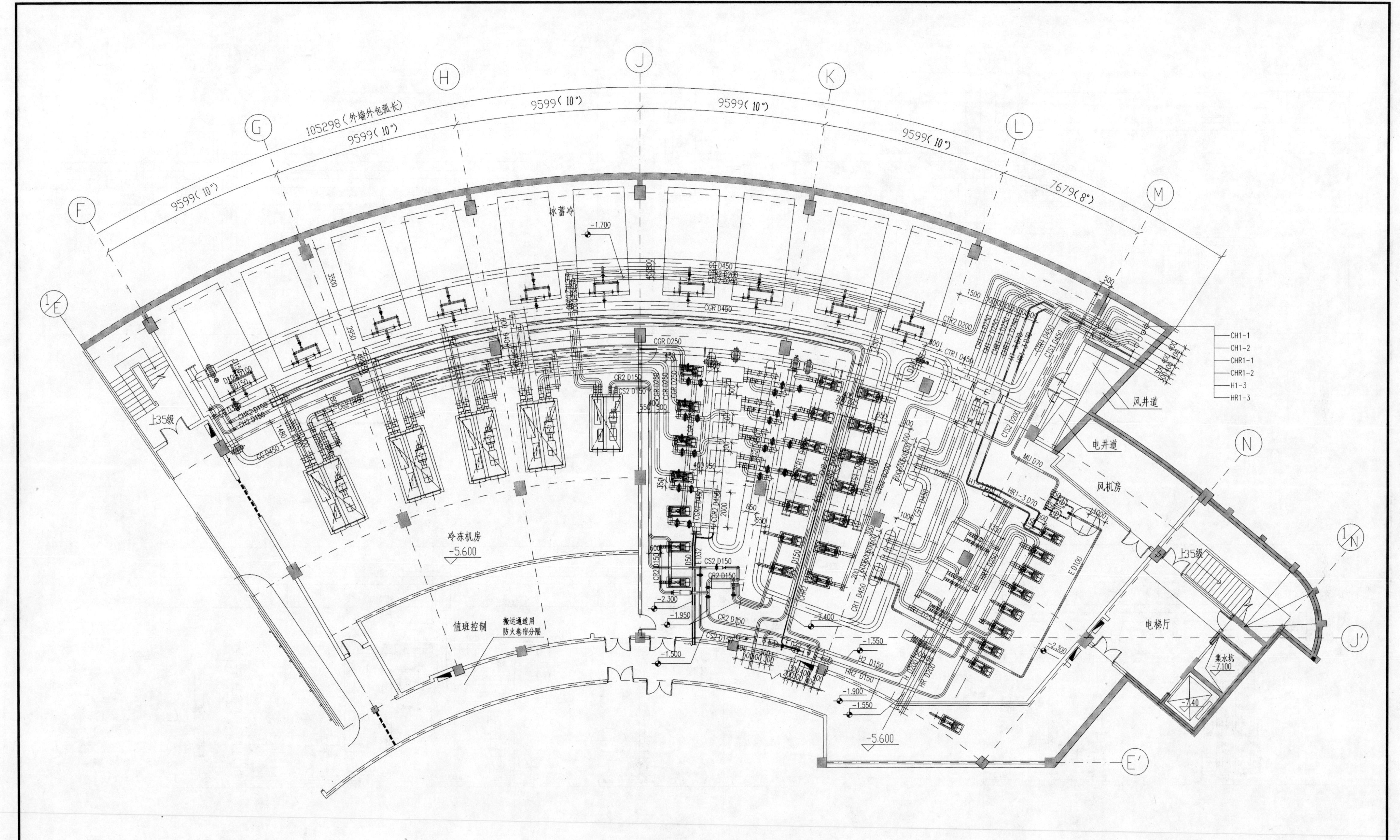

注:因为图面管路密布，所以将剖面号放在冷冻机房布置图上。

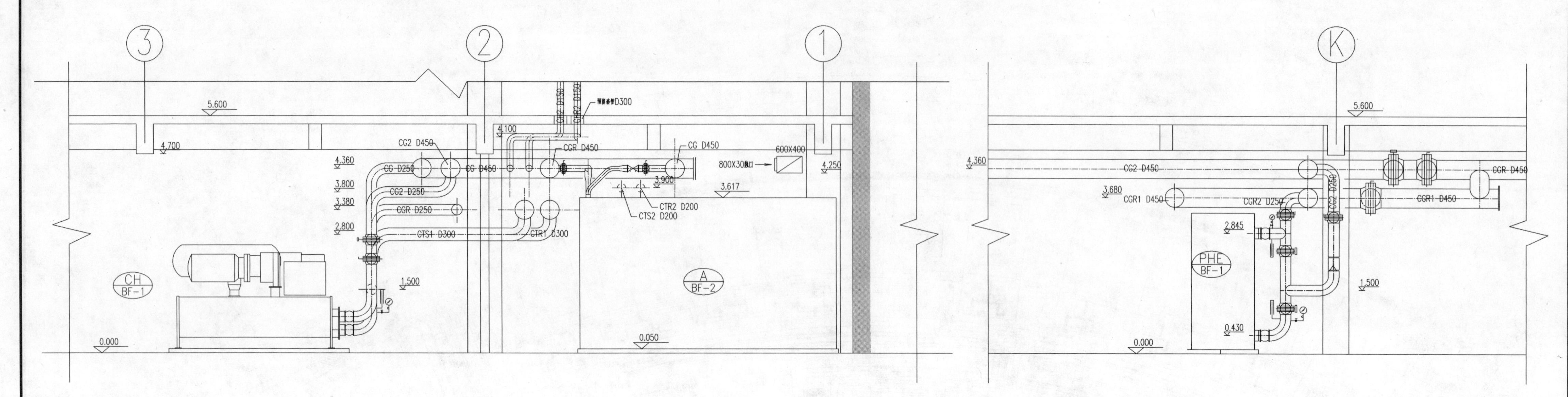

1—1 剖面图

板式换热器冷侧剖面图

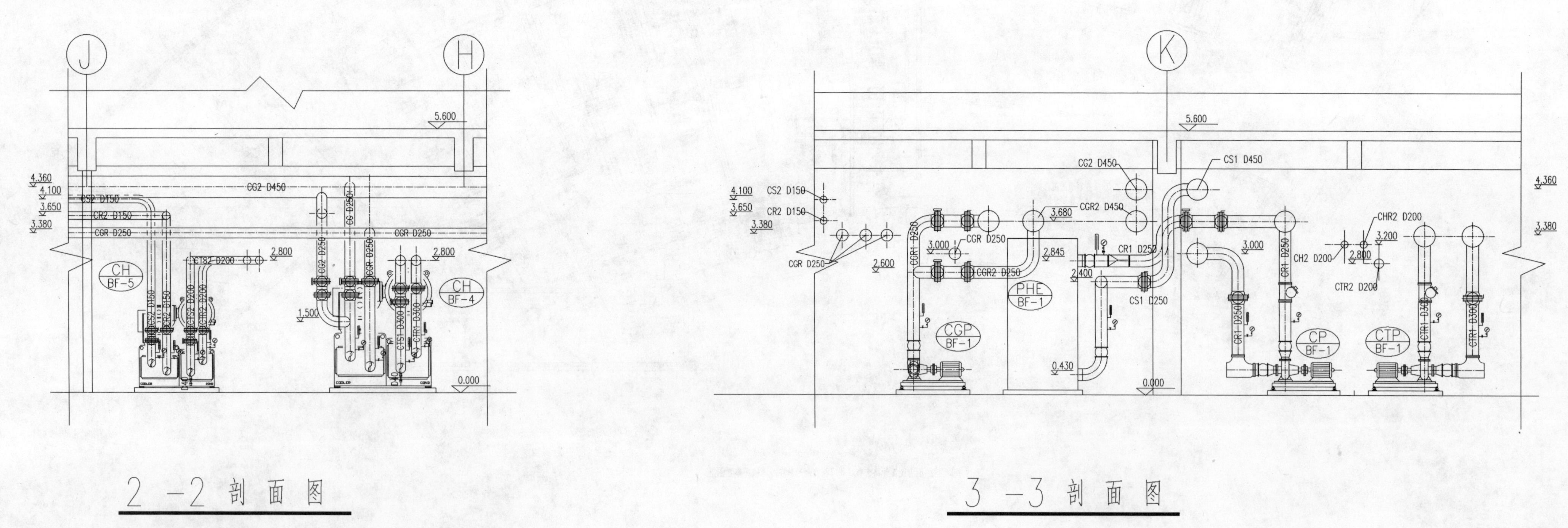

2—2 剖面图

3—3 剖面图

图名	冷冻机房剖面图(一)	图号	5-4-3

3
2
5.600
4.360
GS2 D150
4.100
CS2 D150
3.650
CR2 D150
CR2 D150
CGR2 D450
CGR2 D250
3.680
3.380
CGR D250
3.000
CGR D250
2.908
2.845
2.600
2.400
1.500
0.430
0.430
0.000
PHE BF-5
CP BF-9
CGP BF-5
CGP BF-4
PHE BF-4
PHE BF-3
PHE BF-2
PHE BF-1

4－4 剖面图

4
3
2
H2 D100
4.360
GS1 D450
4.050
3.650
CHR D100
3.200
3.000
CR1 D450
3.300
2.500
3.650
HR1 D250
CHR1-2 D250
CHR1-1 D250
2.950
3.650
H1 D250
CH1-2 D250
CH1-1 D250
2.550
HR2 D100
1.000
1.000
1.000
D D40
D D40
0.000

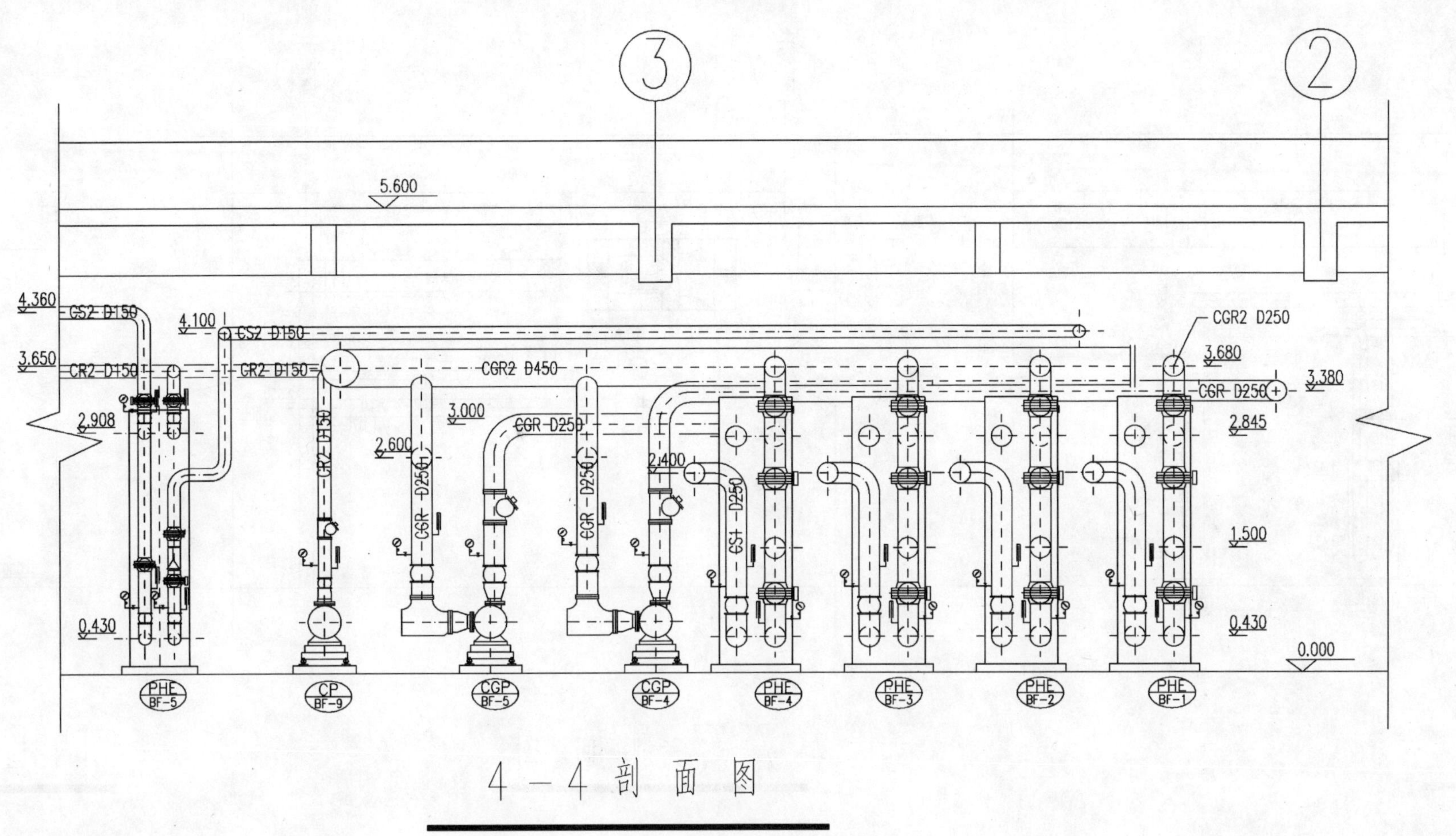

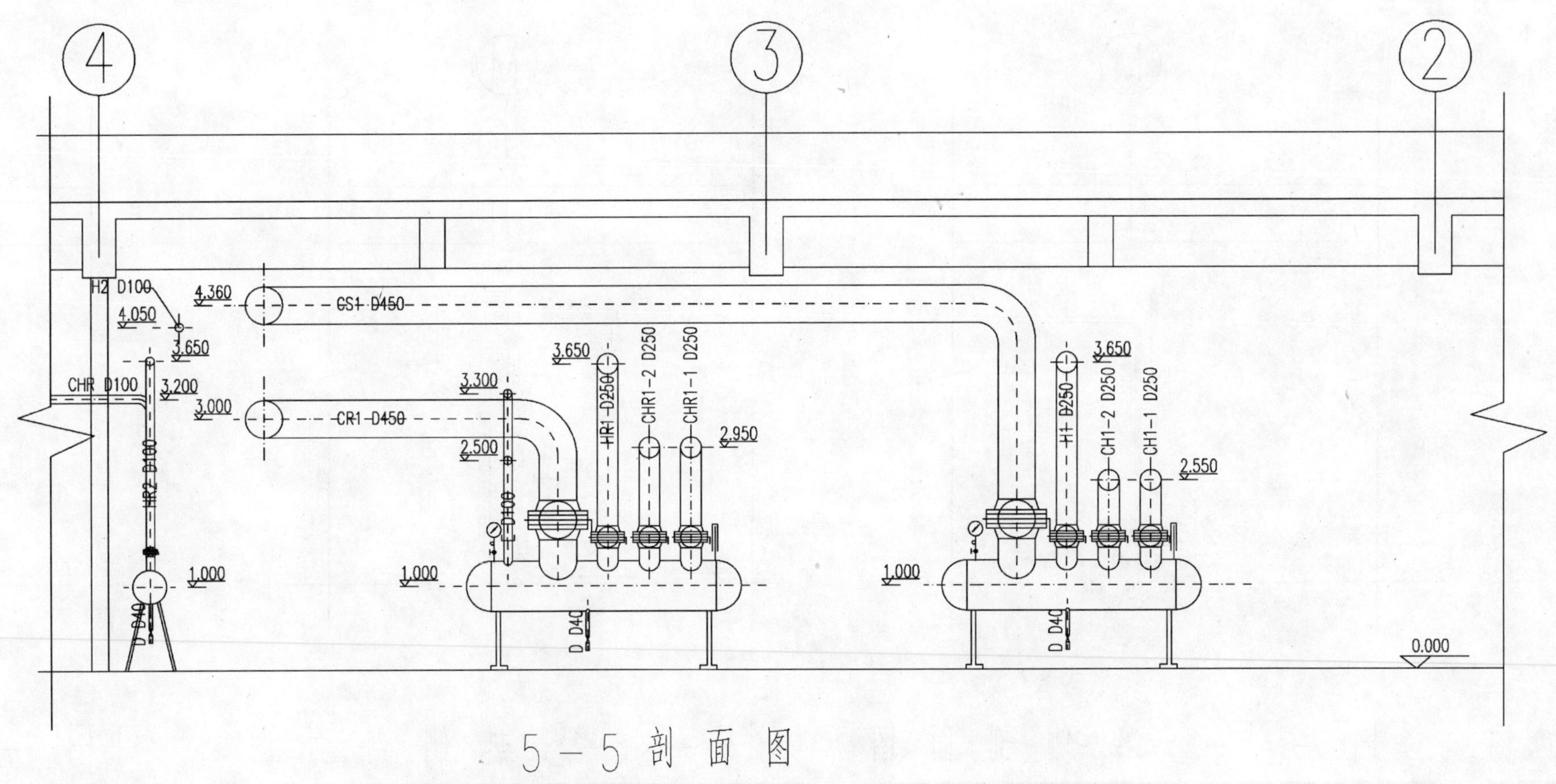

5－5 剖面图

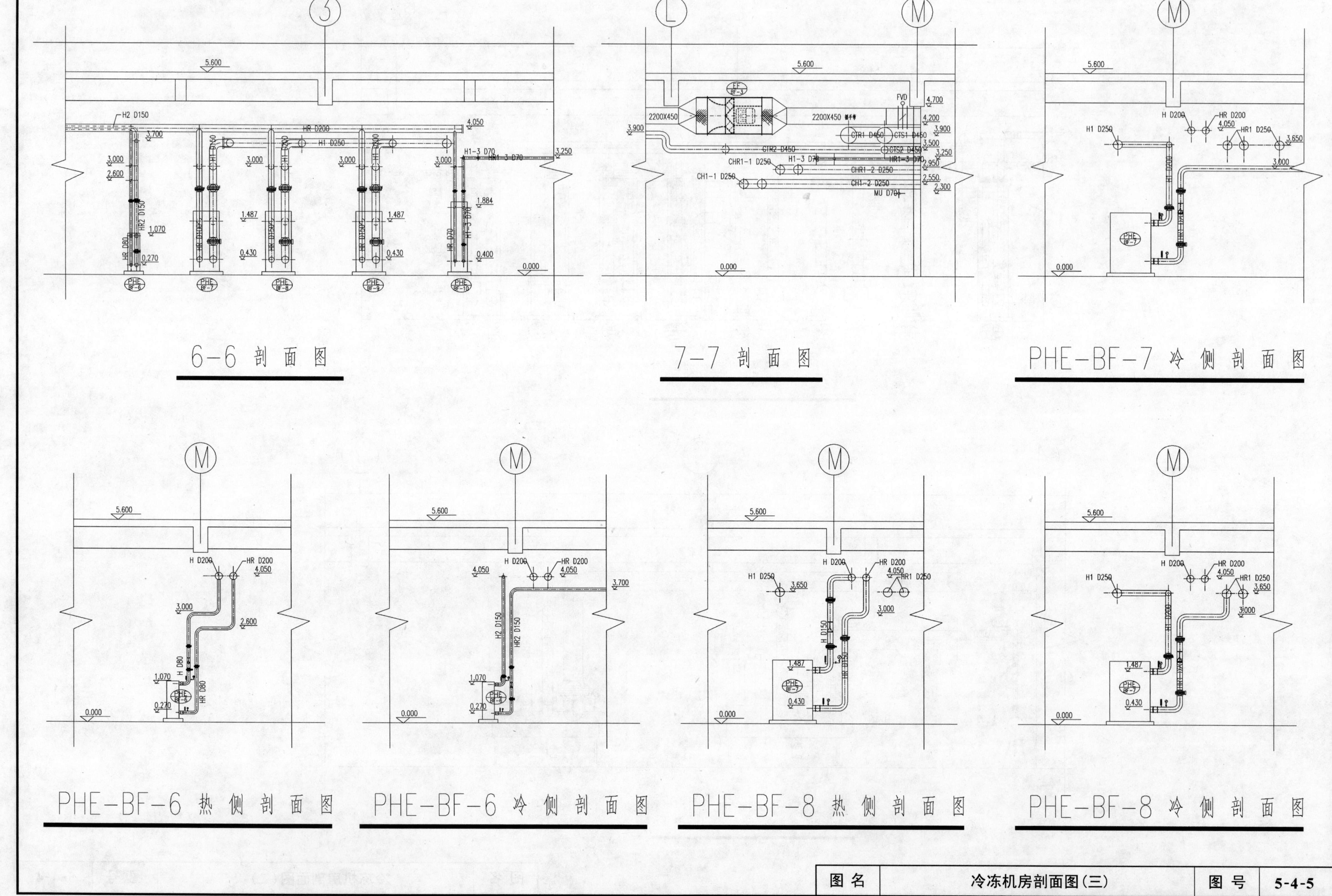
6-6 剖面图
7-7 剖面图
PHE-BF-7 冷侧剖面图
PHE-BF-6 热侧剖面图
PHE-BF-6 冷侧剖面图
PHE-BF-8 热侧剖面图
PHE-BF-8 冷侧剖面图
图名
冷冻机房剖面图(三)
图号
5-4-5

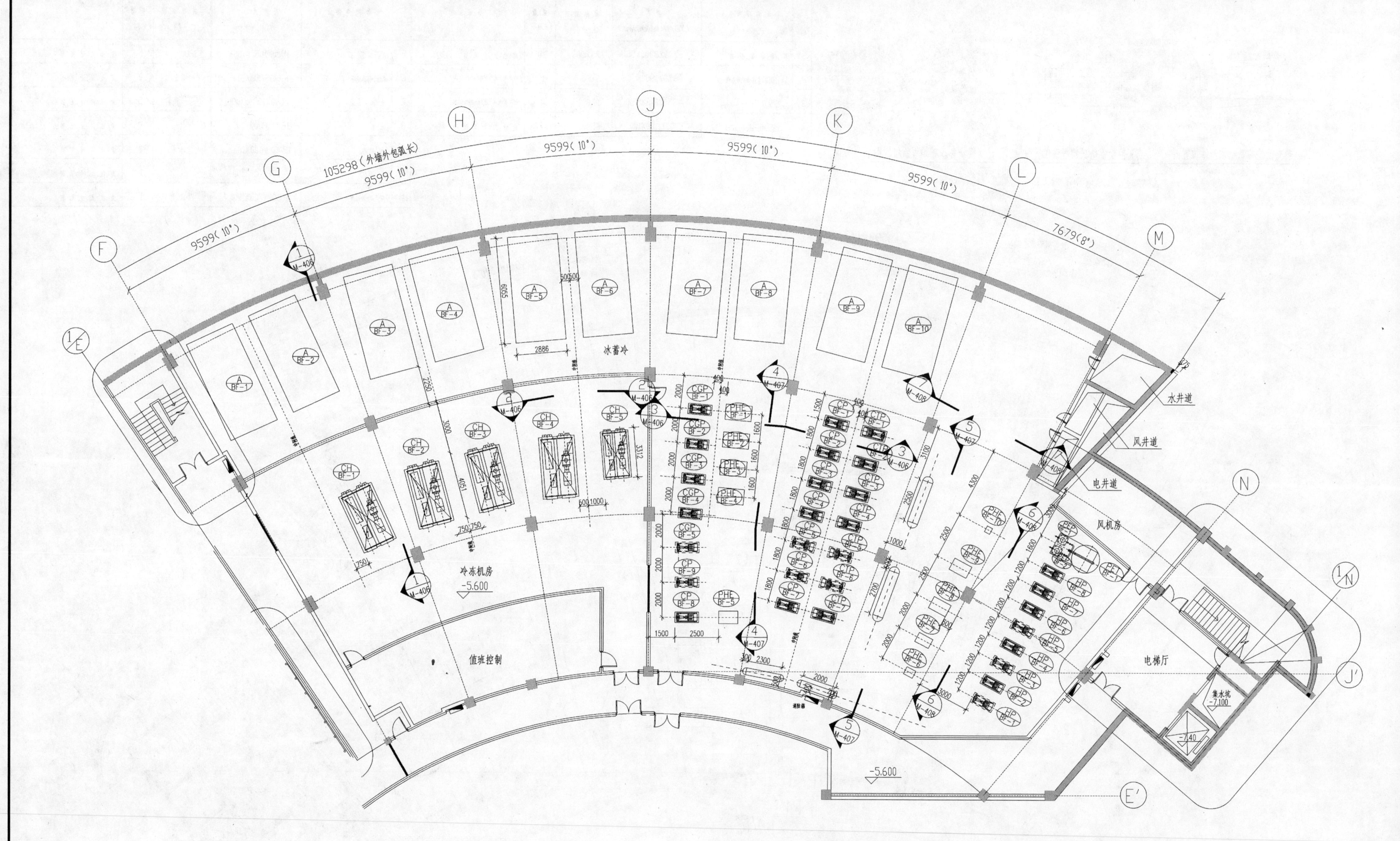

105298（外墙外包弧长）
9599（10°）
7679（8°）
冰蓄冷
冷冻机房
-5.600
值班控制
水井道
风井道
电井道
风机房
电梯厅
集水坑
-7.100

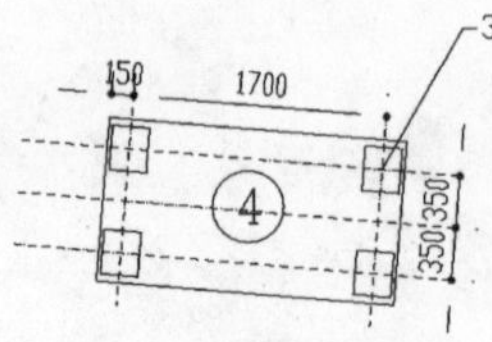

	基础名称	外形尺寸 LXBXH(高出地坪)mm	基础负荷 (kg/个)	数量 (个)	备注
1	蓄冰槽基础	6500X3300X50	75,000	10	定位尺寸见图
2	200RT冷水机组基础	3650X1900X50	6,000	1	样本要求水平度在6mm以内
3	550RT双冷水机组基础	4250X2400X50	15,000	4	样本要求水平度在6mm以内
4	J185-MGS-16/4(C/CG)	2000X1100X100	6500	4	定位尺寸见图
5	A145-MG310/3	1900X1050X100	3200	1	定位尺寸见图
6	A055-MGS10/2	1600X1200X100	1420	2	定位尺寸见图
7	水泵	2500X1500X100	1500	5	定位尺寸见图
8	水泵	1600X800X100	1000	2	定位尺寸见图
9	水泵(群)	1200X4400X100	1000Kg/m²	1	定位尺寸见图
10	水泵(群)	9400X2000X100	1000Kg/m²	1	定位尺寸见图
11	压力式膨胀水箱	3600X1700X100	1000Kg/m²	1	定位尺寸见图

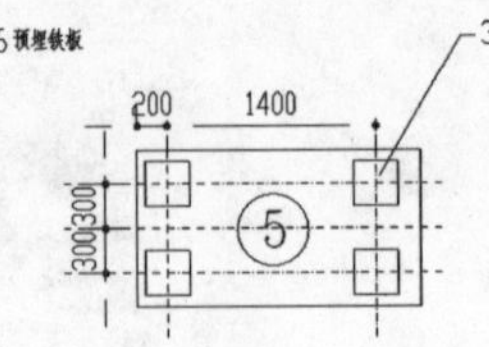

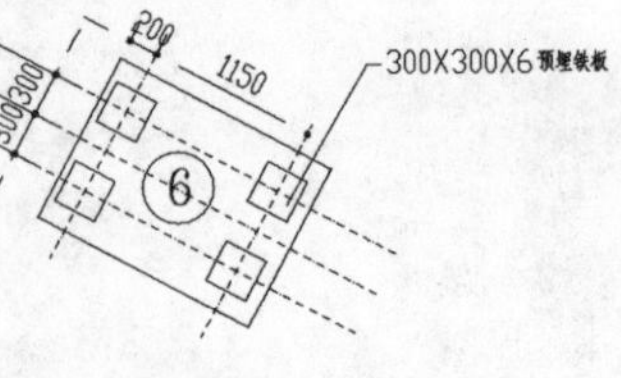

300X250X6 预埋铁板

热交换设备基础预埋铁位置图

300X300X6 预埋铁板

热交换设备基础预埋铁位置图

300X300X6 预埋铁板

热交换设备基础预埋铁位置图

105298(外墙外包弧长)

9599(10°)

7679(8°)

冰蓄冷

冷冻机房

-5.600

值班控制

水井道

风井道

电井道

风机房

电梯厅

集水坑 -7.100

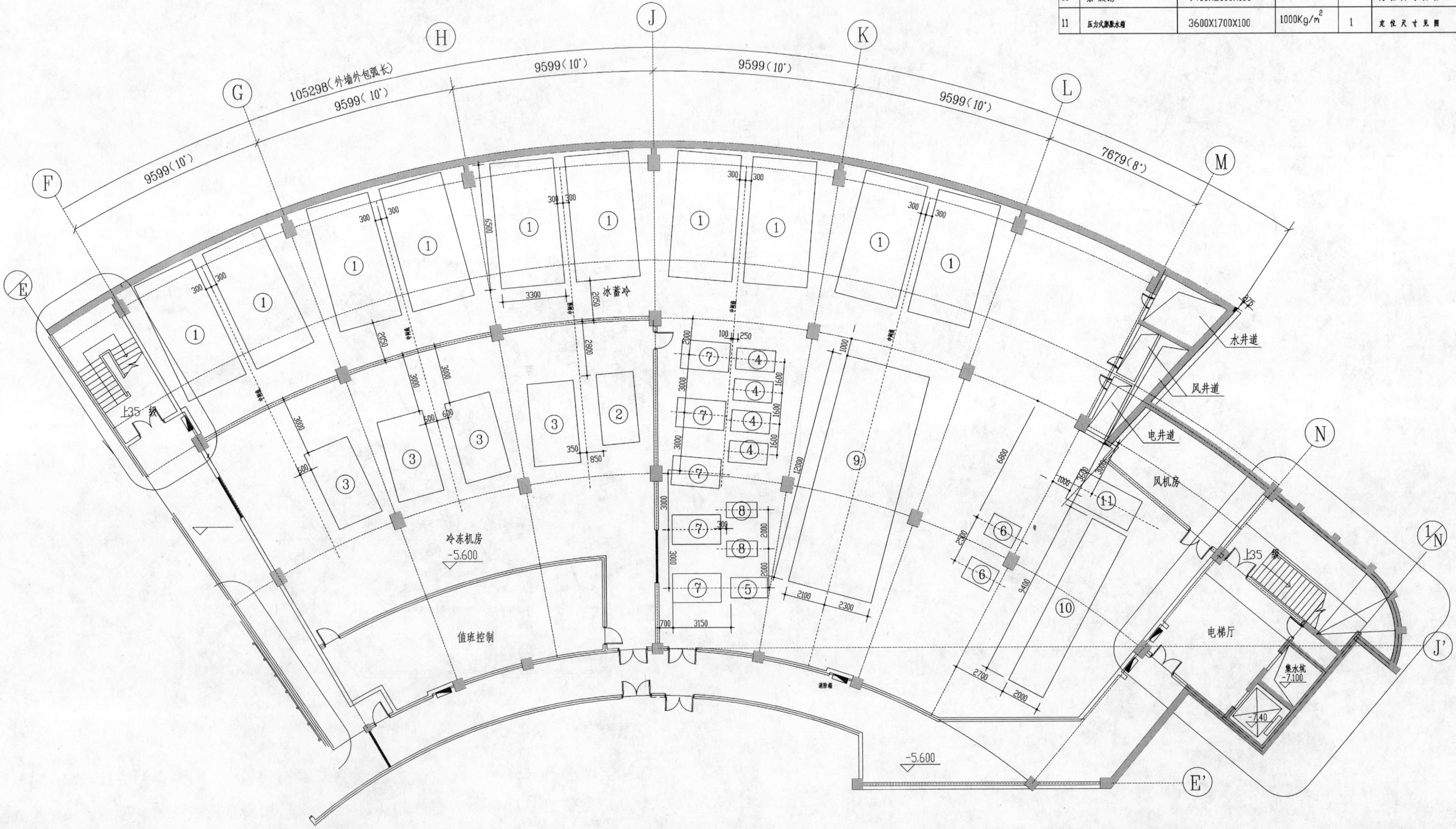

图名	冷冻机房设备基础位置图	图号	5-4-7

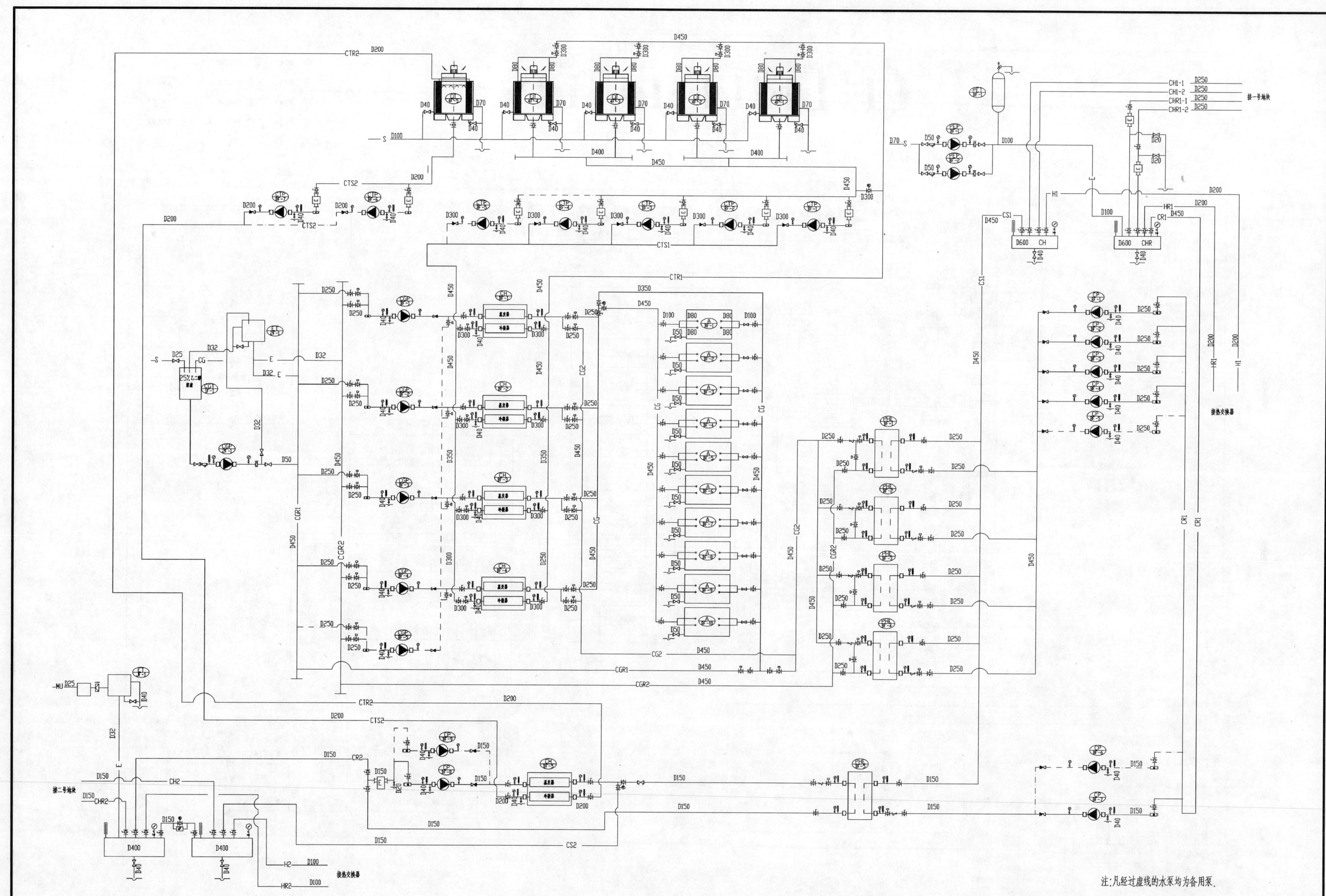

CTR2
CTR1
CTS1
CTS2
CGR1
CGR2
CG
CG2
CS1
CS2
CR1
CR2
CH
CHR
CH2
CHR2
CH1-1
CH1-2
CHR1-1
CHR1-2
H1
HR1
H2
HR2
MU
D600
D400
接一号地块
接二号地块
接热交换器
注:凡经过虚线的水泵均为备用泵。

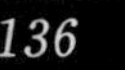

符号	名称	符号	名称	符号	名称
DI	数字输入	T	温度传感器		水流开关
DO	数字输出	P	压力传感器	M	电动调节阀
AI	模拟输入	△P	压差传感器		电动二位阀
AO	模拟输出	T/Hd	室外温湿度传感器	FM	流量传感器

CTR2 CTS2 CTS1 CTR1 CGR1 CGR2 CG2 CG CS1 CS2 CR1 CR2 CH2 CHR2 H2 HR2 MU E

25%乙二醇

手 状 故 启 自 态 障 动

D100 D80 D400

接一号地块

接二号地块

接热交换器

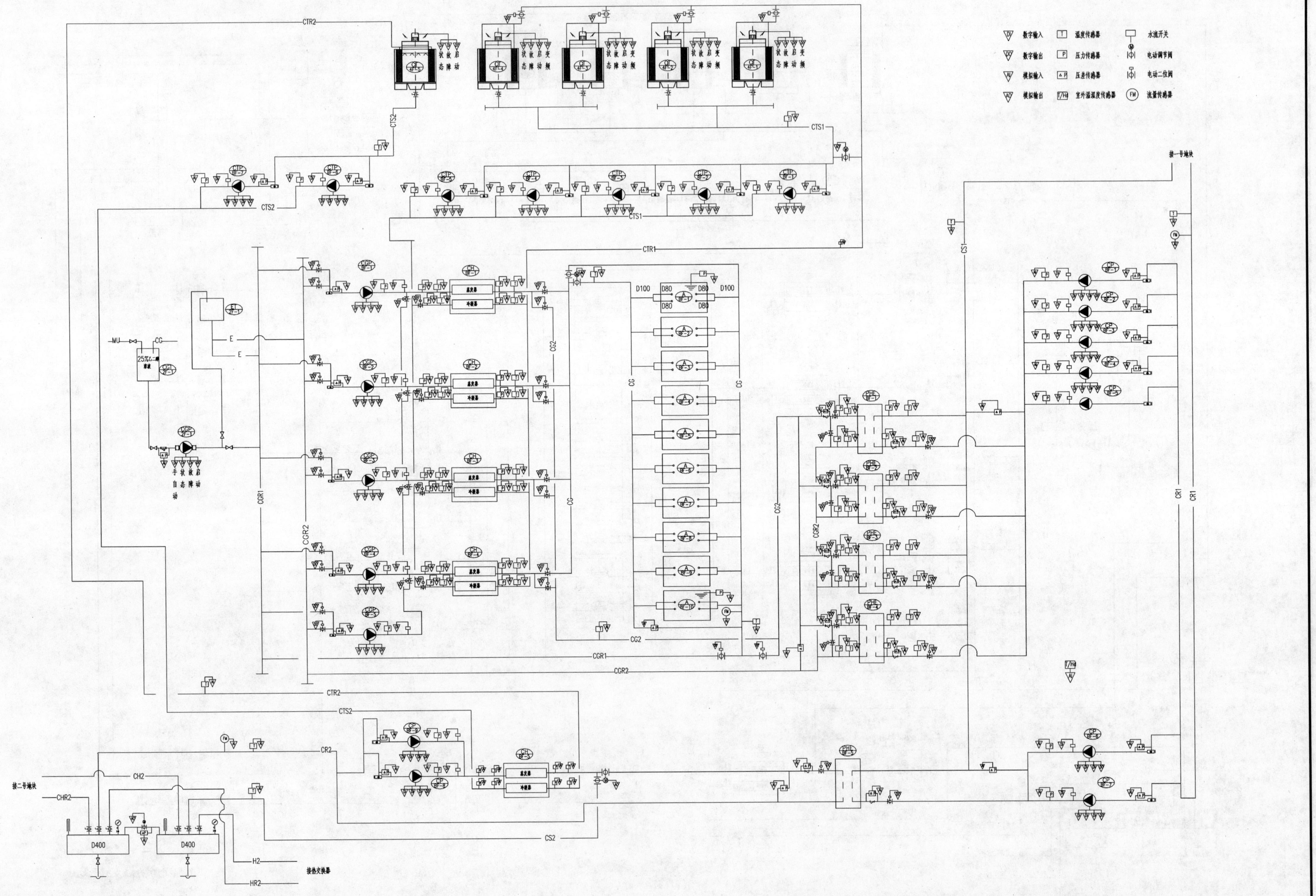

图 名	空调冰蓄冷自控布置图	图 号	5-4-9

第五章　武汉国际会展中心

中南建筑设计院　张昕　徐鸿　李斌

（张昕，女，1959 年 11 月生，学士，高级工程师）

一、工程概况

武汉国际会展中心（以下简称会展中心），由中南建筑设计院设计，于 2001 年 9 月建成使用。是目前武汉市最具规模、配套设施最先进的国际展览、会议中心。占地面积 7.69 万 m^2，总建筑面积 12.6 万 m^2，地上 5 层，地下 2 层。展厅面积为 4.7 万 m^2，其中 7000m^2 超大型展厅一个，4000m^2 的大型展厅五个及一批中、小展厅；会议面积 2.1 万 m^2，其中 800 座的大会议厅，除具有一般会议、放映、演出功能外，还具有同时进行 8 种语言同声传译的功能；另外配套有快餐厅、商务中心等。从将近两年的运行情况看，空调效果良好，达到设计要求。

二、空调主要设计参数

1. 室外气象参数：

夏季空调室外计算干球温度：35.2℃

夏季空调室外计算湿球温度：28.2℃

冬季空调室外计算温度：－5℃

冬季室外计算相对湿度：76％

2. 室内设计参数：

参数 名称	夏季		冬季		新风量
	室内温度(℃)	相对湿度(％)	室内温度(℃)	相对湿度(％)	[m^3/(h·人)]
展厅	25～27	55～65	16～18	＞30	20
会议厅	24～26	55～65	18～20	＞30	20
办公,洽谈	24～26	55～65	18～20	＞30	25

三、制冷设计说明

会议展览类空调负荷，随会议和展览的规模、内容及时段的不同有很大变化，而且整个空调系统所耗电能也十分巨大，这就要求空调系统不但具有较强的应变及调节能力，还应具备一定的节能功效。根据市供电局的电价政策，综合其初投资、运行费用及投资回收年限等多种因素，会展中心空调系统的冷源采用夏季部分蓄冰的方式。

会展中心空调设计日最高冷负荷为 12230kW，全日总冷负荷为 87870kW·h。制冷主机采用美国约克公司生产的四台 1800kW 双工况螺杆式冷水机组，载冷剂为 25％（质量）乙烯乙二醇水溶液。蓄冰设备为美国 BAC 公司生产的蛇形钢盘管，共 24 组，沉浸在钢筋混凝土水槽内。夜间制冰蓄冷，其盘管进液温度－6℃，总蓄冷量 35860kW·h，蓄冰率为 38％。白天供冷时，由板式换热器回来的 11℃溶液经制冷主机降至 7℃，再进入蓄冰槽，盘管出液温度 3.3℃。

蓄冰系统采用制冷主机位于上游的串联方式，即经板式换热器回来温度较高的乙二醇溶液先进入制冷主机降温，再到蓄冰槽降至空调负荷所需的温度。较高温度的溶液先进入制冷主机，可以提高制冷主机效率，降低装机容量，节约运行费用。与常规空调相比，会展中心制冷主机装机容量减少 41％，冷冻站内配电容量减少 36％。

系统运行通过阀门控制，可实现蓄冰槽单独融冰供冷、双工况制冷主机单独供冷、蓄冰槽与双工况制冷主机联合供冷等不同运行模式。系统运行策略实行优化控制，在设计日工况采用制冷主机优先，为降低运行费用，在

用融冰优先，根据负荷预测及实时监控，合理分配各时段融冰量，最大限度减少峰值电价时制冷主机的开启，随着负荷的减少，直至采用全融冰供冷。这样无论什么情况，储存的冰量都可以得到充分利用，充分发挥蓄冰空调移峰填谷，减少电网高峰用电量，节省运行费用的作用。

蓄冰系统与空调末端用板式换热器隔开，可减少乙二醇及软水处理量，通过热交换，夏季向末端供给 7/12℃冷水。

四、空调系统自控

1. 制冷机组的运行、能量调节、故障停机等均由机组自带电脑控制。

2. 空调供回水总管间设有两通电动调节阀（V9），由供回水总管间的压差控制器，根据其压差变化，控制两通电动调节阀的开启度，以保持系统压力稳定。

3. 蓄冰盘管供回液总管间设有两通电动调节阀（V3），由空调供水温度控制其开启度，调节进入板式换热器的供液温度，以保持空调供水温度的稳定。

4. 空调系统通过温度、流量等测量，由微机计算（打印）以下结果：

（1）蓄冷系统的总蓄冷量及时间、总释冷量及时间。

（2）蓄冷过程制冷机的输入功率及能效比。

（3）蓄冷过程温度—时间曲线。

（4）释冷过程温度—时间曲线。

（5）末端二次冷水温度—时间曲线。

五、制冷施工说明

1. 管材：空调水管管径 $D>80$mm 时用无缝钢管，$D<80$mm 时用焊接钢管，乙二醇管用无缝钢管，焊接连接。

2. 设备、阀门、控制仪表及配件等，到货后应进行开箱检查，按设计要求及订货清单核对型号、规格、数量及配件，发现问题应通知供货方及时处理。在安装前对上述设备应采取妥善保护措施，以免受损。

3. 管道安装前必须将内部污垢、锈蚀杂物清除干净。安装时不得有焊渣及杂物进入管内，安装中断时应对管口处采取封闭保护措施。

4. 管道与支吊架间需垫经防腐处理的木衬垫，其厚度不得小于保温层厚度，表面应平整，与保温结构的空隙要填实，不得渗透空气，防止产生凝结水。

5. 本工程为现场砌筑的混凝土保温槽体，要求地面平整（坡度小于 0.001）。盘管在吊装时不得与槽壁碰撞。

6. 安装完毕，应对整个管路系统进行水压试验，以 0.6MPa 试压，稳压 10min，压力降不大于 0.01MPa，且外观检查无渗漏为合格。

7. 试压合格即可对管路系统进行严格清洗，直到完全清除系统内泥沙、污物等，排水见清为止。

注：管路试压与清洗应将冷水机组、板式换热器、冰盘管等设备进出口阀门关闭，必要时可装跨越上述设备的临时旁通管。

8. 油漆与保温：空调水管、设备及支吊架，先清除外表面灰尘、污垢及锈斑，并保持干燥，刷铁红酚醛防锈漆两道，其中设于室内的冷却水管、支吊架再涂面漆两道。冷冻水经过的管道、阀门、过滤器、膨胀水箱等，再用 50mm 厚（冷凝水管用 30mm 厚）铝箔饰面的离心玻璃棉管瓦（板）保温；所有乙二醇溶液经过的管道、阀门、过滤器、水泵、膨胀水箱等均用 60mm 厚难燃型闭泡橡塑绝热板保温；保温施工必须密实，错缝搭接，严防结露。

9. 蓄冰系统的载冷剂为工业抑制性（防腐防冻）乙烯乙二醇水溶液，其质量比为 25％。其品牌及配方应经冰盘管生产厂家认可。

10. 乙二醇水溶液灌入系统后，开循环泵运行，对系统内乙二醇浓度进行反复测试，确定达到规定比例并与水混合均匀后，方可开冷水机试运行。

11. 在试运行过程中，应详细检查所有设备、仪表、传感器、阀门、自控系统是否正常，保温是否合格，待一切符合要求后方可投入正式运行。

主 要 设 备 表

编号		设备名称	型号及规格	单位	数量	设备制造厂	备注
1		双工况螺杆式冷水机组	YSFCFAS55CMDO,空调工况:$Q=1843$kW,11/7℃,$G=390\mathrm{m^3/h}$,$N=350$kW,制冰工况:$Q=1157$kW,$-3.56/-6.11$℃,$G=390\mathrm{m^3/h}$,$N=319$kW	台	4	美国 York 公司	25%乙二醇
2	a	板式换热器	一次侧:3.3/11℃;二次侧:7/12℃;$Q=3075$kW,6mH_2O	台	4	瑞典 Alfa Laval 公司	水-25%乙二醇
	b	板式换热器	二次侧:40/50℃;一次侧:90/42℃;$Q=2326$kW,6mH_2O	台	4	瑞典 Alfa Laval 公司	水-水
3	a	离心式水泵	$G=550\mathrm{m^3/h}$,1450r/min,$N=90$kW,40mH_2O	台	4	上海凯泉公司	
	b	离心式水泵	$G=400\mathrm{m^3/h}$,1450r/min,$N=45$kW,25mH_2O	台	4	丹麦 Grundfos 公司	25%乙二醇
	c	离心式水泵	$G=200\mathrm{m^3/h}$,1450r/min,$N=30$kW,32mH_2O	台	3	上海凯泉公司	
	d	离心式水泵	$G=550\mathrm{m^3/h}$,1450r/min,$N=75$kW,32mH_2O	台	4	上海凯泉公司	
	e	离心式水泵	$G=3.5\mathrm{m^3/h}$,1450r/min,$N=0.55$kW,11.6mH_2O	台	1	上海凯泉公司	
4		水除垢器	DN600[直通型]	台	1		
5		集水器	DN1000	台	1		参照 92T907
6		分水器	DN1000	台	1		参照 92T907
7	a	Y形水过滤器	DN300	个	8		
	b	Y形水过滤器	DN250	个	10		
	c	Y形水过滤器	DN40	个	1		
8		蓄液箱	1000×1000×1000	个	1		25%乙二醇
9		方形膨胀水箱	2#	个	1		25%乙二醇,T905(一)
10	a	蓄冰盘管	TSC-440MS	台	24	美国 BAC 公司	

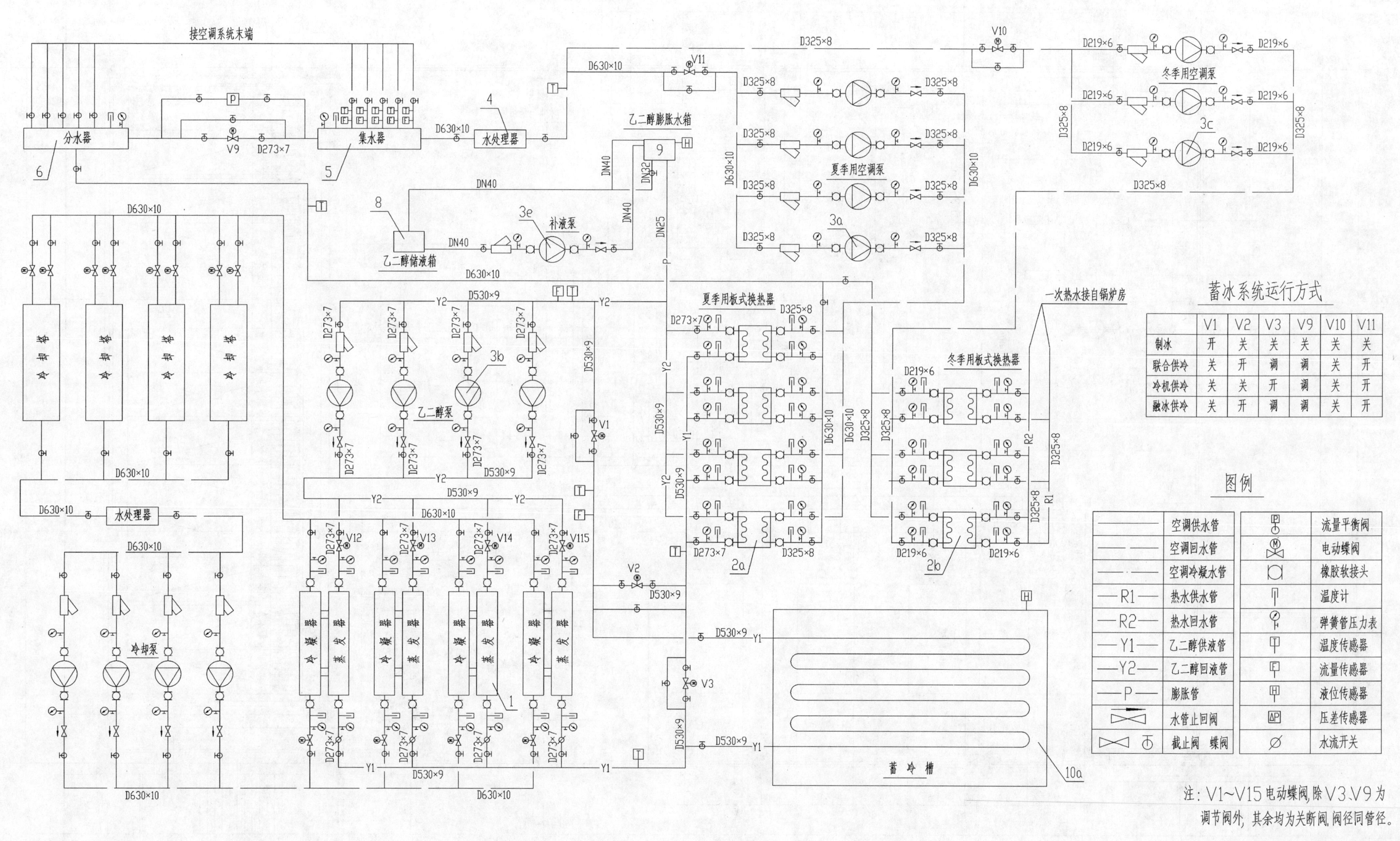

蓄冰系统运行方式

	V1	V2	V3	V9	V10	V11
制冰	开	关	关	关	关	关
联合供冷	关	开	调	调	关	开
冷机供冷	关	关	开	调	关	开
融冰供冷	关	开	调	调	关	开

图例

图例	名称	图例	名称
——	空调供水管		流量平衡阀
— —	空调回水管		电动蝶阀
—·—	空调冷凝水管		橡胶软接头
—R1—	热水供水管		温度计
—R2—	热水回水管		弹簧管压力表
—Y1—	乙二醇供液管		温度传感器
—Y2—	乙二醇回液管		流量传感器
—P—	膨胀管		液位传感器
	水管止回阀	ΔP	压差传感器
	截止阀　蝶阀	∅	水流开关

注：V1~V15电动蝶阀，除V3、V9为调节阀外，其余均为关断阀，阀径同管径。

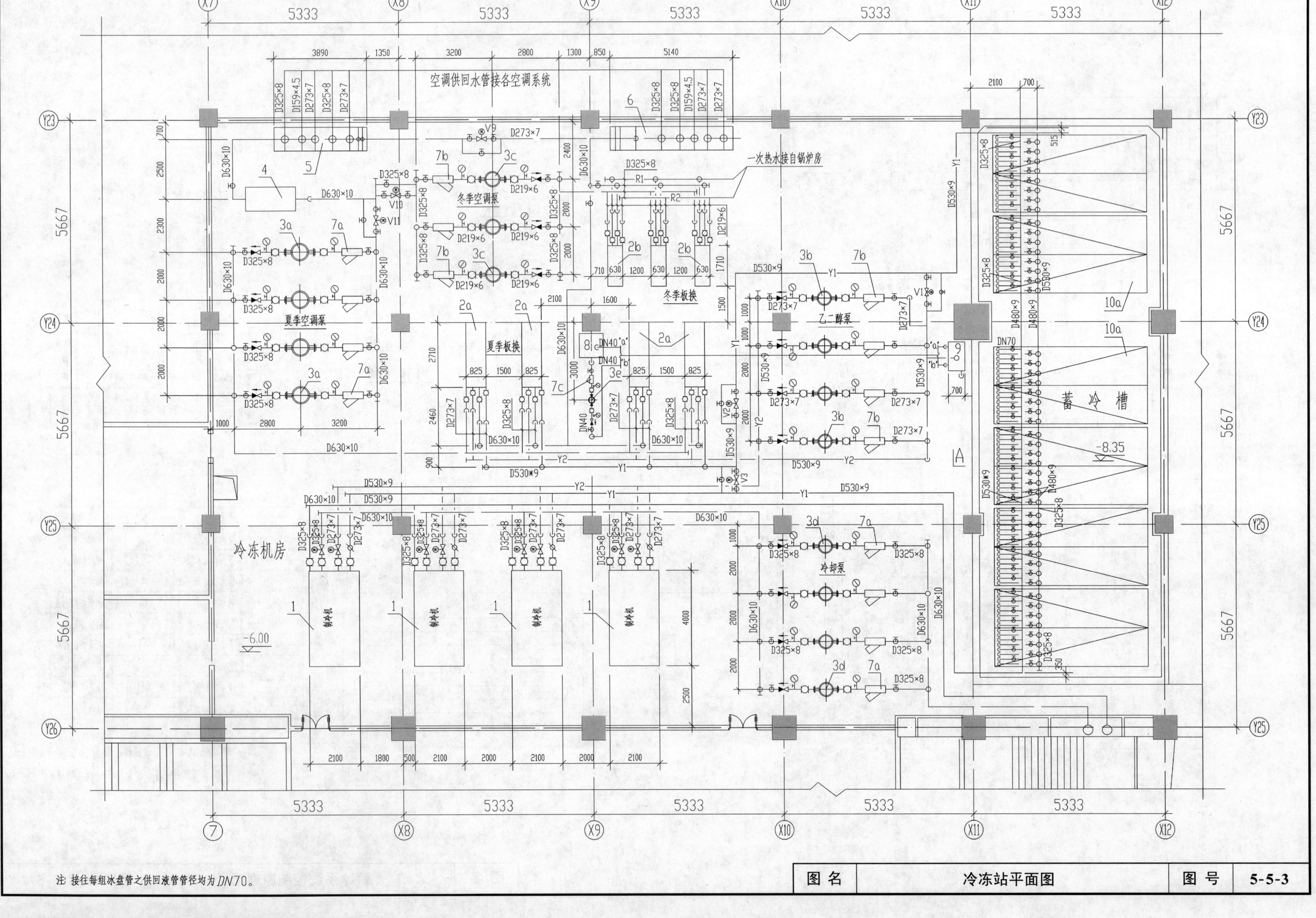

注 接往每组冰盘管之供回液管管径均为DN70。

图名	冷冻站平面图	图号	5-5-3

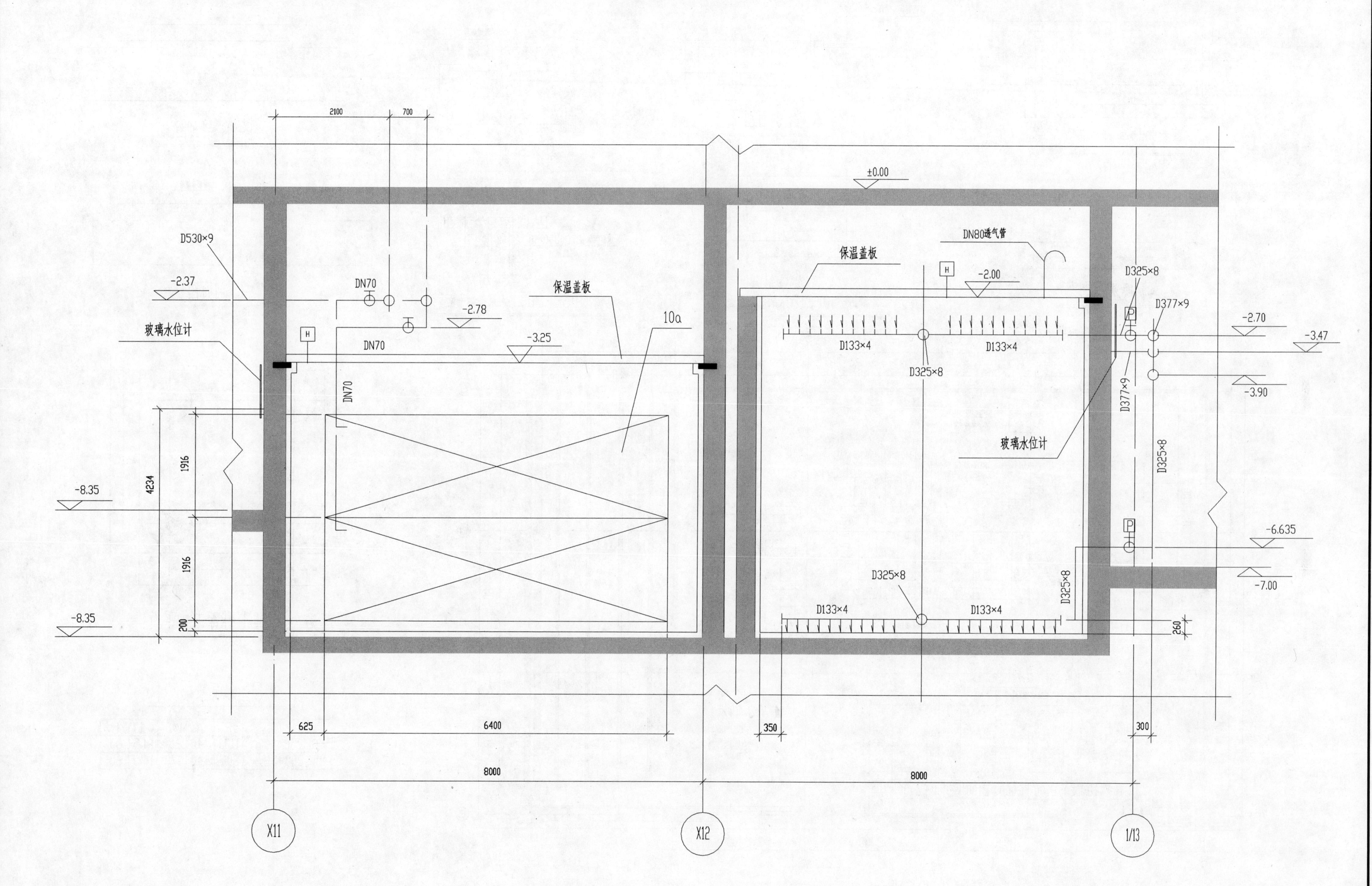
2100
700
±0.00
D530×9
-2.37
DN70
-2.78
保温盖板
10a
玻璃水位计
-3.25
DN70
DN70
1916
4234
-8.35
1916
200
-8.35
DN80透气管
保温盖板
-2.00
D325×8
D377×9
-2.70
-3.47
D133×4
D133×4
D325×8
-3.90
D377×9
玻璃水位计
D325×8
-6.635
-7.00
D325×8
D325×8
D133×4
D133×4
260
625
6400
350
300
8000
8000
X11
X12
1/13

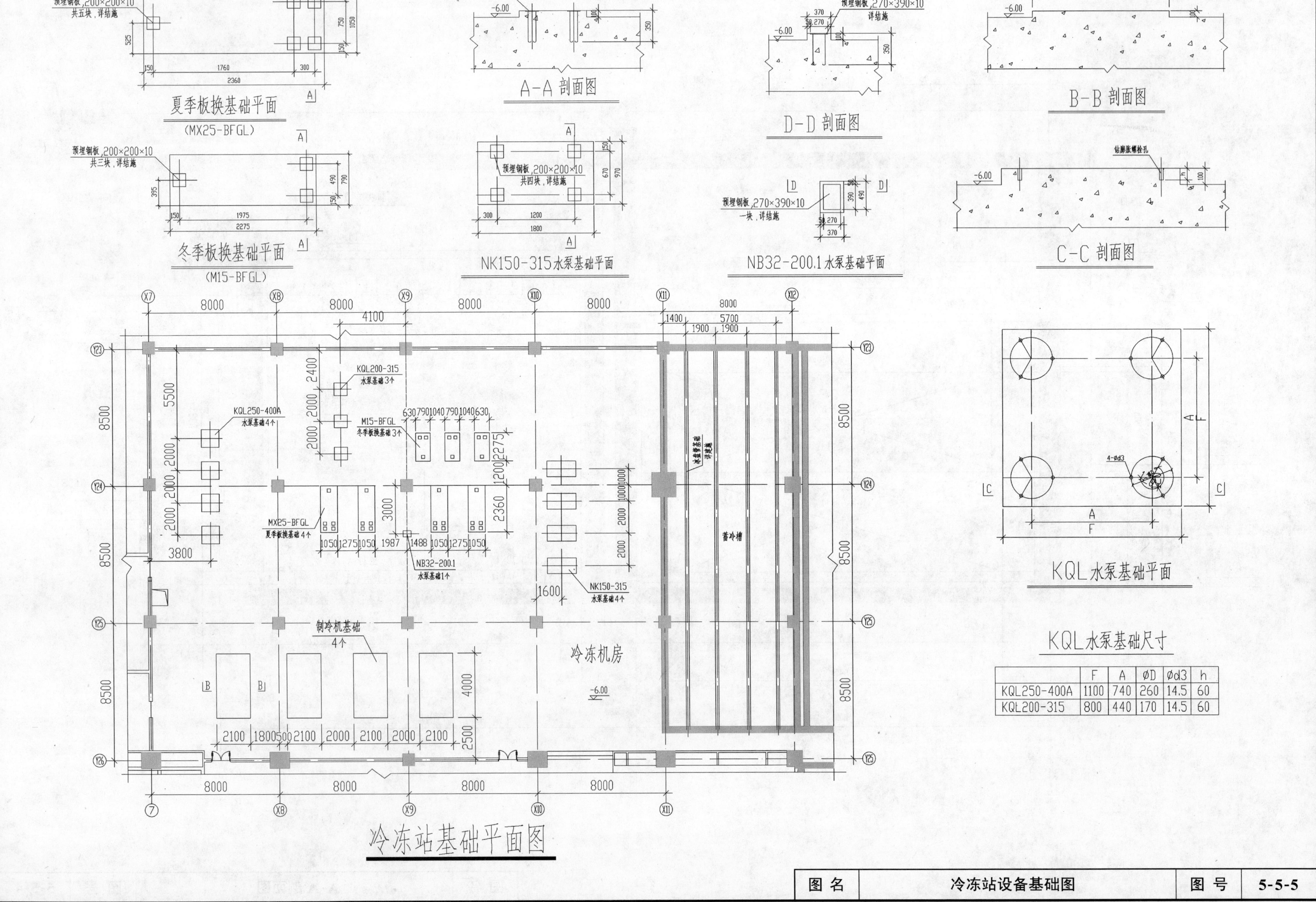

KQL水泵基础尺寸

	F	A	øD	ød3	h
KQL250-400A	1100	740	260	14.5	60
KQL200-315	800	440	170	14.5	60

图 名	冷冻站设备基础图	图 号	5-5-5

第六章 恒华国际

中国建筑设计研究院 联安国际建筑设计有限公司 李峰

恒华国际商务中心位于北京三里河南街，建筑面积约 90000m^2，建筑高度约为 64m。地下 3 层，主要为地下车库、商业和会所。地上建筑分为办公和公寓两部分。办公部分有 11 层，高度为 35m；公寓部分有 20 层，高度为 64m。

一、设计依据

1.《采暖通风与空气调节设计规范》 (GBJ 19—87)
2.《通风与空调工程施工及验收规范》 (GB 50243—97)
3.《高层民用建筑设计防火规范》 (GB 50045—95)
4.《汽车库、修车库、停车场设计防火规范》 (GB 50067—97)
5. 业主关于"恒华大厦"工程的设计任务书

二、室内外设计参数

1. 室外设计参数

夏季：空调计算干球温度： 33.2℃
空调计算湿球温度： 26.4℃
空调计算日均温度： 28.6℃
通风计算干球温度： 30.3℃
平均风速： 19m/s
风向： N
大气压力： 99.86kPa

冬季：空调计算干球温度： −12.0℃
空调计算相对湿度： 45%
通风计算干球温度： −9.0℃
平均风速： 2.8m/s
风向： NNW
大气压力： 102.04kPa

2. 室内设计参数

房间名称	室内温度(℃)		相对湿度(%)		新风量	排风量	噪声标准
	夏季	冬季	夏季	冬季	m^3/(h·人)	次/h	NR
会议室	24~26	20~22	50~60	≥40	30		40~50
办公室	24~26	20~22	50~60	≥40	30		40~50

续表

房间名称	室内温度(℃)		相对湿度(%)		新风量	排风量	噪声标准
	夏季	冬季	夏季	冬季	m^3/(h·人)	次/h	NR
大 堂	26~28	18~20	50~60	≥40	15		45~55
卫生间(公共)		18					
卫生间(住宅)		23~25					
地下车库						6	
制冷机房						6	
变配电间						8	
泵房						3	
中水机房						3	

三、设计范围

本工程位于三里河南街，由办公和公寓两部分组成。地下 3 层、办公部分地上 11 层，公寓部分地上 20 层。全楼空调面积约为 68000m^2，本设计内容为全楼的空调系统、通风系统、防排烟系统的设计。

四、空调冷(热)源的设计

全楼空调总冷负荷为 7912kW，总热负荷为 6371kW。空调冷源设在地下 3 层冷水机房。本工程采用部分负荷蓄冰系统。制冷主机和蓄冰设备为串联方式，主机位于蓄冰设备的上游。同时考虑到连续空调负荷的比例，设置了一台基载主机，并联运行，直接供应 7~12℃冷冻水。

机房中设基载主机一台(R-1，Q＝1758kW)，冷冻水供回水温度为 7～12℃，冷却水供回水温度为 32～37℃。配冷冻水循环泵 2 台(B-1、B-2，一用一备)，冷却水循环泵 2 台(b-1、b-2，一用一备)。双工况机组三台(R-2、R-3、R-4)。蓄冰状态时，供冷量为 953kW/台，乙二醇的供回温度为－6～－2.5℃。制冷状态时，供冷量为 1406kW/台，乙二醇的供回温度为 6～11℃。冷却水的供回水温度为 32～37℃。配四台冷冻水泵(乙二醇泵)(EB-1～EB-4，其中一台备用)。四台冷却水泵(b-3～b-6，其中一台备用)。机房另设有三台板式换热器，将冷量由乙二醇中传递到空调冷冻水中。并设四台负载泵(B-3～B-6，其中一台备用)，与循环水泵 B-1 或 B-2 共同负责空调冷冻水的循环。蓄冰装置为冰盘管，共有二十四台，每台的蓄冰容量为 238RT·h/台。冰盘管全部设在蓄冰槽中。

在办公部分 11 层屋顶设四台方形冷却塔(CT-1～CT-4)，分别与四台冷冻机组(R-1～R-4)一一对应。

乙二醇系统和冷冻水系统的补水、定压，均采用隔膜式定压罐定压，乙二醇溶液(软化水)储存在水箱中，通过压力传感器启动补水泵向系统中补充乙二醇或软化水。

设在地下 3 层热交换间中的热交换器将市政热网中的热量交换到本楼的空调热水中，空调热水的供回水温度为 65～55℃，冬季空调热水的循环水泵和定压、补水装置设在热交换间内。热水循环水泵的扬程克服板换之后不应小于 30mH_2O。热交换间的设计由市政煤热设计院负责完成。

由于办公部分的空调系统设置了内外区系统，冬季时可能需要同时供冷和供热，所以制冷设备冬季仍须运行。为防止冷却水结冰，冷却塔及室外冷却水管须有保温加热设施。

五、空调系统设计

本工程空调面积主要分为两部分，其一为北侧的办公部分，设置风机盘管加新风系统。由于办公部分进深较大，考虑到内热的影响，过渡季、冬季内区有可能需要供冷，而外区需要供热，故风机盘管设置了内外区两个系统。沿外窗设置了外区系统，沿内走廊设置了内区系统。新风系统每层设置一个。

本工程南侧为公寓，分为酒店式公寓和住宅两部分。公寓部分设风机盘管系统。

住宅部分的卧室、起居室、客厅等部位设置风机盘管，厨房、卫生间设散热器。其余部分如餐厅、大堂等部位相应设全空气低速空调系统。住宅部分的风机盘管系统分户设置热计量设施。

空调箱及新风机均设高压喷雾加湿器。

六、通风系统设计

本工程通风系统主要分成地上、地下两大部分。

地上的主要是排气系统，它们是：

为办公各层内走廊排气服务的 P-12-1、P-12-2 系统；

为办公各层卫生间排气服务的 P-12-3、P-12-4、P-9-1 系统；

为住宅卫生间排气服务的 P-21-1、P-21-2、P-21-3、P-21-5、P-21-6、P-21-7、P-21-8、P-20-1～5、P-22-1、P-22-2、P-22-3、P-22-4 系统；地下的通风系统主要是为汽车库、厨房及其他设备用房服务的进排气系统，它们是：

为地下 3 层汽车库进排风服务的 P-B3-1～5 和 J-B3-1～5 系统；

为地下 2 层汽车库进排风服务的 P-B2-1～3 和 J-B2-1～3 系统；

为地下 1 层汽车库进排风服务的 P-B1-1、P-B1-2、PY-B1-3 和 JY-B1-3～5 系统；

为地下 3 层热交换间进排风服务的 P-B3-6 和 J-B3-6 系统；

为地下 3 层冷冻机房进排风服务的 P-B3-7 和 J-B3-7 系统；

为地下 3 层纯净水、生活水泵房进排风服务的 P-B3-8 和 J-B3-8 系统；

为地下 3 层控制室、泵房进排风服务的 P-B3-9 和 J-B3-9 系统；

为地下 2 层自行车库进排风服务的 P-B2-4 和 J-B2-4 系统；

为地下 2 层厨房进排风服务的 P-B2-5 和 J-B2-5 系统；

为地下 2 层洗衣房进排风服务的 P-B2-6 和 J-B2-6 系统；

为地下 1 层集贸市场进排风服务的 P-B1-5 系统；

为地下 1 层厨房、锅炉房进排风服务的 P-B1-3、P-B1-4 和 X-B1-1、X-B1-2 系统；

为地下 1 层游泳池进排风服务的 P-B1-6、P-B1-7 和 X-B2-3 系统；

为地下 1 层变配电室进排风服务的 PY-B1-6 和 JY-B1-6 系统。

七、自控系统设计

本工程采用直接数字式监控系统(DDC 系统)。它由中央电脑及终端设备加上若干个 DDC 控制盘组成，在空调控制中心能显示打印出空调、通风、制冷等各系统设备运行状态及主要运行参数，并进行集中远距离控制和程序控制。

八、消声减振设计

空调机组、新风机组、送回风管及所有送风机，排风机进出风管均设双层复合阻抗式消声器或消声弯头。机房内墙做隔声板，并采用防火隔声门，所有空调机组、水泵、风机均做减振。

图名	设计说明	图号	5-6-1

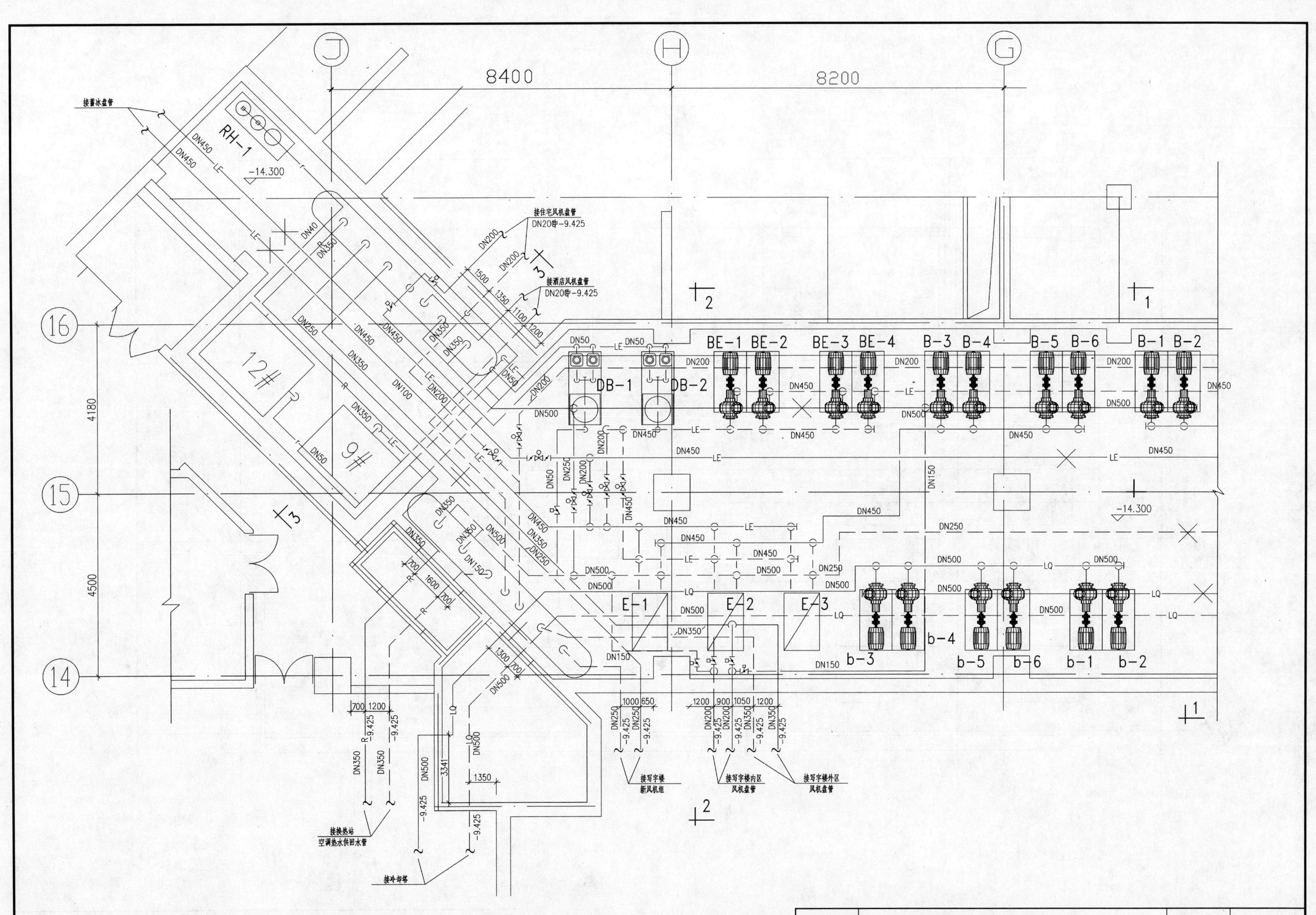

J
H
G
8400
8200
接蓄冰盘管
RH-1
DN450
-14.300
接住宅风机盘管
DN20中-9.425
接酒店风机盘管
DN20中-9.425
16
15
14
4180
4500
12#
9#
DB-1
DB-2
BE-1
BE-2
BE-3
BE-4
B-3
B-4
B-5
B-6
B-1
B-2
E-1
E-2
E-3
b-3
b-4
b-5
b-6
b-1
b-2
LE
LQ
接写字楼
新风机组
接写字楼内区
风机盘管
接写字楼外区
风机盘管
接换热站
空调热水供回水管
接冷却塔

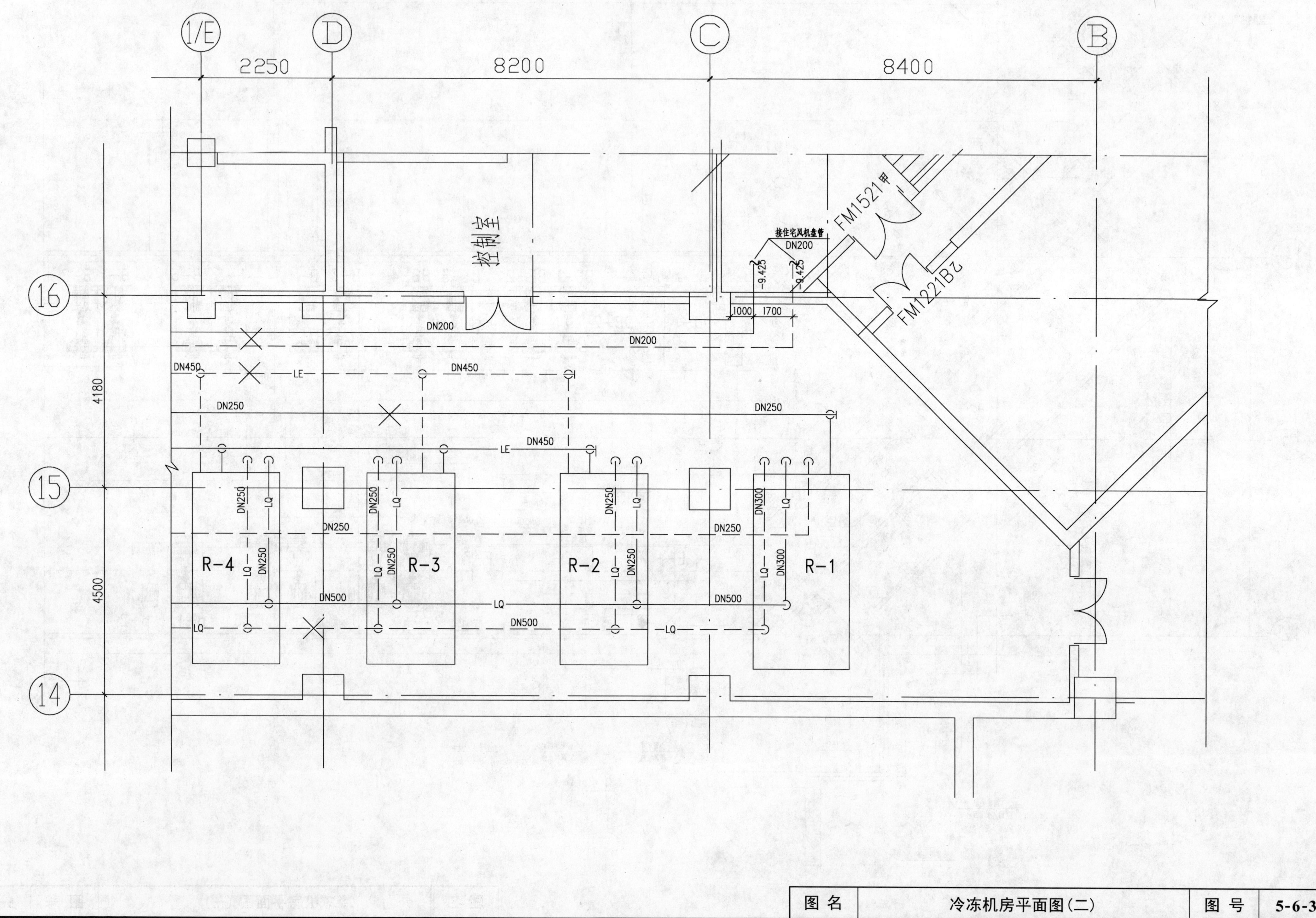

图 名	冷冻机房平面图(二)	图 号	5-6-3

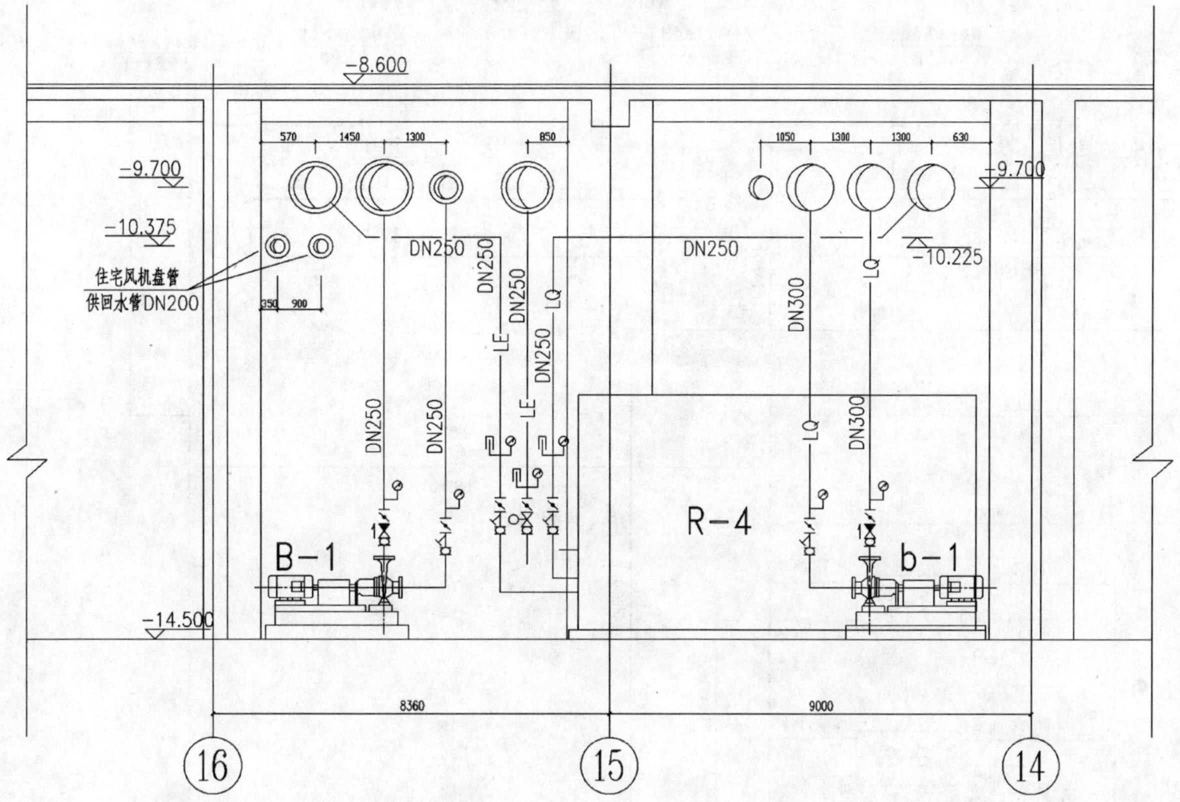

-8.600
-9.700
-10.375
住宅风机盘管
供回水管DN200
DN250
DN300
LE
LQ
-10.225
B-1
R-4
b-1
-14.500
8360
9000
16
15
14

1-1 剖面图

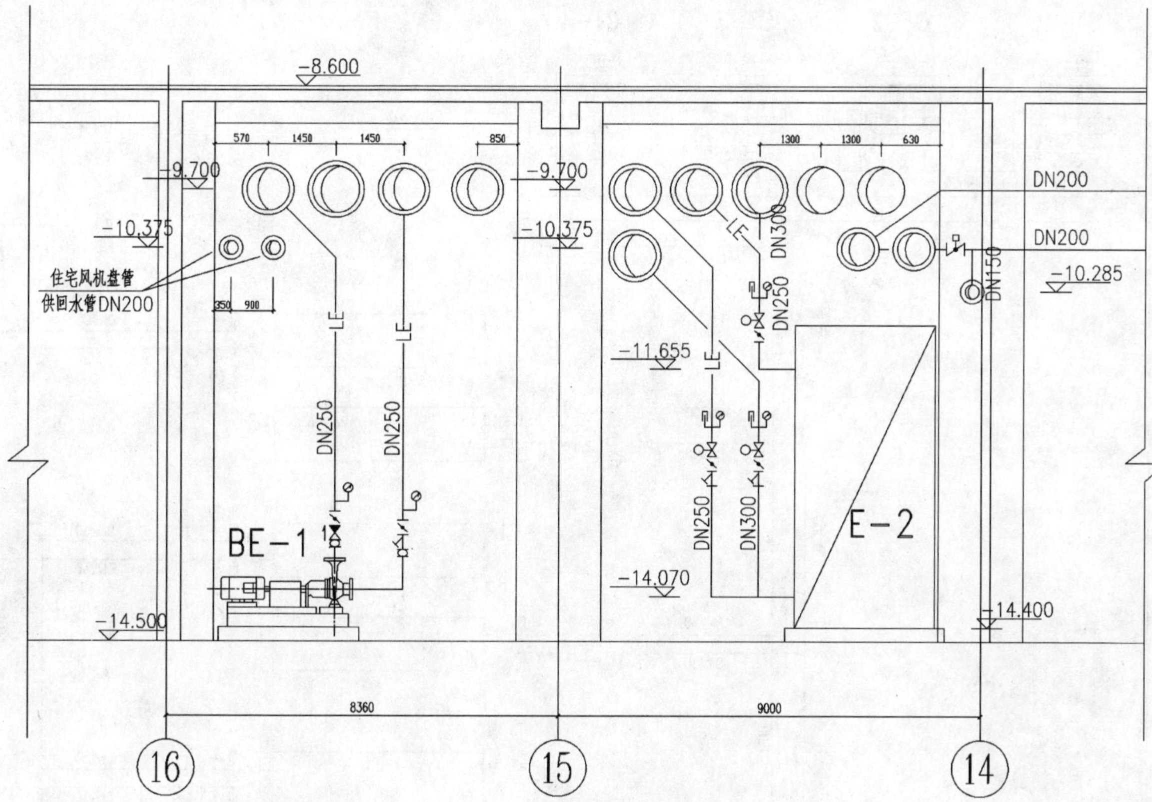

-8.600
-9.700
-10.375
住宅风机盘管
供回水管DN200
DN250
DN300
DN200
DN150
LE
-10.285
-11.655
-14.070
-14.400
BE-1
E-2
-14.500
8360
9000
16
15
14

2-2 剖面图

-8.600
水管DN450
乙二醇溶液供回
水管DN350
空调热水总供
-9.000
冷冻水总供
水管DN500
-9.700
住宅风机盘管
供回水管DN200
写字楼新风机组
供水管DN250
-10.375
-10.850
写字楼风机盘管
供水管DN350
住宅风机盘管
回水管 DN150
DN350
-12.300
9#
-13.800
-13.700
-14.050
-14.500
-14.600
-14.700
-14.800
DN50
12800
B3
B1

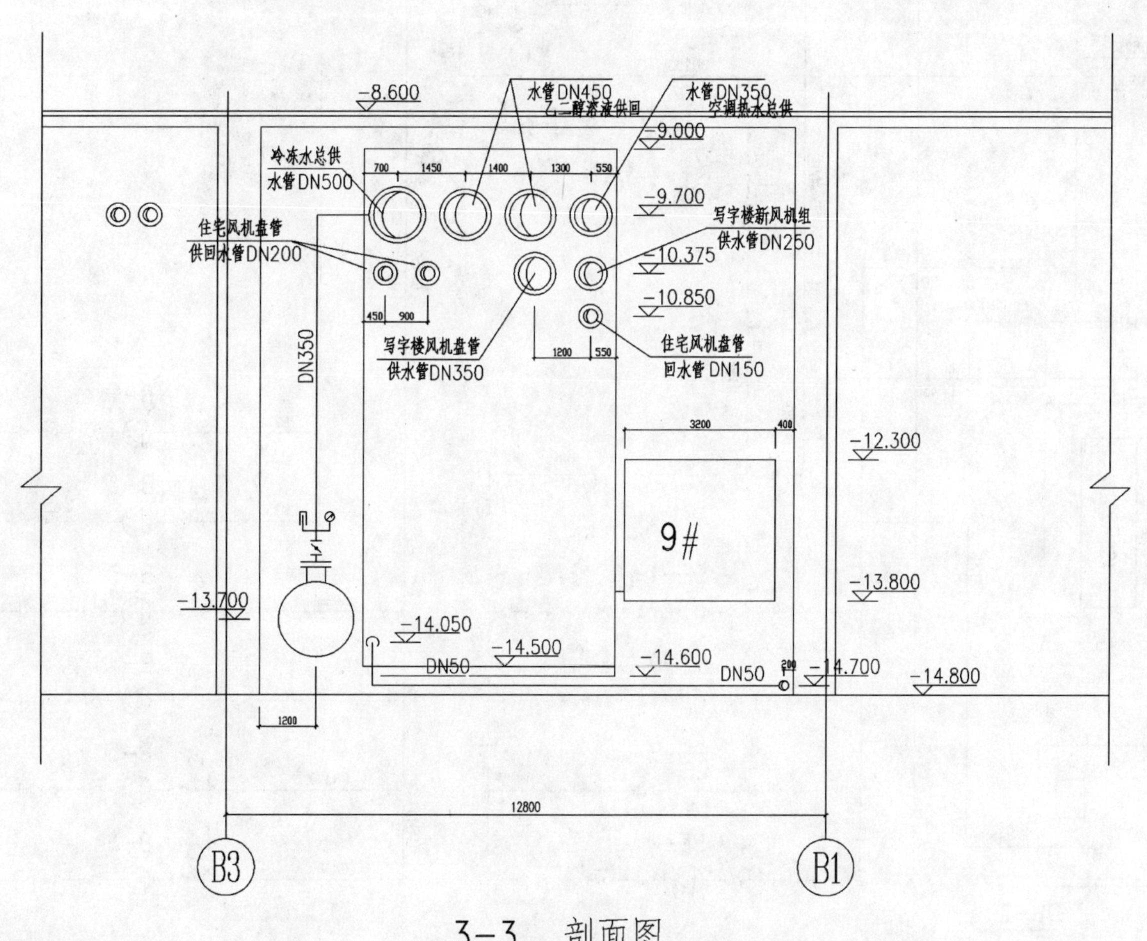

3-3 剖面图

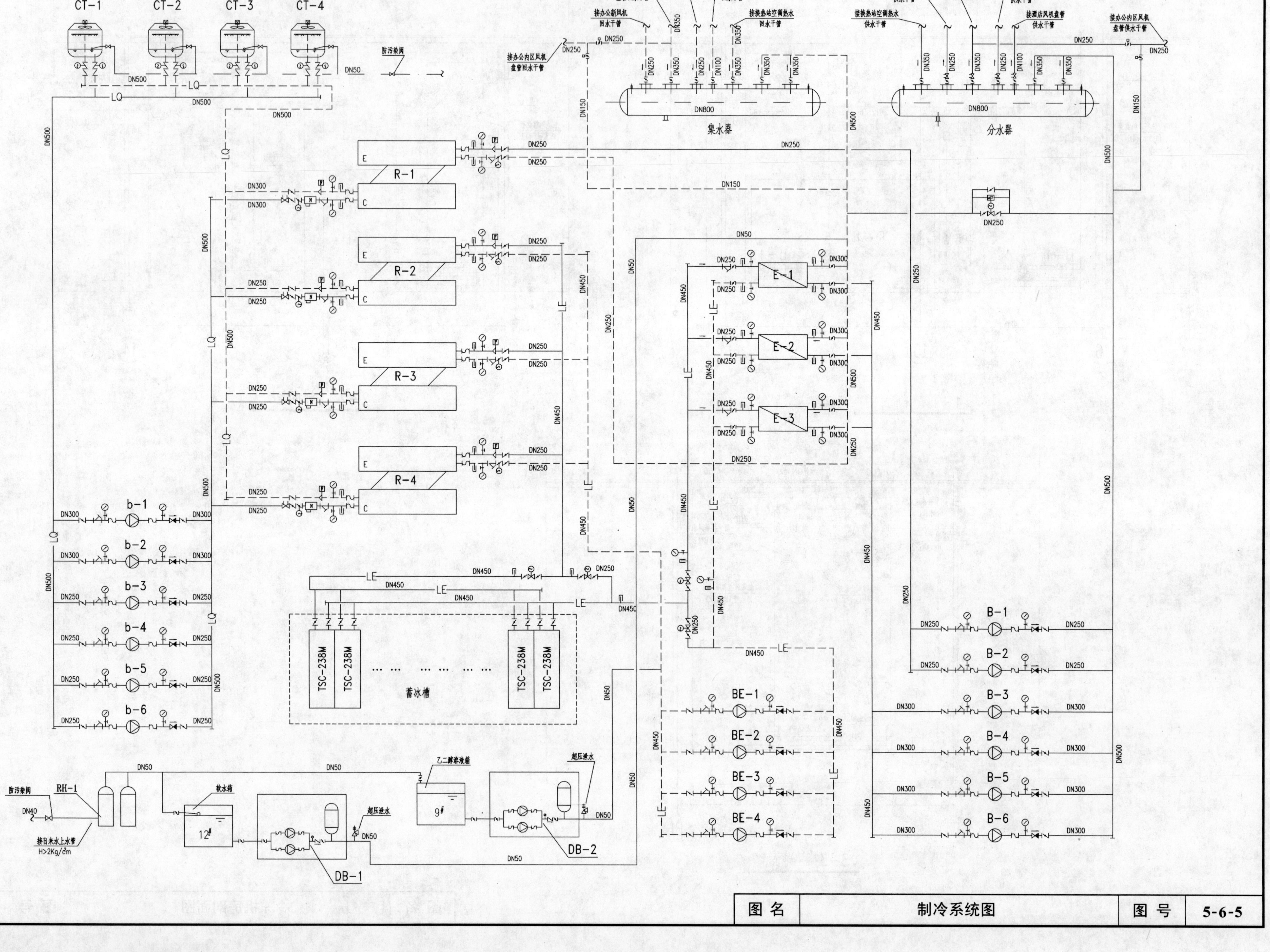

图 名	制冷系统图	图 号	5-6-5

CT-1
CT-2
CT-3
CT-4
接住宅风机盘管回水干管
接办公外区风机盘管回水干管
接酒店风机盘管回水干管
接办公新风机回水干管
接换热站空调热水回水干管
接办公内区风机盘管回水干管
接办公外区风机盘管供水干管
接办公新风机供水干管
接住宅风机盘管供水干管
接换热站空调热水供水干管
接酒店风机盘管供水干管
接办公内区风机盘管供水干管
集水器
分水器
DN800
R-1
R-2
R-3
R-4
E-1
E-2
E-3
b-1
b-2
b-3
b-4
b-5
b-6
B-1
B-2
B-3
B-4
B-5
B-6
BE-1
BE-2
BE-3
BE-4
TSC-238M
蓄冰槽
液位
RH-1
接自来水上水管
H>2Kg/cm
软水箱
12#
乙二醇溶液箱
9#
DB-1
DB-2

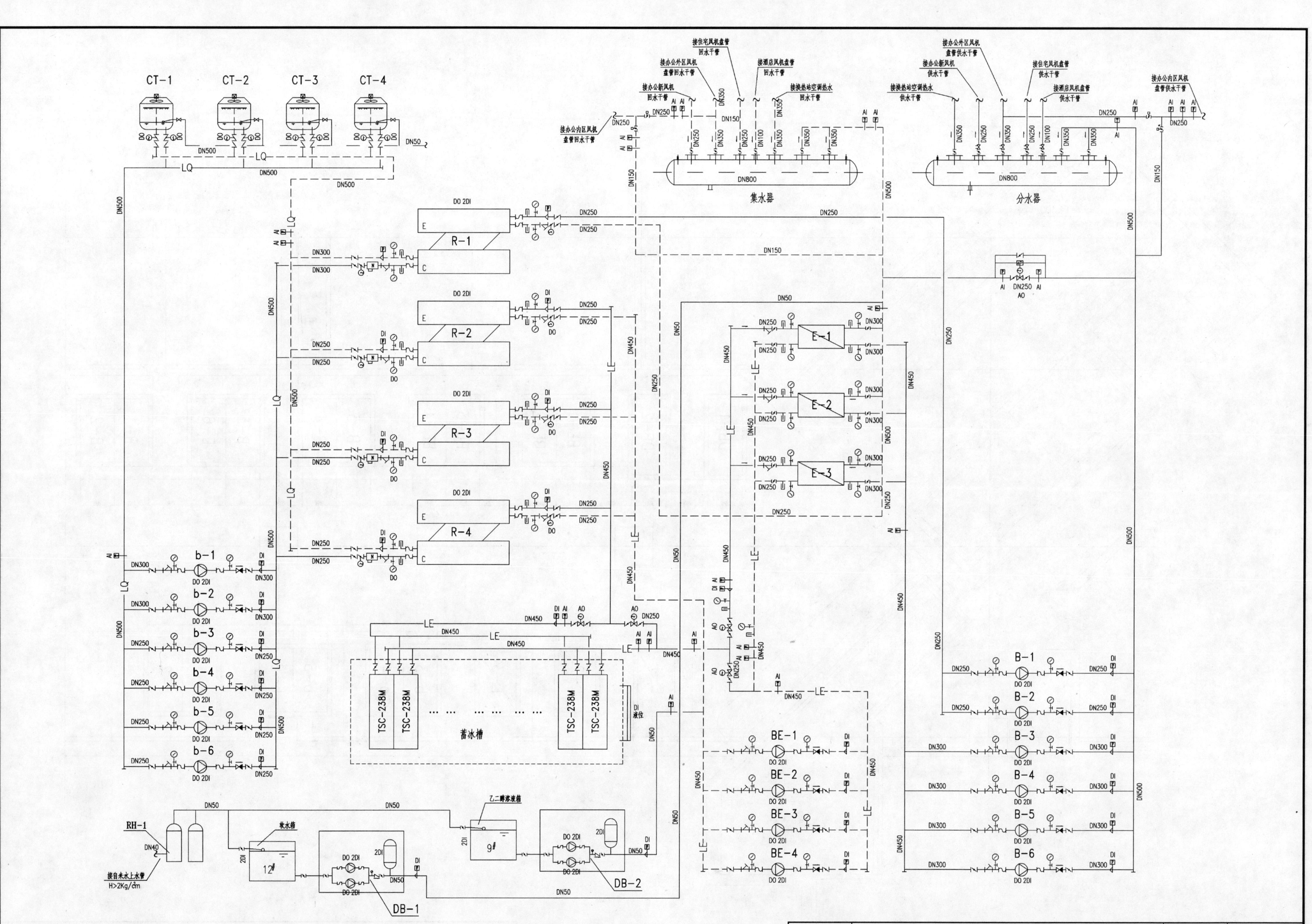

149

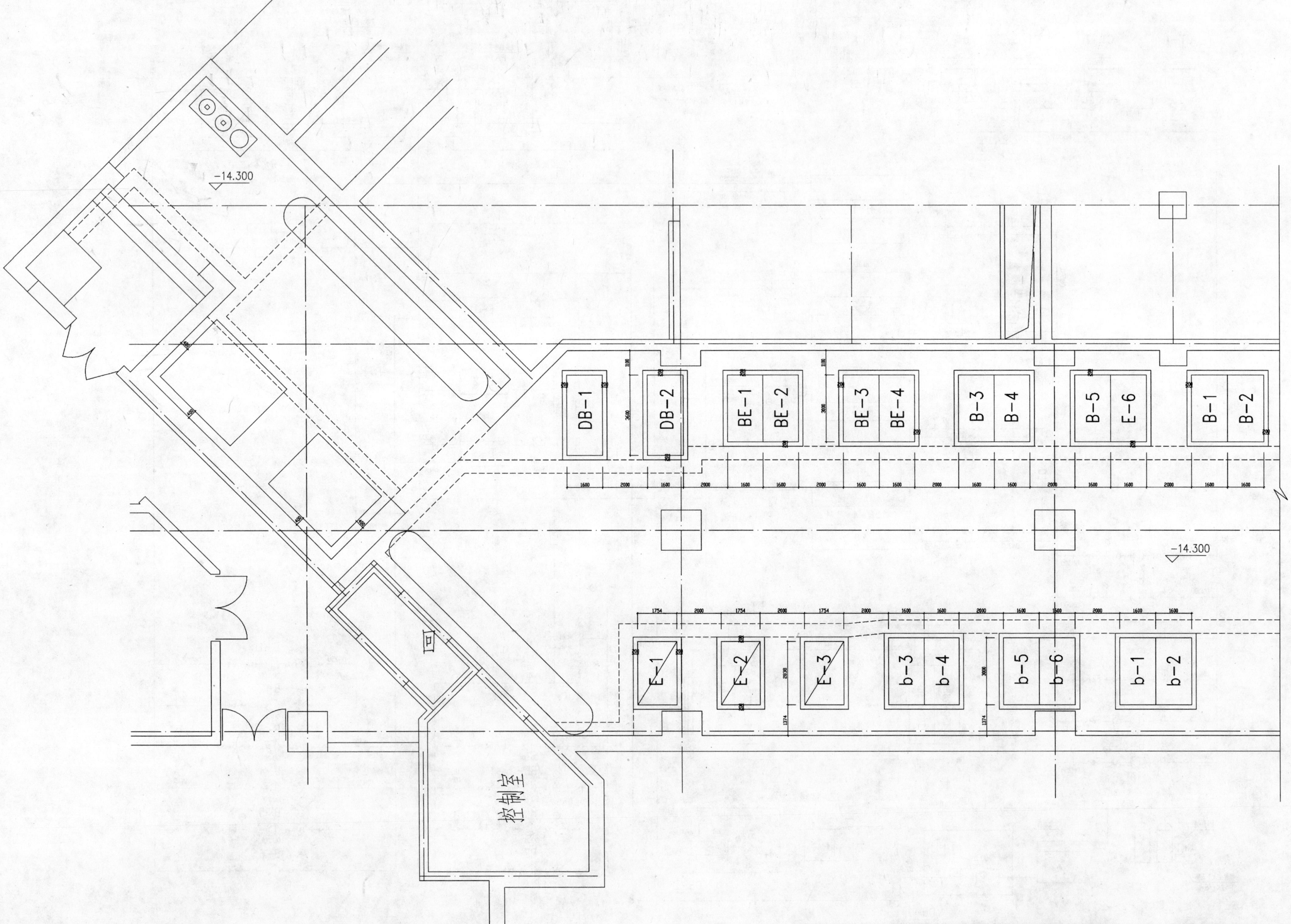

-14.300

DB-1

DB-2

BE-1

BE-2

BE-3

BE-4

B-3

B-4

B-5

E-6

B-1

B-2

-14.300

E-1

E-2

E-3

b-3

b-4

b-5

b-6

b-1

b-2

控制室

图名	冷冻机房设备基础平面图(一)	图号	5-6-7

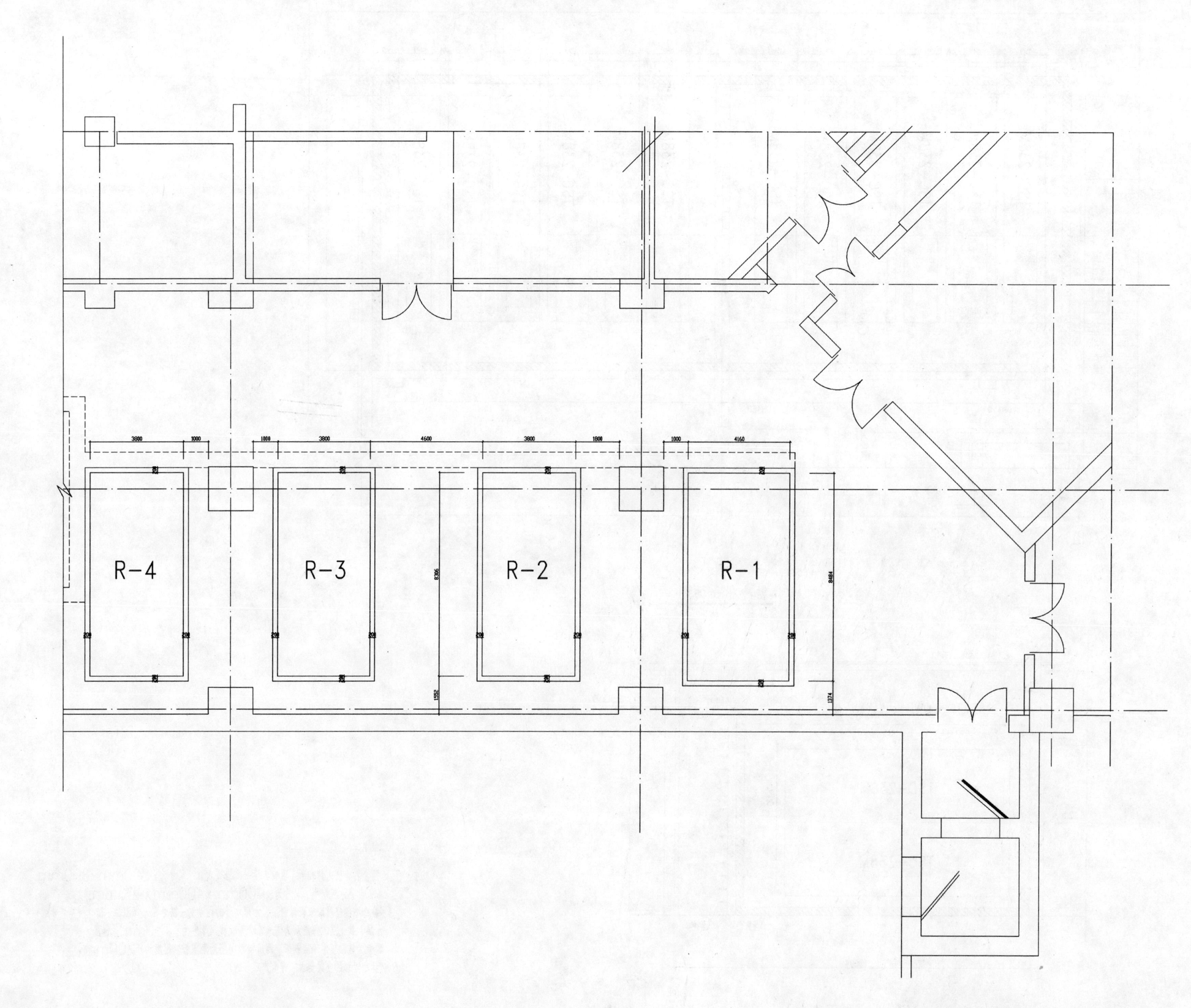

R-4
R-3
R-2
R-1

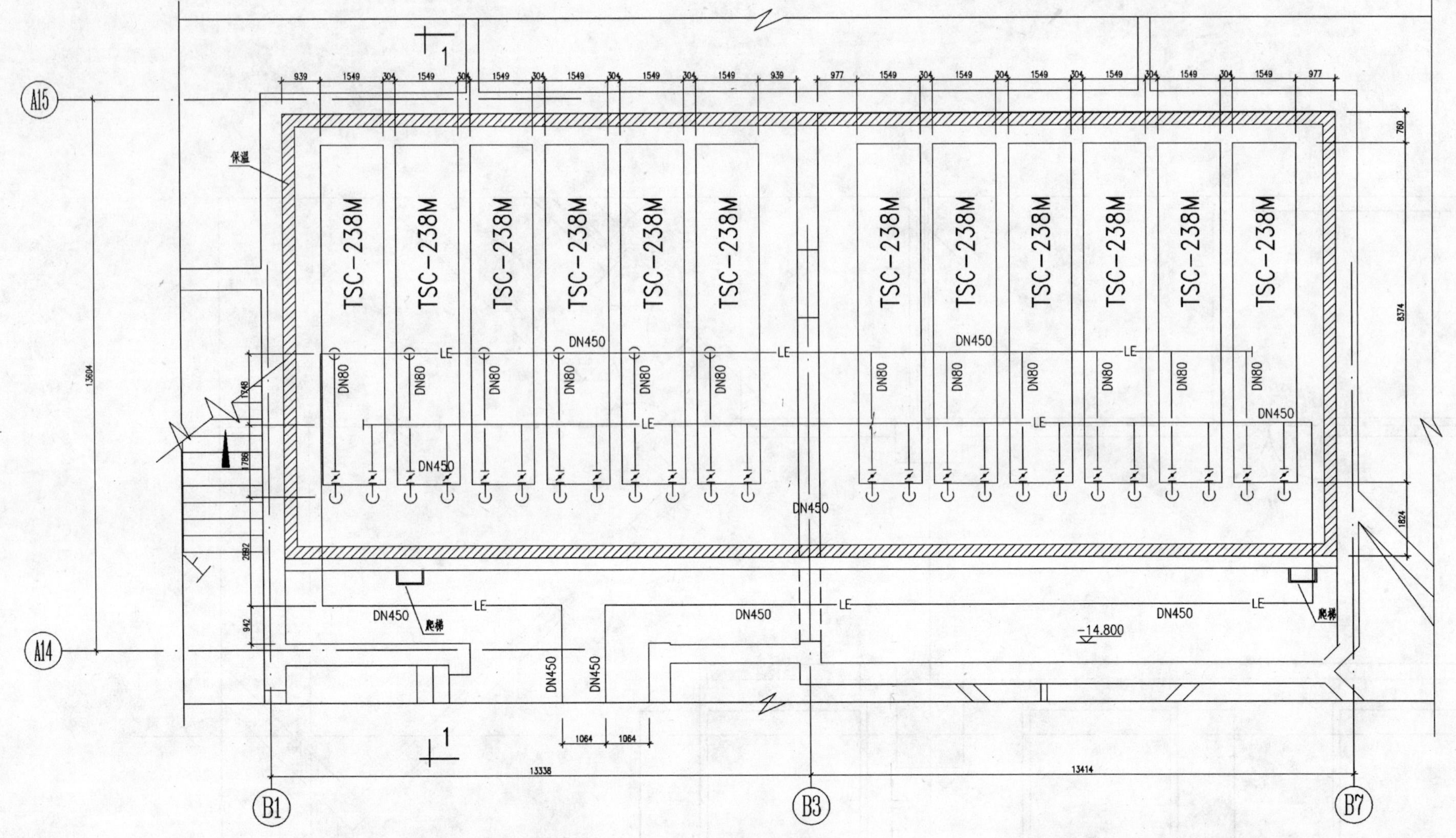

蓄冷槽平面图

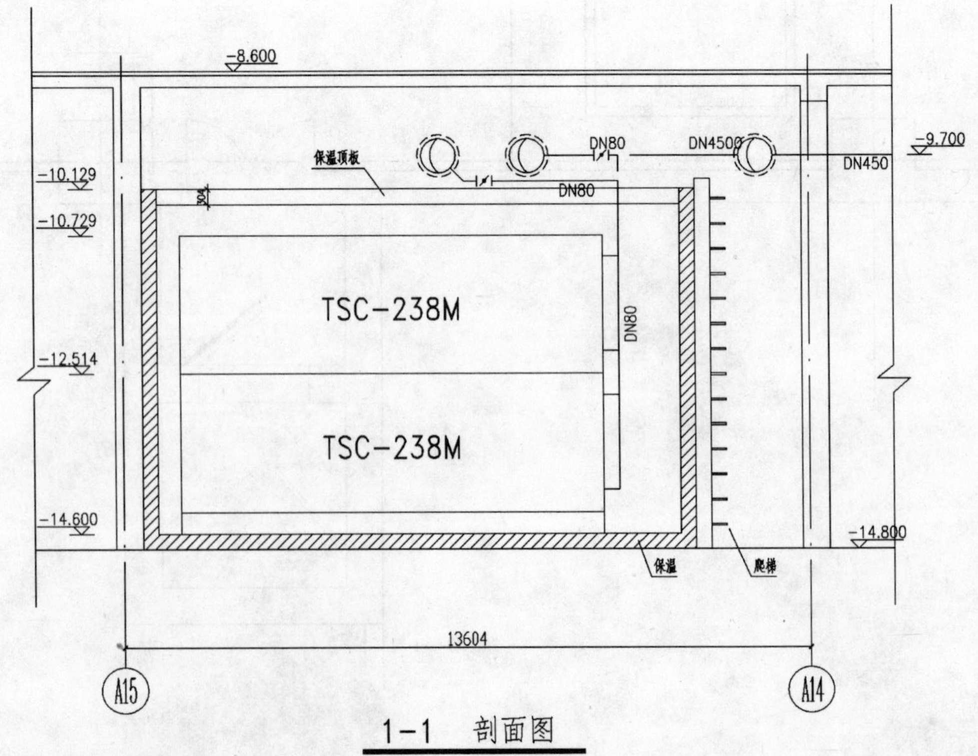

1-1 剖面图

注：1. 两个蓄冷槽内部相通，顶板各设一个检查人孔，尺寸为：800mmx800mm. 底板设集水坑一个，尺寸为：400mmx400mmx400mm.

2. 蓄冷槽侧壁及底板设保温层，由里向外的做法为：防水层；保温层；防水层；找平层。保温层为憎水珍珠岩板块，厚度为：150mm。保温顶板为保温压型保温钢板，两层钢板中间为聚苯板，厚度为：200mm.

3. 蓄冷盘管的安装要求，详生产厂家的说明。

图名	蓄冰槽平面图、剖面图	图号	5-6-9

第七章　西北电力调度通信大楼

国家电力公司西北勘测设计研究院 建筑设计院　丁季芳　秦杨
中国华电工程(集团)公司　李曼
(丁季芳,男,1938 年生,教授级高级工程师,建筑设计院专业总工程师)

一、工程概述

西北电力调度通信大楼位于西安市小东门外环城路东,大楼总建筑面积为 35300m²,建筑高度为83.70m。

大楼分主楼和裙楼:主楼地面以上 19 层,地下 1 层,建筑面积为 25200m²,十二层、十五层至十九层设有电力调度、信息和管理的专用机房,其余二层以上均为办公用房;裙楼地面以上 7 层,地下 1 层,建筑面积 10100m²,设有门厅、会议用房、报告厅和餐饮、娱乐用房。

主楼和裙楼一层为汽车库,地下室为设备用房和仓库。

二、空调方式及冷负荷

(1) 办公、会议、门厅、餐饮、会议、报告厅等用房的空调采用全空气系统,低温变风量的空调方式,空调面积为 22000m²,占全楼空调面积的 80%,设计日空调最大冷负荷为 3358kW,冷源由冰蓄冷系统供 3.5℃/11.7℃低温冷水。

(2) 大楼内要求 24 小时工作的部分办公室,分散布置的一些楼宇控制用房采用常规风机盘管加新风的空调方式,空调面积为 2000m²,占全楼空调面积 7%,设计空调冷负荷为 250kW,冷源由冷站基载制冷机供 7℃/12℃冷水。

基载制冷机同时向相邻 4 号住宅楼供冷,冷源冷水为 7℃/12℃,空调负荷为 1150kW。

(3) 调度、信息和管理的专用机房采用专用柜式空调机的空调方式,空调面积 3500m²,占全楼空调面积 13%,为独立的冷源。

(4) 由主楼冷(热)源站供冷的建筑,设计日冷负荷平衡见"设计日冷负荷平衡图"。

三、冷(热)源系统介绍

大楼集中冷(热)源站位于主楼地下一层。由冰蓄冷系统供应 3.5℃/11.7℃空调用冷水;基载制冷机供应 7℃/12℃空调用冷水;冬季由电锅炉供 45℃/40℃空调用热水。本文介绍冷(热)源站的冰蓄冷系统。

(1) 为平衡电力峰谷负荷和当地电力部门已实行了分时电价等条件,经综合经济技术比较,本制冷系统采用了冰蓄冷方案。

(2) 本冰蓄冷系统用部分负荷冰蓄冷系统,即在供冷时由蓄冷装置融冰和制冷主机共同负担空调最大冷负荷。蓄冰装置的容量为设计日空调冷负荷的 40%。根据当地电价和电力峰谷差价,采用以上配置的冰蓄冷设备和制冷机容量都比较小,初投资和运行费的综合技术经济指标最优。

(3) 制冷主机和蓄冰装置采用串联系统,制冷主机位于蓄冰槽上游。

串联冰蓄冷系统由乙二醇水溶液系统和空调低温冷水系统组成。乙二醇水溶液系统由乙二醇水溶液、制冷主机、蓄冰设备、板式换热器、乙二醇溶液循环泵及管路阀门组成,可分别进行制冰工况和单融冰供冷工况、制冷主机供冷工况、制冷主机与融冰联合供冷工况运行。在主机和融冰联合运行时,制冷主机位于蓄冰槽上游,制冷机出水温度较高,而蓄冰装置出水温度较低,因此,制冷主机效率高,耗电小,但对蓄冰装置来说,融冰温差小,所以蓄冰装置应选择融冰特性较好的设备。通过制冷主机和蓄冰装置融冰产生低温乙二醇溶液,再通过板式换热器冷却空调水。空调低温冷水系统由板式换热器、变频空调循环水泵、空调水管道系统和 VAV 末端装置组成。空调水系统为变流量系统,采用水泵变频调速方法,水力工况稳定,并可取得明显节能效果。

(4) 本大楼设计日空调低温水系统冷负荷为 30851kW·h,冰蓄冷装置的容量为 12240kW·h。

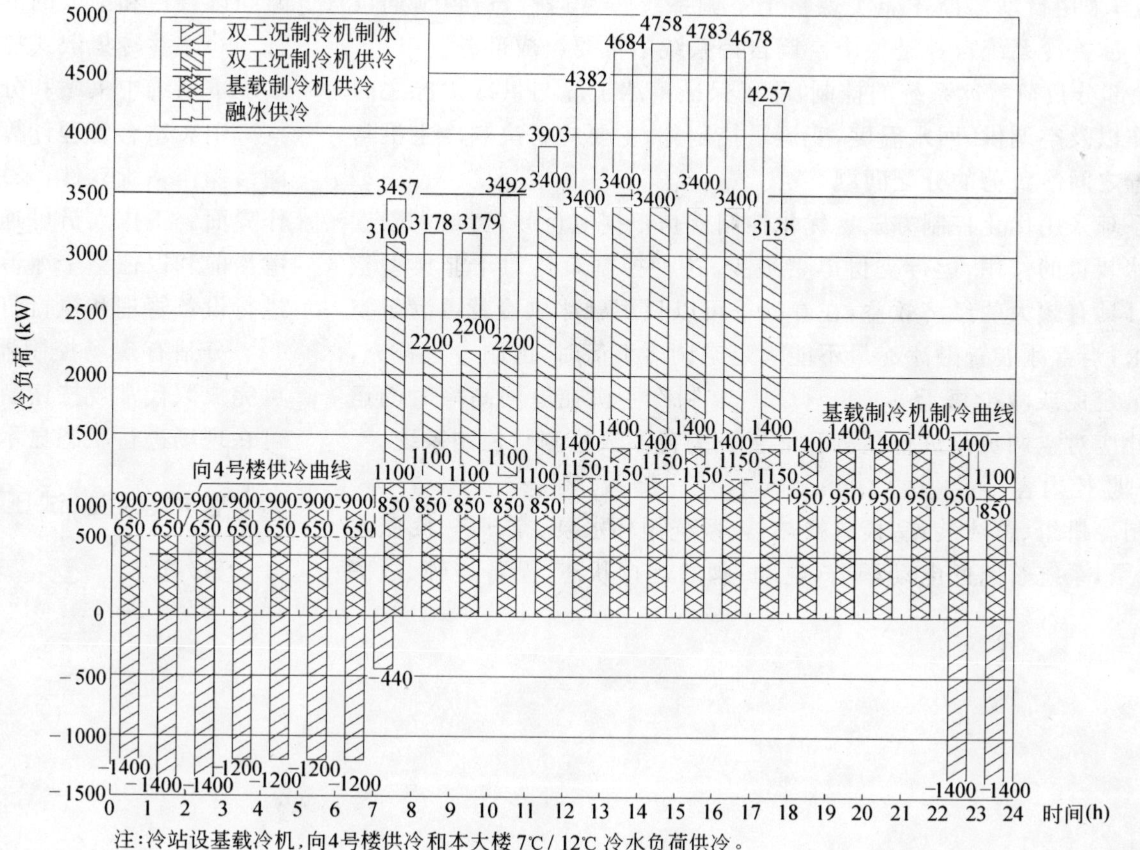

注:冷站设基载冷机,向4号楼供冷和本大楼 7℃/12℃ 冷水负荷供冷。

设计日冷负荷平衡图

四、设备配置

(1) 制冷主机

冰蓄冷系统要求选用双工况(制冰工况和空调工况)制冷机,一般采用螺杆式冷水机组。本工程选用约克公司双工况螺杆式冷水机组。

基载制冷机选用约克公司螺杆式冷水机组。

(2) 蓄冰设备

蓄冰设备选用美国 BAC 公司 TSU-594MS 型蓄冰槽,是钢制盘管,属不完全结冻式,结冰厚度小,传热系数大,制冷机效率高;在融冰过程中,冰与盘管能充分接触或与冰水溶液直接接触,载冷剂(乙二醇水溶液)出口水温度稳定,可满足设计要求 2.2℃出水温度的要求。

(3) 板式换热器

换热器乙二醇水溶液侧为 2.2℃/9.5℃,空调冷水测为 11.7℃/3.5℃,对数温差为 1.7℃,本工程选用瑞典舒瑞普板式换热器。

(4) 水泵

甲方要求选用性能好,低噪声,不漏水的国际名牌产品,本工程选用丹麦格兰富水泵。

乙二醇水溶液密度比水大,黏度也大于水,而比热小于水,选用水泵时,加大了水泵电机容量。

五、自控设计

本工程空调采用了变风量低温送风空调系统和冰蓄冷等比较先进的节能技术，所以必须对整个空调系统在各种不同使用条件下大量参数进行测定，采用自动监控才能实现整个空调系统正常运行，达到预期设计效果。冰蓄冷系统自控是整个空调自控系统中重要组成部分。

(1) 部分负荷蓄冰系统的控制，除了保证蓄冰工况与供冷工况之间转换操作以及空调供、回水温度，变流量控制外，主要应解决制冷主机与蓄冰装置之间冷负荷的分配问题。

本系统采用优化控制方式。优化控制就是根据电价政策，最大限度发挥蓄冰装置的作用，运行支付电费最少，这种控制策略对于非典型空调设计日具有颇大的经济效益，在春秋季可以只用融冰供冷就可满足空调的要求，当蓄冰装置融冰冷量不能满足空调冷负荷时，由制冷机补充，但应尽量避免或减少每天 8：00～11：30 制冷主机在电网高峰时的运行。为此应对空调负荷进行预测和配置较完善参数检测与控制系统。

(2) 监控内容

1)制冷机组、蓄冰装置、板式换热器、系统循环水泵、冷却塔、膨胀水箱、补水泵，系统管路的电动调节(电动)阀的运行状态，设备连锁、故障报警。

2)监测冰蓄冷系统热工参数、水温，乙二醇水溶液的温度和浓度，液位，压力，制冷负荷，冰量，融冰速度，落地式膨胀水箱的压力，水箱水位。对于一些重要监测点进行常年纪录，可将常年空调负荷情况和设备运行时间以表格和图表的形式记录下来，所有的数据能自动定时进行打印。

3)冰蓄冷集散式控制系统的结构

本系统中央站和分站设在地下层机房控制室和机房内。

中央站有管理计算机 PC、打印机、不间断电源、通信接口设备以及网络操作系统软件，采用 SIMATCWINCC 软件平台，人机对话，中文操作界面。工作人员可通过 WINCC 软件平台上所显示的各种信息来了解当前和以往整个冰蓄冷自控系统的运行情况和所有参数，并通过鼠标进行设备管理和执行打印任务。

分站有现场控制器 PLC(S7-100)及触摸屏(TP27)作为操作面板，可完成取代常规按钮、指示灯等器件，使控制柜面板变得整洁。触摸屏可在现场进行状态显示和操作。

六、管材、保温、试压

(1) 管材

1) 管径 $DN\leqslant 40$mm 采用焊接钢管；管径 $DN>40$mm 采用无缝钢管。

2) 焊接钢管采用丝扣连接；无缝钢管采用焊接或法兰连接。

(2) 保温

1) 低温管道(冷水管、乙二醇水溶液管)、热水管均应保温，保温材料选用橡塑保温管壳，保温厚度：管径 $DN<80$mm 为 $\delta=25$mm，管径 $DN\geqslant 80$mm 为 $\delta=30$mm。

安装在低温管道和热水管道上的阀门、法兰、管件也要求保温，保温厚度同连接管道的保温层厚度。

2) 低温设备(集水器、分水器、乙二醇溶液系统的循环水泵、板式换热器等)和其他有可能出现结露部位均应用橡塑板保温，保温层厚度 $\delta=30$mm。

3) 位于制冷机房内保温的管道、设备，在保温层外加 $\delta=0.5$mm 不锈钢板的保护层。

(3) 系统压力试验

管道施工完毕，应进行水压试验，试验压力规定为最大工作压力的 1.5 倍，但最低不得低于 600kPa，在 10min 内压力降不大于 50kPa，且无渗漏者为合格。

设 备 表

序号	设备号	设备名称	主要性能	单位	数量	备注
1	R-1,2	双工况螺杆制冷机组 YSDACAS35CHE 型	空调工况制冷量:1055kW(300RT) 乙烯乙二醇:7/12℃,195m^3/h 冷却水:32℃/35.5℃,217m^3/h 制冰工况制冷量:693kW(197RT) 乙烯乙二醇:−5.5/−2.22℃,195m^3/h 冷却水:32℃/37℃,217m^3/h 电功率:214kW 设备承压:1.0MPa	台	2	
2	R-3	双工况螺杆制冷机组 YSEAEAS45CKE 型	制冷量:1477kW(420RT) 冷冻水:7/12℃,254m^3/h 冷却水:32/37℃,299m^3/h 冷凝器承压:1.0MPa 蒸发器承压:1.6MPa　电功率:264kW	台	1	
3	IB-1～6	蓄冰装置 TSU-594MS 型	蓄冰潜热量:2040kWh(583RTh) 规格:$W\times L\times H$=2980×6050×2440	台	6	
4	HX-1,2	板式换热器 GX-140 型	换热量:1945kW(556RT) 换热面积:366m^2 乙二醇温度:2.2℃/9.5℃ 冷水温度:3.5℃/11.7℃ 设备承压:1.6MPa	台	2	
5	EB-1.2	电热水机组 HYDRW-630 型	制热量:616kW 输入功率:630kW 设备承压:1.0MPa	台	2	
6	CT-1	方形横流式 玻璃钢冷却塔 LRCM-LN-200SC4 型	冷却水量:800m^3/h 冷却水温:37℃/32℃,(t_{ws}=28℃) 电功率 ΣN=6.21kW×4=24.84kW	组	1	
7	BY-1,2,3	乙二醇泵 NK125-400 型	流量:L=250m^3/h 扬程:H=40mH_2O 转数 n=1450r/min 电功率:N=45kW	台	3	
8	b-1-1,2	冷却水泵 NK125-315 型	流量:L=240m^3/h 扬程:H=28mH_2O 转数 n=1450r/min 电功率:N=30kW	台	2	
9	b-2-1,2	冷却水泵 NK150-315 型	流量:L=320m^3/h 扬程:H=28mH_2O 转数 n=1450r/min 电功率:N=37kW	台	2	
10	B-1-1,2	冷冻水泵 NK150-315 型	流量:L=280m^3/h 扬程:H=29mH_2O 转数 n=1450r/min 电功率:N=37kW	台	2	
11	B-2-1,2,3	冷冻水泵 NK125-315 型	流量:L=220m^3/h 扬程:H=34mH_2O 转数 n=1450r/min 电功率:N=30kW	台	3	
12	BR-1,2	热水循环泵 NK80-315 型	流量:L=120m^3/h 扬程:H=26mH_2O 转数 n=1450r/min 电功率:N=15kW	台	2	
13	bY-1,02	乙二醇补液泵 CR4-30 型	流量:L=6m^3/h 扬程:H=13mH_2O 转数 n=2900r/min 电功率:N=0.55kW	台	2	
14	bb-1,2	补水泵 CR4-160/14 型	流量:L=5m^3/h 扬程:H=105mH_2O 转数 n=2900r/min 电功率:N=3kW	台	2	
15	rh-1,2	软水泵 CR8-120 型	流量:L=8m^3/h 扬程:H=100mH_2O 转数 n=2900r/min 电功率:N=4kW	台	2	
16	RH-1	全自动软水器 180/480E2-600 ×2200 型	流量:L=8m^3/h 双床流量控制同时运行分别再生	台	1	

续表

序号	设备号	设备名称	主要性能	单位	数量	备注
17		乙二醇膨胀水箱	V=1.5m^3/h　1400×1400×1200	台	1	
18	ET-1	定压膨胀罐 RSN1400 型	ϕ1400　有效容积:1.2m^3	台	1	
19		乙二醇储液箱	V=3m^3/h　1600×1600×1400	台	1	
20		高位软水箱	V=4m^3/h　2000×1200×1800	台	1	
21		软　水　箱	V=8m^3/h　2800×1800×1800	台	1	
22		集　水　器	DN600　L=3040	台	1	
23		分　水　器	DN600　L=4080	台	1	
24		电子水处理器	WS3501-10 型 DN250	个	1	
25		电子水处理器	WS2501-8 型 DN200	个	2	

主要材料表

序号	名　称	型号及规格	单位	数量	备注
1	蝶　阀	300D344Hc-16,DN300	个	2	
2	蝶　阀	250D344Hc-16,DN250	个	28	
3	蝶　阀	200D344Hc-16,DN200	个	60	
4	蝶　阀	150D344Hc-16,DN150	个	2	
5	蝶　阀	125D344Hc-16,DN125	个	2	
6	蝶　阀	100D344Hc-16,DN100	个	3	
7	蝶　阀	80D43F-16,DN80	个	28	
8	闸　阀	Z11H-16,DN150	个	1	
9	闸　阀	Z11H-16,DN40	个	16	
10	闸　阀	Z11H-16,DN32	个	13	
11	闸　阀	Z11H-16,DN25	个	1	
12	闸　阀	Z11H-16,DN15	个	1	
13	截止阀	J11T-16,DN32	个	4	
14	截止阀	J11T-16,DN32	个	2	
15	止回阀	H42H-16,DN250	个	2	
16	止回阀	H42H-16,DN200	个	12	
17	止回阀	H42H-16,DN40	个	2	
18	止回阀	H42H-16,DN32	个	4	
19	电动调节阀	DN250	个	2	自控配套供应
20	电动调节阀	DN200	个	1	
21	电动调节阀	DN125	个	1	
22	手动调节阀	T41H-16,DN125	个	1	
23	手动调节阀	T41H-16,DN200	个	1	
24	手动调节阀	T41H-16,DN150	个	2	
25	手动调节阀	T41H-16,DN125	个	9	
26	手动调节阀	T41H-16,DN100	个	2	
27	电动蝶阀	250D9444Hc-16　DN250	个	2	自控配套供应

续表

序号	名　称	型号及规格	单位	数量	备注
28	电动蝶阀	200D9444Hc-16　DN200	个	7	自控配套供应
29	电动蝶阀	150D9444Hc-16　DN150	个	1	
30	水过滤器	CLGL-250,DN250	个	9	
31	水过滤器	CLGL-200,DN200	个	5	
32	橡胶软接头	KXT-(II)DN250	个	13	
33	橡胶软接头	KXT-(II)DN200	个	27	
34	活塞式减压阀	Y43H-16QDN40	个	1	
35	无缝钢管	YB231-70　D377×9	m	132	
36	无缝钢管	D325×8	m	43	
37	无缝钢管	D273×7	m	206	
38	无缝钢管	D219×6	m	389	
39	无缝钢管	D159×4.5	m	85	
40	无缝钢管	D133×4	m	16	
41	无缝钢管	D89×3.5	m	92	
42	无缝钢管	D73×3.5	m	36	
43	镀锌钢管	D57×3.5	m	41	
44	镀锌钢管	D40	m	27	
45	镀锌钢管	DN32	m	25	
46	镀锌钢管	D25	m	24	
47	镀锌钢管	D20	m	16	
48	橡塑保温管	DN300,δ=30mm	m	31	
49	橡塑保温管	DN250,δ=30mm	m	148	
50	橡塑保温管	DN200,δ=30mm	m	330	
51	橡塑保温管	DN150,δ=30mm	m	90	
52	橡塑保温管	DN125,δ=30mm	m	11	
53	橡塑保温管	DN100,δ=20mm	m	66	
54	橡塑保温管	DN80,δ=20mm	m	20	
55	温　度　计	WSS 型 0～100℃	个	26	
56	温　度　计	WSS 型 −30～50℃	个	32	
57	压　力　表	Y-150 型 0～1.6MPa	个	46	连接螺栓 M20×1.5
58	压　力　表	Y-150 型 0～2.5MPa	个	38	连接螺栓 M20×1.5

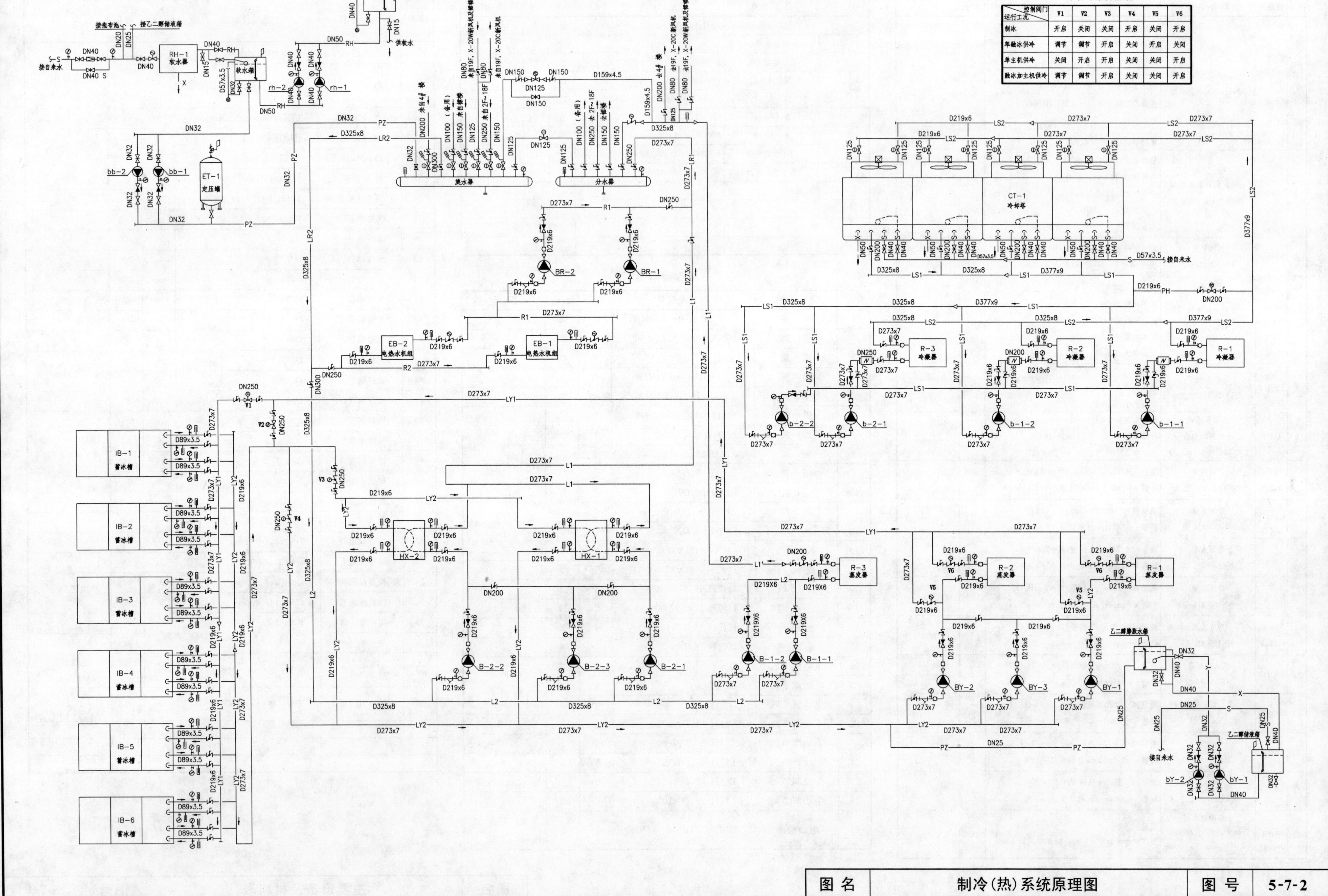

冰蓄冷系统控制

控制阀门 / 运行工况	V1	V2	V3	V4	V5	V6
制冰	开启	关闭	关闭	开启	关闭	开启
单融冰供冷	调节	调节	开启	关闭	开启	关闭
单主机供冷	关闭	开启	开启	关闭	关闭	开启
融冰加主机供冷	调节	调节	开启	关闭	关闭	开启

图名	制冷(热)系统原理图	图号	5-7-2

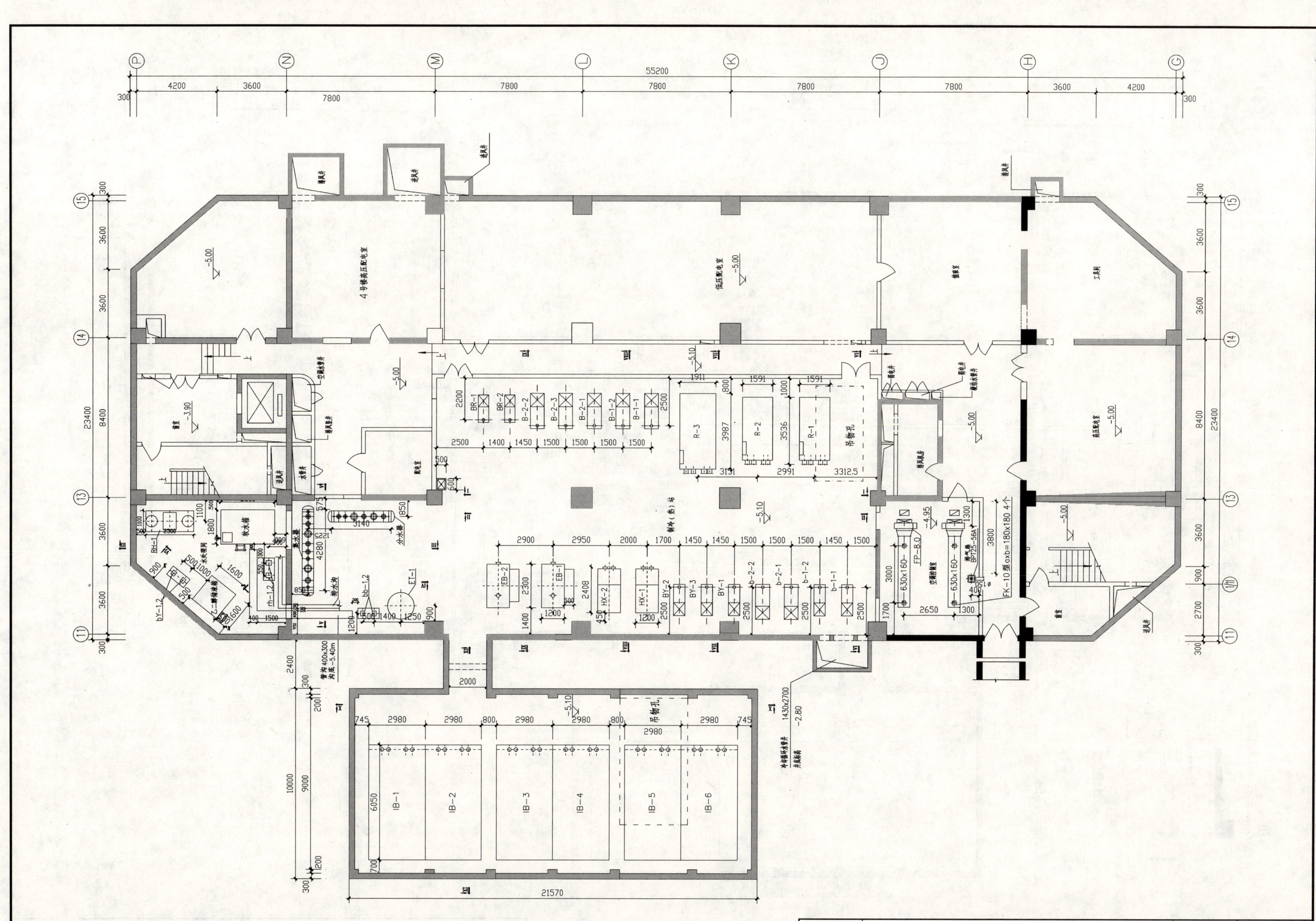
P
N
M
L
K
J
H
G
55200
4200
3600
7800
7800
7800
7800
7800
3600
4200
300
300
15
14
13
11
3600
3600
8400
3600
3600
23400
900
2700
4号楼高压配电室
-5.00
-5.10
-3.90
-4.95
-2.80
吊物孔
分水器
R-3
R-2
R-1
3987
3536
1911
1591
1591
3131
2991
3312.5
BR-1
BR-2
B-2-2
B-2-3
B-2-1
B-1-2
B-1-1
2500
1400
1450
1500
2200
EB-2
EB-1
HX-2
HX-1
BY-2
BY-3
BY-1
b-2-2
b-2-1
b-1-2
b-1-1
2900
2950
2000
1700
ET-1
bb-1.2
rh-1.2
bY-1.2
RH-1
3140
4280
FP-8.0
630x160
FK-10型 a×b=180×180 4个
BPT25-56A
2650
1300
3800
3000
IB-1
IB-2
IB-3
IB-4
IB-5
IB-6
745
2980
800
6050
10000
9000
21570
2000
2400
1430x2700
管沟400x300 沟底-5.40m

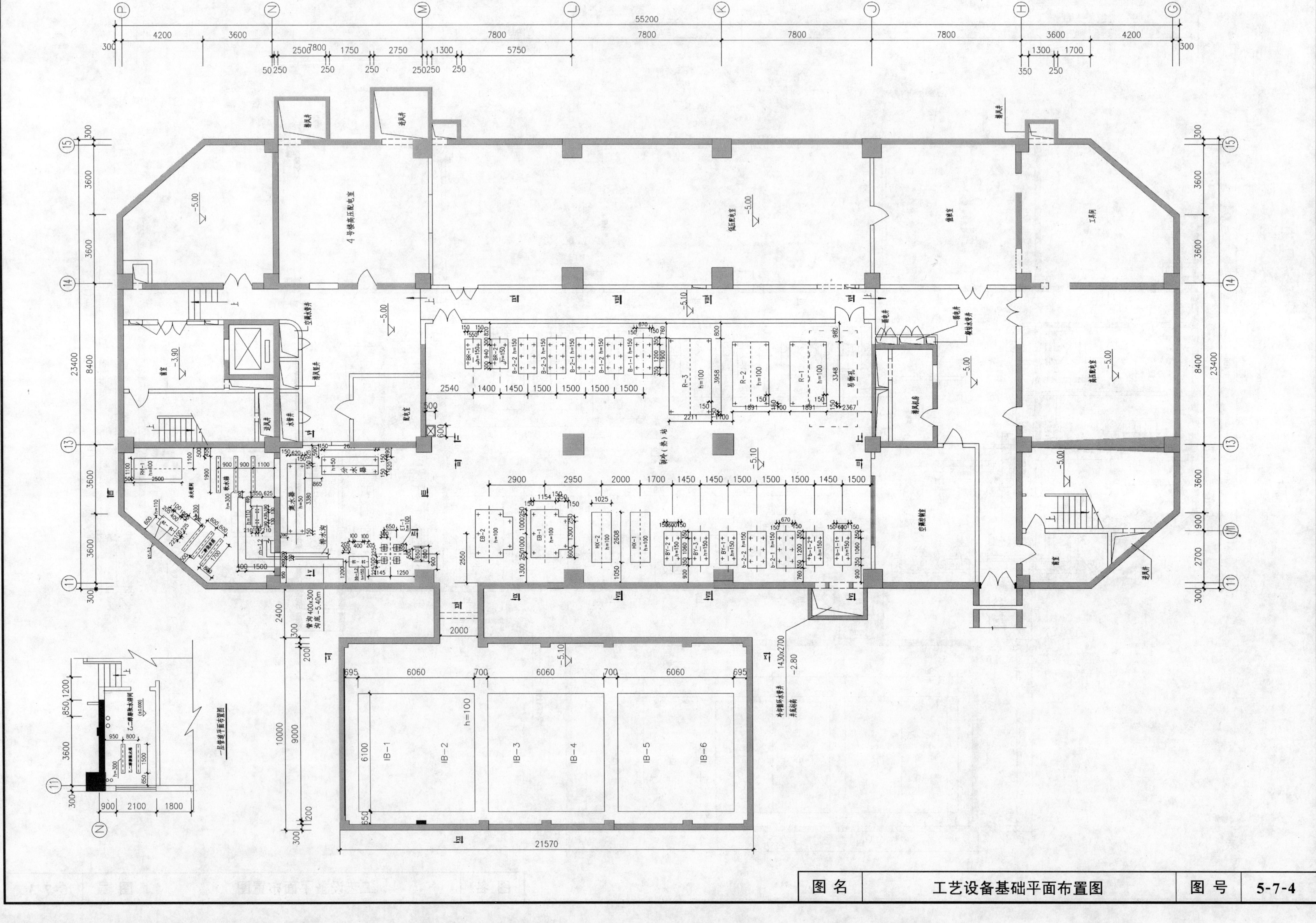

图 名	工艺设备基础平面布置图	图 号	5-7-4

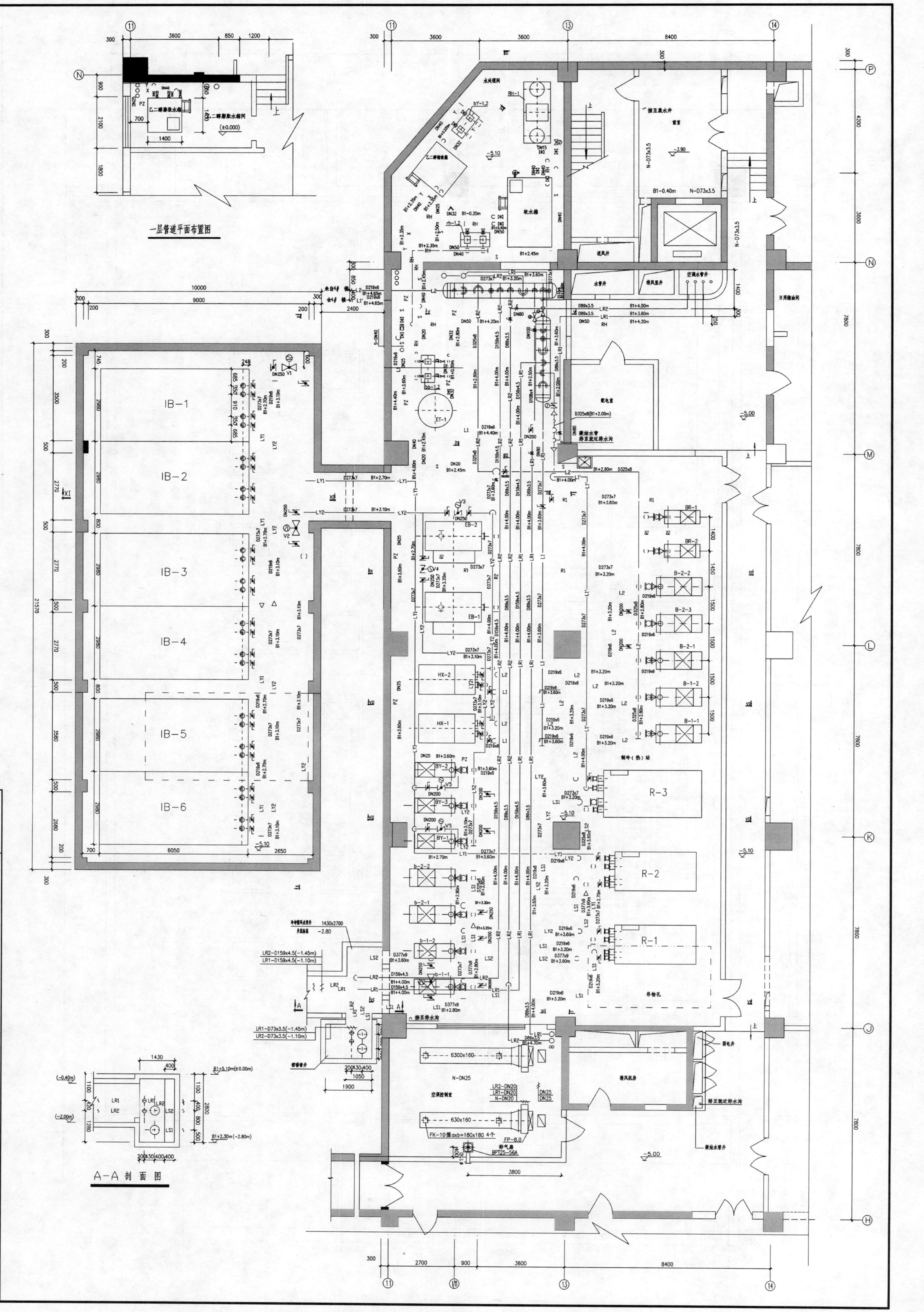

一层管道平面布置图
A-A 剖面图
IB-1
IB-2
IB-3
IB-4
IB-5
IB-6
R-1
R-2
R-3
HX-1
HX-2
EB-1
EB-2
ET-1
BR-1
BR-2
B-2-2
B-2-3
B-2-1
B-1-2
B-1-1
BY-1
BY-2
BY-3
b-2-2
b-2-1
b-1-2
b-1-1
软水箱
配电室
空调控制室
排风机房
制冷（热）站

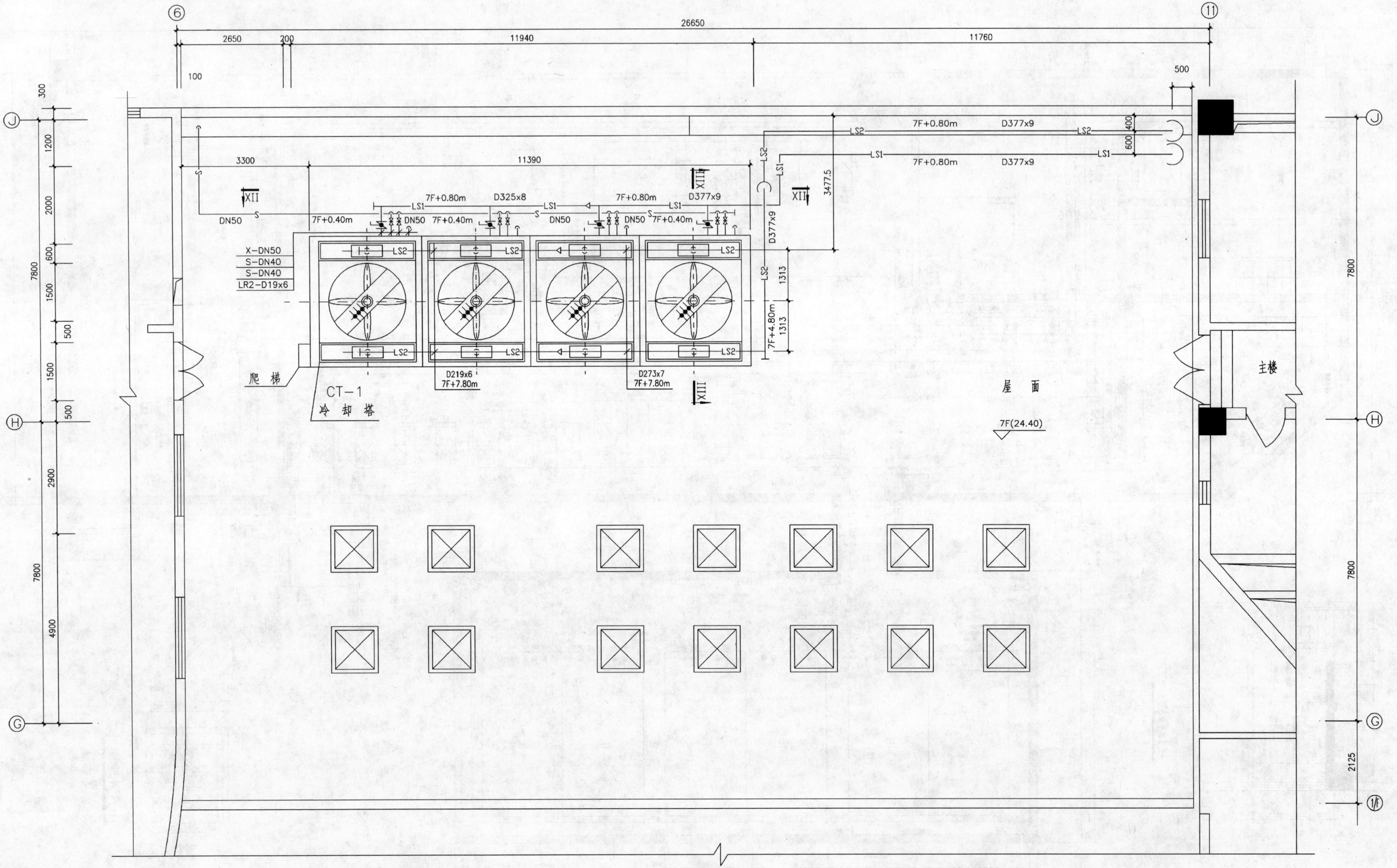

图 名	冷却塔管道布置图	图 号	5-7-6

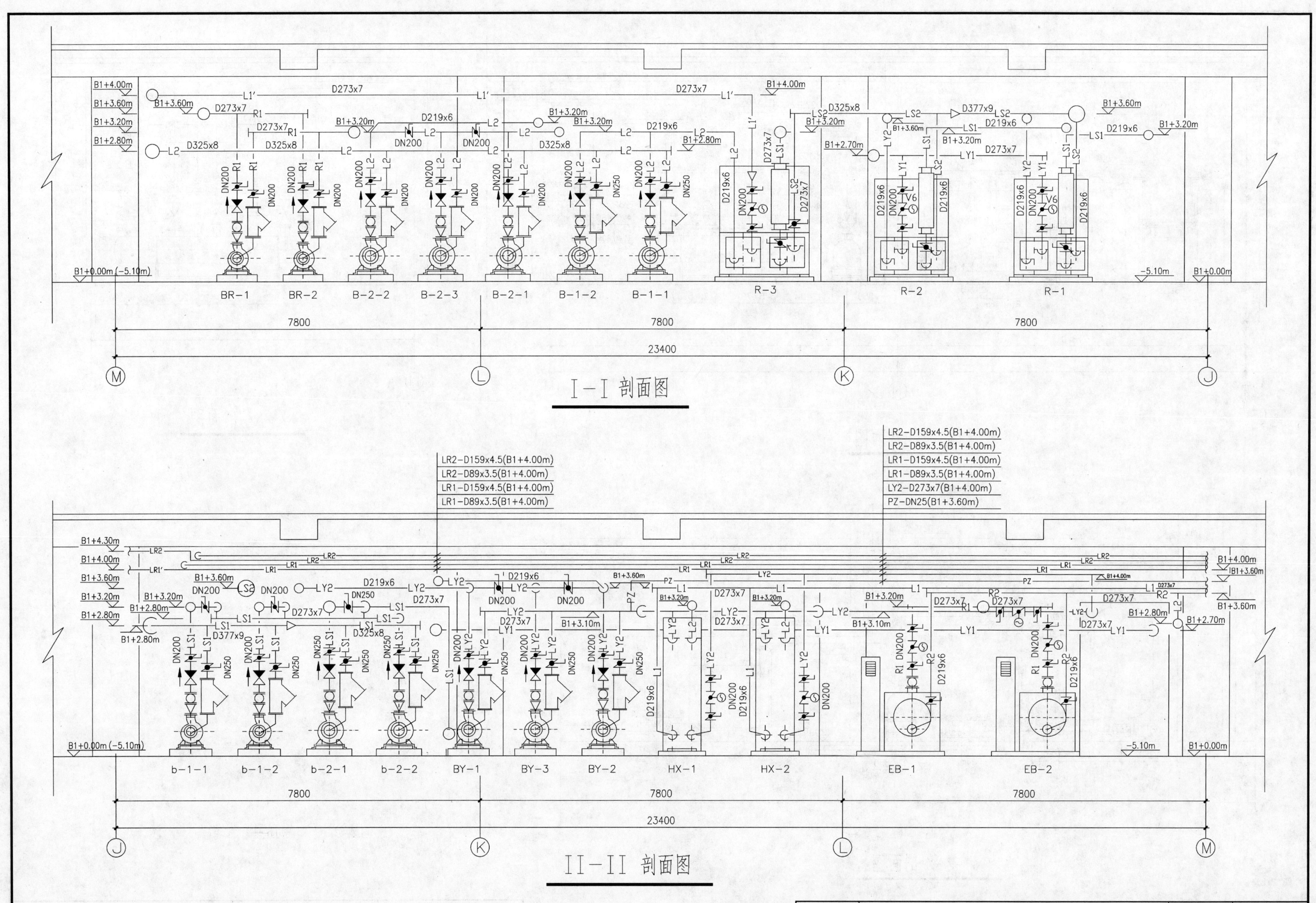

I-I 剖面图

II-II 剖面图

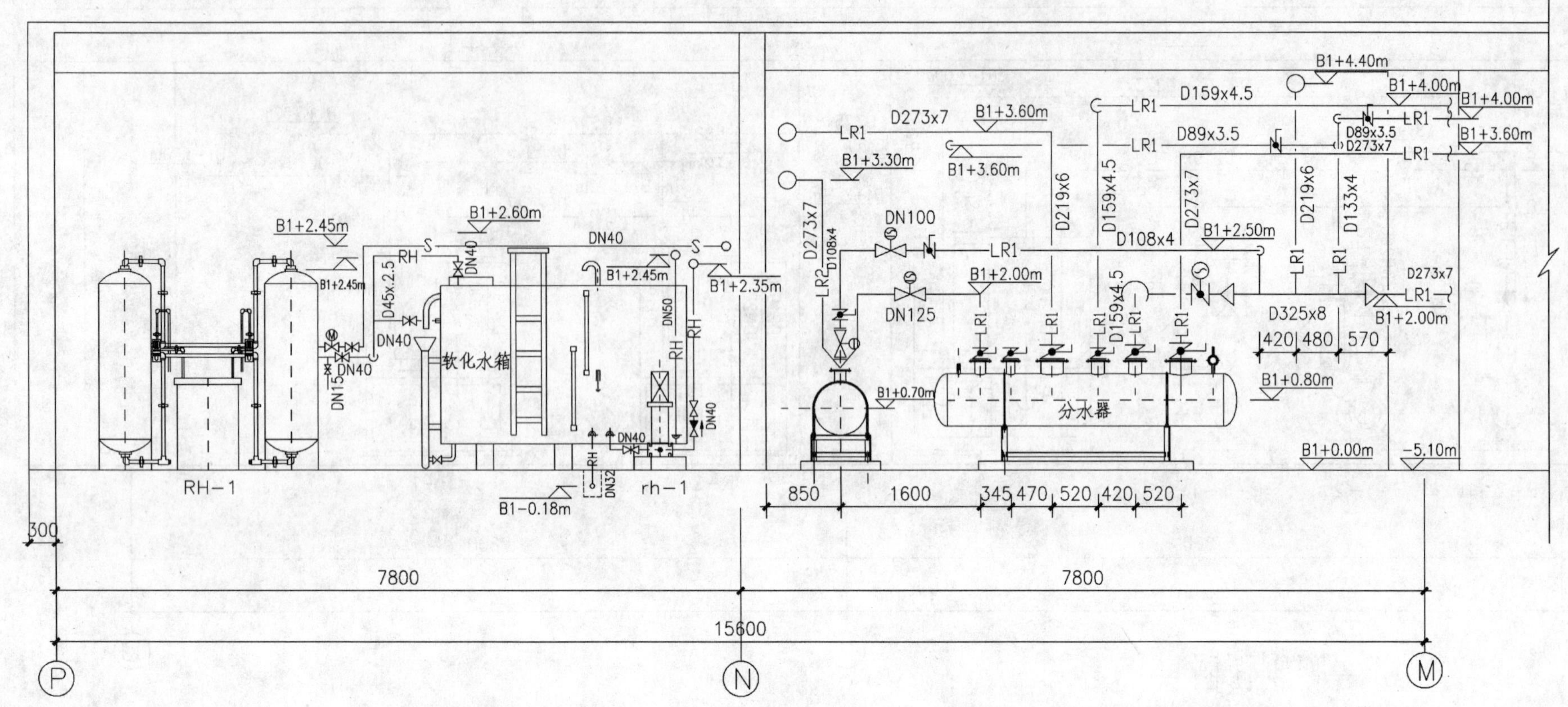

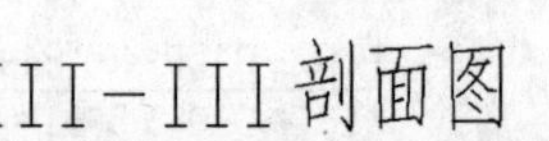
III-III剖面图

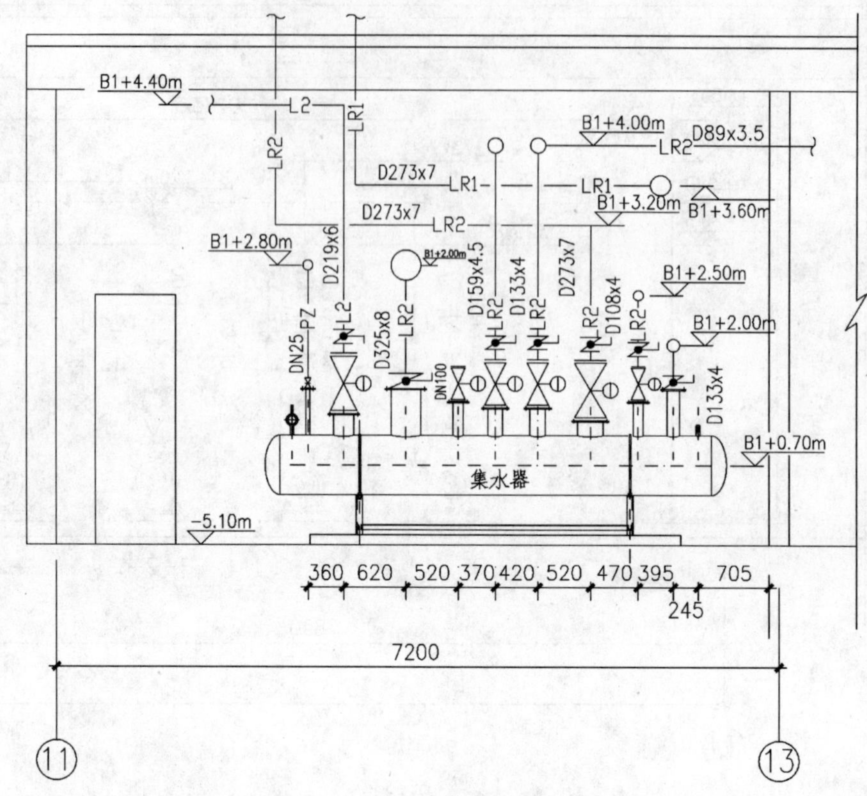

V-V 剖面图

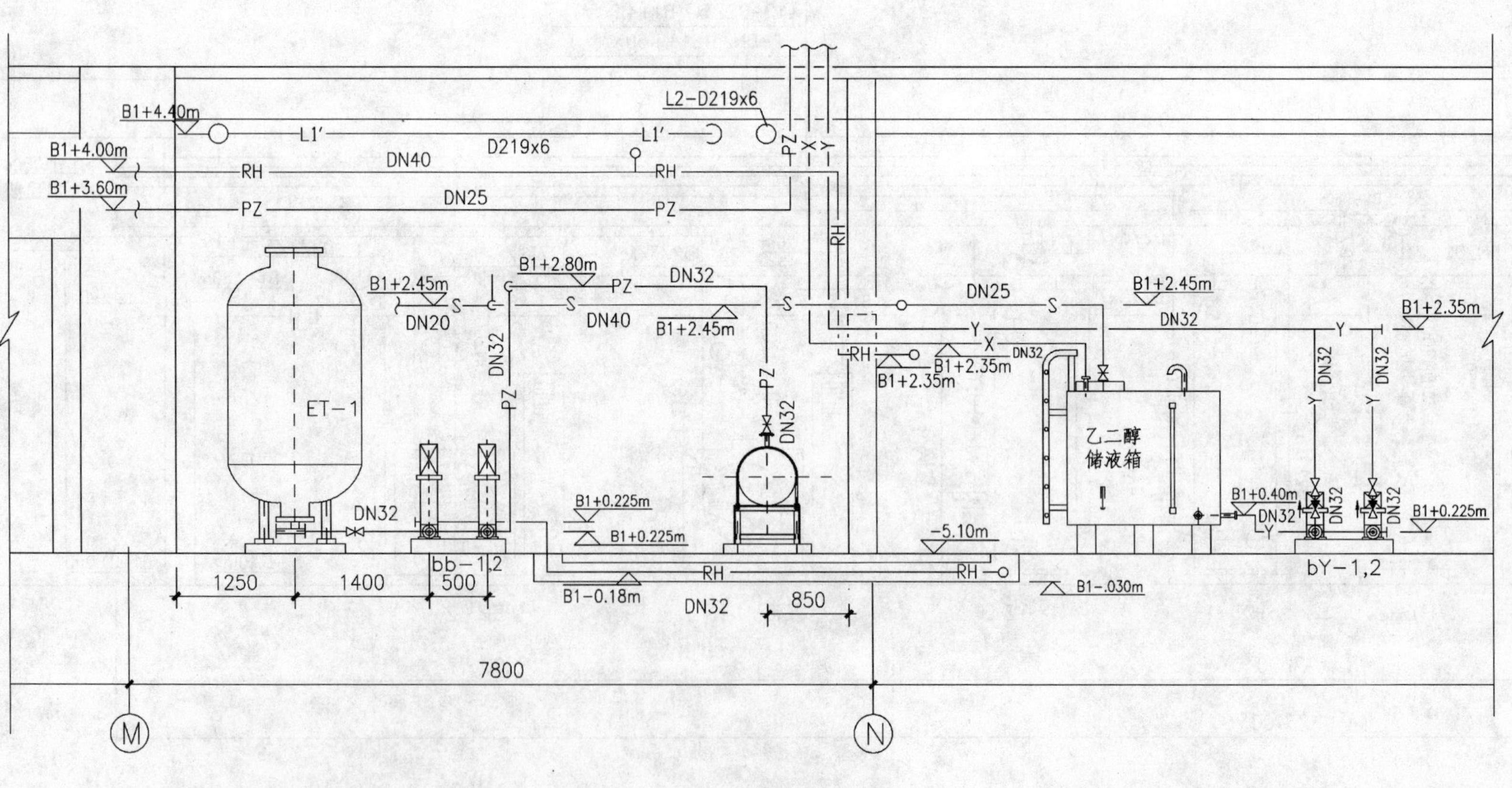

IV-IV 剖面图

图 名	III-III、IV-IV、V-V剖面图	图 号	5-7-8

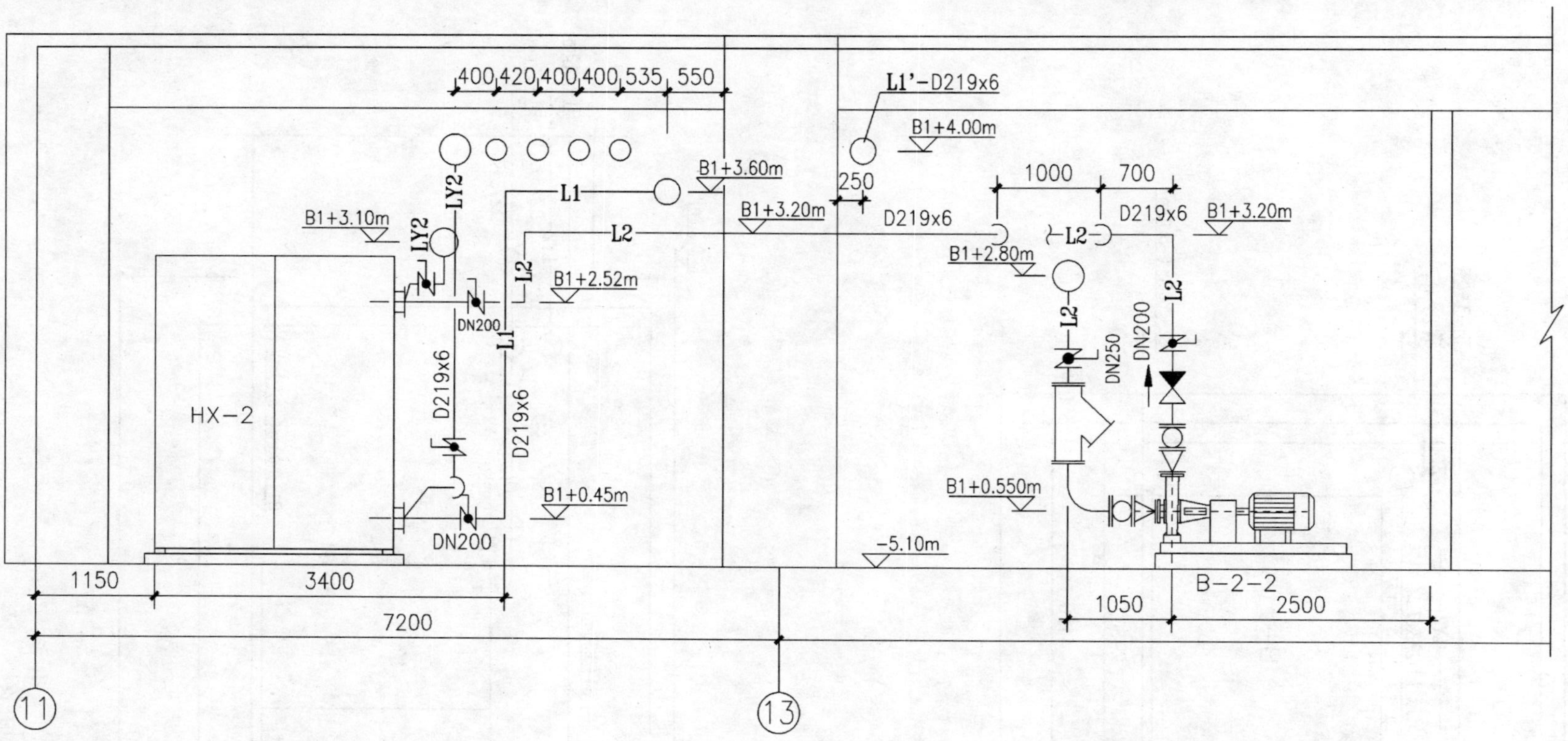

VIII－VIII 剖面图

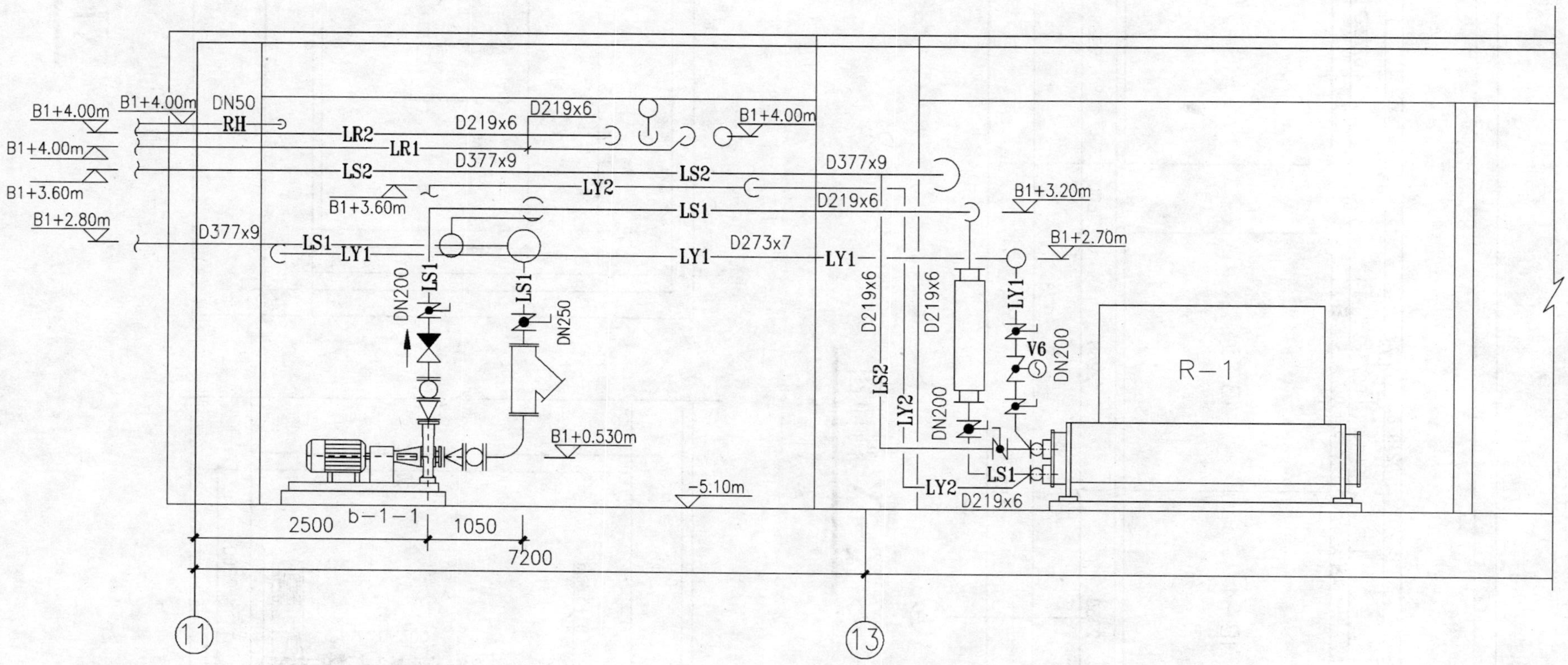

VI－VI 剖面图

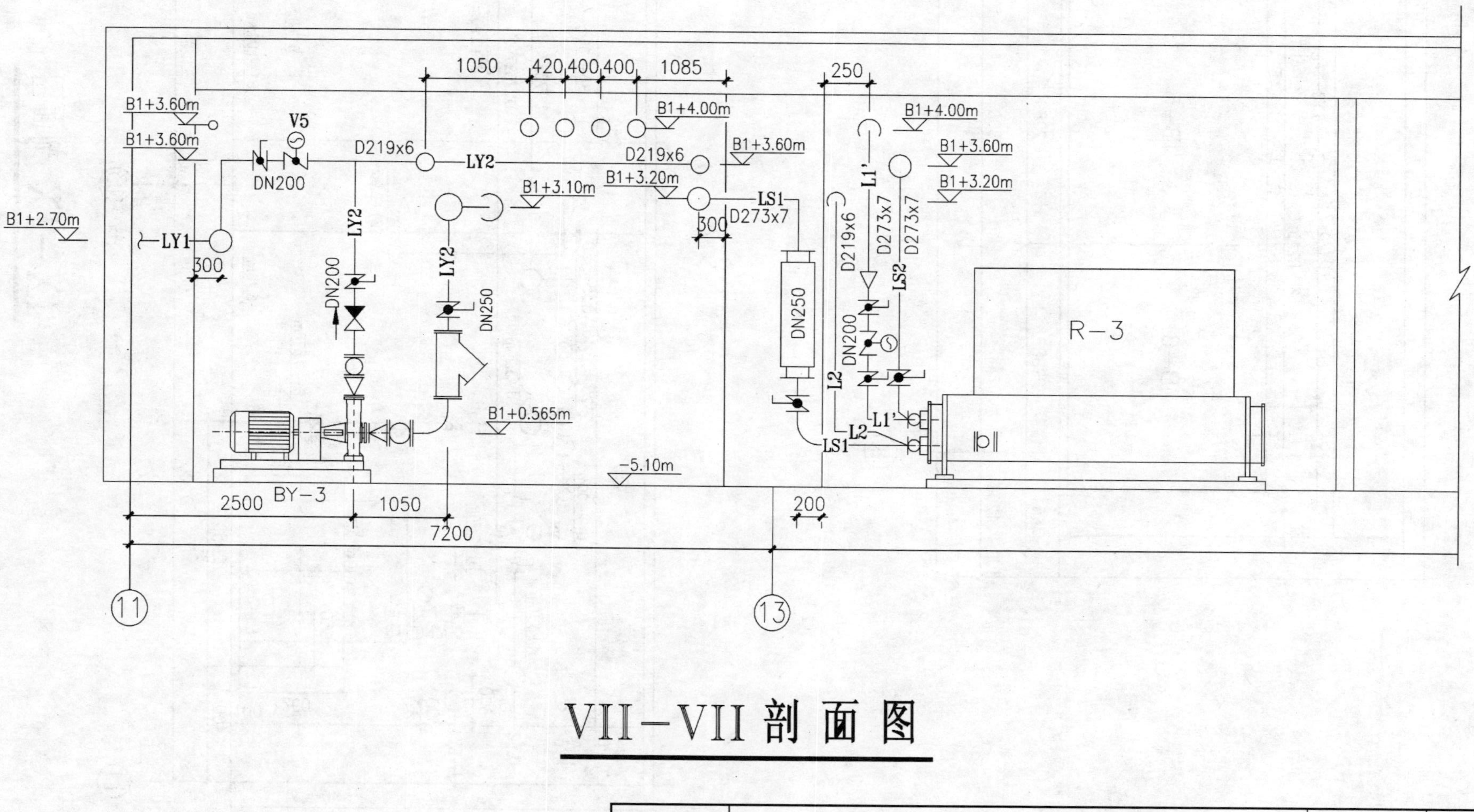

VII－VII 剖面图

图 名	VI-VI、VII-VII、VIII-VIII 剖面图	图 号	5-7-9

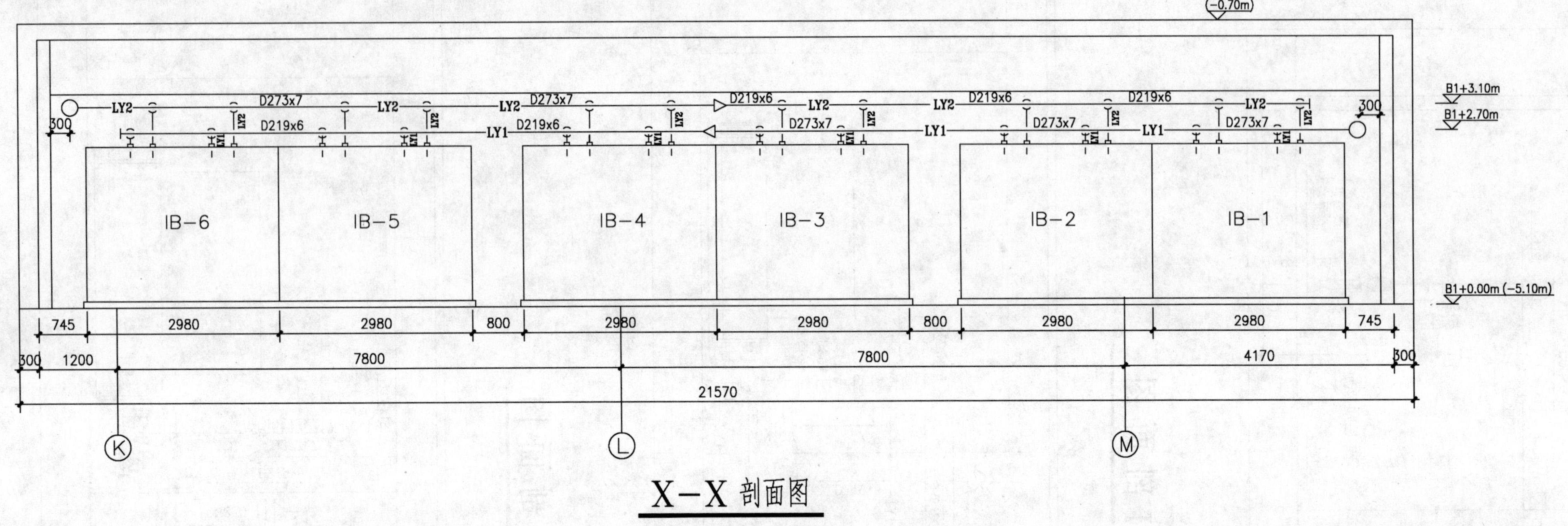

X-X 剖面图

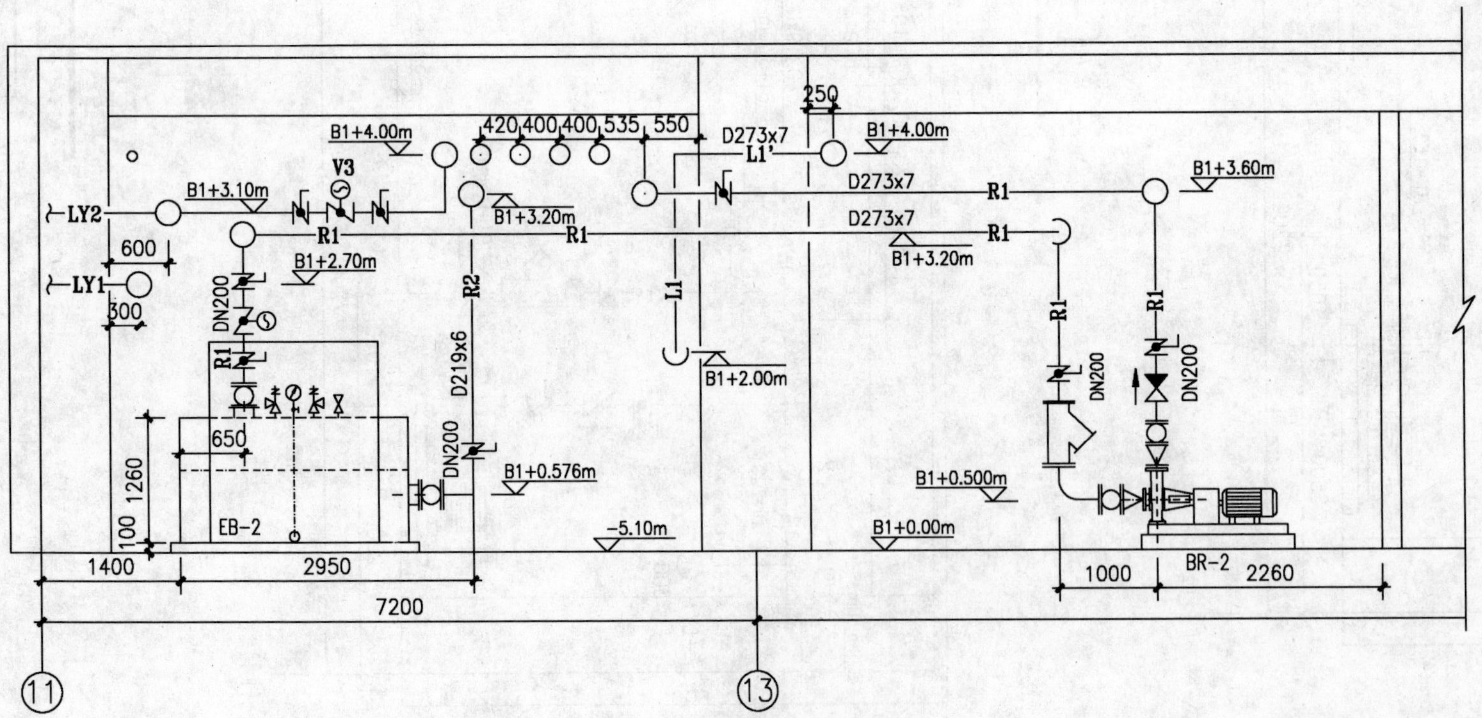

IX-IX 剖面图

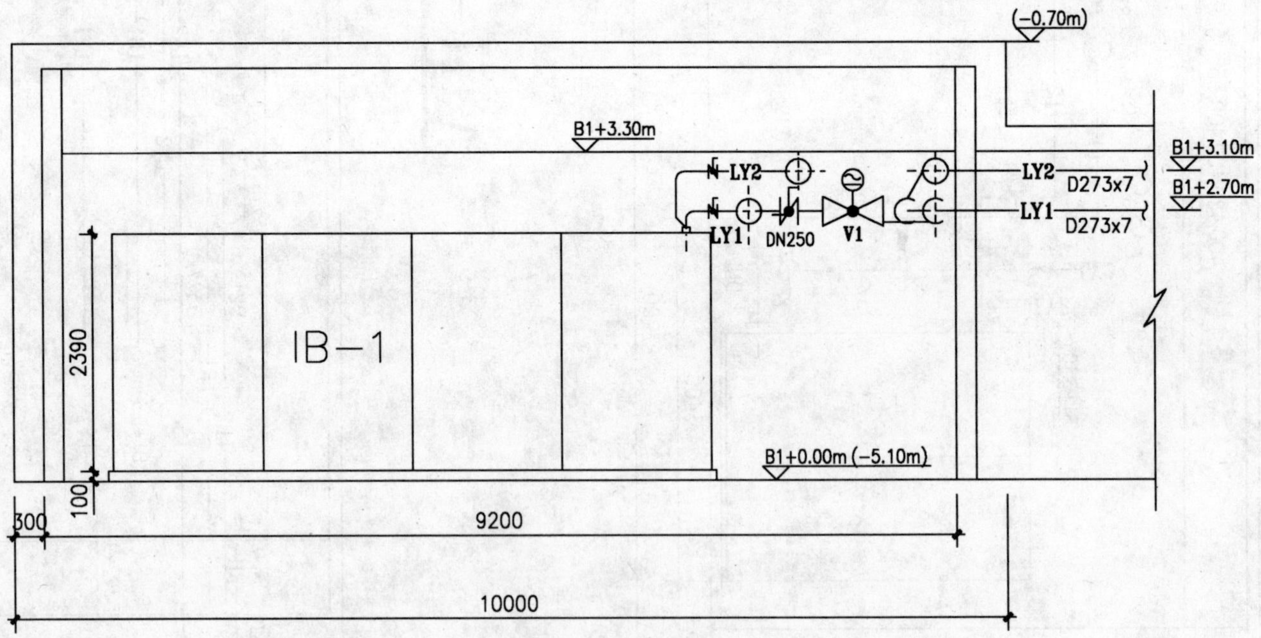

XI-XI 剖面图

图 名	IX-IX、X-X、XI-XI剖面图	图 号	5-7-10

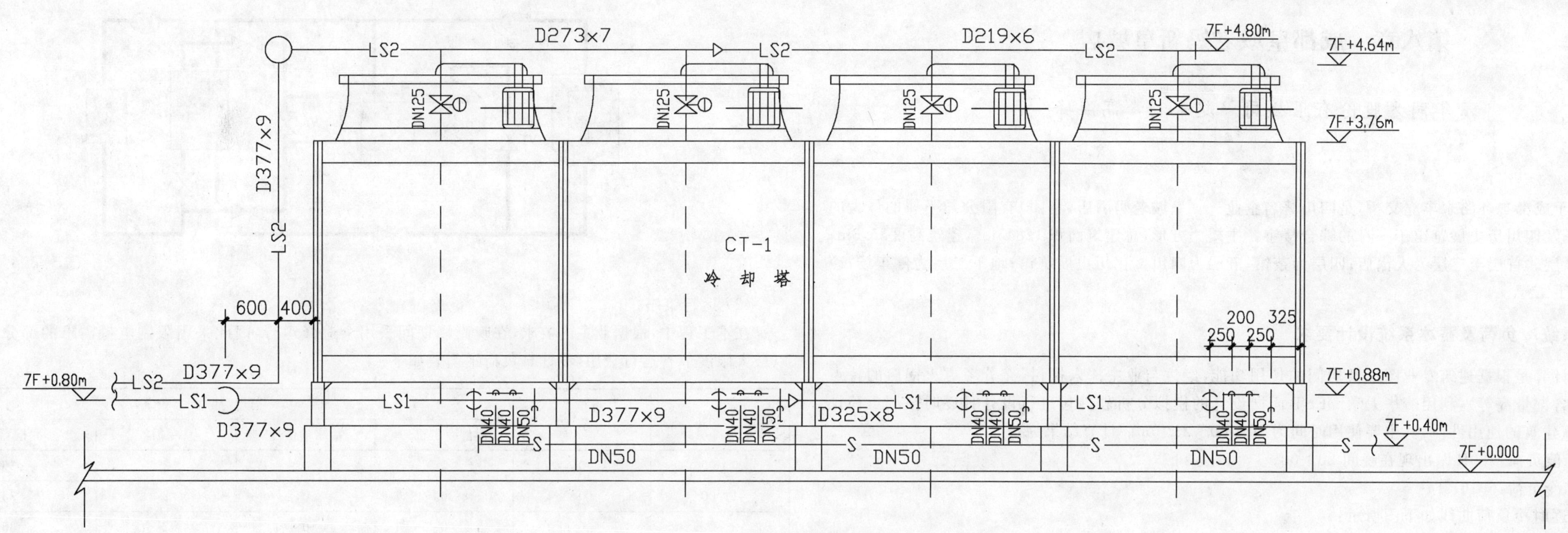

XII-XII 剖面图

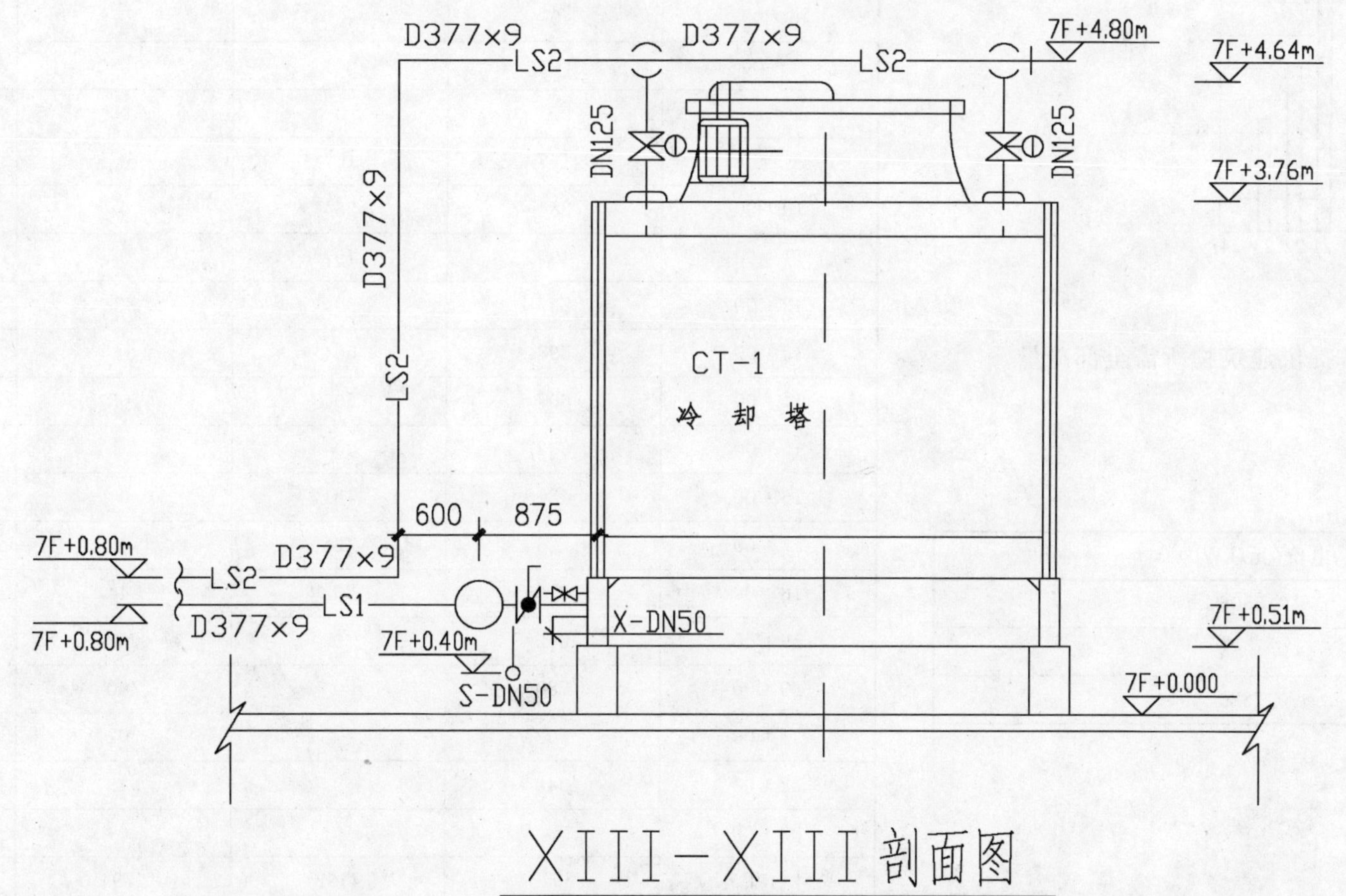

XIII-XIII 剖面图

第八章　成都皇城老妈新皇城店

清华同方股份有限公司　赵永利　高海峰

一、工程概况

新皇城店位于成都二环路永丰立交桥，是四川著名企业——皇城老妈酒店(集团)有限公司下属的最大的一栋集餐饮、娱乐及四川历史展览馆于一身的综合楼宇。主楼为方形，总建筑面积 12845m^2，建筑高度35.3m；地上 5 层，地下 2 层。首层至三层为火锅店；四层为茶馆；五层为四川文化历史展览馆；地下二层为停车场；冷冻机房设置在地下二层。

二、夏季空调系统冷负荷及蓄冰系统设计要求

本工程设计计算是根据建筑专业图纸及房间的使用功能，经过与业主深入探讨，充分考虑火锅店的特点(新风量大、空气含湿量高等)，利用清华大学 DEST 面向设计的模拟分析软件包进行设计日逐时空调负荷计算，同时考虑到该建筑的使用性质，其主要使用时间为 10：00～23：00。计算结果为：

① 设计日峰值负荷：780RT，出现在晚间 20：00；

② 设计日总冷负荷：6916RT；

典型设计日逐时冷负荷曲线如下图所示：

皇城老妈火锅店设计日负荷图

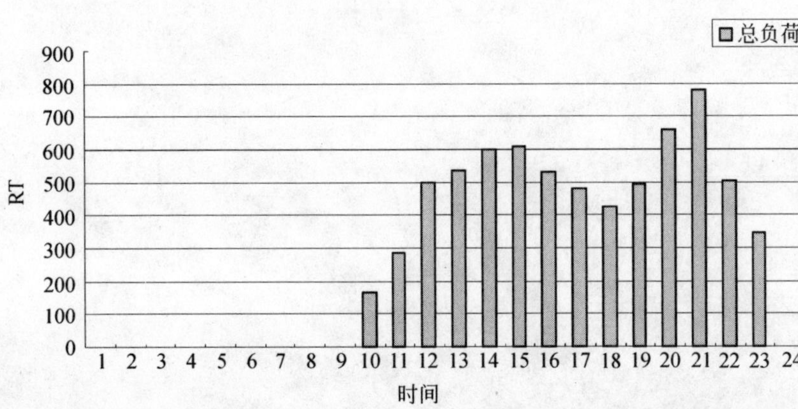

根据业主要求，空调系统在晚高峰期间将不开启主机，完全依靠蓄冰设备提供建筑物所需全部冷量。

三、成都地区分时电价政策

电力贴费：650 元/kVA，如采用蓄冰系统，将减免主机房贴费。

时　段	各时段起始时间	电价(元/kWh)
高峰期	7：00～11：00；19：00～23：00	0.6506
平段期	11：00～19：00	0.4066
低谷期	23：00～7：00	0.1220

四、系统设计

(1) 系统流程形式

在本工程中采用外融冰形式的并联系统，系统流程如下图所示：

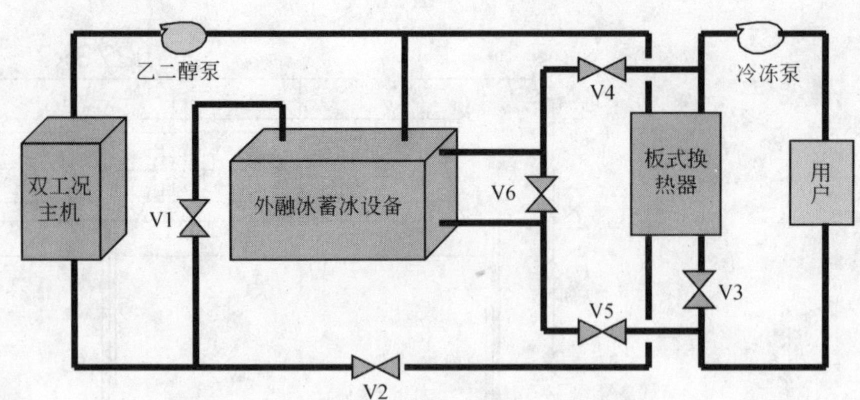

(2) 运行策略

在本工程中，根据业主的要求，在晚高峰期间采用全避峰运行，因此采用限制电量需求的部分蓄冰策略，以最大限度节省运行费用，设计日负荷平衡表如下：

时　间	总负荷(RT)	负荷分配(RT)			
		蓄冷主机	蓄冰槽供冷	冷损	冰槽蓄冷量
0：00	0	0	0	2	362
1：00	0	0	0	2	357
2：00	0	0	0	2	354
3：00	0	0	0	2	349
4：00	0	0	0	2	346
5：00	0	0	0	2	343
6：00	0	0	0	2	340
7：00	0	0	0	2	0
8：00	0	0	0	2	0
9：00	167	167	0	2	0
10：00	284	284	0	2	0
11：00	497	497	0	2	0
12：00	537	504	33	2	0
13：00	598	504	94	2	0
14：00	607	504	103	2	0
15：00	532	504	28	2	0
16：00	481	481	0	2	0
17：00	425	425	0	2	0
18：00	496	252	244	2	0
19：00	662	0	662	2	0
20：00	780	0	780	2	0
21：00	502	0	502	2	0
22：00	348	0	348	2	0
23：00	0	0	0	2	371
总计(RT·h)	6916	4122	2794	48	2822

夏季典型设计日负荷分布图如下：

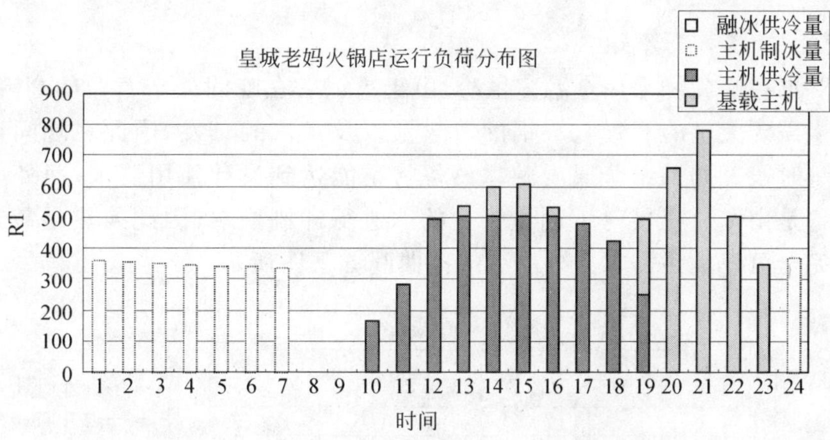

(3) 设备选型

名　称	厂　家	型　号	规　格	装机容量(kW)	数　量
双工况制冷机	TRANE	RTHB300L	空调工况:263RT 制冷工况:170RT	175	2台
冷却塔	金日	KLN-225	冷却水量:225m³/h	5.5	2台
冷却水泵	凯泉	KQL200-250	流量:250m³/h 扬程:17m	18.5	3台
冷冻水泵	凯泉	KQL200-250	流量:250m³/h 扬程:17m	18.5	3台
乙二醇泵	凯泉	KQL150-250	流量:170m³/h 扬程:20m	22	3台
蓄冰设备	清华同方	RH-ICTW400	蓄冰量:400RT·h		7台
板式换热器	阿法拉阀	MX15-BFGL	换热量:550RT		1台
乙二醇	燕山		浓度:100%		5t
自控系统			蓄冰系统专用	1	1套
变频系统	DANFOSS		含变频器及配电柜		1套

五、自控系统

本工程的自控系统采用集散式直接数字控制系统(DDC系统)。为了更有效地发挥冰蓄冷系统的优势，尽可能地减少电负荷高峰期的用电量，节约更多电力费用，对蓄冷系统进行优化控制。优化控制基本等同蓄冷槽优先，但又同时兼顾晚高峰融冰供冷要求。

它通过计算机模拟将蓄冷量合理分布于每个小时，保证最大限度地节约电费，因此它要求进行实时外温预测及负荷预测，根据系统能耗模型分析推算出最优化控制模式。

完整的蓄冰系统优化控制实现主要包括三个部分：中央站后台优化控制软件、中央站前台显示监测软件及现场控制。其关系见下图：

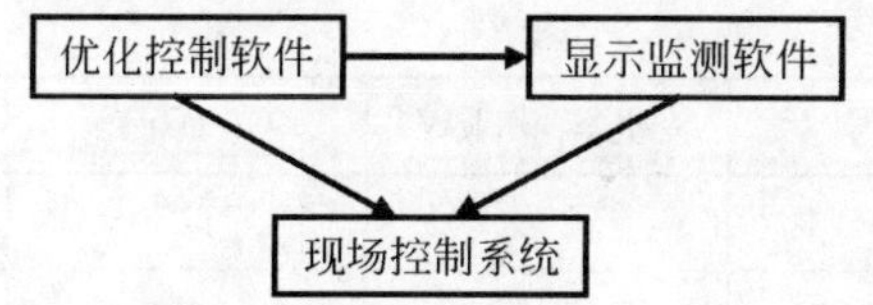

(1) 中央站后台优化控制软件

优化控制软件为蓄冰控制系统的核心，它负责负荷在线预测及负荷优化分配，并实时地把重要控制信息如模式(蓄冰、冰供、冷供、联供)及开机台数(1台、2台……)等送给前台程序及现场控制机。

优化控制软件控制算法

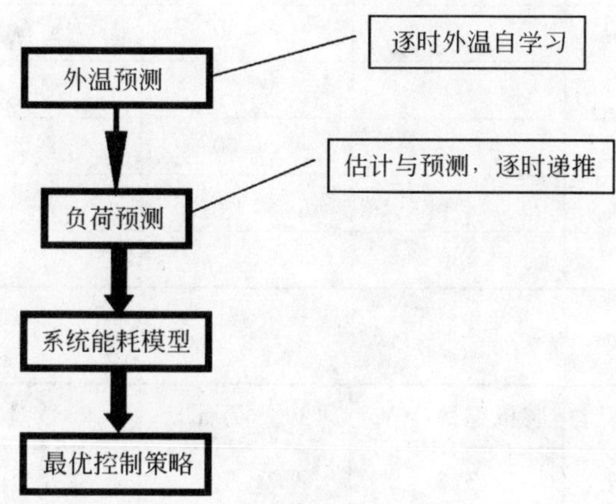

(2) 中央站前台显示监测软件

中央站前台程序提供蓄冰控制系统的图形界面，并有打印报表、历史数据等多项功能。

前台程序负责图形界面的显示。

(3) 现场控制

现场控制机接收中央站优化控制软件发来的重要控制信息，自动控制冷机、阀、泵等的关停开启。在优化控制软件未启动的情况下，现场控制机接受前台控制软件发来的控制指令。

蓄冰系统现场控制机的控制目标：在供冷时间段是空调回水(或供水)温度值；在蓄冰时间段，则是蓄冰量的多少。

蓄冰系统现场控制机的主要功能：

1) 自动检测冷冻水供、回水温度、压力和供水流量；

2) 自动检测冷却水供、回水温度及板换的供、回水温度；

3) 自动检测蓄冰槽进、出口温度；

4) 自动检测各水流开关状态；

5) 自动控制冷冻、冷却水泵、冷冻机、冷却塔的顺序启停及相关阀门的顺序调节，并检测其运行状态及过载报警；

6) 根据测量值计算系统冷负荷，以实现蓄冰槽出口温度及冷冻机运行台数的最优控制；

7) 根据供、回水压力自动调节旁通阀的开度，以保证管网压力和流量稳定；

8) 专家系统诊断及故障报警；

9) 可通过中央管理工作站对其进行远动控制。

六、经济比较

(1) 蓄冰系统设备投资　　单位:万元

名　称	厂　家	型　号	装机容量(kW)	单价(万元)	数　量	总价(万元)
双工况制冷机	TRANE	RTHB300L	175	74.50	2台	149.00
冷却塔	金　日	KLN-225	5.5	8.30	2台	16.60
冷却水泵	凯　泉	KQL200-250	18.5	1.45	3台	4.65
冷冻水泵	凯　泉	KQL200-250	18.5	1.45	3台	4.65
乙二醇泵	凯　泉	KQL150-250	22	1.65	3台	4.95
蓄冰设备	清华同方	RH-ICTW400		18.00	7台	126.00
板式换热器	阿法拉阀	MX15-BFGL		27.90	1台	27.90
乙二醇	燕　山			0.70	5t	3.50
自控系统			1	27.00	1套	27.00
变频系统	DANFOSS			9.70	1套	9.70
总计			480			373.95

(2) 常规系统设备投资　　单位:万元

名　称	厂　家	型　号	装机容量(kW)	单价(万元)	数量	总价(万元)
制冷主机冷却塔	TRANE	RTHB300L	175	74.50	3台	223.50
	金日	KLN-225	5.5	8.30	3台	24.90
冷却水泵	凯泉	KQL200-250	18.5	1.45	4台	4.65
冷冻水泵	凯泉	KQL200-250	18.5	1.45	3台	4.65
自控系统			1	22.00	1套	22.00
变频系统	DANFOSS			9.70	1套	9.70
总计			654			290.85

(3) 系统投资比较表　　单位:万元

	蓄冰系统	常规系统	蓄冰-常规
设备投资	373.95	290.85	+83.10
电力投资	减免	50.00	−50.00
运行费用	27.50	39.70	−12.20
回收年限			3年

七、工程特点

(1) 使用外融冰设备

在本工程中,业主要求在晚高峰采用全融冰供冷,由于火锅店在晚间处于营业的高峰期,其主要负荷来源于大量的新风(点燃火锅需要大量的氧气)、火锅的散热量以及水汽的蒸发,因此在晚间正好处于负荷高峰期间,与电力高峰处于同一时段。如采用普通内融冰设备将不能达到设计使用要求,而外融冰设备恰恰可以满足这种需求,外融冰设备是由水流直接对钢制盘管上的冰进行冲刷换热,因此换热是最充分的,取冰率最高,取水温度最低最稳定,完全可以满足需求。外融冰取冷曲线如下图所示:

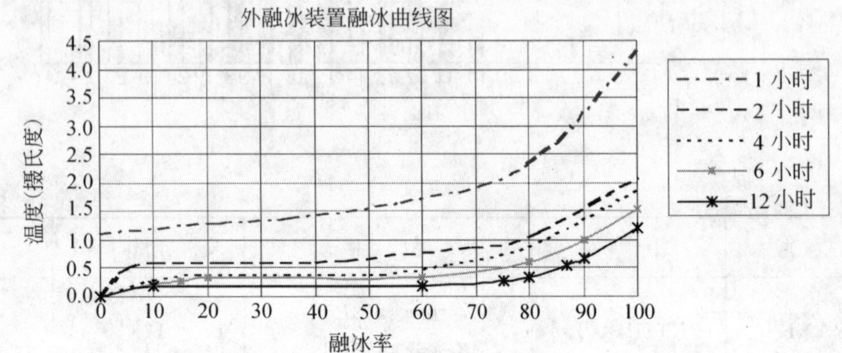

从该曲线可以看出,在4个小时内将蓄存的冰全部取完时,其出口温度始终可以保持在2℃以内,因此外融冰设备完全可以满足系统运行需求。

(2) 解决蓄冰设备占地问题

众所周知,在一般情况下,采用蓄冰系统将会由于增加了蓄冰设备,导致大量占用有效使用面积,在本工程初期亦遇到同样的问题,最后将蓄冰设备放置在楼顶上,既解决了采用蓄冰设备抢占地下停车位问题,又解决了外融冰是一个开式系统的定压点问题,同时又节省了一台水-水板式换热器的投资。

(3) 有效解决火锅店内空气含湿量较大的问题

由于外融冰设备可从始至终提供3℃的低温冷冻水,因此对于空气有极好的除湿效果,明显降低空气的相对湿度,提高空气品质。

八、有可能出现的问题

由于外融冰设备是一个开式系统,而蓄冰设备又放置在室外,有可能会造成异物进入空调末端系统,要对于蓄冰设备的送取水口多加注意,以免发生类似事故。

九、结论

(1) 外融冰设备的使用为今后采用低温送风等尖端空调技术提供了其所必备的冷源,有利于空调系统的变革,为人们提供更为舒适的环境。

(2) 为体育场馆、展览馆等建筑提供良好的冷源。

设 计 说 明

一、设计依据

1. 采暖通风与空气调节设计规范
2. 原建筑已设计图纸
3. 冷冻机房位置

二、工程概况

三、主要设计参数

1. 室外设计参数

冬 季		夏 季	
空调计算(干球)温度(℃)	1	空调计算(干球)温度(℃)	31.6
空调计算相对湿度(最冷月月平均%)	80	空调计算(湿球)温度(℃)	26.7
平均风速(m/s)及最多风向	0.9	平均风速(m/s)及最多风向	1.1
大气压力(hPa)	963.2	大气压力(hPa)	947.7

2. 室内设计参数

建筑类型(房间名称)	温度(℃)		相对湿度(%)	
	夏 季	冬 季	夏 季	冬 季
娱 乐	25~27	18~20	40~60	40~50
餐 厅	24~27	18~22	55~65	40~50
办 公	24~27	20~22	40~55	40~50

四、系统说明

采用外融冰的蓄冷方案，采用双工况水冷螺杆冷水机组，蓄能设备采用内含蓄冰盘管的蓄冰槽。

五、根据当地的电力政策，蓄冰系统的原理图及系统流程如下，运行模式可随当地电力政策变化而改变

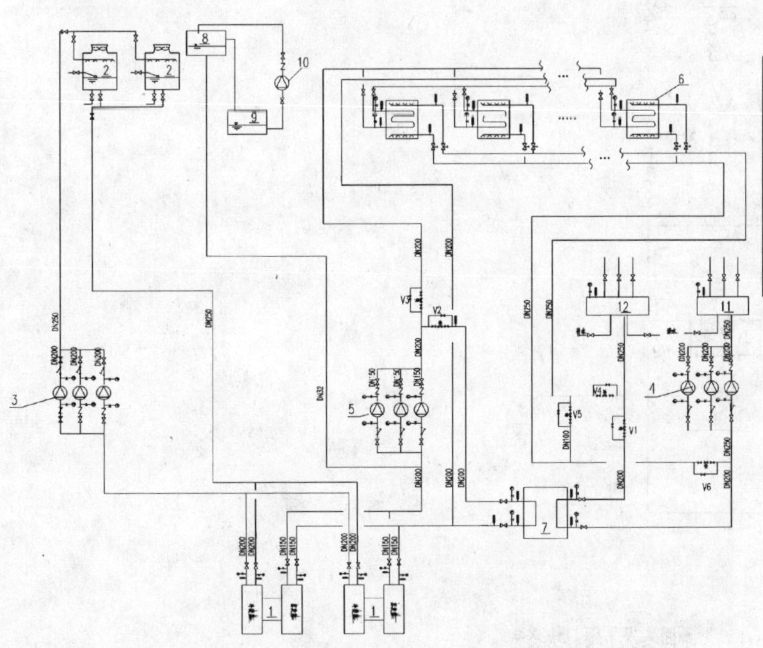

不同工况下阀门状态表

工 况	V1	V2	V3	V4	V5	V6
制冷机制冰	关	关	开	关	关	关
制冷机供冷	开	开	关	关	关	关
制冷机与蓄冰槽供冷	开	开	关	开	调节	调节
蓄冰槽供冷	关	关	关	开	调节	开

六、施工安装要求

(一) 设备与管道系统的施工安装

全部依照华北地区建设设计标准化办公室编制的《建筑设备施工安装通用图集》91SB1 以及建设部颁发的《采暖通风与空调施工验收规范》执行。

1. 主要设备，如冷机、冷却塔、冰槽、板式换热器等的安装要求遵守各个厂家样本要求，系统冲洗前在这些主要设备前加设旁通，冲洗完毕后再拆除，冰槽及各设备基础两侧均设排水沟。

2. 泵的安装与标准要求相同，除手动阀门外，吸入口装减振软接头，Y 形过滤器，出口装减振软接头与止回阀，水泵前后装压力表。

3. 冷冻水的供回水管与膨胀水箱均应用 50mm 的超细玻璃棉保温，外刷防火漆两遍，在系统管道翻身高点易集气处加装自动放气阀，低点设泄水阀。

4. 竖井管道支架作法见 S161 管道支架图集。系统色环见标准。

5. 所有手动与电动阀门都要能满足按设计要求的承压与其前后的压差要求，并保证不外漏也不内漏。

(二) 用于冰蓄冷的乙二醇管线，试压清洗过程与保温要求不同于一般冷冻水系统，系统内不允许有镀锌钢管或镀锌管件。

1. 首先：在完成管路安装后，要求将冰槽和管线断开，对全部管线进行试压。合格后，将冷机，蓄冰槽隔断只对管路进行加药清洗，即用浓度为 10g/kg 的六偏磷酸钠溶液灌入管路系统进行循环流动，清洗 24 小时，以达到清洗管内铁锈等杂物并同时在管内壁生成一层保护膜的目的，排放后再用清水反复清洗直到排水清洁透明为止。若太脏，可再加药清洗反复进行。

2. 第二步：进行整个系统的保温，要求对全部管路及阀件，泵体，板换都进行保温，建议用 $\delta=60$mm 的聚氨酯现场发泡进行保温，应确保保温层与管道外壁之间贴接紧密，外用玻璃布加树脂作保护壳，刷防火漆两道。

3. 第三步：将预先调好的 25%浓度的乙二醇溶液由乙二醇膨胀水箱慢慢灌入其管路系统（也可由下部另设溶液调对水桶与加压泵将其打入管路系统）。乙二醇膨胀水箱需用环氧树脂涂内壁两遍。

主要设备表

序号	设备名称	规格型号	数量	单位	备 注
1	双工况制冷机	RTHB300L 制冷量 263RT/166RT	2	台	
2	冷却塔	KLN-225 水流量 25m³/h	2	台	
3	冷却水泵	KQL150-315B 流量 200m³/h，扬程 23m	3	台	
4	冷冻水泵	KQL200-315 流量 200m³/h，扬程 32m	3	台	
5	乙二醇泵	114012-9 流量 170m³/h，扬程 20m	3	台	
6	蓄冰设备	RH-ICU400 蓄冰量 400RT·h	7	台	
7	板式换热器	MX15-BFGL 换热量 500RT	1	台	
8	乙二醇膨胀水箱	0.5m³	1	台	
9	乙二醇储液箱	容积 1m³	1	台	
10	乙二醇补水泵	KQL40-200(1)B 流量 10m³/h，扬程 36m	1	台	
11	分水器	$\phi=700$mm，$L=1700$mm	1	台	
12	集水器	$\phi=700$mm，$L=1700$mm	1	台	

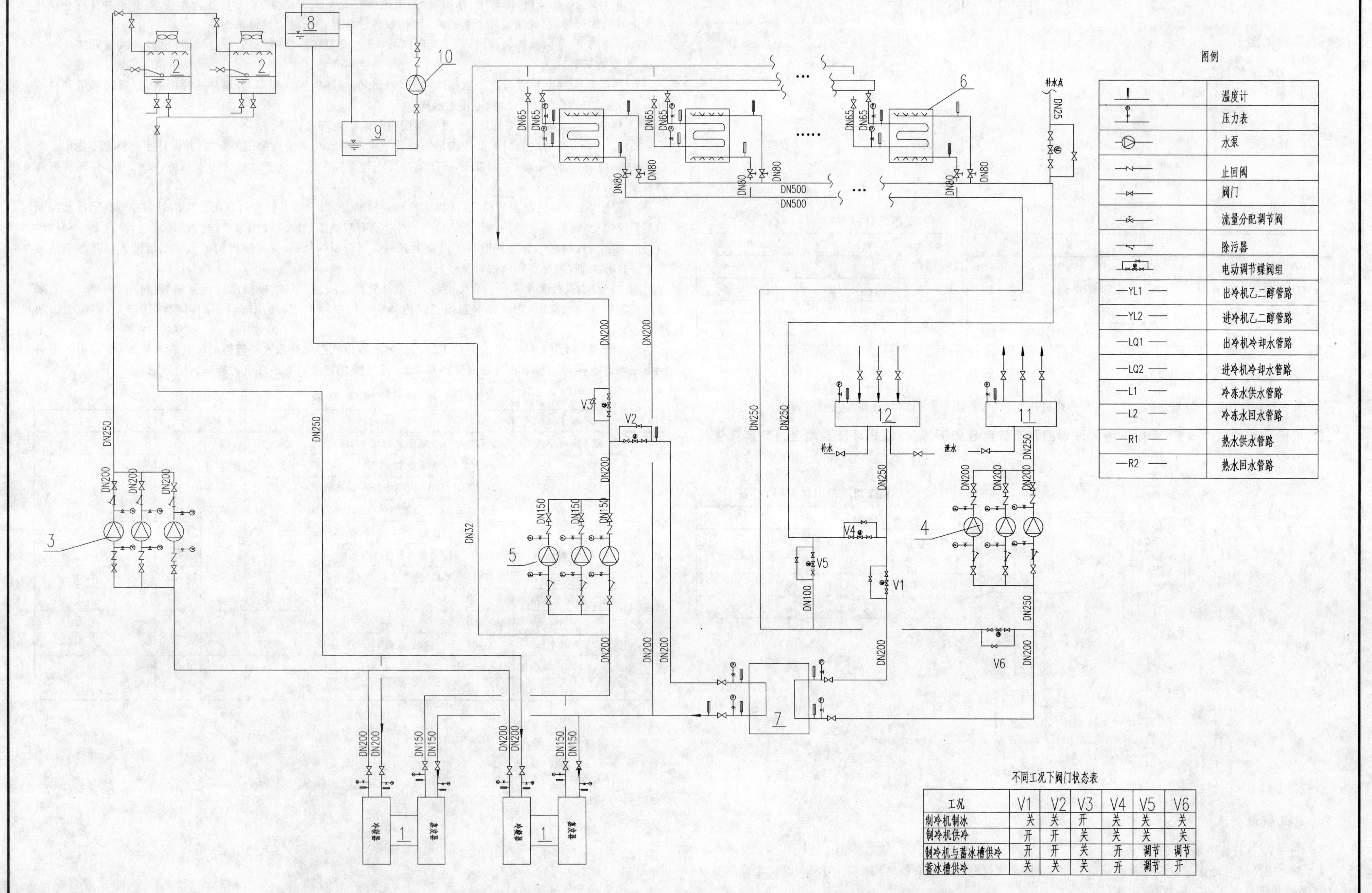

图例

图例	名称
	温度计
	压力表
	水泵
	止回阀
	阀门
	流量分配调节阀
	除污器
	电动调节蝶阀组
—YL1—	出冷机乙二醇管路
—YL2—	进冷机乙二醇管路
—LQ1—	出冷机冷却水管路
—LQ2—	进冷机冷却水管路
—L1—	冷冻水供水管路
—L2—	冷冻水回水管路
—R1—	热水供水管路
—R2—	热水回水管路

不同工况下阀门状态表

工况	V1	V2	V3	V4	V5	V6
制冷机制冰	关	关	开	关	关	关
制冷机供冷	开	开	关	关	关	关
制冷机与蓄冰槽供冷	开	开	关	开	调节	调节
蓄冰槽供冷	关	关	关	开	调节	开

图名	冰蓄冷空调系统流程图	图号	5-8-2

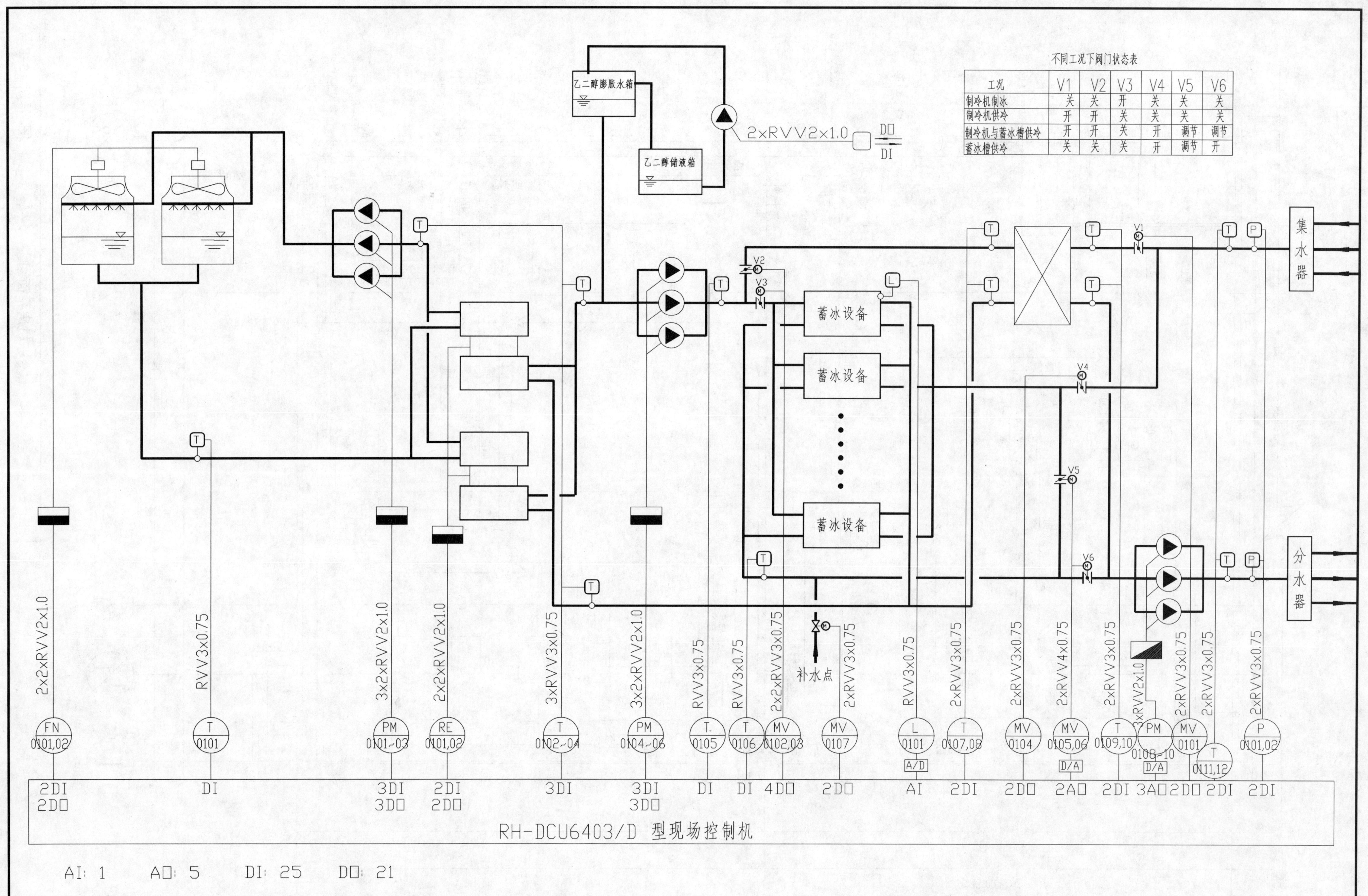

不同工况下阀门状态表

工况	V1	V2	V3	V4	V5	V6
制冷机制冰	关	关	开	关	关	关
制冷机供冷	开	开	关	关	关	关
制冷机与蓄冰槽供冷	开	开	关	开	调节	调节
蓄冰槽供冷	关	关	关	开	调节	开

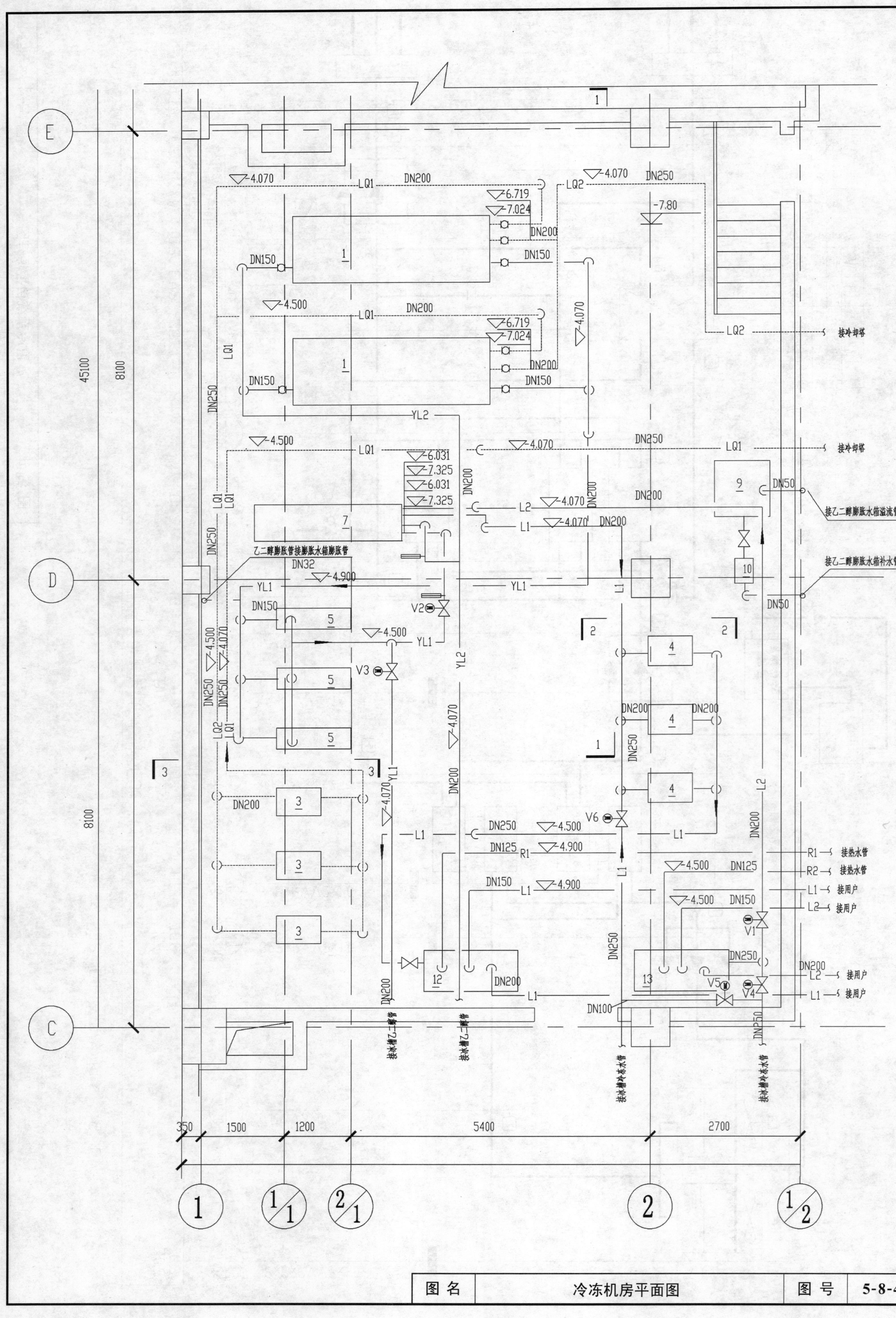
接冷却塔
接冷却塔
接乙二醇膨胀水箱溢流管
接乙二醇膨胀水箱补水管
乙二醇膨胀管接膨胀水箱膨胀管
接热水管
接热水管
接用户
接用户
接用户
接用户
接冰槽乙二醇管
接冰槽乙二醇管
接冰槽冷冻水管
接冰槽冷冻水管
图名
冷冻机房平面图
图号
5-8-4

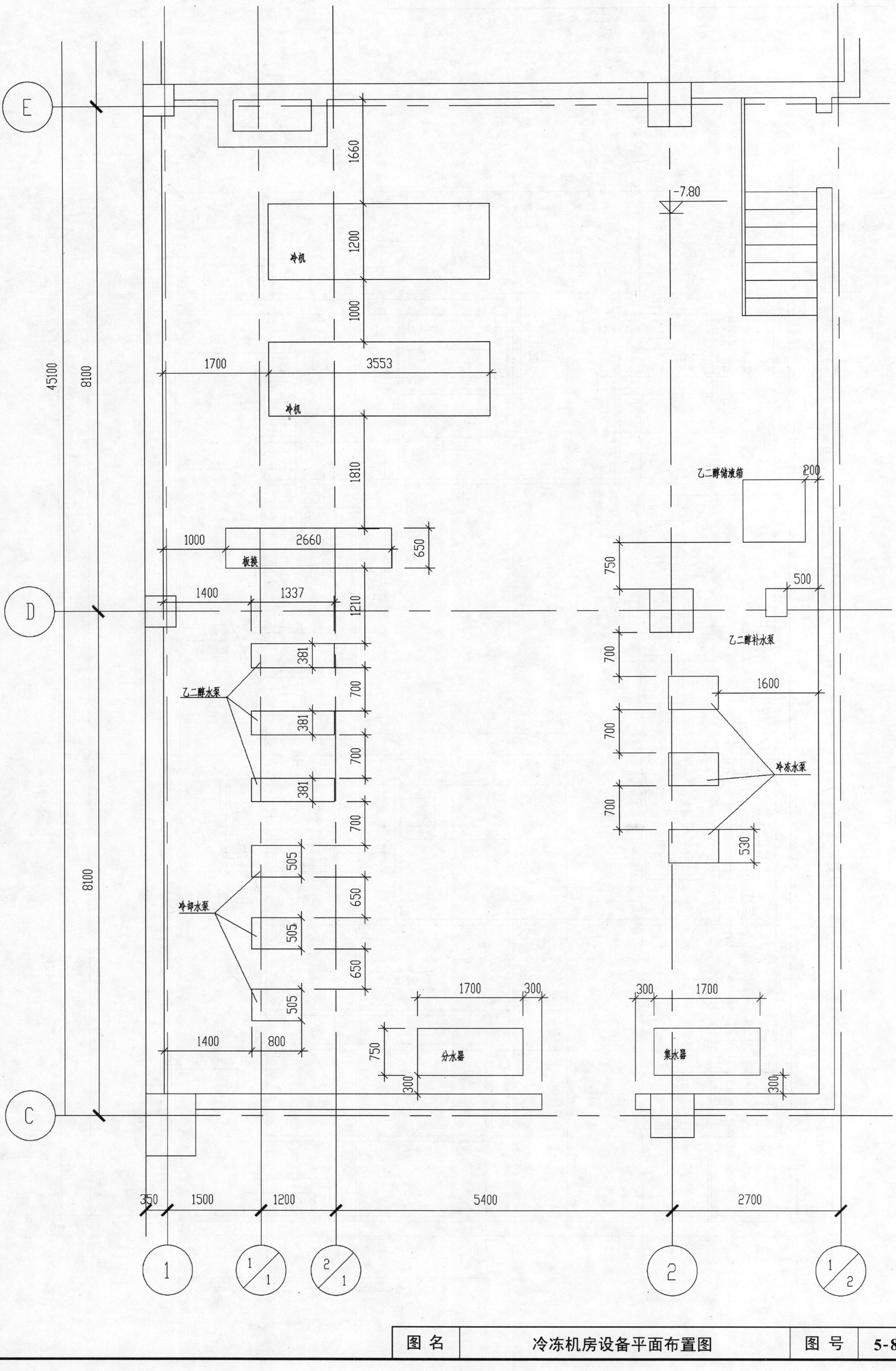

冷机
冷机
板换
乙二醇水泵
冷却水泵
分水器
集水器
乙二醇储液箱
乙二醇补水泵
冷冻水泵
-7.80

图 名	冷冻机房设备平面布置图	图 号	5-8-5

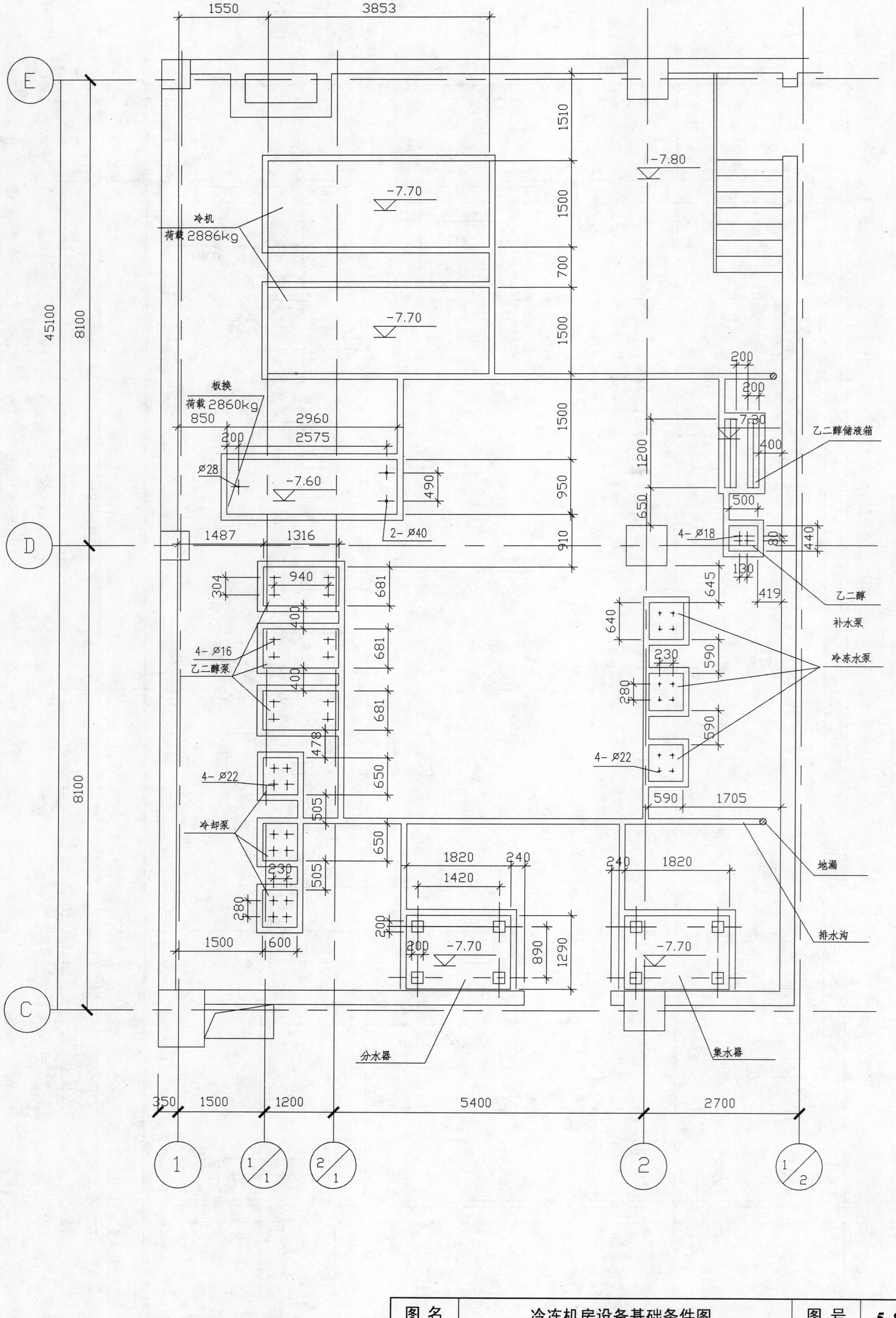

图 名	冷冻机房设备基础条件图	图 号	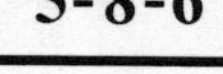5-8-6

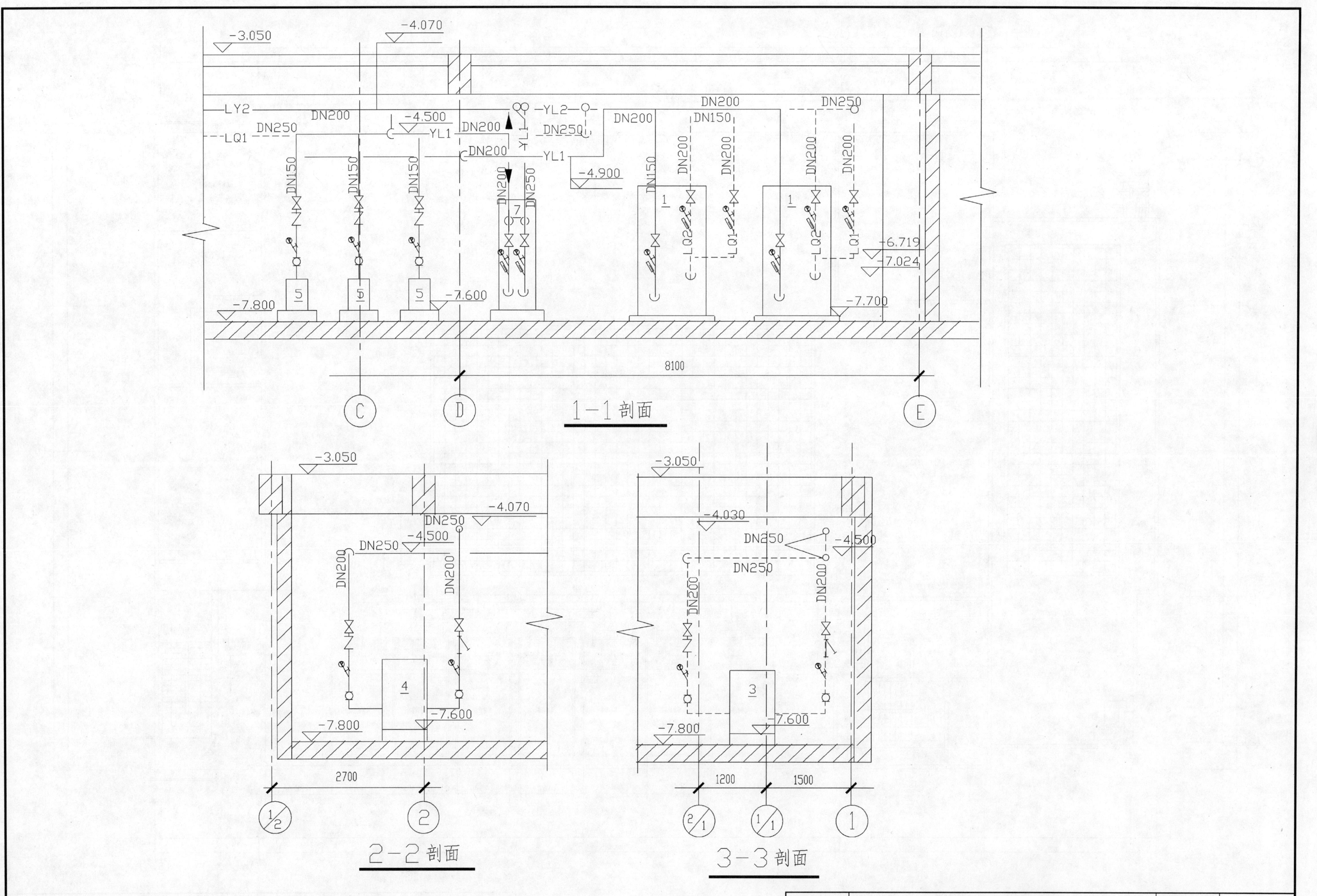

-3.050
-4.070
LY2
LQ1
DN200
DN250
-4.500
YL1
YL2
DN150
-4.900
1
5
7
LQ2
LQ1
-6.719
-7.024
-7.600
-7.700
-7.800
8100
C
D
E
1-1 剖面
-3.050
-4.070
-4.500
DN250
DN200
4
-7.600
-7.800
2700
1/2
2
2-2 剖面
-3.050
-4.030
-4.500
DN250
DN200
3
-7.600
-7.800
1200
1500
2/1
1/1
1
3-3 剖面

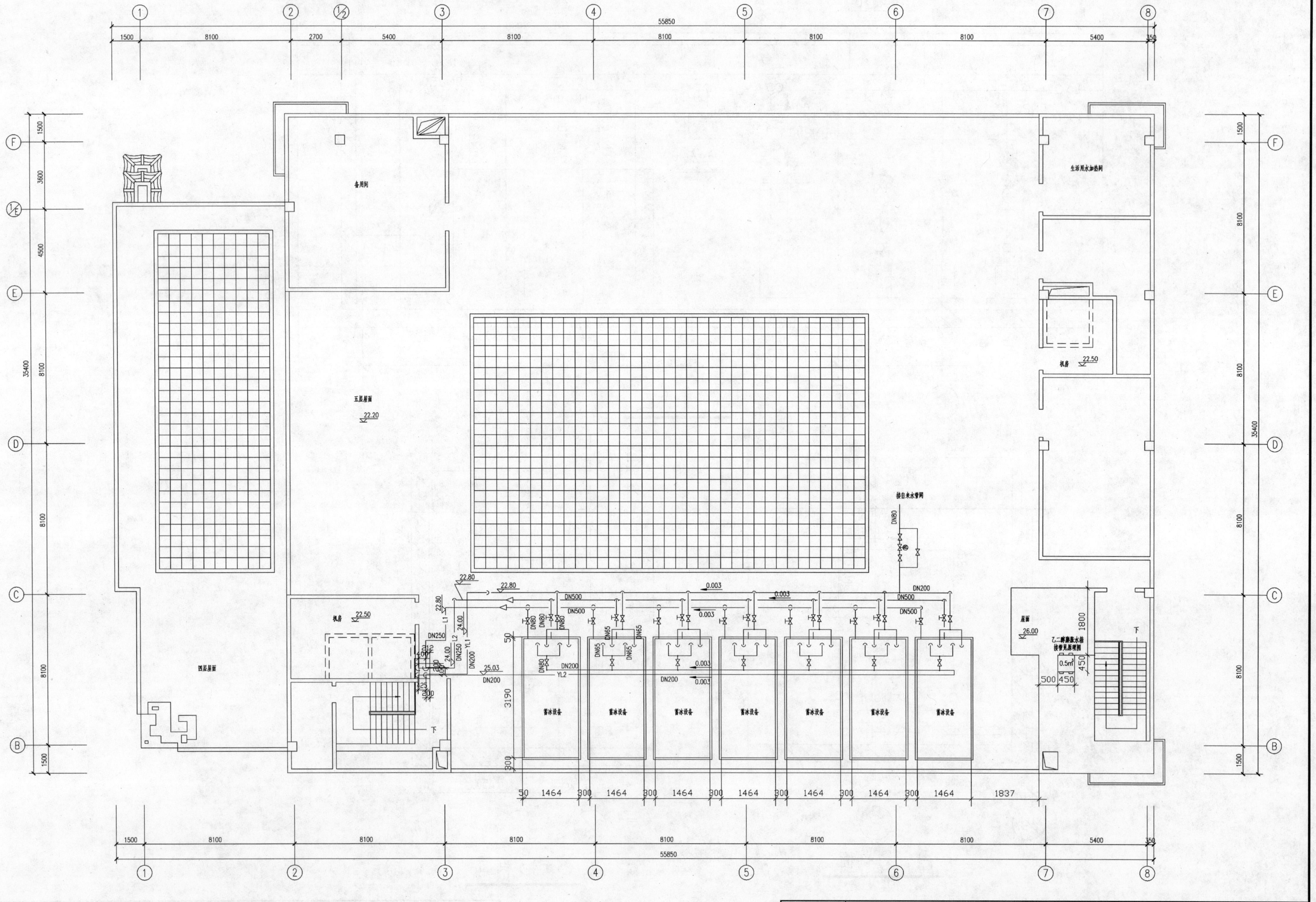

图 名	屋顶层平面图	图 号	5-8-8

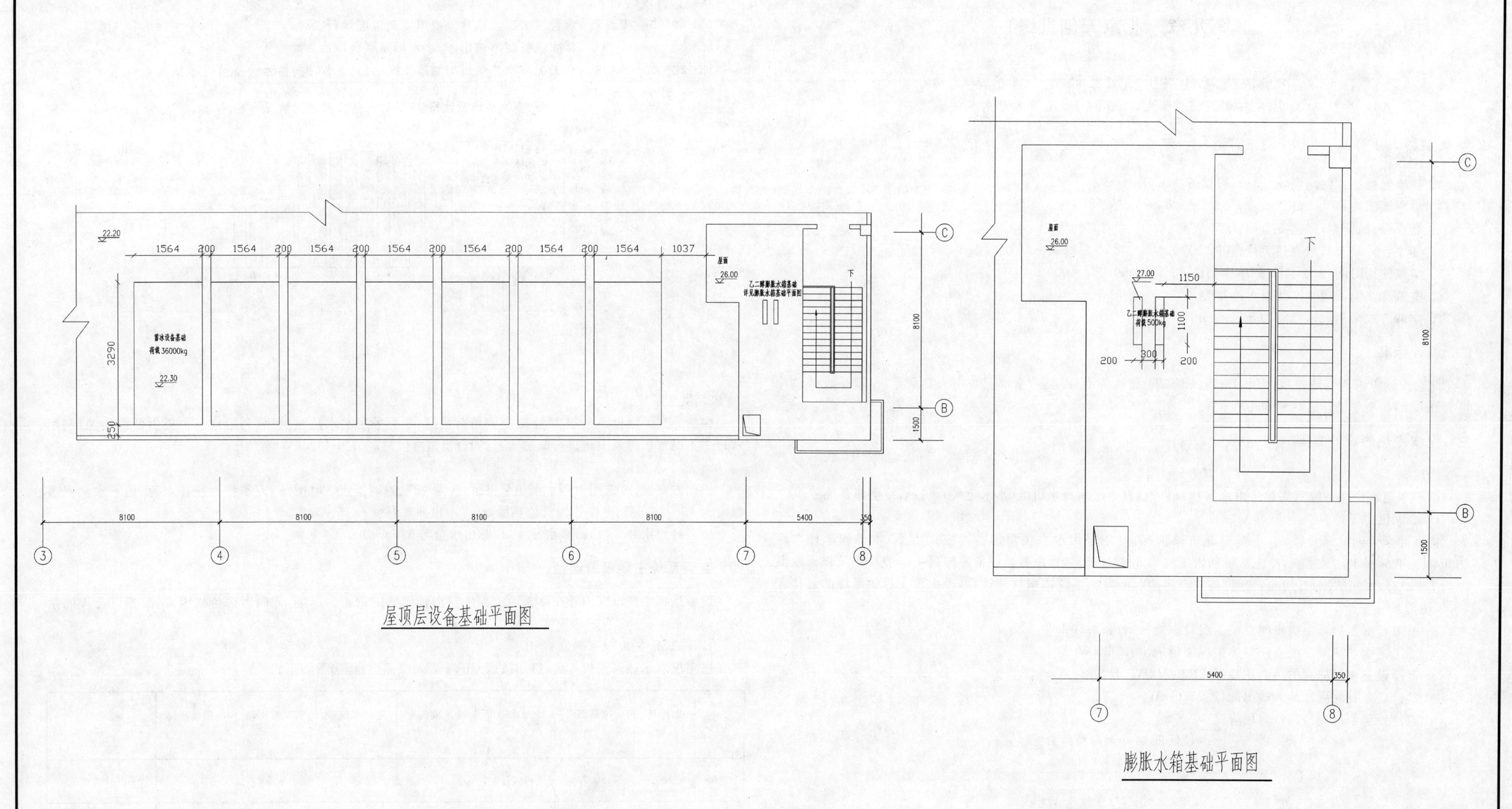

屋顶层设备基础平面图

膨胀水箱基础平面图

第九章　北京天创世缘

中国建筑科学研究院空调所　袁东立

（袁东立，1954年生，工学硕士，高级工程师）

一、设计依据

1. 建筑物类型：办公、商场、娱乐、餐饮等
2. 总空调面积：40000 m^2
3. 夏季设计日全日最高冷负荷：6050 kW
4. 冬季设计日全日最高热负荷：4000 kW
5. 空调使用时间：5月1日～10月1日，每日8：00～22：00
6. 空调冷热源采用水水热泵＋冰蓄冷
7. 空调方式采用风机盘管加新风系统

二、设计标准

北京天创世缘为商业建筑，为办公、商场、娱乐、餐饮等商业用途，全部安装中央空调系统，夏季设计总冷量为6050kW，冬季设计总热量为4000kW。

三、空调冷热源设计方案

冷热源：

由于本建筑空调系统所需热量由水水热泵供给，夏季采用冷水机组（水水热泵）＋冰蓄冷空调系统。

1. 冷冻机房设计：

根据北京天创世缘夏季24小时空调负荷情况，夏季采用水水热泵加蓄冰空调方案，本工程选择六台580kW三工况水水热泵主机（冷冻水供回水工况为6.8/10.5℃，再由蓄冰设备冷却到4℃，整个系统供回水温度为7/12℃），夜间蓄冰，日间与蓄冰设备联合供冷。经蓄冷系统选型软件计算，得出该工程的系统的最佳配置，系统能量分配如下：

* 三工况水水热泵主机日间空调工况最大能量输出：3480 kW
* 三工况水水热泵主机夜间制冰工况能量输出：2262kW
* 蓄冷设备夜间储存的可利用冷量：18096 kW·h
* 蓄冷设备日间融冰最大输出能量：2570 kW
* 蓄冷设备削减制冷高峰时段容量：42.5%

设计日24小时冷负荷图

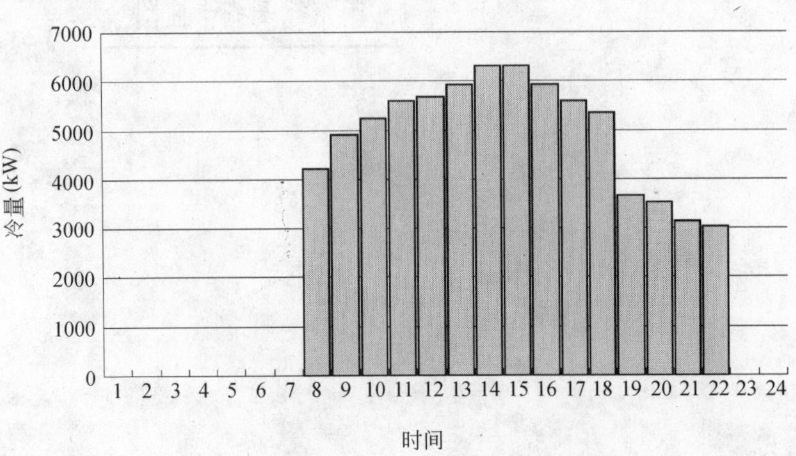

系统运行策略如下：

(1) 8：00～22：00：六台三工况水水热泵机组空调工况运行。

(2) 8：00～19：00：蓄冰设备融冰输出，与水水热泵联合供冷。

(3) 22：00～6：00：三工况水水热泵机组制冰工况运行，9小时向蓄冰设备蓄得冷量。

蓄冰系统设计日24小时设备负荷分配情况

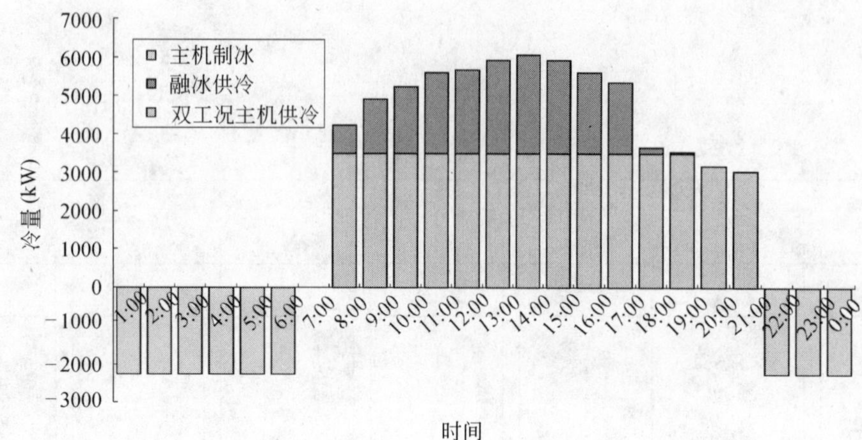

2. 供热系统：

根据北京天创世缘冬季24小时空调负荷情况，冬季采用水水热泵供热，利用地下水提供低位热源，利用六台三工况水水热泵主机进行制热运行，四台机组总供热能力为4020kW。

3. 地下水用量：

根据方案设计，选用六台水水热泵机组，共需15℃的地下水330m^3/h，夏季作为冷却水源，地下水供回灌温度为15～26.3℃；冬季作为低位热源，地下水供回灌温度为15～7.2℃。

故需打出水井3口，回灌水井4口，总出水量为330m^3/h。

四、空调系统主要设备选型

设备选择主要以国内外在冰蓄冷工程中应用较成熟的设备为标准，同时考虑价格因素，配置以合理的系统。

1. 三工况主机

三工况水水热泵主机6台，选用法国CIAT公司产品，性能参数如下：

工况	制冷量（kW）	冷冻液温度（℃）	冷却水温度（℃）	冷冻液流量（m^3/h）	冷却水流量（m^3/h）	蒸发器压降（m）	冷凝器压降（m）	耗电量（kW）
空调	580	11.0/7.0	15/26.3	125	55	6.5	1.3	128
制冰	376	−3.6/−6.0	15/22.3	125	55	6.5	1.3	105
制热	670	15.0/7.2	50/45.2	55	125	3.3	4.1	175

2. 蓄冰设备

法国 CIAT 公司蓄冰设备，选用 CRISTOPIA AC00 型高效蓄冷球 330m³，由一个巨型蓄冰槽储存，总装置容量：18564 kW·h。

蓄冰槽性能参数如下：

蓄冷球型号	蓄冷球体积(m³)	外形尺寸(m)长×宽×高	蓄冷容量(kW·h)	总乙二醇量(m³)	最大运行压力(MPa)
STL-AC.00	330	21×4×5	18564	5.0	0.45

注：蓄冷槽尺寸可根据蓄冰槽所摆放的具体空间而随时调整。

3. 水泵

泵	生产厂家	数量	电机功率(kW)	流量(m³/h)	扬程(m)
乙二醇泵	广州一泵	4	37	315	24
负载泵	广州一泵	4	45	350	32

注：水泵均采用一台备用泵。

4. 自控系统

德国 SIEMENS 公司产品＋西亚特蓄冰系统软件。

5. 板式换热器

ALFA-LAVAL 公司板式换热器 2 台(最大工作压力 1.0 MPa)。

板式换热器性能参数：换热量 3030 kW

板式换热器	工质	流量(m³/h)	工况(℃)	压降(kPa)
高温侧	水	525	12/7	60
低温侧	25%乙二醇溶液	375	4/11	50

五、水水热泵＋蓄冰系统经济技术分析

系统主要设备及打井投资：

设备	型号	生产厂家	数量	耗电量(kW)	单价(万元)	总价(万元)
三工况主机	LWP1800	法国 CIAT	6	175×6	55.0/台	330.0
蓄冷球	STL-AC00	法国 CIAT	330 m³	—	0.6/m³	198.0
蓄冷罐	STL-AC-55	国内制造	6	—	10.0/台	60.0
冷冻泵		广州一泵	4	37×3	1.5/台	6.0
负载泵		广州一泵	4	45×3	5.5/台	22.0
板式换热器		ALFA-LAVAL	2		40.5/台	81.0
自控系统		德国 SIEMENS	1		40.0/套	40.0
乙烯乙二醇	100%	国内生产	30t	—	0.7/吨	21.0
打井费			7		18.0/口	126.0
系统安装费					80.0	80.0
总计				1250		964.0

注：主要设备全部采用合资或进口产品。

六、蓄冰系统经济技术分析

(一) 投资比较：

常规空调系统投资：

设备	主要技术参数	数量	总耗电量(kW)	总价(万元)
离心制冷机	制冷量：450 RT	4	320×4	400
末端水泵	流量：300m³/h 扬程：25m	5	37×4	10.0
冷却水泵	流量：350m³/h 扬程：22m	5	44×4	15.0
自控系统		1		40.0
冷却水塔	350m³/h	4		80.0
冷却水塔安装改造费				100.0
系统安装费				80.0
总计			1604	725.0

注：常规系统主要设备全部选用合资或国产设备。

常规系统与水水热泵＋蓄冰系统总体投资(机房主要设备和机房电力报装)比较：

(万元)

	常规系统	水水热泵＋蓄冰系统
空调设备	725.0	964.0
电力贴费	(2000kVA)240.0	(1500kVA)可减免
总投资	965.0	964.0

注：采用蓄能系统可减小电力设备容量，包括变压器、配电柜等，其费用未作统计。

(二) 运行费用比较：

由于北京地区电网采用了峰谷电价政策，高峰电价与低谷电价已达到 4.3∶1。因此，采用冰蓄冷系统，可以大大降低空调系统经常运行费用。

现阶段商业用电，峰谷分时电价如下表：

	起始时间	电价(元)
高峰段	8∶00～11∶00 18∶00～23∶00	0.99
平段	7∶00～8∶00 11∶00～18∶00	0.64
低谷段	23∶00～7∶00	0.23

将常规系统与蓄冰系统全年运行费用相比较，以 100%负荷、80%负荷、60%负荷、40%负荷为基数，进行分析比较：可得全年运行电费比较柱状图及运行电费表。

蓄冰系统与常规系统全年运行电费比较

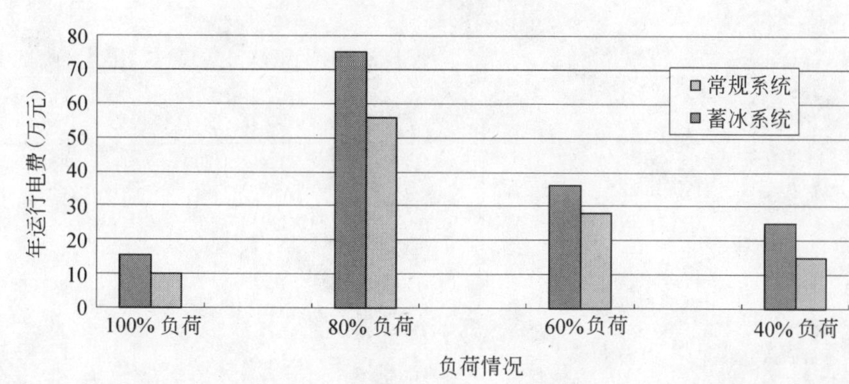

常规系统与蓄冰系统机房年运行电费比较

	天　数	常规系统(万元)	蓄冰系统(万元)
100%负荷	10	15.5	10.0
80%负荷	60	75.0	56.0
60%负荷	40	36.0	28.0
40%负荷	40	25.0	15.0
总　计	150	151.5	109.0

冰蓄冷系统年经常运行费用可以比常规水水热泵系统节约 42.5 万元。

冬季运行费用与常规热力管网采暖相比,如采用燃气锅炉进行供应,则冬季运行费用为 120 万元(以 30 元/m^2 计),与水水热泵系统相比较,水水热泵系统冬季运行费用为 80 万元,比常规系统节约 40 万元。实际上商场的建筑层高超过 3m,热力公司收费高于 30 元/m^2。

水水热泵加蓄冰系统与常规电制冷加热力供暖系统相比,年运行费用最少可节约 82 万元。

结论:

1. 水水热泵+蓄冰空调系统总投资为 964.0 万元;
2. 常规电制冷系统总投资为 965.0 万元;
3. 水水热泵+蓄冰空调系统与常规系统相比机房综合投资降低 13.5%。
4. 采用水水热泵+蓄冰空调系统使得年经常运行费用可以节约 82 万元。
5. 以空调设备运行年限 20 年计,蓄冰系统共可节约 1640 万元;
6. 由于蓄冰系统装机容量的降低,从而使变压器等电气设备的整体投资减少;
7. 采用蓄冰系统移峰填谷,可避免变压器夜间空载运行,减少不必要的损失;
8. 随着国家电力政策对移峰填谷的进一步倾斜,鼓励用户使用蓄冷空调技术,电力部门将采取一系列的优惠政策,届时,用户将获得更大的投资收益;
9. 蓄冰系统作为相对独立的冷源,增加了集中空调系统的可靠性。
10. 本工程已于 2002 年 9 月进行了夏季工况调试;2002 年 11 月进行了冬季工况调试。均达到了设计要求。

在本工程中采用蓄冷空调系统,是为了降低夏季空调的运行费用、削减尖峰用电负荷的对策。而水源热泵则可降低冬季的供暖费用。这两种系统结合创造了国内的先例。并可大幅度降低全年的运行费。无论是从基建总投资,还是运行费用来说,均是经济的、合算的。今后即使在电力供应十分紧缺的条件下,仍能保证空调系统投入正常运行。

设计施工说明

一、概况

北京天创世缘工程为商业建筑，主要功能为办公、商场、娱乐、餐饮等商业用途。全部安装中央空调系统。本设计是利用地下恒温水作为水源，采用六合 CIAT LWP—1800 三工况机组作为空调的冷、热源。

冬季利用地下16℃的恒温水，提取其中的热量，供给空调系统55℃的采暖水。夏季利用地下水作为冷机的冷却水。系统中设置了一套冰蓄冷装置，用于夏季移峰填谷，减少白天耗用高价电，降低运行费用。并提高系统的可靠性。

不同季节运行工况的转换靠阀门切换实现。

冬季热负荷 4200kW，夏季冷负荷 6050kW。总蓄冰量为 18564 kW・h。

二、设计依据

1.《城市热力网设计规范》(CJJ 34—90)

2.《采暖通风与空气调节设计规范》(GBJ 19—87)

3.《建筑给水排水设计规范》(GBJ 15—88)

4. 当地地下水文、地质分析、水资源的可靠性分析，打井、取水及地下水用后的回灌不在本设计范围内。

三、施工说明

1. 管材及接口

空调水管道均采用无缝钢管。管道与设备、阀门等需要拆卸的附件连接时，采用法兰连接。对于公称直径小于(或等于)20mm 的放气阀门，可采用螺纹连接。

2. 阀门及附件

(1) 冷冻站内阀门均采用蝶阀。

(2) 水泵吸水管、出水管上安装法兰金属或橡胶软接头。

(3) 水泵出水管上均安装防水锤消声止回阀。

(4) 水泵采用由水泵厂家提供的隔振垫减振。

3. 管道敷设与保温

(1) 站内各种冷水管道及设备的高点均应安装放气阀，低点应安装放水阀。

(2) 管道与设备连接时，管道上宜设支、吊架，尽量减小加在设备上的管道负荷。

(3) 各种管道标高均为管中心标高。

(4) 管道吊、支架安装按《城市供热管网工程施工及验收规范》(CJJ 28—89)施工。

冷水管保温材料为聚氨酯，外包玻璃丝布，涂防火漆。保温厚度：当管径小于 50mm 时，保温厚度 30mm；当管径大于(或等于)50mm 且小于 200mm 时，保温厚度 40mm；当管径大于 200mm 时，保温厚度 50mm。

分、集水器保温材料为聚氨酯，保温厚度 50mm。

(5) 外管线外刷两道防锈漆后，刷防腐沥青、直埋。

(6) 乙二醇膨胀水箱底标高距本层地面为 5.170m，支架现场焊制。末端循环水定压罐设置在热力站内，软化水箱旁。

(7) 机房内现有部分管线，根据工程施工情况做适当调整。

(8) 施工单位在蓄冰槽就位后进行保温，材料为聚氨酯发泡保温，厚度为 60mm，外贴铝板；蓄冰槽内部做环氧树脂防腐处理。

(9) 乙二醇水箱防腐做法为，水箱内表面刷环氧树脂一层，贴玻璃丝布一层。以此做法共做三层。

4. 试压

站内管道、设备均应进行水压试验。在管道和设备内部达到试验压力并趋于稳定后，30min 内压力降不超过 0.5×98.1kPa 即为合格。

试验压力：冷水管道不小于 1.0MPa。

5. 管道试压合格后，应涂防锈漆两道。

6. 其他

(1) 凡图中未说明部分，按《采暖与卫生工程施工及验收规范》(GBJ 242—82)、《城市供热管网工程施工及验收规范》(GBJ 28—89)、《制冷设备安装工程施工及验收规范》(GB 66—84)执行。

管道、分、集水器支架以及站内仪表安装参见《建筑设备施工安装通用图集》91SB9 热力站工程。

图中长度、管径以毫米计，标高以本机房地面为基准，以米计。

(2) 各种管道外表面作色环标志，以示区别。并作流向标志。

(3) 站内排水管道如分、集水器排污管接至排水管道。

(4) 设备材料表仅供编制预算时参考用。

(5) 乙二醇膨胀水箱和补水箱设置在机房内合适之处。

(6) 空调末端循环水的定压补水设备取水来自相邻的热力站软化水箱。定压补水设备也安装在热力站内。

(7) 施工过程中遇到与本专业有关问题，应会同甲方、施工单位及设计人员共同协商解决。

(8) 室外管道采用直埋式敷设。

(9) 管道穿井壁处配合结构图预留防水套管，套管管径见通用图集 91SB 1—122。

7. 室外管线

直埋管施工要求：

(1) 挖沟时为防止地基不均匀下沉，应保持原土地基。如果土质不好，应在管道周围 30cm 范围内换土夯实，并要求各段硬度相同。清除各种尖硬杂物，沟底要平整。

(2) 沟底用 30cm 素土(细砂)铺垫。保温管四周填 30cm 素土，人工夯实作为坚实层(弯头、三通四周先填 10cm 细砂而后再素土夯实)。而后回填至设计标高。

(3) 管道应落实在地基上，当弯头、管道穿过井墙及建筑物基础时，管下掏空部位应用细砂或素土填实。

图　例

图例	名称	图例	名称
⋈	蝶　阀		止回阀
⋈	闸　阀	⋈	平衡阀
⋈	手动调节阀	Ⓜ	电动调节阀
	软接头	Ⓒ	电动开关阀
	压力表		Y形除污器
	温度计		水　表

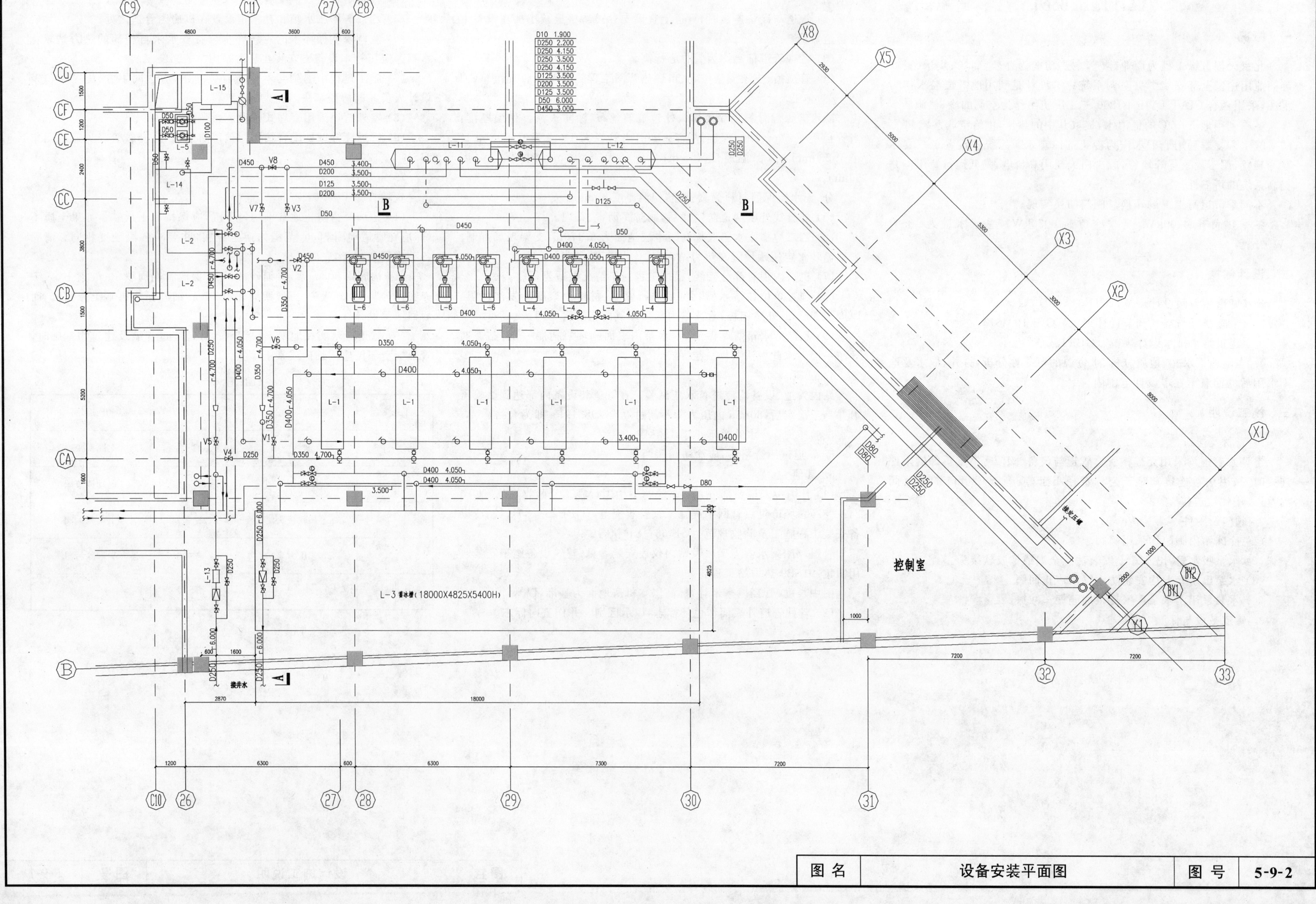

图 名	设备安装平面图	图 号	5-9-2

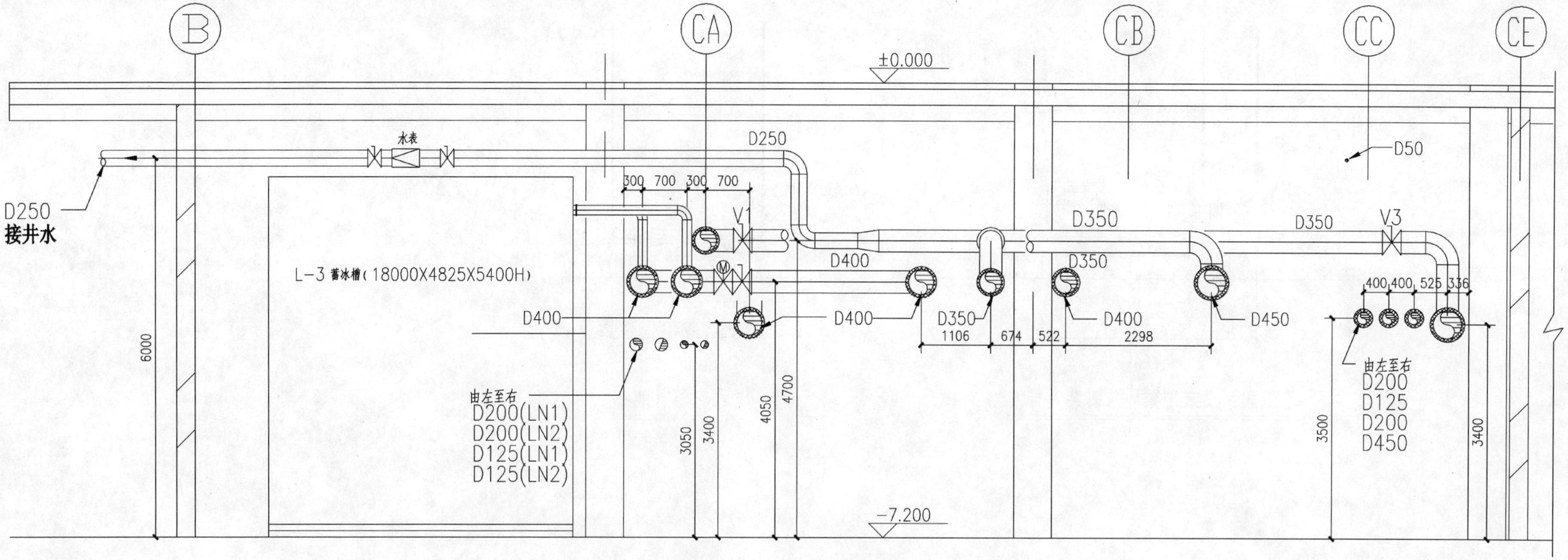

B CA CB CC CE

±0.000

水表

D250

D50

D250
接井水

300 700 300 700

V1

D350

D350 V3

L-3 蓄冰槽(18000X4825X5400H)

D400

D350

400 400 525 336

D400

D400

D350

D400

D450

1106 674 522 2298

由左至右
D200(LN1)
D200(LN2)
D125(LN1)
D125(LN2)

由左至右
D200
D125
D200
D450

6000 3050 3400 4050 4700 3500 3400

-7.200

A-A 剖面

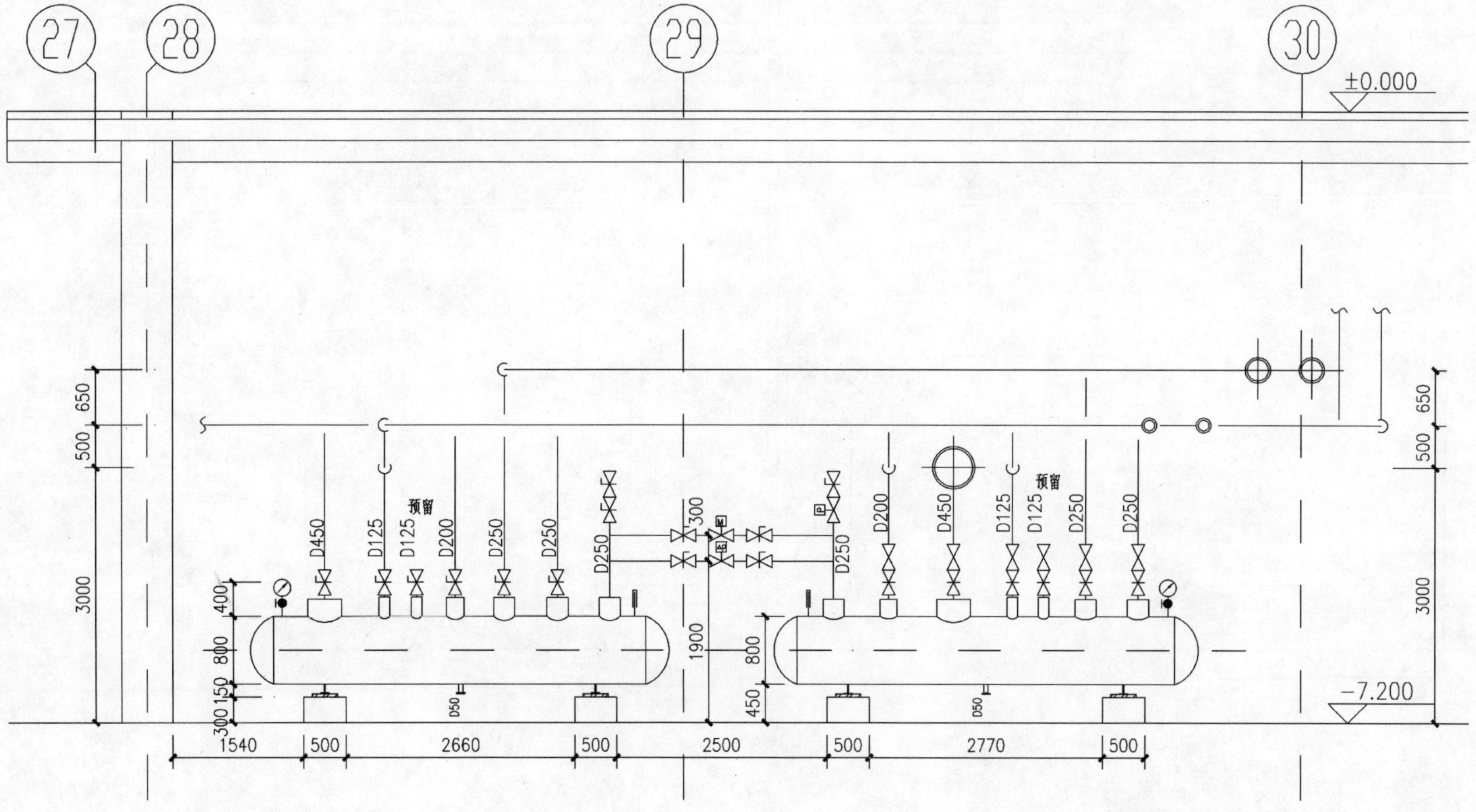

27 28 29 30

±0.000

650 500 3000

D450 D125 预留 D125 D200 D250 D250 D250 300 D250 D200 D450 D125 预留 D125 D250 D250

400 800 150 300 1900 800 450

D50 D50

1540 500 2660 500 2500 500 2770 500

650 500 3000

-7.200

B-B 剖面

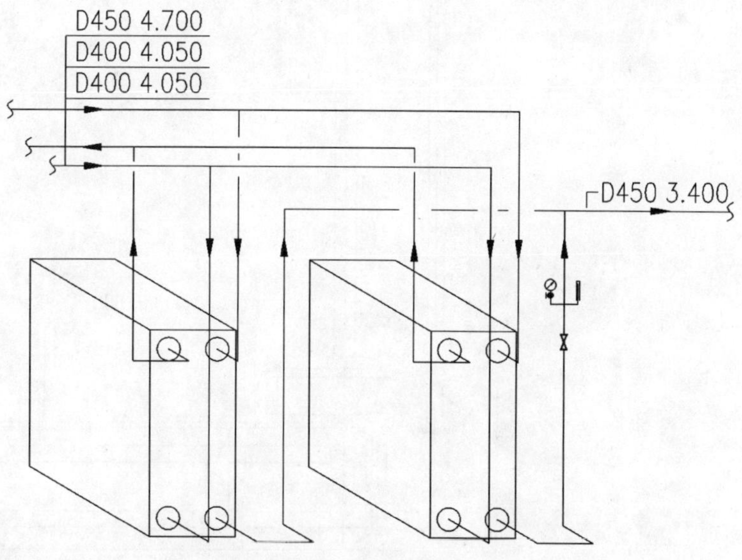

D450 4.700
D400 4.050
D400 4.050

D450 3.400

板换接管示意图

1400
200
235
1600

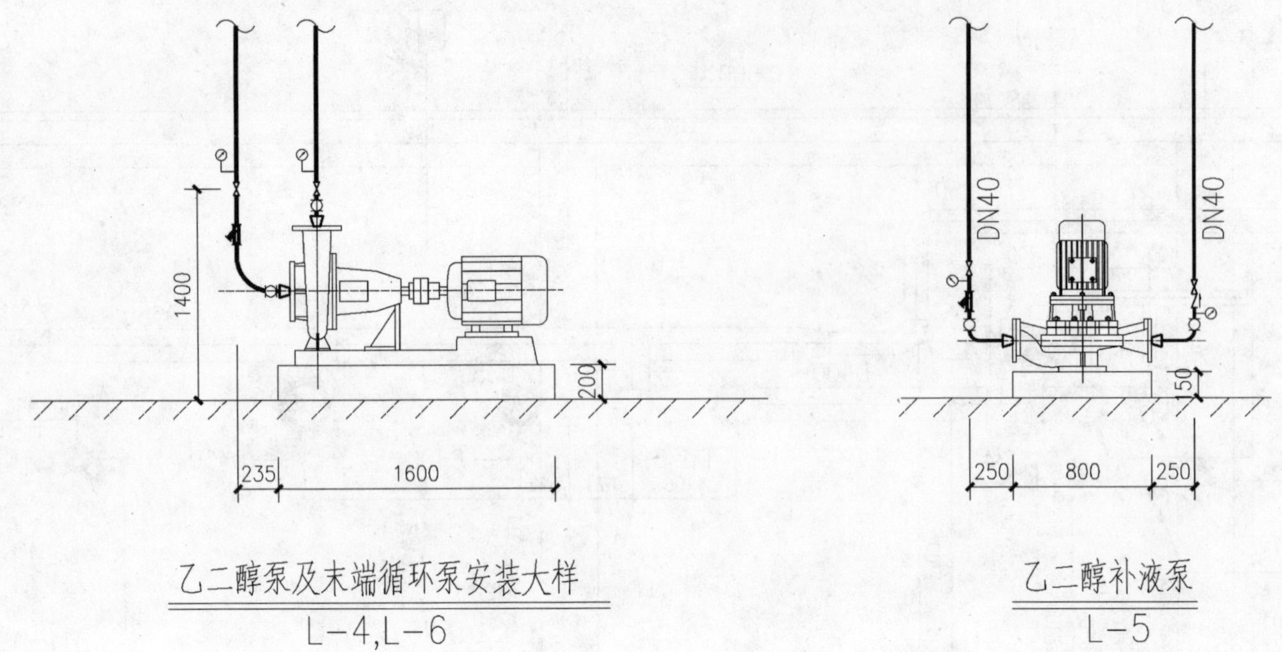

乙二醇泵及末端循环泵安装大样

L-4,L-6

DN40
DN40
50
250
800
250

乙二醇补液泵

L-5

+4.700
+4.050
DN100
DN125
DN125
DN100
LWP1800
压力表
温度计
压力表
温度计
1400
282
1307
200
3682
DN350
+4.700
DN400
+4.050
DN125
压力表
温度计
1400
1307
200
1029

主机安装剖面图

图 名	主机，水泵安装剖面图	图 号	5-9-4

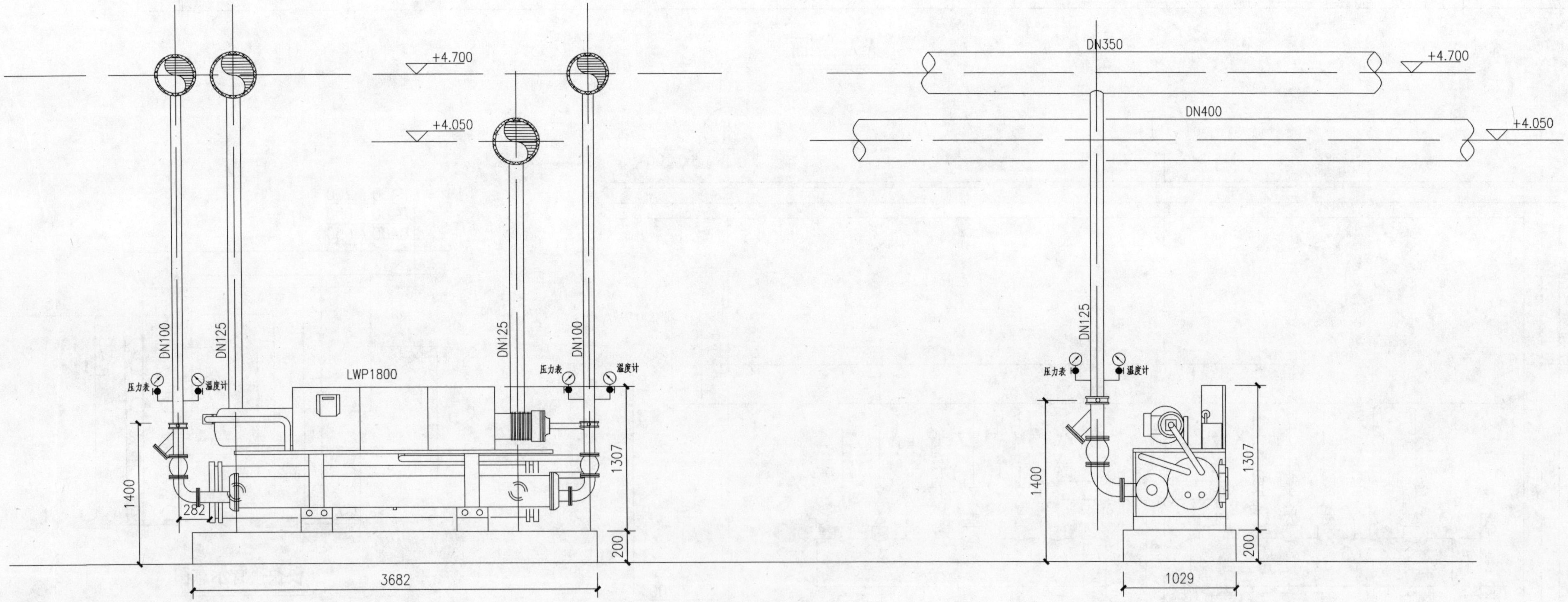

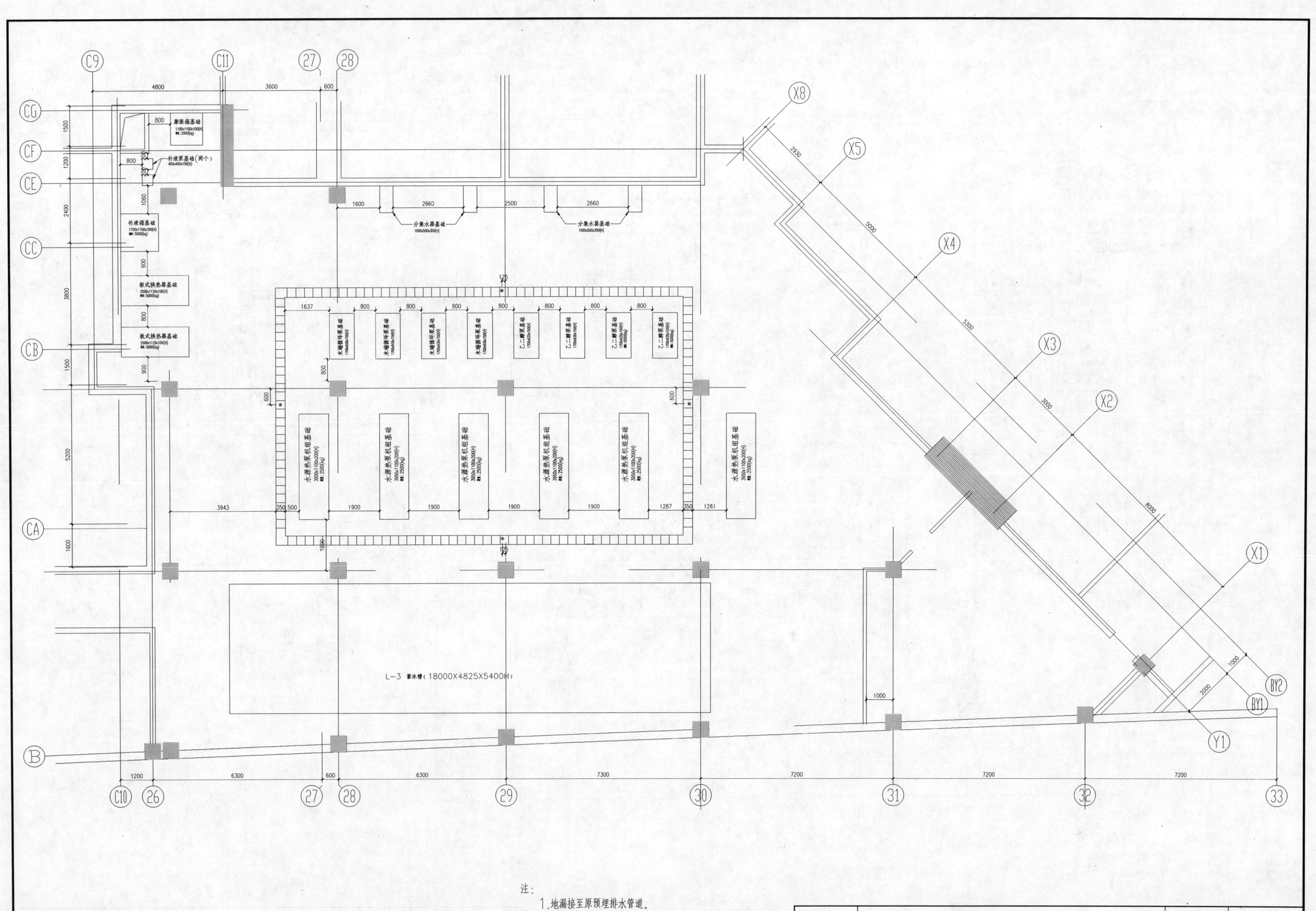
膨胀箱基础
补液泵基础（两个）
补液箱基础
板式换热器基础
板式换热器基础
分集水器基础
分集水器基础
水源热泵机组基础
L-3 蓄水槽（18000X4825X5400H）
注：
1.地漏接至原预埋排水管道。

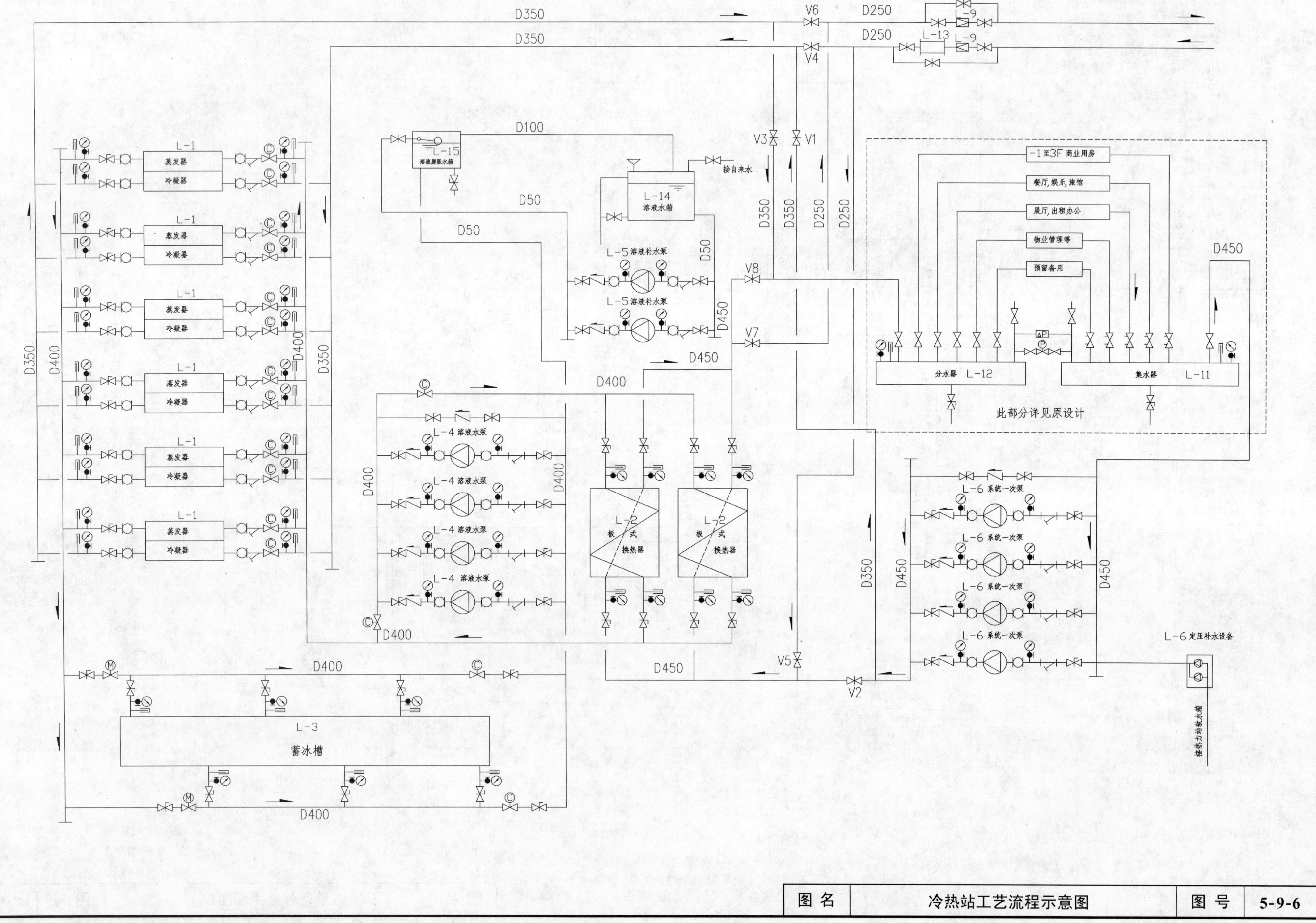

图名	冷热站工艺流程示意图	图号	5-9-6

第十章　广西区人民医院

杭州华电华源环境工程有限公司　郭盛桢

（郭盛桢，男，1963 年生，大学本科，高级工程师）

一、工程概况

广西人民医院位于南宁市桃源路，地处繁华商业区，是一所以医疗为中心，兼有科研、教学和预防为一体的大型综合性省级三级甲等医院，是广西的医疗中心。新建工程门诊综合大楼是 2001～2002 年广西重点工程，总面积 8 万多平方米，地下 2 层，地上 26 层，裙房地上 8 层，主楼屋顶设有直升机救护的停机坪。中央空调冰蓄冷装置及生活热水蓄热装置等设备放置在地下二层，其主要为综合楼、放检楼和手术楼以及原有门诊楼等提供中央空调的冷热源以及生活热水。电热蒸汽锅炉房设于地下一层，所制蒸汽主要用于卫生消毒、洗衣、采暖、开水等，以及作为夜间低谷电时段采暖、生活热水蓄热的热媒。

空调的设计尖峰冷负荷为 7744kW，全日负荷为 27000RT·h，空调供回水温度为 7/12℃。设计尖峰热负荷为 4302kW，生活热水全天用水量为 126m^3。

二、设计原则

（1）经济

蓄能系统设计须依据影响初期投资及运行成本的各种因素综合考虑而确定，蓄能空调系统中的蓄能容量越大，初期投资越高，但可节约更多的运行成本，因而在方案设计时，须详尽研究系统的电力增容投资、峰谷电价结构及设备初投资等资料，以期达到最佳的经济效益，在降低初期投资的同时节约更多的运行成本，转移更多的高峰用电量。

（2）高效节能

进行蓄能系统设计时，须依据设计负荷的需求确定系统选型，尽可能地减少各种设备的装机容量，改善主机工作条件，提高主机效率，充分利用蓄能装置的优势，尽量减少系统的能耗。

（3）完整可靠

评价蓄能系统品质的最重要的依据是系统的整体效能及运行稳定性。进行系统设计时，须结合蓄能系统的运行特点，优选各种设备，以使系统配合完美，符合整体运行要求。同时各种配套设备也要求能经受长期稳定工作的考验，减少对系统的维护，满足寿命要求。

三、设计方案

（1）空调负荷

空调使用场所：新建综合楼建筑面积 56548m^2，放检楼面积 8278 m^2，夏天需要供冷，冬天需要采暖，其中一～八层门诊和放检楼，夏天空调的尖峰冷负荷约为 3721kW，使用时间：8：00～12：00、13：00～17：00；九～二十六层为住院部，夏天空调的尖峰冷负荷约为 2674kW，空调 24 小时使用。原有手术楼面积 16427m^2，改为病房，尖峰冷负荷约为 1593kW，需要增加供冷系统，使用时间 24 小时。

（2）冷源形式选择

空调的冷负荷具有两个不均匀性：

① 全年逐日不均匀性：夏季每天的冷负荷不相同，温度最高的天数占整个使用空调天数的比例很小，不到 10%；

② 全天逐时不均匀性：全天的气温每小时均不同，下午 13：00～15：00 气温最高，而晚上则空调冷负荷达到最小。

由于大楼的特殊性，门诊夜间不开放，因此空调设备闲置；而住院部夜间的冷负荷远低于下午最热时的冷负荷，空调设备只需运行一小部分，大部分也闲置。

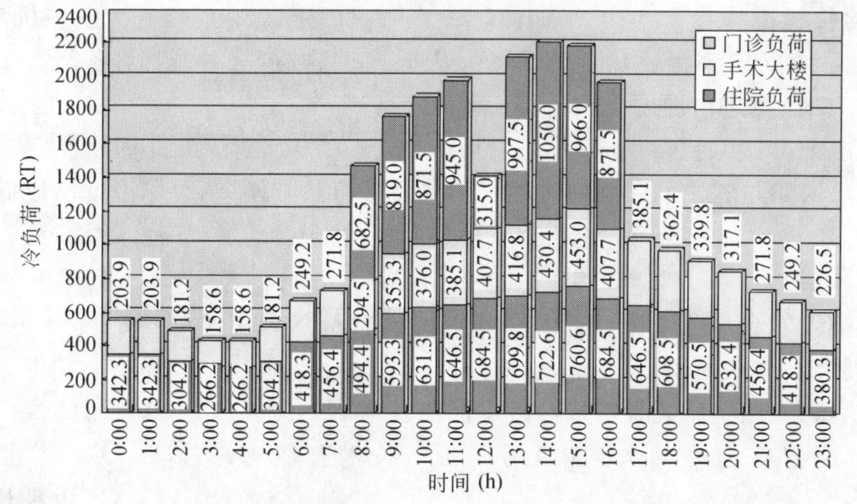

图 1

由图 1 可以看出：大楼空调冷负荷最大出现在下午 14：00～15：00，最小出现在凌晨 3：00～4：00，峰谷荷差达 1935RT，且在谷电时间段（23：00～7：00）大楼供冷均很小，非常适合采用冰蓄冷空调系统。

（3）设备选型及主要参数

根据空调工程特点，本项目采用分量蓄冰模式进行系统配置，设计日空调冷源系统运行策略见图 2。

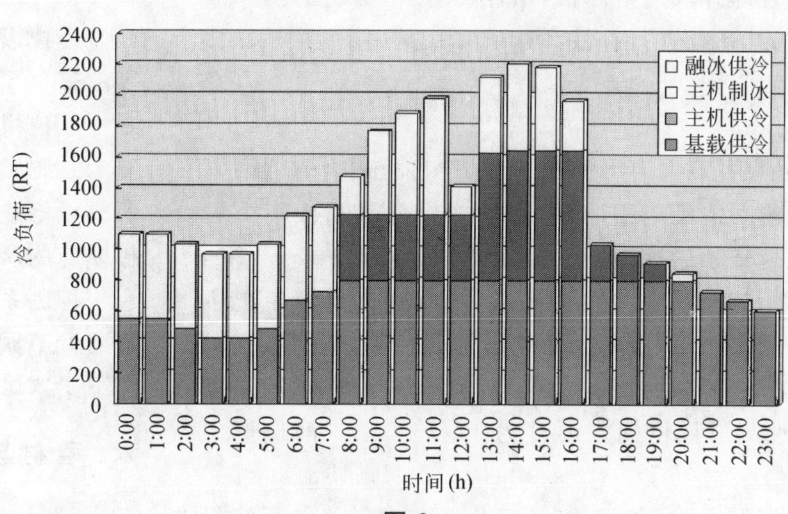

图 2

主机在设计日均以满负荷运行，在设计负荷日，当主机制冷量小于冷负荷量时，不足部分由融冰补充；主机在电力低谷期全负荷运行，制得所需要的全部冷量。虽然运行费用较全量蓄冰高，但系统的蓄冰容量、主机及配套设备容量均较小，系统的初期投资较低。

① 制冷主机　本系统配置 4 台 YORK 螺杆式制冷主机，其中二台为基载常规主机，标准空调工况制冷量为 400RT（7/12℃），设计日 24 小时向末端提供冷量；另两台为双工况主机，空调工况制冷量为 420RT（5/10℃），制冰工况制冷量为 260RT（－3.4/－6.5℃）。设计日日间向空调末端提供冷量，夜间利用低谷电 8 小时制冰 4300RT·h，同时向末端提供少量冷量以补充基载。

② 蓄冰装置　系统总蓄冰量为 4300RT·h，选用源牌双金属蕊芯冰球式蓄冰装置，设置二个 11.3×5.0×2.9（155m^3）的钢制开式左右流蓄冰槽，放置在制冷机房旁的蓄冰室内。蓄冰装置将两台双工况主机夜间低谷电时段制取的冷量以冰的形式蓄存起来，以补充设计日日间主机供冷不足部分，在部分负荷日还可单独提供末端所需冷量。

③ 冷却塔　选用 4 台菱电方型横流型超低噪声冷却塔，水处理量 350 m^3/h，放置在放检楼屋顶。

④ 板式换热器　系统配置 2 台换热量为 2384kW 板式换热器，一次侧进出温度 5/10℃，二次侧进出温度 7/12℃。

冰蓄冷系统的载冷剂(二次冷媒)为 25%质量浓度的乙二醇溶液，通往空调末端的冷冻水回路与乙二醇回路通过板式换热器进行热交换，彼此完全隔离。

⑤ 水泵

冷冻水泵　系统配置 6 台冷冻水泵(五用一备，其中二台配基载主机，三台配板式换热器)，技术参数为：280m^3/h，40m，55kW。冷冻水泵和基载主机、板式换热器、末端空调装置构成冷冻水回路。

冷却水泵　系统配置 5 台冷却水泵(四用一备)，技术参数为：350m^3/h，29m，45kW。

乙二醇泵　乙二醇系统采用并联两级泵系统，初级乙二醇泵与双工况主机相匹配配置，技术参数为：280m^3/h，19m，22 kW，两台；次级乙二醇泵与板式换热器相匹配配置，技术参数为：300m^3/h，21m，22 kW，三台。夜间单蓄冰工况只开启初级乙二醇泵，融冰单供冷时仅开启次级乙二醇泵，主机单供冷、联合供冷工况初次级乙二醇泵同时开启。

⑥ 补水定压装置　本工程冷冻水系统补水定压采用屋顶膨胀水箱，乙二醇系统的定压装置即开式的蓄冰槽，槽体带有玻璃液位计，当液位达到下限时需要对乙二醇系统进行补液。

四、系统流程特点

本工程冰蓄冷系统采用并联循环回路方式，由于自板式换热器回来的 10℃乙二醇溶液同时进入主机与蓄冰槽，即使主机在较高效率下运行，同时较高的融冰温度保证了融冰速度和融冰率。

在此设计流程回路中，二台基载主机为一独立回路，二台双工况主机与蓄冰装置、板式换热器、乙二醇泵等设备组成冰蓄冷系统，通往空调负荷的冷冻水回路与乙二醇回路通过板式换热器进行热交换，彼此完全隔离，在供冷期间，板换水侧设计供回水温度为 12/7℃，乙二醇侧进出温度为 5/10℃。

回路中设有 5 个电动阀，在控制系统指示下进行工况转换与系统保护，根据冷负荷变化，调节进入蓄冰装置的乙二醇流量，保证 7℃冷冻水供水温度并满足冷负荷需求。

蓄冷系统可按以下 4 种工作模式进行：

① 双工况主机制冰模式

② 融冰单供冷模式

③ 主机与融冰联合供冷模式

④ 主机单供冷模式

各运行工况说明：

(1) 制冰工况　夜间双工况主机利用低谷电时间制冰，制冰时间 8 小时(23：00～7：00)，总蓄冰量为 4300RT・h。制冰过程板换乙二醇侧温度不应低于 0℃，为防止板换水侧温度过低而结冰，可定时启动冷冻水泵。

(2) 单融冰工况　在末端负荷较低情况下(约为设计日空调负荷 1/3 或更低)，主机、初级乙二醇泵、冷却塔、冷却水泵均停开，仅通过融冰提供末端空调负荷，通过调节蓄冰槽出口阀 V3 和旁通阀 V5，控制冷冻水供水温度 7℃。

(3) 单主机供冷工况　单主机供冷时，主机蒸发器出口温度设定为 5℃，次级泵开启的台数应与初级泵相同。

(4) 联合供冷工况　当末端负荷很大时采用主机加融冰联合供冷的模式，主机蒸发器出口温度设定为 5℃，通过调节蓄冰槽出口阀 V1 和旁通阀 V5 控制融冰量以保证冷冻水供水 7℃。

五、自控系统

自控装置与系统是组成冰蓄冷系统的关键部分，自控设备均工作在条件相对恶劣的环境中，采用进口设备较为可靠。

自控设备与器件包括：传感检测元件、电动阀、系统控制柜、上位机等。整个系统以下位机的工业级可编程序控制器为核心，实现自动化控制。下位机 PLC 和触摸屏在现场可以进行系统控制、参数设置和数据显示。PLC 和触摸屏均可扩展，控制系统设计界面友好，内容可扩展、参数可修改，方便管理。上位机进行远程管理和打印，它包含下位机和触摸屏的所有功能。

控制系统通过对制冷主机、蓄冷装置、板式热交换器、水泵、冷却塔、管路调节阀进行控制，调整蓄冷与放冷的运行工况，在运行最经济的情况下给末端提供稳定冷源。

六、管材与保温

管材：冷冻水管道、冷却水管道及乙二醇管道均采用无缝钢管，采用法兰连接，相对接的法兰盘之间垫厚度为 3mm 的石棉橡胶垫圈。自来水管采用镀锌钢管，采用丝扣连接。

(1) 管道保温：

①水、乙二醇管道系统保温须待试压、排污、清洗、所有过滤器滤芯抽出清洗并重新安装好后方可进行；

②冷冻水管及乙二醇管道用 PEF 保温，保温厚度为 60mm。

(2) 蓄冰槽保温：蓄冰槽保温形式为 PEF 外保温，保温厚度为 100mm。

七、主要经济技术指标

建筑面积为 81253 m^2

空调的设计尖峰冷负荷为 7746 kW，全日负荷为 94959 kW・h，冷指标：95.3 W/m^2

制冷设备装机冷负荷 5768 kW

八、经验与总结

冰蓄冷中央空调系统的特点：

(1) 减少冷水机组容量，降低主机一次性投资；总用电负荷少，减少变压器配电容量与配电设施费。

(2) 利用峰谷荷电价差，平衡电网负荷，大大减少空调年运行费。

(3) 使用灵活，在节假日部分房间使用的空调时，可由融冰提供，不用开主机，节能效果明显。

(4) 可以为较小的负荷(如天气不太热时)融冰定量供冷，而无需开主机。

(5) 具有低温应急冷源功能，提高空调系统的可靠性。

(6) 系统运行时需提前半小时至 1 小时对空调空间进行降温预冷，以消除建筑非供冷期间形成的累积负荷。

(7) 可实现低温供水，提高空调品质，长期使用可避免空调综合症产生。

(8) 蕊芯冰球蓄冰装置融结冰性能良好。瞬时融冰量大，可以满足系统最大融冰速度的要求。

(9) 控制系统发挥了核心作用，不仅使系统各项参数得到了有效的控制、系统可靠运行，而且使冰蓄冷系统实现了自动化的经济运行，使冰蓄冷的经济效益得到了发挥。

(10) 冰蓄冷空调的经济运行需要从末端设计就进行考虑，不同时使用的功能系统应该具有相互独立的功能，以减少冷量的浪费。

通过经济分析比较可以看出：

(1) 冰蓄冷系统综合投资比常规冷水机组系统综合初投资低，运行费用也低。

(2) 冰蓄冷中央空调系统运行经济、可靠、控制灵活，可以为局部区域定量融冰供冷而不用开主机。

(3) 冰蓄冷中央空调系统是最佳选择。

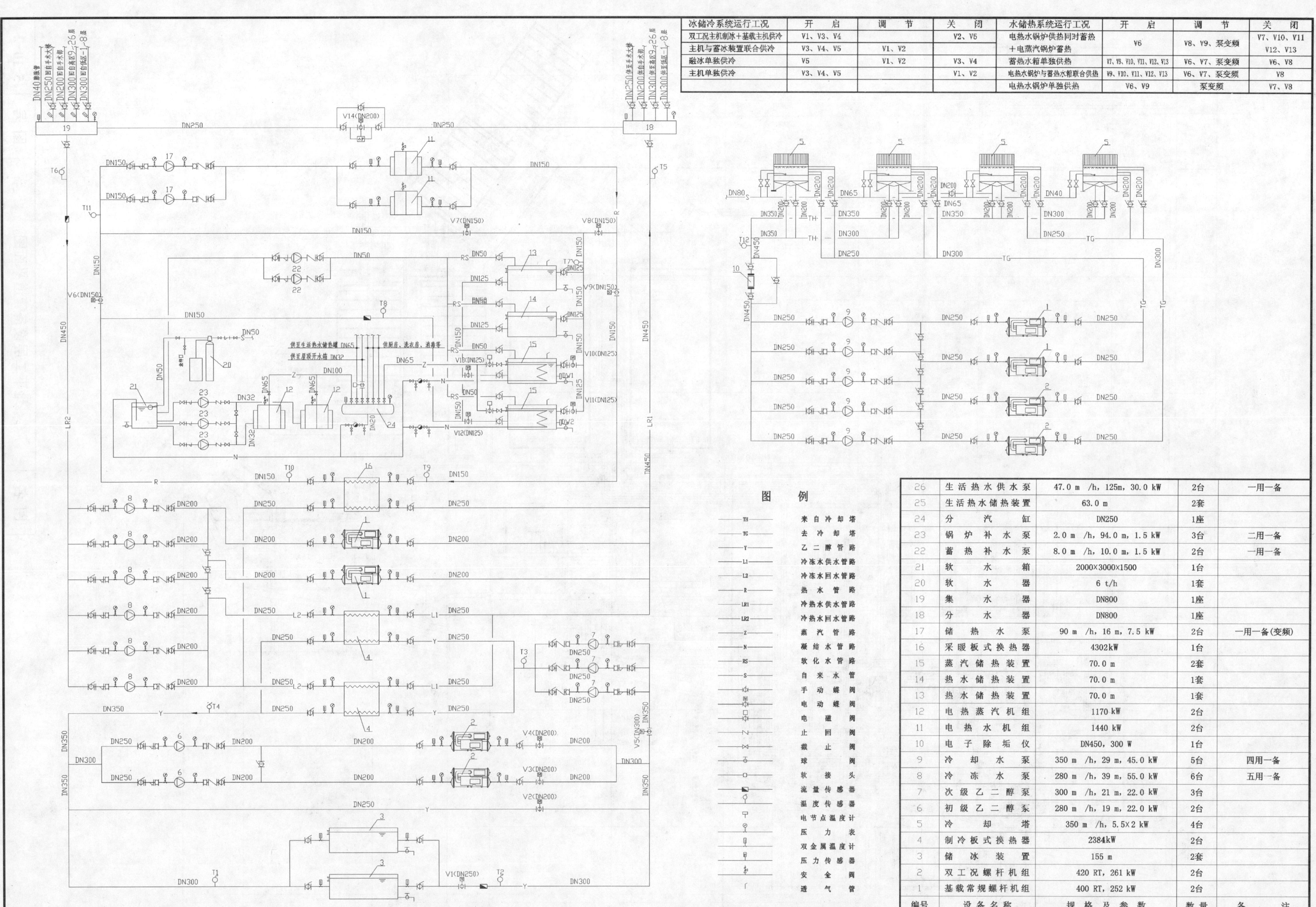

冰储冷系统运行工况	开　启	调　节	关　闭	水储热系统运行工况	开　启	调　节	关　闭
双工况主机制冰＋基载主机供冷	V1、V3、V4		V2、V5	电热水锅炉供热同时蓄热＋电蒸汽锅炉蓄热	V6	V8、V9、泵变频	V7、V10、V11 V12、V13
主机与蓄冰装置联合供冷	V3、V4、V5	V1、V2					
融冰单独供冷	V5	V1、V2	V3、V4	蓄热水箱单独供热	V7、V9、V10、V11、V12、V13	V6、V7、泵变频	V6、V8
主机单独供冷	V3、V4、V5		V1、V2	电热水锅炉与蓄热水箱联合供热	V9、V10、V11、V12、V13	V6、V7、泵变频	V8
				电热水锅炉单独供热	V6、V9	泵变频	V7、V8

编号	设备名称	规格及参数	数量	备注
26	生活热水供水泵	47.0 m /h，125m，30.0 kW	2台	一用一备
25	生活热水储热装置	63.0 m	2套	
24	分汽缸	DN250	1座	
23	锅炉补水泵	2.0 m /h，94.0 m，1.5 kW	3台	二用一备
22	蓄热补水泵	8.0 m /h，10.0 m，1.5 kW	2台	一用一备
21	软水箱	2000×3000×1500	1台	
20	软水器	6 t/h	1套	
19	集水器	DN800	1座	
18	分水器	DN800	1座	
17	储热水泵	90 m /h，16 m，7.5 kW	2台	一用一备(变频)
16	采暖板式换热器	4302kW	1台	
15	蒸汽储热装置	70.0 m	2套	
14	热水储热装置	70.0 m	1套	
13	热水储热装置	70.0 m	1套	
12	电热蒸汽机组	1170 kW	2台	
11	电热水机组	1440 kW	2台	
10	电子除垢仪	DN450，300 W	1台	
9	冷却水泵	350 m /h，29 m，45.0 kW	5台	四用一备
8	冷冻水泵	280 m /h，39 m，55.0 kW	6台	五用一备
7	次级乙二醇泵	300 m /h，21 m，22.0 kW	3台	
6	初级乙二醇泵	280 m /h，19 m，22.0 kW	2台	
5	冷却塔	350 m /h，5.5×2 kW	4台	
4	制冷板式换热器	2384kW	2台	
3	储冰装置	155 m	2套	
2	双工况螺杆机组	420 RT，261 kW	2台	
1	基载常规螺杆机组	400 RT，252 kW	2台	

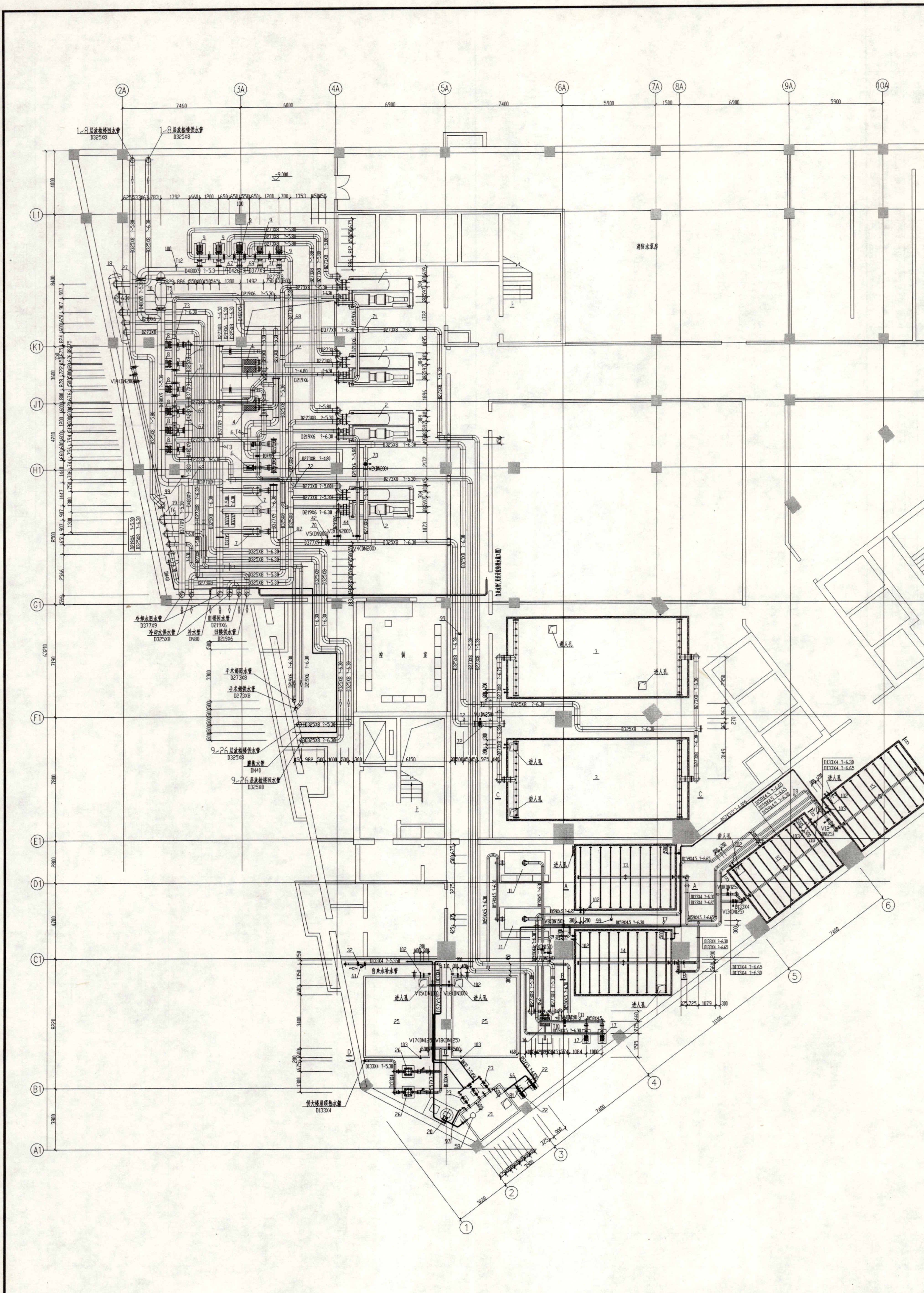

图 名	地下二层设备管道平面图	图 号	5-10-2

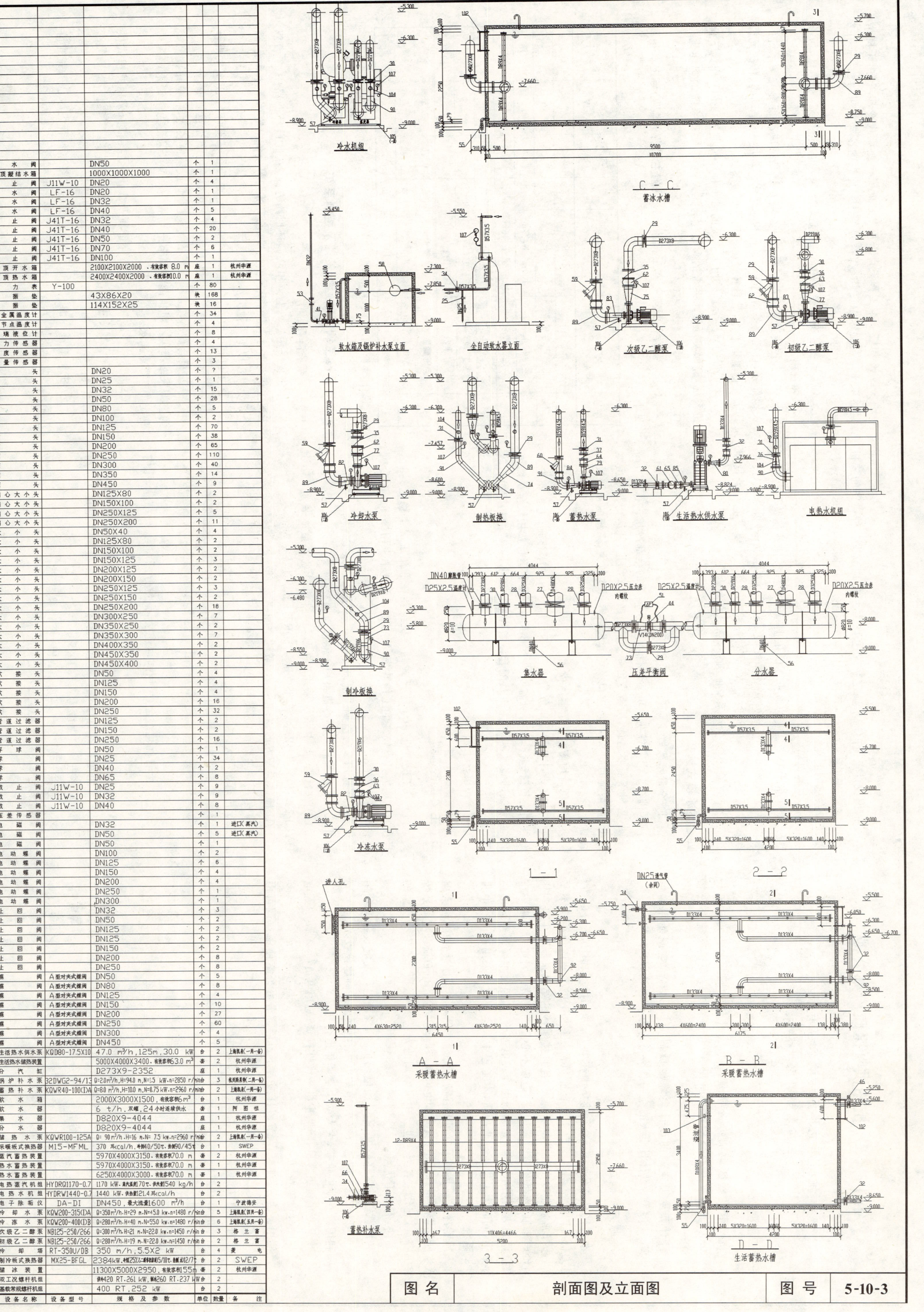

设备名称	设备型号	规格及参数	单位	数量	备注
水阀		DN50	个	1	
顶凝结水箱		1000X1000X1000	个	1	
止阀	J11W-10	DN20	个	4	
水阀	LF-16	DN20	个	1	
水阀	LF-16	DN32	个	1	
水阀	LF-16	DN40	个	5	
止阀	J41T-16	DN32	个	4	
止阀	J41T-16	DN40	个	20	
止阀	J41T-16	DN50	个	2	
止阀	J41T-16	DN70	个	6	
止阀	J41T-16	DN100	个	1	
顶开水箱		2100X2100X2000，有效容积 8.0 m	座	1	杭州华源
顶热水箱		2400X2400X2000，有效容积10.0 m	座	1	杭州华源
力表	Y-100		个	80	
振垫		43X86X20	块	168	
振垫		114X152X25	块	16	
金属温度计			个	34	
节点温度计			个	4	
璃液位计			个	8	
力传感器			个	4	
度传感器			个	13	
量传感器			个	3	
头		DN20	个	?	
头		DN25	个	1	
头		DN32	个	15	
头		DN50	个	28	
头		DN80	个	5	
头		DN100	个	2	
头		DN125	个	70	
头		DN150	个	38	
头		DN200	个	65	
头		DN250	个	110	
头		DN300	个	40	
头		DN350	个	14	
头		DN450	个	9	
偏心大小头		DN125X80	个	2	
偏心大小头		DN150X100	个	2	
偏心大小头		DN250X125	个	5	
偏心大小头		DN250X200	个	11	
大小头		DN50X40	个	4	
大小头		DN125X80	个	2	
大小头		DN150X100	个	2	
大小头		DN150X125	个	3	
大小头		DN200X125	个	2	
大小头		DN200X150	个	2	
大小头		DN250X125	个	3	
大小头		DN250X150	个	2	
大小头		DN250X200	个	18	
大小头		DN300X250	个	7	
大小头		DN350X250	个	2	
大小头		DN350X300	个	7	
大小头		DN400X350	个	2	
大小头		DN450X350	个	2	
大小头		DN450X400	个	2	
软接头		DN50	个	4	
软接头		DN125	个	4	
软接头		DN150	个	4	
软接头		DN200	个	16	
软接头		DN250	个	32	
管道过滤器		DN125	个	2	
管道过滤器		DN150	个	2	
管道过滤器		DN250	个	16	
浮球阀		DN50	个	1	
球阀		DN25	个	34	
球阀		DN40	个	2	
球阀		DN65	个	8	
截止阀	J11W-10	DN25	个	9	
截止阀	J11W-10	DN32	个	9	
截止阀	J11W-10	DN40	个	8	
压差传感器			个	1	
电磁阀		DN32	个	1	进口(蒸汽)
电磁阀		DN50	个	5	进口(蒸汽)
电磁阀		DN50	个	1	
电动蝶阀		DN100	个	2	
电动蝶阀		DN125	个	6	
电动蝶阀		DN150	个	4	
电动蝶阀		DN200	个	4	
电动蝶阀		DN250	个	1	
电动蝶阀		DN300	个	1	
止回阀		DN32	个	3	
止回阀		DN50	个	2	
止回阀		DN125	个	2	
止回阀		DN125	个	2	
止回阀		DN150	个	2	
止回阀		DN200	个	8	
止回阀		DN250	个	8	
蝶阀	A型对夹式蝶阀	DN50	个	5	
蝶阀	A型对夹式蝶阀	DN80	个	8	
蝶阀	A型对夹式蝶阀	DN125	个	4	
蝶阀	A型对夹式蝶阀	DN150	个	10	
蝶阀	A型对夹式蝶阀	DN200	个	27	
蝶阀	A型对夹式蝶阀	DN250	个	60	
蝶阀	A型对夹式蝶阀	DN300	个	4	
蝶阀	A型对夹式蝶阀	DN450	个	5	
生活热水供水泵	KQD80-17.5X10	47.0 m³/h，125m，30.0 kW	台	2	上海凯泉(一用一备)
生活热水储热装置		5000X4000X3400，有效容积63.0 m³	套	2	杭州华源
分汽缸		D273X9-2352	座	1	杭州华源
锅炉补水泵	32DWG2-94/13	Q=2.0m³/h，H=94.0 m，N=1.5 kW，n=2850 r/min	台	3	杭州斯莱特(二用一备)
蓄热补水泵	KQWR40-100(I)A	Q=8.0 m³/h，H=10.0 m，N=0.75 kW，n=2960 r/min	台	2	上海凯泉(一用一备)
软水箱		2000X3000X1500，有效容积6 m³	台	1	杭州华源
软水器		6 t/h，双罐，24小时连续供水	套	1	阿图祖
集水器		D820X9-4044	座	1	杭州华源
分水器		D820X9-4044	座	1	杭州华源
储热水泵	KQWR100-125A	Q= 90 m³/h，H=16 m，N= 7.5 kW，n=2960 r/min	台	2	上海凯泉(一用一备)
采暖板式换热器	M15-MFML	370 万kcal/h，冷侧40/50℃，热侧90/45℃	台	1	SWEP
蒸汽蓄热装置		5970X4000X3150，有效容积70.0 m	套	2	杭州华源
热水蓄热装置		5970X4000X3150，有效容积70.0 m	套	1	杭州华源
热水蓄热装置		6250X4000X3000，有效容积70.0 m	套	1	杭州华源
电热蒸汽机组	HYDRQ1170-0.7	1170 kW，蒸汽温度170℃，供汽量1540 kg/h	台	2	
电热水机组	HYDRW1440-0.7	1440 kW，供热量121.4 万kcal/h	台	2	
电子除垢仪	DA-DI	DN450，最大流量1600 m³/h	台	1	宁波德安
冷却水泵	KQW200-315(I)A	Q=350 m³/h，H=29 m，N=45.0 kW，n=1480 r/min	台	5	上海凯泉(四用一备)
冷冻水泵	KQW200-400(I)B	Q=280 m³/h，H=40 m，N=55.0 kW，n=1480 r/min	台	6	上海凯泉(五用一备)
次级乙二醇泵	NB125-250/266	Q=300 m³/h，H=21 m，N=22.0 kW，n=1450 r/min	台	3	格兰富
初级乙二醇泵	NB125-250/266	Q=280 m³/h，H=19 m，N=22.0 kW，n=1450 r/min	台	2	格兰富
冷却塔	RT-350U/DB	350 m/h，5.5X2 kW	台	4	菱电
制冷板式换热器	MX25-BFGL	2384kW，冷侧(25%乙二醇溶液)5/10℃，热侧(水)12/7℃	台	2	SWEP
储冰装置		11300X5000X2950，有效容积155m	套	2	杭州华源
双工况螺杆机组		供冷420 RT，261 kW，制冰260 RT，237 kW	台	2	
基载常规螺杆机组		400 RT，252 kW	台	2	

图名	剖面图及立面图	图号	5-10-3

第十一章　杭州拱墅区政府办公楼

杭州华电华源环境工程有限公司
李颖　刘月琴　陈永林

一、工程概况

杭州市拱墅区政府办公楼是纯办公性质的楼宇，建筑总面积48000m²，其中政府办公楼建筑面积33000m²，法院和检察院办公楼15000 m²。

经计算夏天空调的设计尖峰冷负荷为5233kW，空调使用时间8：00～18：00，设计日全天的空调总冷负荷为46047kW。

二、冷源方案确定

本大楼是办公大楼，冷负荷集中在电力高峰时段和电力平峰时段，电力低谷时段空调系统根本没有冷负荷，且全年供冷期内负荷极不平衡，选择常规制冷主机设备容量大，且直接制冷的结果是制冷主机利用高价电来制冷，低价电时段闲置，造成不必要的浪费。因此为了减少中央空调白天的用电峰值，充分利用峰谷电差价，大幅度地降低空调的运行费用，同时为了提高空调品质，本工程中央空调设计采用冰储冷中央空调系统。

冰蓄冷空调是利用夜间低谷荷电力制冰储存在蓄冰装置中，白天融冰将所储存冷量释放出来，减少电网高峰时段空调用电负荷及空调系统装机容量，它代表着当今世界中央空调的先进水平，预示着中央空调的发展方向，有如下优点：

利用蓄能技术移峰填谷，平衡电网负荷，提高电厂发电设备的利用率，降低电厂、电网的运行成本，节约电厂、电网的基础建设投入。

利用峰谷荷电价差，大大减少空调年运行费。

减少冷水机组容量，降低主机一次性投资；总用电负荷少，减少配电容量与配电设施费。

使用灵活，过渡季节、节假日或者下班后部分办公室使用空调可由融冰定量提供，无需开主机，节能效果明显，运行费用大大降低。

具有应急功能，提高空调系统的可靠性。

上班前启动时间短，只需15～20min即可达到所需温度，而常规系统则需1小时左右。

三、设计原则

(1) 经济

综合考虑影响初期投资及运行成本的各种因素，储冰空调系统中的储冰容量越大初期投资越高，但可节约更多的运行成本，因而在设计时，须详尽研究系统的电力增容投资、峰谷电价结构及设备初投资等资料，以期达到最佳的经济效益，在降低初期投资的同时节约更多的运行成本，转移更多的高峰用电量。

(2) 高效节能

依据设计负荷的需求确定系统选型，尽可能地减少各种设备的装机容量，改善主机工作条件，提高主机效率，充分利用储冰装置的优势，尽量减少系统的能耗。

(3) 完整可靠

评价储冰系统品质的最重要的依据是系统的整体效能及运行稳定性。进行系统设计时，结合储冰系统的运行特点，优选各种设备，以使系统配合完美，符合整体运行要求，同时各种配套设备也要求能经受长期稳定工作的考验，减少对系统的维护，满足寿命要求。

四、蓄冰模式选择

(1) 全量蓄冰模式

主机在电力低谷期全负荷运行，制得所需要的全部冷量。在电力高峰期，主机不需要运行，所需冷负荷全部由融冰来满足，其运行费用虽然很低，但系统的储冰容量、主机及配套设备容量均较大，系统的初期投资较高。

(2) 负荷均衡的分量蓄冰模式

主机在设计日均以满负荷运行，不足部分由融冰补充；主机在电力低谷期全负荷运行，制得所需要的全部冷量。虽然运行费用较全量储冰高，但系统的储冰容量、主机及配套设备容量均较小，系统的初期投资较低。

本工程设计采用分量蓄冰模式。

五、主要设备选型

(1) 双工况主机 由于螺杆式制冷机组能在低温工况下稳定运行，且在制冰期内具有较高的工作效率，故在蓄冰系统中采用螺杆式制冷机组较为经济、有效。

本工程选用2台空调工况制冷量为413RT，制冰工况为270RT的YORK双工况螺杆式制冷机组用于制冰与制冷。

(2) 储冰装置 本系统采用"源牌"导热塑料盘管蓄冰装置，型号HYCPTN-400，共12台，蓄冰总量4750RT·h。其特点为：

① 槽体为长方形，布置紧凑，节约空间。

② 采用导热塑料，导热性能好、重量轻、不腐蚀。

③ 传热面积大，结冰融冰速率稳定。

④ 载冷剂管内循环，用量少，结冰厚度薄，制冷主机运行效率高。

⑤ 采用不完全冻结式，载冷剂出口温度稳定，能实现大温差送风空调。

⑥ 蓄冰盘管优化组合，采用同程连接，流量分配均匀；外结冰，无内应力，使用寿命长。

(3) 板式换热器 板式换热器将蓄冰系统中循环的乙二醇溶液与通往空调末端系统的冷冻水隔离。板式换热器水侧进出水温度为12/7℃，乙二醇侧进出口温度为3.5/10.5℃。

本工程共选用2台瑞典SWEP板式换热器，每台的换热量为2616kW，满足5233kW的尖峰冷负荷要求。

(4) 冷却塔 本工程设计采用2台低噪声逆流式冷却塔，由于杭州地区的干球与湿球温度均较高，为了达到理想的冷却效果，设计采用2台400m³/h的冷却塔。

(5) 水泵 本工程采用格兰富进口水泵，其运行可靠，噪声低，所有水泵无备用。

(6) 自控装置与系统 自控装置与系统是组成冰蓄冷空调系统的关键部分，自控设备均工作在条件相对恶劣的环境中，电动阀、传感元件均需在低温下工作，故自控硬件采用进口设备。

本工程的自控装置采用工业级的可编程序控制器(PLC)作为下位机系统，确保实现储冰系统的参数化与无人值守，实现系统的智能化运行。

(7) 系统设备配置 本工程冰蓄冷设施主设备的配置与技术参数见下表。

序号	名　称	型号与规格	数量	功率(kW)	总功率(kW)	备注
1	双工况螺杆机组	413RT	2台	267	534	约克
2	低噪声冷却塔	400m³/h	2台	15	30	
3	冷却水塔	400m³/h,24m	2台	37	74	二用
4	乙二醇泵	227m³/h,45m	3台	45	90	三用
5	冷冻水泵	300m³/h,37m	3台	45	90	三用
6	板式换热器	2616kW	2台			
7	蓄冰盘管	HYCPTN-400	12台			源牌
8	定压膨胀装置	膨胀量1m³	1套	0.75	1.5	
9	乙二醇补液箱	1m³	1台			
10	全自动控制系统	PLC	1套			

说明：系统运行时最大耗电量为820kW。

六、冰蓄冷空调系统运行策略及控制系统

(1) 系统流程

本工程采用主机上游串联循环回路方式，在此循环回路中，2台双工况主机与蓄冰装置、板式换热器、乙二醇泵等设备组成冰蓄冷系统，整个系统可按以下4种工作模式运行：

① 主机制冰模式：在晚23：00～8：00低谷电期间，双工况主机开启制冰工况全力制冰，共制冰4750RT·h，储存在蓄冰盘管中；

② 主机与融冰联合供冷模式：当设计日或负荷较大时，选用此模式为空调末端提供冷量。此时调节电动阀V3、V4，保证为空调末端提供稳定的7℃冷冻水；

③ 融冰单供冷模式：在部分负荷及或优化控制时，采用此模式供冷，此时不开启制冷主机，末端所有冷量全部由蓄冰盘管提供，此工况乙二醇泵采用变频控制；

④ 主机单供冷模式：在系统没有蓄冰或蓄冰盘管内冰已用完的情况下采用此模式供冷，此工况乙二醇泵采用变频控制。

(2) 自动控制系统

① 冰蓄冷自控设备系统综述

本自控系统包括:上位机(带优化控制软件)、下位机与触摸屏、传感检测元件与电动阀、系统控制柜。

优化控制软件负责负荷在线预测及负荷优化分配,并实时地把重要控制信息(系统运行模式及设备的起停、阀门的动作等)传送给下位机,实现对系统的优化控制。

上位机系统,上位机还具有数据打印、记录历史数据、查寻、故障诊断及报警等多项功能。上位机控制系统可以通过电话线,与华源公司专家系统连接,对系统进行运行监控、参数修改、数据采集等,使系统不断完善和软件版本升级,让用户得到更好的服务。

下位机和触摸屏在现场可以进行系统控制、报警记录、参数设置、监测和数据显示以及各控制设备的开关启停。整个系统以下位机的工业级可编程序控制器为核心,实现自动化控制。

② 冰蓄冷自控系统控制简介

4 种工况下乙二醇系统设备运行及电动阀门开关状态

	主机单制冰	主机与融冰联合供冷	融冰单供冷	主机单供冷
蓄冰盘管	参与	参与	参与	不参与
双工况制冷主机	制冰工况运行	空调工况运行	停机	空调工况运行
板式热交换器	不参与	参与	参与	参与
乙二醇泵	运行	运行	变频	变频
冷冻水泵	不运行	运行	运行	运行
电动阀	开:V1、V2、V3、V5 关:V4、V6	开:V1、V2、V6 调节:V3、V4 关:V5	开:V1、V2、V3、V6 关:V4、V5	开:V1、V2、V4、V6 关:V3、V5

A. 根据季节和机器运行情况,冰蓄冷自控系统具备工况转换功能:

a. 主机单制冰模式

b. 主机与融冰联合供冷模式

c. 融冰单供冷模式

d. 主机单供冷模式

B. 蓄冰控制系统通过对制冷主机、蓄冰盘管、板式热交换器、系统循环泵、冷却塔、系统管路调节阀进行控制,调整蓄冰系统各应用工况的运行模式,在最经济的情况下给末端提供一稳定的供水温度。

C. 控制系统按预先编排之时间顺序,控制制冷主机及外围设备的启停及监视各设备工作状况与运行参数。

D. 控制系统对一些需要的监测点进行全年趋势记录,控制系统可将全年的负荷情况(包括每天的最大负荷和全日总负荷)和设备运转时间以表格和图表形式记录下来,供使用者掌握。

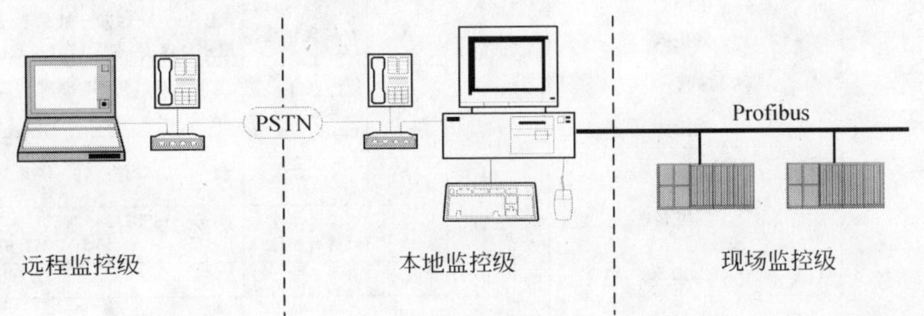

七、管材与保温

(1) 管道选材及其连接方式:水系统管径$<DN100$的管道均采用镀锌钢管,丝扣连接;管径$\geqslant DN100$的管道采用无缝钢管,焊接或法兰连接,镀锌二次安装;乙二醇管道采用无缝钢管不镀锌,内壁涂二层环氧树脂防腐。

(2) 系统保温:

① 管道油漆:系统管道经试压、清洗合格后,除去表面锈垢,涂防锈漆两遍,管道支、吊架在安装前就须完成除锈和涂刷防锈漆的工作。

② 管道保温:系统管道保温须待试压、排污、清洗、所有过滤器滤芯抽出清洗并重新安装好后方可进行;

除冷却水及补水管道外,其余管道均采用 PEF 隔热材料保温。乙二醇管道$\leqslant DN125$时,保温层厚度为 50mm;管道$>DN125$时,保温厚度 60mm。冷冻水管道$\leqslant DN125$时,保温厚度为 40mm;管道$>DN125$时,保温厚度 50mm。保温完成后,外包铝皮保护层。

八、主要经济技术指标

建筑面积:48000m^2

空调总冷负荷:5250kW,冷指标:109W/m^2

制冷设备装机冷负荷:2900kW

蓄冰量:4750RT · h

九、经验与总结:

(1) 本工程冰蓄冷系统采用串联循环回路方式,节约投资,控制简单。

(2) 系统采用导热塑料蓄冰盘管,结冰融冰速度快,出水温度恒定,并能快速提供低温的乙二醇溶液。

(3) 本系统所有水泵采用变频控制,可根据末端负荷和各运行工况不同调节水泵流量,使系统运行更加稳定,并节约运行费用。

(4) 全自动控制系统可实现整个系统的自动运行,并根据负荷预测软化提供的数据进行判断,实现各工况的相互转换,达到系统最经济运行的目的,节约了运行费用。

双工况主机制冰	v1、v2、v3、v5		v4、v6
融冰单供冷	v1、v2、v3、v6	变　　频	v4、v5
主机单供冷	v1、v2、v4、v6	变　　频	v3、v5
主机与融冰联合供冷	v1、v2、v6	v3、v4	v5

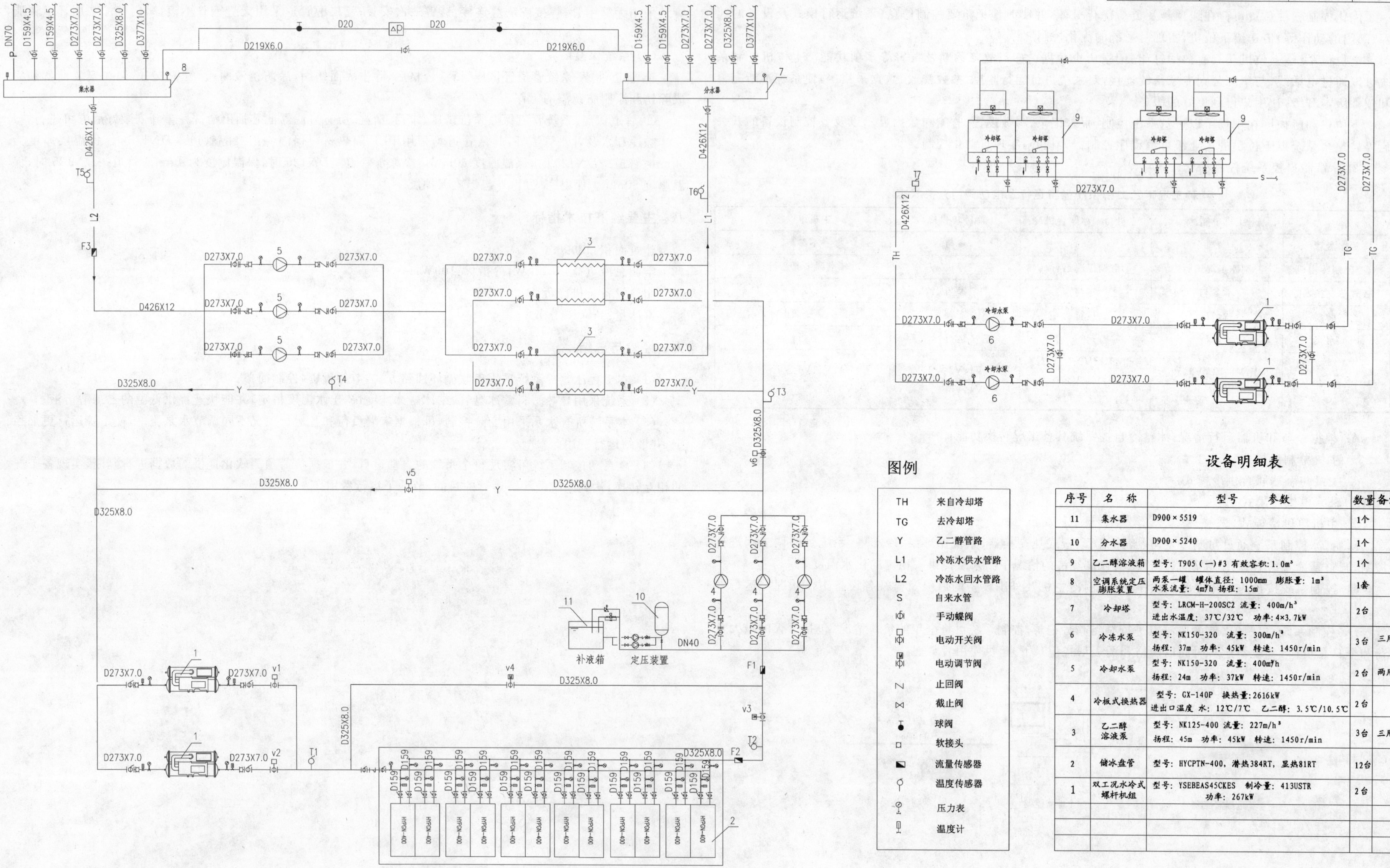

集水器

分水器

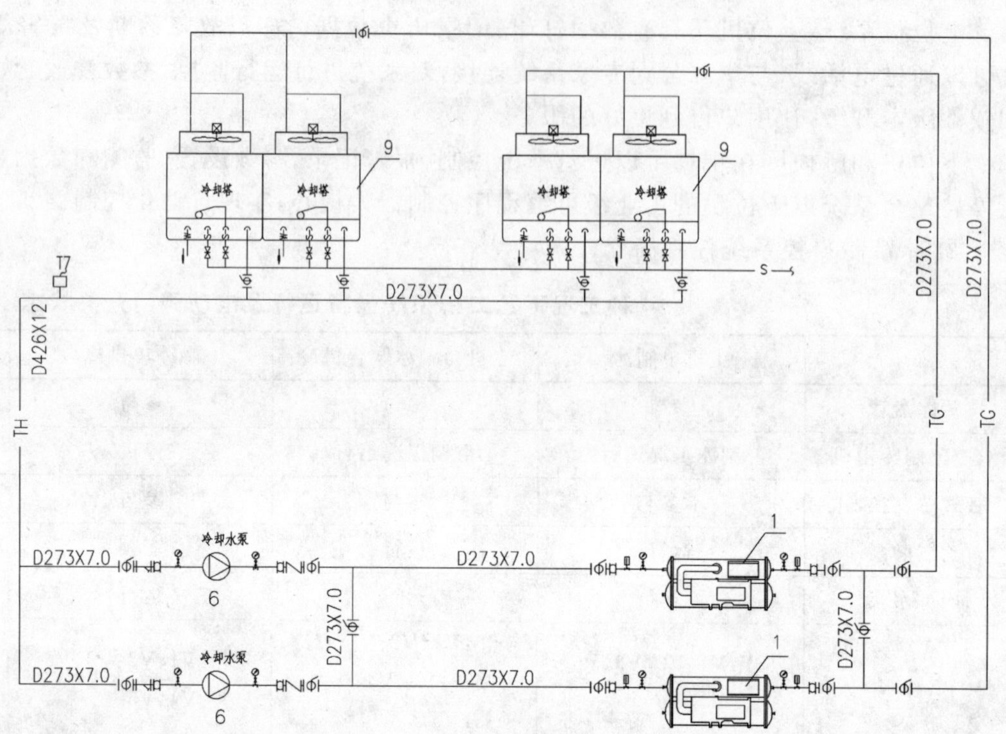

补液箱

定压装置

图例

TH	来自冷却塔
TG	去冷却塔
Y	乙二醇管路
L1	冷冻水供水管路
L2	冷冻水回水管路
S	自来水管
	手动蝶阀
	电动开关阀
	电动调节阀
	止回阀
	截止阀
	球阀
	软接头
	流量传感器
	温度传感器
	压力表
	温度计

设备明细表

序号	名　称	型号　　参数	数量	备注
11	集水器	D900×5519	1个	
10	分水器	D900×5240	1个	
9	乙二醇溶液箱	型号：T905（一）#3 有效容积：1.0m³	1个	
8	空调系统定压膨胀装置	两泵一罐　罐体直径：1000mm　膨胀量：1m³ 水泵流量：4m³/h　扬程：15m	1套	
7	冷却塔	型号：LRCM-H-200SC2　流量：400m/h³ 进出水温度：37℃/32℃　功率：4×3.7kW	2台	
6	冷冻水泵	型号：NK150-320　流量：300m/h³ 扬程：37m　功率：45kW　转速：1450r/min	3台	三用
5	冷却水泵	型号：NK150-320　流量：400m³/h 扬程：24m　功率：37kW　转速：1450r/min	2台	两用
4	冷板式换热器	型号：GX-140P　换热量：2616kW 进出口温度　水：12℃/7℃　乙二醇：3.5℃/10.5℃	2台	
3	乙二醇溶液泵	型号：NK125-400　流量：227m/h³ 扬程：45m　功率：45kW　转速：1450r/min	3台	三用
2	储冰盘管	型号：HYCPTN-400，潜热384RT，显热81RT	12台	
1	双工况水冷式螺杆机组	型号：YSEBEAS45CKES　制冷量：413USTR 功率：267kW	2台	

图名	冰蓄冷空调系统流程图	图号	5-11-1

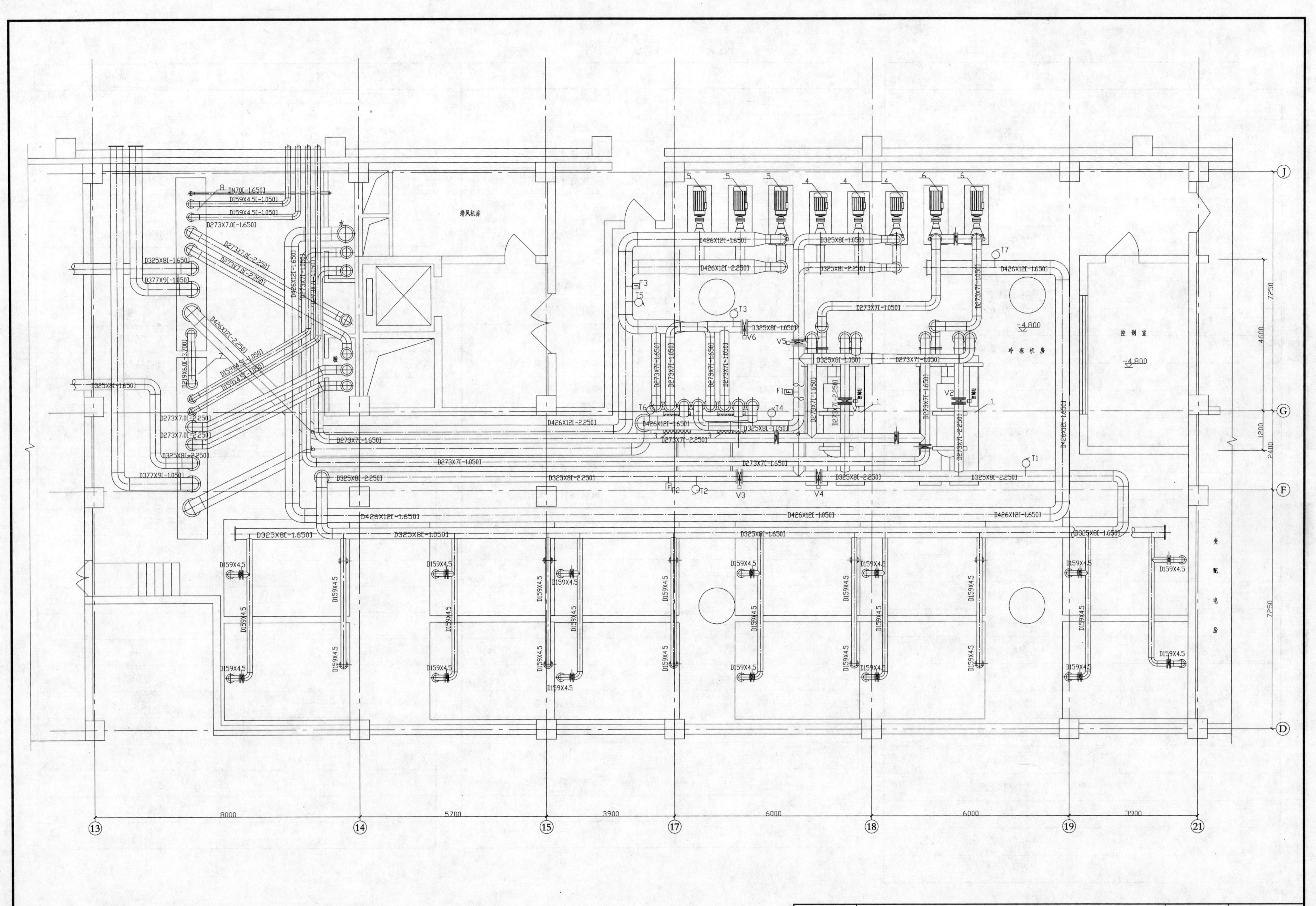

排风机房
冷冻机房
控制室
变配电房
-4.800
D426X12[-1.650]
D426X12[-2.250]
D325X8[-1.650]
D325X8[-2.250]
D325X8[-1.050]
D273X7[-1.050]
D273X7[-1.650]
D273X7[-2.250]
D377X9[-1.050]
D159X4.5
DN70[-1.650]
D219X6.0[-3.700]
V1
V2
V3
V4
V5
V6
T1
T2
T3
T4
T5
T6
T7
F1
F2
F3
8000
5700
3900
6000
6000
3900
7250
4600
1200
2400
7250
13
14
15
17
18
19
21
J
G
F
D

附录一 图例

系统及设备编号	系统及设备名称
R－	冷冻机编号
B－	冷冻水泵编号
BR－	热水泵编号
BY－	乙二醇泵编号
B1－	一次冷冻泵编号
B2－	二次冷冻泵编号
b－	冷却水泵编号
bb－	补水泵编号
bY－	乙二醇补水泵编号
b1－	一次补水泵编号
b2－	二次补水泵编号
LT－	冷却塔编号
HR－	热交换器编号
HR2－	二次换热器编号
RH－	软化水器编号
D－	定压罐编号
KF－	分体空调编号
F	水量开关
Dw	压差传感器
T	温度传感器
H	湿度传感器
P	压力传感器
F	流量传感器
AI	模拟输入量
AO	模拟输出量
DI	数字输入量
DO	数字输出量

图例	名称
—— R ——•	热水供水管
- - - R - - -∘	热水回水管
—— R1 ——•	一次热水供水管
- - - R1 - - -∘	一次热水回水管
—— R2 ——•	二次热水供水管
- - - R2 - - -∘	二次热水回水管
—— L ——•	冷冻水供水管
- - - L - - -∘	冷冻水回水管
—— LR ——•	空调冷热水供水管
- - - LR - - -∘	空调冷热水回水管
—— LQ ——•	冷却水供水管(低温 32℃)
- - - LQ - - -∘	冷却水回水管(高温 37℃)
—— L1 ——•	空调器供水管
- - - L1 - - -∘	空调器回水管
—— L2 ——•	风机盘管供水管
- - - L2 - - -∘	风机盘管回水管
—— LY ——•	乙二醇供水管
- - - LY - - -∘	乙二醇回水管
—— n ——	空气冷凝水管
—— ——	自来水管
—— y ——	乙二醇溶液管
—— r ——	软化水管
—— b ——	补水管
—— bY ——	乙二醇补液管
—— P ——	膨胀管
—— X ——	泄水管
—— f ——	冷媒管

图例	名称
	截止阀
	闸阀
	蝶阀
	止回阀
	平衡阀
	手动调节阀
	电动两通阀
M	电磁阀
	电动蝶阀
	集气罐
	自动排气阀
	浮球阀
	漏斗
	水泵
	水过滤器
	水管软接头
	泄水丝堵,泄水阀堵
	压力表
	温度计
M	流量计
N	电子除垢仪
	管道向上
	管道向下
	单管固定支架
	多管固定支架
	波纹补偿器
	管端封头
0.003	坡度及坡向

附录二　冰蓄冷系统布图原则

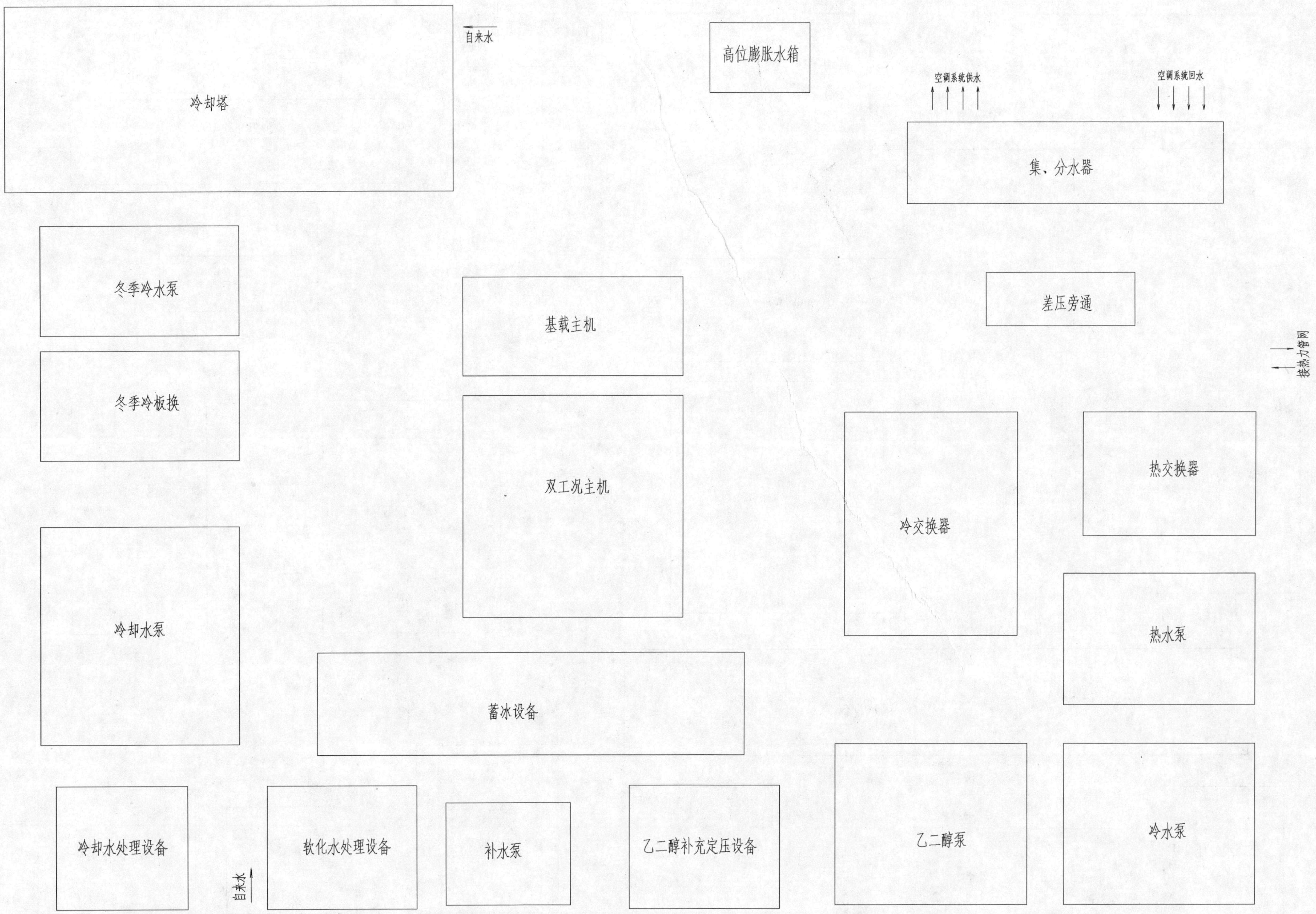

冷却塔

自来水

高位膨胀水箱

空调系统供水

空调系统回水

集、分水器

冬季冷水泵

基载主机

差压旁通

接热力管网

冬季冷板换

双工况主机

冷交换器

热交换器

冷却水泵

蓄冰设备

热水泵

冷却水处理设备

自来水

软化水处理设备

补水泵

乙二醇补充定压设备

乙二醇泵

冷水泵

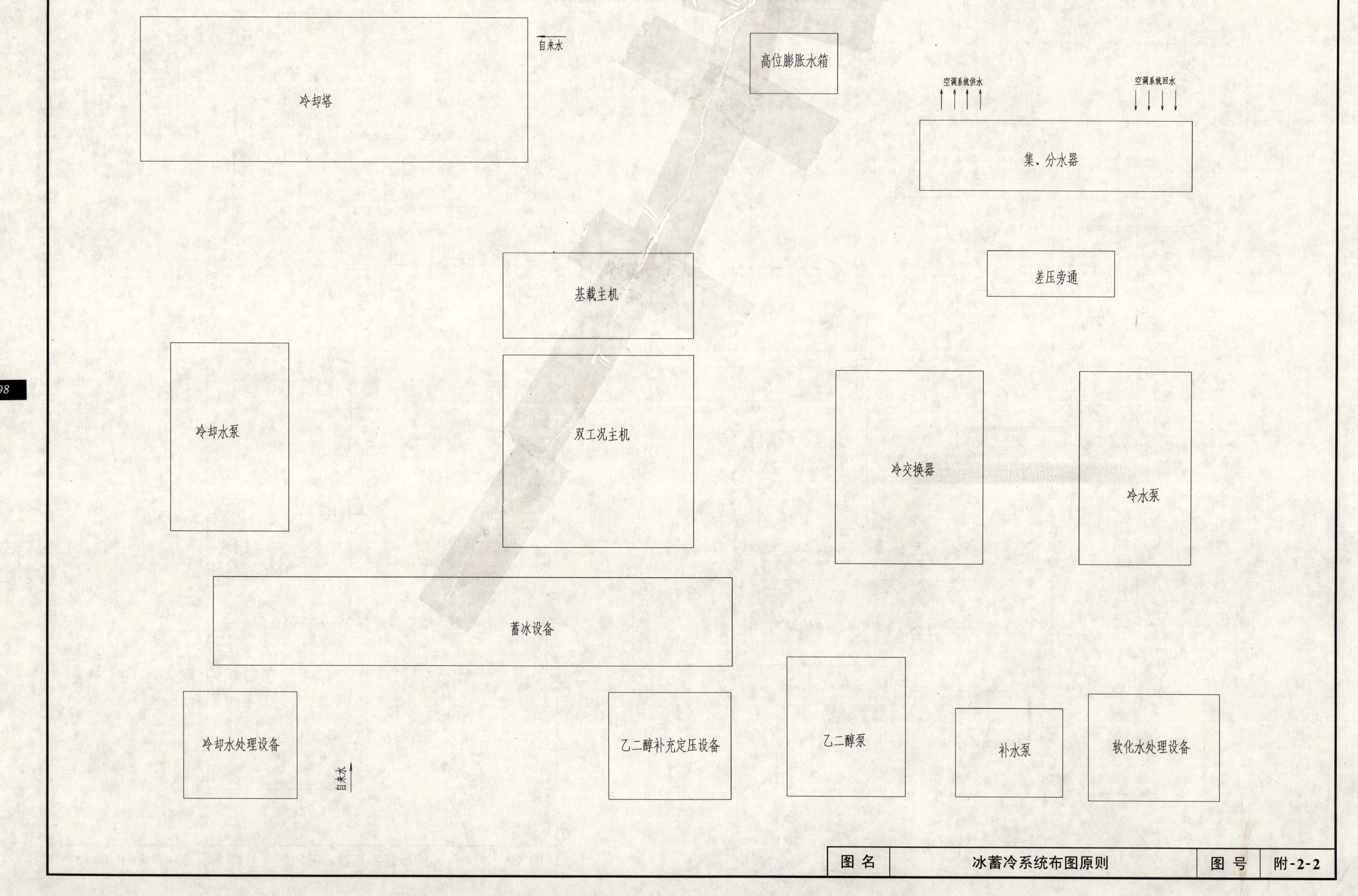
冷却塔
自来水
高位膨胀水箱
空调系统供水
空调系统回水
集、分水器
基载主机
差压旁通
冷却水泵
双工况主机
冷交换器
冷水泵
蓄冰设备
冷却水处理设备
自来水
乙二醇补充定压设备
乙二醇泵
补水泵
软化水处理设备
图名
冰蓄冷系统布图原则
图号
附-2-2